Wissen vom Wasser

Herbert Willems
(Hrsg.)

Wissen vom Wasser

Untersuchungen zu einer
ökologischen Soziologie

 Springer VS

Hrsg.
Herbert Willems
Institut für Soziologie
Universität Gießen
Gießen, Deutschland

ISBN 978-3-658-23947-3   ISBN 978-3-658-23948-0   (eBook)
https://doi.org/10.1007/978-3-658-23948-0

Die Deutsche Nationalbibliothek verzeichnet diese Publikation in der Deutschen National-
bibliografie; detaillierte bibliografische Daten sind im Internet über http://dnb.d-nb.de abrufbar.

Springer VS
© Springer Fachmedien Wiesbaden GmbH, ein Teil von Springer Nature 2019

Springer VS ist ein Imprint der eingetragenen Gesellschaft Springer Fachmedien Wiesbaden GmbH
und ist ein Teil von Springer Nature
Die Anschrift der Gesellschaft ist: Abraham-Lincoln-Str. 46, 65189 Wiesbaden, Germany

Inhaltsverzeichnis

Vorwort

Der vorliegende Band zum Themenfeld Wasser bzw. Trinkwasser[1] versteht sich als soziologisches Einführungsbuch, das in Lehr- und Lehrforschungsaktivitäten entstanden und als Grundlage derselben geeignet ist. Es richtet sich an Studierende[2] nicht nur der Soziologie sondern eines breiten Spektrums von (Nachbar-) Wissenschaften[3] und beruht auf Projekt- und Examensarbeiten von Studierenden, die an der Justus-Liebig-Universität Gießen an einschlägigen Lehrveranstaltungen von mir teilgenommen haben. Man könnte also, wenn man von der Funktion seines Herausgebers absieht, sagen: Dieses Buch ist vor allem von Studierenden für Studierende gemacht, aber auch für Lehrende verschiedener Disziplinen und sachlich Interessierte aller Art.

Die Arbeiten dieses Bandes entstanden in den vergangenen Semestern am Institut für Soziologie, wo ich seit einigen Jahren zusammen mit Studierenden des Bachelor-Studiengangs ‚Social Sciences' und des Master-Studiengangs ‚Gesellschaft und Kulturen der Moderne' schwerpunktmäßig im Bereich der soziologischen Erforschung von Aspekten der Ökologie, insbesondere des Trinkwassers und Wassertrinkens, arbeite.[4] Der Band dokumentiert durch seine Ausrichtung an dem praktischen und soziologisch-theoretischen Begriff *Wissen* einen thematisch und perspektivisch einheitlichen Teil dieser an einer gemeinsamen theoretischen und methodischen Basis orientierten Arbeiten. Deren jeweilige Grundkonzeption haben die Studierenden und ich gemeinsam erarbeitet.

---

1   Der Begriff Trinkwasser wird hierzulande meist mit Leitungswasser gleichgesetzt, worin eine wertende Abgrenzung zu ‚besseren' Wässern, insbesondere den sogenannten Mineralwässern, zum Ausdruck kommt. Diese Abgrenzung ist allerdings nur auf den ersten Blick plausibel. In den folgenden Überlegungen fungiert der Trinkwasserbegriff als Oberbegriff und schließt jeden trinkbaren Wassertyp ein – auch Mineralwasser als heute generell besonders wichtigen und, was Konsumquantität und Ökonomie betrifft, immer wichtiger werdenden Sonderfall. Eine Variante des Mineralwassers ist das „Heilwasser", dem besondere Heilwirkungen zugeschrieben und behördlich attestiert werden (vgl. Winterberg 2007: 128f.).

2   Aus Gründen der besseren Lesbarkeit wird in diesem Band auf die gleichzeitige Verwendung männlicher und weiblicher Sprachformen verzichtet. Sämtliche Personenbezeichnungen gelten gleichermaßen für beiderlei Geschlecht.

3   Sozial- und Kulturwissenschaften, Politikwissenschaft, Geographie, Ernährungswissenschaft, Medizin, Erziehungswissenschaft, Medienwissenschaft, Wirtschaftswissenschaften u.a.

4   Man kann in diesem Zusammenhang von einer ökologischen Soziologie oder einer soziologischen Ökologie sprechen und im Trinkwasser einen nicht nur besonders wichtigen, sondern auch exemplarischen Bereich bzw. Ressourcenbereich sehen. Mit ihm und neben ihm geht es um andere ebenso notwendige und unverzichtbare wie potentiell und reell knappe und gefährdete Ressourcen wie Atemluft, Boden, gesunde Nahrungsmittel und diverse Rohstoffe.

Der vorliegende Band stellt damit eine Fortsetzung – und teilweise auch eine Umsetzung – meines 2017 bei Springer VS erschienenen soziologischen Sammelbandes ‚Die Wasser der Gesellschaft' dar. Verfolgte dieser Band auf der Grundlage einer allgemeinen begrifflich-theoretischen Einführung seines Herausgebers vor allem das Ziel, die sozio-kulturelle und soziologische Vielseitigkeit des Themenfeldes Wasser bzw. Trinkwasser erkennbar zu machen, so ist der hier vorliegende sachlich und begrifflich-theoretisch fokussierter. Es geht ihm in einem *wissenssoziologischen* Sinne und mit den Deutungsmitteln dieser Soziologie um alle Arten des Wissens vom Wasser, nicht zuletzt *praktisches Wissen*.

Das zu beobachtende und aufzuklärende Wissen wird hier also in einem sehr weiten Sinn verstanden, der unterschiedlichste Sinntypen, Bedeutungen und Informationen einschließt: amtliches (Behörden-)Wissen, technisches Wissen, wissenschaftliches (Disziplin-)Wissen, religiöses Wissen, mythisches Wissen, Marketingwissen, Werbungswissen, Verbraucherwissen u. a. Thematisch eingeschlossen sind auch verschiedene ‚Zustände' von Wissen und Wissenden: Nichtwissen/Unwissen, Halbwissen und Irrwissen, Denken, Glauben und Meinen, Empfinden, Fürchten, Miss- und Vertrauen.[5]

Grundsätzlich, aber in einem weiten und ‚undogmatischen' Sinne bleibt es hier bei dem allgemeinen Soziologie- bzw. Theorieverständnis, das bereits den vorausgegangenen Band orientiert und charakterisiert hat. Dafür stehen Begriffe wie Figurationssoziologie und Namen wie Norbert Elias und Pierre Bourdieu – Soziologen, die sich *auch* als Wissenssoziologen verstanden haben, ohne damit oder in irgendeiner Hinsicht eine ‚Bindestrich-Soziologie' gutzuheißen oder gar anzustreben (vgl. Willems 2012). Ebenso bleibt es bei einer schwerpunktmäßig empirisch-analytischen Forschungsorientierung aller Beiträge.

Ein (Lehr-)Forschungsliteraturangebot (Wissensangebot) wie das hier vorgelegte – für „theoretisch-empirisch" (Elias) orientierte und interessierte Studierende und von solchen Studierenden für solche Studierende – ist relativ neu, bis heute eher selten und didaktisch innovativ. Es ist auch sachlich spezifisch sinnvoll, gibt es doch offensichtlich generell eine starke und sich verstärkende studentische Nachfrage nach Lehrangeboten zu Themen und Problematiken wie (Trink-)Wasser und ein Interesse, sich mit solchen Themen auch in aktiver Forschungsarbeit zu beschäftigen.

Diese Tatsache korrespondiert mit einer immer lebendiger werdenden sozialwissenschaftlichen bzw. soziologischen Aufmerksamkeit, aber auch einer sozialen, öffentlichen und politischen Aufmerksamkeit für das hier thematische Feld und verwandte Felder in Bereichen bzw. unter Titeln wie Ökologie, Umwelt, Ernährung, Gesundheit oder Globalisierung. Felder wie diese sind nicht nur sozusagen empirisch/‚phänomenal' der Fall, sondern auch – und auch aus

---

5   Die Überlegungen der folgenden Einleitung spezifizieren das damit Gemeinte.

sachlichen Gründen – zunehmend Gegenstände polymorpher und heterogener Thematisierungen und Diskursivierungen, die sich mit diversen Bezügen auf die Gesellschaft ‚gesamtgesellschaftlich' entfalten und in den besonderen Kompetenz- und Aufgabenbereich der Wissenssoziologie fallen.

Die Soziologie (und Sozialwissenschaften überhaupt) hat es in diesem Zusammenhang also nicht nur mit verschiedenartigem Wissen zu tun, das es gleichsam anzusteuern und zu verarbeiten gilt, sondern muss diesbezüglich ihr eigenes (wissenschaftliches) Wissen (auch buchstäblich) ins Feld führen und Wissen bzw. reflexives Wissen (Wissen von Wissen) produzieren. Die Soziologie darf damit nicht nur einen wissenschaftlichen Aufklärungsanspruch erheben, sondern auch durchaus beanspruchen, in wissenschaftlich legitimer Weise einschlägig praktisch nützlich zu sein. Sie kann zum Beispiel bestimmtes orientierendes Wissenswissen oder auch generalisiertes Problembewusstsein und (Sozial-)Weltverständnis erzeugen, ohne sich in irgendeiner Weise (ideologisch, politisch, moralisch) vereinnahmen zu lassen. Diese Art und Zielrichtung, Soziologie zu betreiben, ist also alles andere als trivial.

Worum es im Folgenden – mit den Realitäten des (Trink-)Wassers – geht, ist nicht weniger als ein wesentlicher Teil der Lebensgrundlagen der Menschheit und nicht nur der Menschheit (und jedes einzelnen Menschen), sondern im Prinzip allen Lebens – ein Teil, der, vielleicht am ehesten vergleichbar mit der Atemluft, eine lokal und global gesehen immer problematischer/knapper werdende Lebensbedingung und ein Recht aller Lebewesen darstellt. Soziologische Aufklärung in dieser Richtung verspricht also auch eine wichtige *soziale* Leistung zu sein – auch darin mag ein verbreiteter Beweggrund für Studierende wie Lehrende bestehen, sich mit dieser Thematik eingehender zu befassen.

Primäre Zielgebiete der Arbeitsprogrammatik dieses Bandes sind also zwar die soziologische/sozialwissenschaftliche Lehre und Lehrforschung. Der Band kann und will aber auch darüber hinauswirken und prinzipiell ‚Öffentlichkeit(en)' sowie Gruppen und Einrichtungen der verschiedensten Art bis hin zur Erziehung und Bildung ansprechen. Dies sollte mit den hier dokumentierten Texten besonders gut gelingen – ebenso wie es gelingen sollte, Studierende und Lehrende aller Disziplinen, die mit der Thematik zu tun haben (von der Ernährungswissenschaft über die Politikwissenschaft bis hin zur Medizin), zu informieren oder anzuregen.

Nicht zuletzt besteht hier – wie schon in dem vorausgegangenen Band – ein Ansatz für einen thematisch fokussierten und zugleich ‚arbeitsteiligen' Austausch sowie für interdisziplinäre und transdisziplinäre Kooperationen in Sachen (Trink-)Wasser. Dabei kann es ebenso um (forschungsorientierte) Lehre und Forschung wie um Beratung gehen.

Dank

An dieser Stelle seien dem Herausgeber dieses Buches einige Worte des Dankes gestattet.

Zu danken habe ich vor allem ‚meinen' interessierten, aufgeschlossenen und engagierten Studierenden, insbesondere denjenigen, die im Folgenden als Autorinnen auftreten. Die regelmäßigen Gespräche mit ihnen waren für mich ebenso anregend und lehrreich wie angenehm und erfreulich.

Frau Iris Löhlein und Herr Eckart Gutschmidt vom Verein „Forum Trinkwasser" haben den Studierenden und mir wichtige Unterstützungen und Hinweise gegeben. Dafür möchte ich mich ebenfalls – und auch sozusagen stellvertretend – herzlich bedanken.

Weiterhin gilt mein besonderer Dank dem Geschäftsführer des Zweckverbands der Mittelhessischen Wasserwerke (ZMW), Herrn Karlheinz Schäfer, für vielfältige Einblicke in und Führungen durch ‚Praxis'.

Schließlich habe ich Frau Laura Schermuly zu danken, die diesen Band (wie bereits den oben erwähnten) nicht nur technisch und formal bearbeitet, sondern an vielen Stellen auch inhaltlich bereichert hat.

Herbert Willems

Einleitung: Über Wissen vom Wasserwissen

Herbert Willems

Wasser bzw. Trinkwasser ist vielleicht nicht auf den ersten Blick, aber zweifellos auf den zweiten ein sozial und (deswegen) soziologisch bzw. sozialwissenschaftlich interessantes und wichtiges Thema. Es ist jedenfalls heutzutage ein für sich genommen höchst relevanter, aber auch vielseitig sozial bedingter und geprägter Gegenstandsbereich, eine komplexe ‚Materialität' und sozusagen eine „Materialität der Kommunikation" (Gumbrecht/Pfeiffer 1988), die nicht nur jedes Leben und jeden Menschen existentiell betrifft, sondern auch nicht weniger als die ganze Welt und Weltgesellschaft angeht. Es handelt sich um ein soziales und soziologisches Fundamental- und Universalthema, das sich zu einem Global- und Globalisierungsthema par excellence entwickelt hat – nicht zuletzt wegen der sich verschärfenden Wasserprobleme der Welt und der Weltprobleme des Wassers, deren Thematisierung schon seit einiger Zeit ‚Konjunktur' hat.

(Trink-)Wasser ist aus soziologischer Sicht auch ein symptomatisches und exemplarisches Thema, das alle Aspekte von Gesellschaft, Gesellschaftsgeschichte und gesellschaftlicher Entwicklung betrifft und berührt, in dem und an dem sich die Logiken des Sozialen – alle Logiken des Sozialen – spezifisch empirisch niederschlagen und zeigen: Prozesse der gesellschaftlichen Modernisierung, der (Welt-)Vergesellschaftung, der sozialen/funktionalen Differenzierung und Verflechtung, der sozialen Organisationsbildung, der Spezialisierung, der Professionalisierung, der Verwissenschaftlichung, der Technisierung, der Medikalisierung, der Mediatisierung, der kapitalistischen Ökonomisierung, der kulturellen Globalisierung, der Umweltzerstörung, der Verstaatlichung, der sozialen Integration und Desintegration, der Migration usw. So – soziologisch – gesehen ist (Trink-)Wasser also ein höchst komplexes Themenfeld, und zwar in allen Hinsichten ein historisches Prozess-Themenfeld, das die Soziologie im Grunde als Ganze mit ihrem ganzen begrifflich-theoretischen und methodischen Instrumentarium an- und herausfordert.

Einschlägige Überlegungen und Untersuchungen wie die folgenden können natürlich weder die Soziologie als Ganze abrufen und in Anschlag bringen noch können sie sachlich aufs Ganze gehen. Sie brauchen vielmehr sowohl einen begrifflich-theoretischen als auch einen sachlichen (empirischen) Schwerpunkt und Fokus. Der vorliegende Band bezieht sich – vor dem Hintergrund der bereits im vorausgegangenen Band skizzierten figurationssoziologischen Grundausrichtung des hier verfolgten Unternehmens (vgl. Willems 2017) – auf einen

© Springer Fachmedien Wiesbaden GmbH, ein Teil von Springer Nature 2019
H. Willems, *Wissen vom Wasser*, https://doi.org/10.1007/978-3-658-23948-0_1

der komplexesten und vielversprechendsten Ansätze der ‚Allgemeinen Soziologie': das Konzept und die theoretische Perspektive Wissen – wohlwissend, dass das damit gefasste Spektrum empirischer Tatsachen in dem hier angesteuerten Untersuchungsfeld nicht nur zu finden, sondern auch von zentraler Bedeutung ist.

Wenn im Folgenden von Wissen bzw. praktischem Wissen die Rede ist, dann in einem maximal weiten und differenzierten wissenssoziologischen Sinn, der sich außer auf Elias auch auf andere klassische Autoren der Wissenssoziologie stützen kann. Mit (praktischem) Wissen ist hier also nicht nur (aber auch) das Wissensverständnis des zeitgenössischen Jedermann gemeint. Ebenso geht es nicht nur (aber auch) um ‚Kognition', sondern auch um eine Reihe von heterogenen und vielseitigen Sinn-, Vorstellungs- und Informationsformen, die mit bestimmten Kommunikationen sowie sozialen und psychischen Gedächtnissen (Wissensspeichern) einhergehen. Dafür stehen soziologische und sozialwissenschaftliche Begriffe wie Gewohnheit, Habitus, Deutungsmuster, Mentalität, Figuration/Feld, Diskurs, Lebensstil, Image/Stigma oder auch Prestige.

In diesem Zusammenhang spielen heutzutage natürlich diverse moderne Wissenstypen und -quellen eine Schlüsselrolle, zum Beispiel und insbesondere bestimmte (natur-)wissenschaftliche und ‚populärwissenschaftliche' Diskurse, die selektiv in Alltagsdiskurse und Alltagswissen absickern, oder massenmediale Kommunikationsgattungen und -ströme wie Nachrichten und Berichte (z. B. über Verunreinigungen des Grundwassers), oder auch (Wasser-)Werbung, die als solche bekanntlich zwar normalerweise nicht ganz, aber doch irgendwie auch (als Wissen) ernstgenommen wird. Als Wissen bedeutsam und wirksam sind aber auch mehr oder weniger alte oder sehr alte (‚vormoderne') religiöse und religionsspezifische Symboliken, Semantiken und Rituale, traditionelles Heiler-, Gesundheits- und Heilungswissen, auf bestimmte Wässer bezogene Mythen oder auch diffuse und kaum bewusste Vorstellungen, die zum Beispiel die Qualität(en) des Wassers betreffen. In diesem Fall kann sich das Wissen zum Beispiel im Wesentlichen darauf beschränken zu glauben und zu vertrauen – zum Beispiel darauf, dass das Wasser ‚in Ordnung' ist und bleiben wird. Darüber hinaus gibt es natürlich auch inhaltlich mehr oder weniger spezifische und traditionsreiche Vorstellungen und Vorstellungskomplexe, zum Beispiel von der Eigenart, von der Qualität, vom Nutzen oder Geschmack eines regionalen Wassers (der Rhön, der Eifel, der Alpen etc.).

Die Wissenstypen, um die es hier geht, sind also sehr unterschiedlich veranlagt und sozial verankert; sie haben einen unterschiedlichen Charakter, stammen aus unterschiedlichen sozialen Quellen und werden auf unterschiedlichen sozialen Wegen verbreitet. Typischerweise haben sie explizite und implizite Anteile und bedingen und durchdringen einander auch. Diese Wissenstypen sind damit niemals isoliert zu verstehen und praktisch höchstens relativ autonom; sie

verweisen alle auf bestimmte und bestimmende soziale Herkunfts-, Bedingungs-
und Wirkungskontexte; sie haben auch jeweils eine bestimmte Geschichte; sie
sind geworden, veränderlich und – abhängig von sozialen Bedingungen – mindestens langfristig im Wandel begriffen. Und sie existieren aktuell sozusagen
nebeneinander, so dass man von der Gleichzeitigkeit ungleichzeitigen Wissens –
in diesem Fall: des Wasserwissens – sprechen kann.

1

Die (wissens-)soziologische Frage nach dem praktischen Wissen vom Wasser
kann beim gegenwärtigen ‚westlichen' Alltag des Verbrauchs und Gebrauchs
von Leitungswasser ansetzen, d. h. bei jedermanns einschlägiger Lebenspraxis,
die auch ein bestimmtes (Objekt-)‚Bewusstsein' bzw. bestimmte mentale Orientierungen einschließt.

Diesbezüglich ist zunächst festzustellen, dass Trinkwasser als Leitungswasser in jedermanns Alltag normalerweise keine oder kaum Aufmerksamkeit erregt
und kaum mit Reflexion oder gar ‚Erkenntnisinteresse' verbunden ist. Leitungswasser scheint jedenfalls für die allermeisten Zeitgenossen unserer (westlichen) Hemisphäre in den allermeisten Situationen eine nur allzu selbstverständ-
liche und unproblematische Tatsache zu sein – eine Tatsache, über die man weder viel nachdenkt noch viel redet. Zwar ist jedem im Prinzip klar, dass es sich
beim Trinkwasser an sich um eine höchst relevante, in vielerlei Hinsicht le-
benswichtige und überlebenswichtige Ressource handelt, die auch mannigfaltig
anfällig ist. Doch diese Ressource scheint hier für alle langfristig sicher und im
Überfluss vorhanden zu sein. Man vertraut dabei, was Versorgung (‚Versor-
gungssicherheit'), Gesundheit, Hygiene und Qualität betrifft, in die einschlägig
zuständigen Institutionen und ‚Systeme', in Experten und Spezialisten, Techniken und Verfahren, in den Staat, die Kommunen, die Wasserwerke, die Gesundheitsämter, Messmethoden, Kontrollen und Kontrolleure usw.

Das Jedermanns-Wissen vom Wasser als Leitungswasser impliziert also im
Allgemeinen (als Allgemeinwissen) eine Attitüde der Indifferenz, der Ignoranz,
der Unaufmerksamkeit und der Achtlosigkeit. Damit einher gehen kognitive
Desinteressen, Unkenntnisse und eine mangelnde Wertschätzung, ja eine gewisse Geringschätzung dieser ‚an sich' höchst wertvollen Ressource.

Normalerweise betrachtet und verbraucht man Trinkwasser jedenfalls ohne
das Gefühl, es überhaupt mit einem Lebensmittel oder gar mit dem Lebensmittel
überhaupt (‚Nr. 1') zu tun zu haben. Es ist eben scheinbar selbstverständlich
vorhanden und noch dazu so billig, dass nicht einmal der Preis wirklich interessiert. Wer weiß schon, wie viel Trinkwasser kostet? Und wer weiß gar, wie und

wodurch es sich regional unterscheidet, wie und unter welchen Bedingungen es gewonnen, bewirtschaftet, kontrolliert und vertrieben wird? Generalisierend kann man feststellen: Im Maß seiner Selbstverständlichkeit für sein (Konsumenten-)Publikum tendiert Trinkwasser dazu, für dieses Publikum unsignifikant und uninteressant zu sein und damit auch kein Gegenstand der Sachkenntnis, der bewussten und gezielten Wissensnachfrage und Wissensresonanz zu werden.

Für die Frage, was Trinkwasser praktisch bedeutet – ob man es, als was man es und wie man es versteht, beurteilt, bewertet und wertschätzt (und insofern auch ‚weiß') –, scheinen also Knappheitsverhältnisse maßgeblich und entscheidend zu sein. Von dem (scheinbaren) Maße seiner Knappheit und umgekehrt vom Maße seines Überflusses, seiner „Knappheitsknappheit" (Hahn 1987) hängen die Bewertung und die individuelle wie kollektive Wertschätzung des Trinkwassers ab, ja das ganze Verständnis dieser Ressource, ihr Image und mit ihm ihre Interessantheit und ihr Potential. Unter Überflussbedingungen (Knappheitsknappheit) des Angebots wie heutzutage in den meisten Regionen des Westens/Nordens bedeutet das eine systematische Knappheit an Bedeutsamkeit/ Relevanz, Beachtung, Wertschätzung und Prestige dieser Ressource.

Diese Knappheitslogik bzw. Knappheitsknappheitslogik begründet auch die Differenz und Differenzierung zwischen Leitungswasser einerseits und Mineralwässern andererseits sowie die hierarchische Differenz und Differenzierung zwischen verschiedenen Mineralwässern. Alle diese Wässer werden und sind aufgrund ihrer faktischen oder scheinbaren (Pseudo-)Knappheit, Nicht-Knappheit oder relativen (Nicht-)Knappheit unterschiedlich beurteilt und bewertet und können auch unterschiedlich (z. B. via Werbung) mit Bedeutung (Image, Prestige) aufgeladen werden. Mit anderen Worten: Der (soziale) ‚Status' eines Wassers und das entsprechende Wissen vom Wasser haben in allen diesen Fällen einen bestimmten und bestimmenden Knappheits- bzw. Knappheitsknappheitshintergrund.

Allerdings ist Leitungswasser – ähnlich wie die Atemluft – heutzutage ein nicht mehr ganz so selbstverständliches und scheinbar unproblematisches ‚Gemeinschaftsgut' wie früher. Zwar legt man sich in unseren Breiten immer noch kaum Hemmungen auf, wenn es um den Verbrauch von Leitungswasser geht, das nur zum geringsten Teil getrunken wird und zum allergrößten Teil in ein breites Spektrum privater und wirtschaftlich-industrieller Ver(sch)wendungskontexte fließt: von der Hygiene über die Pflege des Vorgartens bis zur Industrieproduktion. Aber man wird auch immer wieder und immer häufiger irritiert oder sogar alarmiert: von massenmedialer ‚ökologischer Kommunikation', die Grenzwertüberschreitungen mitteilt; von Berichten über allerlei Schadstoffe und Gifte (z. B. Medikamente oder Mikroplastik), die in die (Grund-)Wasserreservoirs gelangen und auch dann bedrohlich oder gefährlich erscheinen, wenn (noch) keine Grenzwerte überschritten werden; oder auch von Informationen über mögliche Attacken oder Cyberattacken auf Wasserreservoirs oder Wasserwerke. Irritierend oder alarmierend sind auch aus verschiedenen Quellen stammende Berichte über relativ ferne Weltregionen, die, so die plausible Behauptung, unter anderem wegen westlicher Konsumpraktiken an Trinkwasserknappheit leiden und – mit teilweise katastrophalen Folgen – immer mehr leiden werden ('ökologischer Fußabdruck').

Neben solchen Problematisierungen und neben Akteuren der Problematisierung und Problemdramatisierung – wie Journalisten, bestimmten Politikern und Vertretern 'sozialer Bewegungen' – sind es andere Quellen, die auf das Trinkwasser als solches aufmerksam machen und dabei immer auch spezifisches (Spezial-)Wissen unterstellen und generieren bzw. verbreiten. Mediziner, Ernährungswissenschaftler, Diätberater, Unternehmen der Wasserwirtschaft u.a. informieren aus ihrer jeweiligen Perspektive 'positiv' über diverse Aspekte bzw. den Nutzen des Trinkwassers und Wassertrinkens. Werbung und Marketing schließen daran an oder bauen darauf auf und empfehlen zum Beispiel Leitungswasser als Lebens- und Gesundheitsmittel.

Trinkwasser/Leitungswasser wird heute also auch schon öfter – und offenbar zunehmend – auf der Ebene des 'Alltagsbewusstseins' und der 'Alltagspraxis' jedermanns thematisch, fraglich und problematisch. Und das heißt, es wird unselbstverständlich und bewusst, sei es als Gefahr oder als gefährdetes Gut, als Risiko oder als Chance, zum Beispiel der gesunden Lebensführung. Es wird dann auch in einem mehr oder weniger engen Sinne zu einer Frage des Wissens, des Wissensollens, Wissenmüssens und Wissenwollens, zu einer Frage von Kenntnissen, Meinungen, Einschätzungen, Urteilen, Kontroversen usw.

Immer dann, wenn Trinkwasser (oder auch Ressourcen wie Atemluft) zum Thema wird, wird es in einem bestimmten sozialen Sinn-, Funktions- oder Diskurszusammenhang zum Thema und damit auch zu einem Gegenstand speziellen Wissens bzw. spezieller Wissensbestände. Wissen – Wissen vom Wasser – hängt dann auch immer mit spezifisch geprägtem, gewecktem oder geschärftem 'Bewusstsein' zusammen: mit Produktions- und Kostenbewusstsein, Risiko-, Chancen- und Gefahrenbewusstsein, Gesundheits- und Krankheitsbewusstsein, Knappheitsbewusstsein, ökologischem Verantwortungsbewusstsein oder Schuldbewusstsein, Globalitäts- und Globalisierungsbewusstsein usw. Dementsprechend spezifisch und stark richtet sich die individuelle und kollektive Aufmerksamkeit auf den Gegenstand Trinkwasser bzw. Aspekte davon sowie auf die entsprechenden massenmedialen Diskurse.

Das Wissen vom Wasser (Unwissen, Mythen, Halbwissen und Irrtümer eingeschlossen) ist also, abstrakt formuliert, immer auch eine Frage sozialer Praxen und Praxisbedingungen als Bedingungen bestimmter sozialer Figurationen und in bestimmten sozialen Figurationen. In diesem Sinne ist dieses Wissen im Prinzip ebenso wie sein Gegenstand (Wasser) sozial organisiert, konditioniert

und erzeugt, eingebettet und verankert, aber auch bewegt, dynamisiert und verändert. Damit stellen sich typische Fragen der Wissenssoziologie: Welche Wissenstypen, Wissensthemen und Wissensgeneratoren sind in diesem Zusammenhang im Spiel, und wie kamen und kommen sie als Momente oder Funktionen
sozialer Figurationen ins Spiel? Aus welchen Quellen stammen die diversen
Bestände des Wissens vom Wasser? Wer erzeugt, betreibt und vertreibt dieses
Wissen aus welchen Gründen und zu welchen Zwecken? Welche Bedürfnisse,
Interessen und Funktionen spielen für wen eine Rolle? Von wem und wie werden sie wo realisiert, behandelt und verhandelt? Bei wem kommen sie wie an
oder werden ignoriert oder (um-)gedeutet? Und so weiter.

2

Die soziologische Behandlung solcher Fragen führt notwendig zu sozialen Dif-
ferenzierungsprozessen und schließlich zur – nach weitgehendem Konsens soziologischer Beobachter – primär funktionalen Differenzierungslogik moderner
Gesellschaften. Blickt man mit dem Fokus Trinkwasser auf die Struktur dieser
Gesellschaften bzw. der sich immer weiter herausbildenden Welt-Gesellschaft
(vgl. u. a. Luhmann 1997), dann zeigt sich zunächst, dass Trinkwasser abhängig
von den verschiedenen sozialen (Sub-)Feldern/(Sub-)Systemen, die sich im
Laufe der letzten Jahrhunderte ausdifferenziert und verselbständigt haben, unterschiedlich und spezifisch konstruiert und thematisiert wird. Es zeigt sich mit
anderen Worten eine sozio-kulturelle Differenzierung von Trinkwasser-Realitäten, die den differentiellen und differenzierenden Sinn- und Wirklichkeitssphä-
ren der sozialen Felder/Systeme entsprechen: (Natur-)Wissenschaften, Medizin,
Recht, Verwaltung, Politik, Marketing/Werbung, Wirtschaft/Landwirtschaft/In-
dustrie, Massenmedien, Journalismus, Kunst, Moral, Religion usw.

Das heißt auch: In jedem Feld/System wird in je eigener Weise Wissen über
Trinkwasser sowohl vorausgesetzt als auch ständig in Umlauf gebracht, erzeugt
und fortentwickelt oder modifiziert. Im Feld des Rechts zum Beispiel geschieht
dies systematisch anders als etwa im Feld der Politik, der Wirtschaft oder der
Kunst. Dabei ist deutlich, dass diese Felder nicht nur jeweils sozusagen überge-
ordnete und eigengesetzliche Sinn- und Wissenssphären darstellen, sondern als
solche auch intern mehr oder weniger hoch differenziert und dynamisch sind. So
spielt Trinkwasser im Wirtschaftsfeld – immer mit Wissensimplikationen und
Wissenseffekten – eine komplexe und bereichsspezifische Rolle: als eigenes
Subfeld (Wasserwirtschaft/Wasserwerke), als Produkt-, Markt- und Konsumbe-
reich (Mineralwasser, Heilwasser, Soda- und Filterprodukte), als Ressourcen-
und Kosten-Aspekt von diversen wirtschaftlichen Aktivitäten (in Landwirtschaft, Industrie, privaten Haushalten) usw.

Soziale Felder sind mitsamt ihren speziellen Wissensbeständen und Wissenseffekten objektive Tatsachen, die alle Aspekte der jeweiligen Praxis, zum Beispiel die Bedeutungen konkreten Handelns, bedingen oder bestimmen. Die Logik, die Eigensinnigkeit und die Eigengesetzlichkeit des jeweiligen Feldes und seines Spezialwissens/Expertenwissens, zum Beispiel vom Wasser, stehen nicht zur Disposition der Feld-Akteure, die sich insofern sozusagen in einem gesetzten, indisponiblen Rahmen bewegen. Das heißt natürlich nicht, dass das jeweilige Wissen, die im Spiel befindlichen Definitionen, Meinungen, Deutungen, Einschätzungen, Urteile, Images usw. von den Akteuren völlig unabhängig wären. Dieses Wissen, auch das Wissen vom Wasser, ist vielmehr in den Grenzen und Spielräumen seiner Feld-Objektivität immer auch Gegenstand einer gewissen Pragmatik, eines flexiblen Gebrauchs bis hin zur Manipulation. Auch diese Praxis ist allerdings alles andere als beliebig. So sind auch in dem hier thematischen Zusammenhang normalerweise bestimmte und unterschiedliche Dispositionen (Habitus, Mentalitäten), Orientierungen und Interessen der jeweiligen Akteure im Spiel, die sie dazu bewegen oder es ihnen nahelegen, das Wasser so oder so zu ‚sehen', darzustellen, zu deuten, zu bewerten.

Generell von zentraler praktischer Bedeutung sind heute natürlich die den Feldern entsprechenden professionellen Experten und Spezialwissensbestände. Sie sind in den diversen Feldern sozusagen spezifisch verankert, können aber prinzipiell zumindest in Teilen (selektiv) in alle Felder der Gesellschaft gelangen und dort – moduliert durch den jeweiligen ‚Feld-Sinn' – eine Rolle spielen. So kann Trinkwasser als Wirtschaftsthema und Wirtschaftswissen auch im Feld der Politik oder sogar in dem der Kunst auftauchen – wenn auch immer nach Maßgabe der in seinen Akteuren gleichsam gespiegelten Eigensinnigkeit des jeweiligen Feldes. Und natürlich können auch die entsprechenden Spezialisten jenseits ihres jeweiligen ‚Herkunftsfeldes' nachgefragt werden und auftreten – Wissenschaftler zum Beispiel in der Politik, in der (Wasser-)Wirtschaft, in den Massenmedien, auf Kirchentagen usw.

In der primär funktional differenzierten Gesellschaft spielen Spezialisten bzw. Experten auch eine ‚kosmologische' Schlüsselrolle (vgl. Goffman 1977), als Versteher, Deuter, Erklärer und damit Ordner der Welt, insbesondere ihrer Kontingenzen und Probleme. Experten besitzen und wirken durch eine spezifische (‚funktionale') Autorität, aufgrund derer man ihnen in einem spezifizierten Gegenstandsbereich, wie etwa der Trinkwasserversorgung, einschlägige Urteils- und Handlungskompetenzen zuspricht und darauf vertraut, dass sie sie einsetzen können und wollen. Im Kontext existenzrelevanter und für Laien zugleich mehr oder weniger undurchdringlicher Themen, wie zum Beispiel der Qualität des Trinkwassers, ist diese Autorität, der Glaube an Experten und das Vertrauen auf sie, auf ihr Wissen und ihre Integrität, von größter Bedeutung.

Die sozio-kulturelle Differenzierung der Trinkwasser-Realitäten, und das heißt des Trinkwasser-Wissens, spielt sich natürlich nicht nur auf der (Funktions-)Ebene von sozialen Feldern ab, sondern auch auf der Ebene der verschiedenen sozialen (Groß-)Gruppen, der Schichten und Milieus. Auch auf dieser Ebene ist eine systematische Verschiedenheit und Ungleichheit des Wissens vom Wasser (und ökologischen Wissens überhaupt) nur zu erwarten und – wie auch der vorliegende Band zeigt – festzustellen. Dass die Dimension der Bildung, aber auch – nicht unabhängig von ihr – die der (z. B. ‚ökologischen‘) Weltanschauung/Lebensphilosophie, diesbezüglich von großer oder größter Bedeutung ist, liegt auf der Hand.

Die historisch zunehmende sozio-kulturelle Differenzierung der Trinkwasser-Realitäten mitsamt entsprechender Spezialisierungen, Spezialwissensbeständen, professioneller Spezialisten/Experten und entsprechender Wissensklüften (z. B. zwischen Spezialisten und Laien) ist aber nur die eine Seite der Medaille. Andererseits und umgekehrt begünstigt, ja fordert Trinkwasser als anthropologisch/existentiell unverzichtbarer und sozusagen universalistischer Gegenstand, als Gemein- und Gemeinschaftsgut, aber auch als überall ‚systemrelevante‘ Ressource, heute mehr denn je eine Transzendierung von Differenzen und (funktionalen) Differenzierungen, Spezialisierungen und Professionalisierungen. Trinkwasser ist heute bei aller feldspezifischen Besonderheit auch ein über alle Grenzen hinweg relevantes Kollektivgut und sozusagen ein Weltgut, dem ein Kollektivwissen und Weltwissen entspricht. Es ist auch eine Tatsache, die unter der Bedingung der Weltgesellschaft globale und globalisierende Auswirkungen hat, die sich der ‚Allgemeinheit‘ und dem ‚allgemeinen Diskurs‘ aufdrängen. Man denke nur an das aktuell stark präsente (Alarm-)Thema der von Trinkwasserverknappungen angetriebenen Migration (‚Klimaflüchtlinge‘).

Trinkwasser ist also auch ein Öffentlichkeitsthema par excellence, das sich bestens zur moralischen, politischen und massenmedialen/journalistischen Mobilisierung von Öffentlichkeit jeder Art bis hin zur Welt-Öffentlichkeit eignet. Tatsächlich entfaltet sich um dieses Thema – verstärkt in der Gegenwart und in der jüngeren Vergangenheit – ein grenzenüberschreitender und grenzenaufhebender globaler und globalisierender Diskurs, der auch so etwas wie eine globale kulturelle Integration anzeigt, mit sich bringt und verstärkt. Trinkwasser erscheint sozusagen als ein exemplarisches Kollektiv- und Menschheitsthema und als Aufhänger negativ-kritischer und positiv-visionärer Globalisierungsdiskurse. Die Idee der ‚one world‘ kann kaum besser, anschaulicher und überzeugender beschworen werden als anhand dieses Themas.

3

Die hier thematisisierten sozialen Felder, was immer sie im Einzelnen mit Trinkwasser zu tun haben, sind auch insofern exemplarisch und in gewisser Weise symptomatisch, als ihre Figurationen und Praxen differentielle und teilweise divergierende oder konfligierende Interessen, Nutzenformen und Nutzenkalküle implizieren. Diese Tatsache zeigt sich auch im Wissen vom Wasser und wirkt sich in diesem Wissen aus: in der Einschätzung seiner Wichtigkeit oder Unwichtigkeit, in seinem selektiven Aufgreifen, Ignorieren und Ausblenden, in seinem Deuten und Umdeuten, in der Bereitschaft, sich ihm zuzuwenden oder der Neigung, sich von ihm abzuwenden und nicht zuletzt in der komplexen Praxis der Täuschung, der Lüge und der Geheimhaltung.

Auf der einen Seite gibt es natürlich das (legitime) Interesse des ‚allgemeinen Publikums‘ und der verschiedenen Verbrauchertypen von Trinkwasser – ein Interesse, das vor allem auf Qualitäts-, (Versorgungs-)Sicherheits- und Preisaspekte hinausläuft. Diesem Interesse und seinen Fokussierungen entspricht ein Wissen, ein Wissensinteresse, ein Wissenwollen und Wissenerwerben auf Seiten dieser Publika sowie der darauf bezogene Versuch (wirtschaftlich) gewinninteressierter Akteure, zum Beispiel Wasservermarkter, das einschlägig relevante Wissen (Glauben, Meinen, Erwarten, Hoffen) ihrer Konsumenten-Publika zu beeinflussen. Diese Akteure haben also immer auch oder in erster Linie bestimmte strategische Image-Interessen, während ihre zum Beispiel durch Werbung adressierten Publika sozusagen ein immanentes Interesse an den für sie relevanten Wahrheiten des Wassers (seiner wirklichen Qualität, Reinheit, Gesundheit usw.) haben (müssen).

Interessen und Interessenten spielen aber auch – mit bestimmten Wissenssimplikationen und Wissenseffekten – jenseits dieser Ebene eine Rolle. Neben wirtschaftlichen Interessen und Interessenten (und teilweise in Verbindung mit ihnen) und neben diversen Verbrauchern sind auch ganz anders ‚gepolte‘ Interessen und Interessenten im Spiel: (partei-)politische, wissenschaftliche, moralische u.a. Damit geht es wiederum um besondere Akteure und besondere Publika, die auf unterschiedliche Weise direkt oder indirekt, aktiv oder passiv, bewusst oder unbewusst mit Wissen zu tun haben.

In diesem Zusammenhang, zum Beispiel in Kontexten der Kontrolle, Erzeugung und Nutzung von Aufmerksamkeit, Meinung, Stimmung oder Zustimmung (Image, Anhängerschaft, Gefolgschaft), ist das Feld der Massenmedien von zentraler Bedeutung. So sind Journalisten, die wichtigsten ‚öffentlichen Meinungsmacher‘ (auch) in Sachen Trinkwasser, typischerweise – und typischerweise erfolgreich – auf der Suche nach aufmerksamkeitseffektiven sensationellen Schlagzeilen, wie zum Beispiel (vermeintlichen) Skandalen, Katastrophen, (Gesundheits-)Gefahren oder Konflikten. Journalisten haben mit anderen

Worten ein spezielles Interesse an einschlägigen ‚bad news‘ und nicht etwa an Feststellungen von ‚positiver‘ Normalität (wie z. B. der normalerweise hohen Qualität des Trinkwassers). Ebenso haben andere Akteure, Akteurklassen und Figurationen wie bestimmte politische Parteien, Gruppierungen oder Verbände in solchen Zusammenhängen ein Interesse an ‚schlechten Nachrichten‘ bzw. ein Interesse an bestimmten einseitigen Deutungen, Umdeutungen oder Dramatisierungen (z. B. von Problemen, Gefahren oder Risiken).

Die entsprechenden Kommunikationen (von Journalisten, Politikern, Funktionären, ‚Zeitdiagnostikern‘ usw.), die sich verstärkt in der jüngeren Vergangenheit regelmäßig und komplex wiederholen, bleiben kaum folgenlos für das (Wasser-)Wissen und damit das (Wasser-)Wirklichkeitsbild des Publikums, das heutzutage in weiten Teilen relativ ‚ontologisch entsichert‘ zu sein und zu werden scheint. Es verbreiten und verfestigen sich Irritationen, Unsicherheiten, negative (Image-)Attributionen, diffuse Ängste und konkrete Befürchtungen mit der Implikation von mehr oder weniger weitreichender und nachhaltiger Skepsis und von Misstrauen – längst nicht nur, aber gerade auch, hinsichtlich des Trinkwassers.

Natürlich gibt es mit entsprechenden Wissens- und Wirklichkeitsimplikationen auch umgekehrte Interessenlagen und Interessenten, Nutzenformen, Nutzenkalküle und entsprechende ‚Politiken‘ von Akteuren: Interessen an der Leugnung oder Verleugnung, Verhüllung oder Entdramatisierung von realen Wasser-Defiziten, Wasser-Problemen oder diesbezüglichen ‚schlechten Nachrichten‘ (z. B. Belastungen des Grundwassers betreffend), sowie Interessen an der Findung, Erfindung oder Dramatisierung ‚guter‘ Nachrichten, Images oder image-relevanter Aspekte. So sind Verwalter, Produzenten und Vermarkter von Trinkwässern und wasserbezogenen Produkten aller Art selbstverständlich an bestimmten positiven Images ihres jeweiligen Gutes interessiert, und diejenigen, die sich in welcher Form auch immer lokal oder global am Trinkwasser vergehen (z. B. durch Raub oder Missbrauch, Belastung, Beschmutzung, Vergiftung oder Zerstörung), haben – zu Gunsten ihres eigenen Images – natürlich ein Interesse daran, diese (Image-)Tatsache zu verbergen, zu kaschieren oder durch eine entsprechende Dramaturgie zu kompensieren.

Mit anderen Worten: Je nachdem wie sie einschlägig (in Sachen Trinkwasser) positioniert und interessiert sind, nehmen Akteure und Publika in diesem Zusammenhang tendenziell ‚selektiv wahr‘ und sind geneigt, selektive Wahrheiten oder Unwahrheiten bzw. allerlei (Image-)Wissen, das mehr oder weniger oder auch nichts mit der Realität zu tun hat, zu (re-)produzieren, zu verbreiten oder ‚abzunehmen‘. Am eindeutigsten gilt das auf der Seite der Akteure für bestimmte professionelle Akteure, die sich mit eigenen (finanziellen) Interessen in den (Auftrags-)Dienst fremder Interessen stellen. Marketing und Werbung sind in diesem Kontext die besten Beispiele dafür.

Die Werber sind natürlich die (beauftragten und bezahlten) Spezialisten der hier gemeinten ‚Wirklichkeits(de)konstruktion'; sie fungieren als Dienstleister der Simulation und Dissimulation, der Erfindung, Stilisierung, Beugung und Nihilierung von Realitätseindrücken – auch denen des Trinkwassers. Die Werber sind also auch Sinn- und Wissensgeneratoren, die zwar immer an vorhandene Wissensbestände anschließen und anschließen müssen, die aber auch fremden Interessen dienliche und entsprechend (strategisch) passende Images – Image-Fiktionen – generieren, erfinden, modifizieren, am Leben halten und anreichern.

4

Trinkwasser jeder Art ist zwar ein unverzichtbares ‚Lebensmittel' und ‚Gemeinschaftsgut', aber zumindest in den westlichen Gesellschaften der Gegenwart auch eine Ware und ein Konsumgut. Während jedoch Leitungswasser von seinen heutigen Konsumenten kaum als Ware oder Konsumgut angesehen wird, gilt für Mineralwasser – und erst recht für Heilwasser – das Gegenteil. Es ist ein in verschiedenen Kategorien und Ausführungen angebotenes und – verglichen mit Leitungswasser – relativ teures Konsumgut, das für die Konsumenten auch als solches erscheint, genossen und vermarktet wird.

Die profilierte Identität als Ware und Konsumgut verdankt das Mineralwasser/Heilwasser – im teils grundsätzlichen und teils graduellen Unterschied zum Leitungswasser – vier Faktoren, die mit einer Art Bewusstsein und Wissen einhergehen:

- Erstens seiner ‚produktiven' Sonderstellung durch die Behauptung besonderer oder besonders ausgeprägter Produkteigenschaften. Mineralwasser ist eben nicht nur Trinkwasser, sondern Mineralwasser.

- Zweitens seiner Darreichungsform in Flaschen mit einem Etikett, das durch seine Ästhetik und die Behauptung von Inhalten (Aussagen über angeblich gesunde Inhaltsstoffe, besondere Natürlichkeit, Reinheit usw.) zu überzeugen und zu beeindrucken vermag. Diese expressive/performative Dimension ist umso wichtiger, als die Ware Wasser als solche eine mehr oder weniger natürliche Materialität ist, deren Varianten nur relativ geringe, nicht oder kaum wahrnehmbare Unterschiede bzw. Geschmacksunterschiede machen.

- Drittens seinem mindestens nennenswerten und in verschiedenen Klassen steigenden Preis, der nicht nur als Kosten verbucht wird, sondern auch dem Produkt in den Augen seiner (potentiellen) Konsumenten den Anschein eines mehr oder weniger hohen Werts oder sogar den Anschein eines überlegenen Werts bzw. Distinktionswerts verleiht.

- Viertens der Werbung, die das Produkt kommunikativ und symbolisch auflädt: durch die besagten ‚sachlichen' Aussagen und – mehr noch – durch allerlei Semantiken, Symbolwelten, Geschichten und Ästhetiken, die zum Beispiel durch das Ergebnis bestimmter Lifestyle-Impressionen Emotionen ansprechen. So erhält das von Natur aus relativ oder ganz ‚gesichtslose' Erzeugnis Wasser ein ‚Gesicht', ein Image, das man, wie beiläufig auch immer, kennenlernt und von dem man aufgrund seiner Kenntnis glaubt, dass es sich um eine wertvolle Sache handelt, die man sich leisten sollte.

Zwei sozio-kulturell bedeutungsvolle Trends sind hier unübersehbar: Zum einen ist der Absatz von Mineralwässern in den westlichen Gesellschaften (z. B. Deutschland) in den letzten Jahrzehnten tendenziell enorm expandiert. Zum anderen gibt es im Markt der Mineralwässer neben einer Differenzierung von Wassertypen auf der Basis von substantiellen und geschmacklichen (Säure-) Eigenschaften (‚Sprudel', ‚Medium', ‚stilles Wasser') einen Trend zu einer Art Klassendifferenzierung auf der Basis von Preisdifferenzierungen, die mit das Wasser betreffenden Image-Behauptungen einhergehen und dem Konsumenten Image-Gewinne versprechen. Auf der einen Seite steht das Billig- und Billigstwasser der Discounter und Supermärkte, und auf der anderen sehr teures bis äußerst kostspieliges Wasser, das nicht nur preislich distinguiert ist und real oder scheinbar distinguiert, sondern auch symbolisch und prestigemäßig. Für solche ‚Güter' wird im Extremfall keine Werbung gemacht bzw. besteht die Werbung darin, keine Werbung zu machen.

An der Entwicklung des Mineralwasser-Marktes und seiner verschiedenen Segmente sind natürlich in erheblichem Maße Formen des Marketings und der Werbung beteiligt, die ebenso zu dieser Entwicklung beitragen wie sie von ihr getragen werden (vgl. Willems/Kautt 2003). Demgegenüber (gegenüber den ‚Flaschenwässern') ist das Leitungswasser als Marketing- und Werbungsthema bis heute vergleichsweise marginal. Erst in der jüngeren Vergangenheit ist es zum verstärkten Zielgebiet von Aktivitäten des Marketings, der Werbung und Öffentlichkeitsarbeit geworden. Sein entscheidender (weil unterscheidender) Nachteil – auch für das Potential seiner Bewerbung – bleibt aber der niedrige Preis und die Art seiner Darreichung, die ‚Leitung', die zugleich für Überfluss (des Produkts/der Ressource) wie für Profanität des ‚Überfließenden' (wenn auch alles andere als Überflüssigen) steht.

Die Performanzen des Preises, der Werbung, der Produktdarreichung und des Produktdesigns/der Produktpräsentation, zum Beispiel die Glasflasche und die Etikettgestaltung des anspruchsvolleren Mineralwassers, machen in diesem Zusammenhang also nicht nur große Unterschiede in der Wahrnehmung und im Absatz des Produkts, sondern sie machen mindestens in gewissem Maße auch die ‚Sache selbst' aus, so dass man zu dem Schluss kommen kann, dass der Schein in diesem Fall das Sein ist oder mindestens zu einem erheblichen Teil. Das Produkt besteht demnach wesentlich im imaginären Produkt-Image und damit auch im Produkt-Erleben der potentiellen und der faktischen Konsumenten/Kunden. Eben diese Logik macht das Leitungswasser umgekehrt zu einem Unprodukt, einem Produkt ohne Identität, ohne Profil, Stil und Charakter.

Allerdings sind der Werbung und dem Marketing auch systematische Grenzen und Herausforderungen durch die Tatsache gesetzt, dass es so etwas wie kulturelle/semantisch-symbolische Traditionen der beiden Trinkwasserkategorien mitsamt ihren Varianten gibt – Traditionen, die über sehr lange Zeitstrecken (zurück-)gehen und im habituellen Alltagswissen der verschiedenen sozialen (Groß-)Gruppen gespeichert sind. Das Mineralwasser ist ja auch vor allem Marketing und vor aller Werbung ein traditionsreiches Prestigeprodukt mit einer Verwurzelung im Lebensstil/Life-Style alter und neuer Oberschichten, während das Leitungswasser traditionell symbolisch depotenziert ist: als Arme-Leute-Getränk mit dem Beigeschmack des Unterklassigen und der Leitungsrohre, die auf ihre Weise unten sind.

Dementsprechend systematisch unterscheiden sich die Potentiale und Herausforderungen der mit den diversen Trinkwasser-Produkten befassten Strategen und Dramaturgen des Marketings und der Werbung. Im Falle des Mineralwassers kann und muss es diesen darum gehen, vorhandenes (traditionelles) Image-Kapital zu steigern und positive Image-Konkurrenten derselben Art durch entsprechende Image-Dramaturgie zu überbieten, während die Bewerbung von Leitungswasser eher vor dem Problem steht, überhaupt ein Image (ein ‚Produktgesicht') zu generieren oder/und negativen Attributionen und Mythologien entgegenzuwirken.

5

Die mit technischen Modernisierungen (Wasserleitung, -kontrolle, -reinigung etc.) zusammenhängenden Logiken der funktionalen Differenzierung und der sozialen Felder/Systeme mitsamt ihren spezifischen Spielräumen und Akteuren sind in diesem Zusammenhang nur die eine Seite der Medaille. Auf der anderen Seite verweisen die Aspekte des Wissens vom Wasser auf die potentiell oder faktisch wasserverbrauchenden (Groß-)Gruppen – Gruppen, die zwar alle und immer in irgendeiner Weise mit Trinkwasser zu tun haben, aber sich mehr oder weniger unterschiedlich dazu verhalten und eingestellt sind.

Nur zu erwarten und nicht zu übersehen sind systematische Zusammenhänge zwischen bestimmten sozialen Großgruppen (Milieus, Schichten, Klassen), ja ganzen Gesellschaften einerseits und dem Wissen vom Wasser (im wissenssoziologisch weitesten Sinne) andererseits. So liegt es auf der Hand, dass (westliche) ‚Öko-Milieus' oder/und gesundheitsbewusste ‚Selbstverwirklicher', die Mittel- oder Oberschichten zuzurechnen sind, in Sachen Trinkwasser (und Wassertrinken) anders informiert, auch besser informiert, und auch anders eingestellt sind als Mitglieder jener unteren oder untersten Sozialschichten, die in jeder Hinsicht unter Not- und Notwendigkeitszwängen stehen und einen entsprechenden (Nicht-)Konsum praktizieren und kultivieren (müssen).

Hier, auf der Ebene der (Groß-)Gruppen-Differenzierung bzw. Schicht-Differenzierung der Gesellschaft, aber auch auf der Ebene der Gesellschaft und ihrer Kultur selbst erweisen sich die zusammengehörenden (figurations-)soziologischen Begriffe des Lebensstils, des Habitus/der Gewohnheit und der Mentalität als besonders nützlich, wenn es um die soziale Differenzierung und die Bedeutung der sozialen Differenzierung praktischen Wissens wie dem hier thematischen geht. Dieses Wissen (vom Wasser) erweist sich nämlich vor diesem begrifflich-theoretischen Hintergrund nicht nur als Funktion eines sozial (funktional) differenzierten gesellschaftlichen Wissenshaushalts, der die ‚gesellschaftliche Konstruktion der (Wasser-)Wirklichkeit' in der Form objektiver Diskurse und Speicher/Gedächtnisse organisiert, sondern auch als Funktion differentieller und differenzierender Habitus bzw. mentaler Dispositionen.

In der Habitustheorie/Gewohnheitstheorie/Mentalitätstheorie kann man auch den zentralen Schlüssel zu jenen ebenso tiefsitzenden wie unbewussten, aber gerade auch deswegen wirkmächtigen kulturellen (Wissens-)Traditionen bzw. Praxen sehen, die das Trinkwasser und Wassertrinken als einen geradezu symptomatischen und exemplarischen Fall einschließen. Zu denken ist hier an

- religiöse Traditionen (Semantiken, Symboliken und rituelle Formen wie Reinigungs- oder Weiherituale): Sie sitzen habituell/gewohnheitsmäßig tief, wenn nicht (aufgrund ihrer historisch-langfristigen Verwurzelung) am tiefsten überhaupt, und bilden auch jenseits von aktuell bewussten religiösen ‚Bekenntnissen' (‚diskursivem Bewusstsein') so etwas wie ein implizites Wissensfundament, ein Geflecht von Bedeutungen, Attitüden und Praktiken. Mindestens alle Weltreligionen (Christentum, Judentum, Islam, Hinduismus), wenn nicht überhaupt alle Religionen, haben jeweils solches Habitus-Wissen ausgeprägt und so verfestigt, dass es auch nach Säkularisierungsprozessen noch eine lebenspraktische Rolle spielt – immer auch mit Aspekten des (Trink-)Wassers.

- nationalkulturelle Traditionen: Die Sitte und Gewohnheit, Kaffee oder Speisen generell zusammen mit Trinkwasser zu servieren, sitzt ihrerseits habituell/gewohnheitsmäßig tief und berührt oder überschneidet sich mit

Traditionen anderer Art, wie zum Beispiel religiösen Traditionen. Auch hierbei handelt es sich also um Formen von Habitus-Wissen.

- Zivilisationsprozesse: Sie führen als Gewohnheitsbildungen, als Habitualisierungen und Habitus auf der (psychischen) Ebene des ‚Über-Ichs' (Moral, Anstand, Benehmen etc.) zu implizitem/praktischem Wissen. Es beinhaltet – mit teils direkten, teils indirekten Bezügen zu Aspekten des Trinkwassers und der Wasser-Praxis – gleichsam automatische Formen und Mechanismen der Selbstdefinition, der Selbstkontrolle und der Lebensführung in Verbindung mit bestimmten selbstverständlichen Selbst-, Fremd- und Weltverständnissen: von Scham- und Peinlichkeitsgrenzen, von Hygiene, Wohlbefinden, Gesundheit usw. Zentral und im Hinblick auf Trinkwasser geradezu exemplarisch ist in diesem Zusammenhang der (Wissens-)Komplex der Reinheit und der Reinlichkeit: Zum einen wird das Trinkwasser selbst einer immer stärkeren und effektiveren Reinheitsidealisierung, Reinheitskontrolle und Reinheitsbearbeitung unterzogen; zum anderen wird es auch zunehmend für eine ‚Politik' der Reinheit, der Reinlichkeit und der Reinigung in Dienst genommen und in seiner Indienstnahme als selbstverständlich unterstellt. Diese Politik beginnt beim menschlichen Körper und allem, was damit zusammenhängt, reicht aber weit darüber hinaus in alle privaten und öffentlichen Lebensbereiche.

- schichtspezifische (klassen-, milieuspezifische) Traditionen: Im Anschluss an Elias oder Bourdieu kann man, jedenfalls im Hinblick auf moderne(re) westeuropäische Gesellschaften, davon ausgehen, dass das praktische Verhältnis und Verhalten zum Trinkwasser/Wassertrinken und damit auch das Habitus-Wissen vom Trinkwasser eine schichtspezifische/klassenspezifische Prägung hat und schichtspezifisch variiert. Dieses Wissen steht, genauer gesagt, vor allem im weiteren Kontext schichtspezifischer Ess- und Trinkkulturen und Ess- und Trinkpraxen, in denen Elias und Bourdieu ein Paradefeld habitusfundierter und habitusindizierter Distinktion sehen. Demnach impliziert beispielsweise der habituelle „Notwendigkeitsgeschmack" (Bourdieu 1982) unterer Schichten ein entsprechendes (Notwendigkeits-)Verhältnis zum Trinkwasser(trinken), während der ökonomisch fundierte „Luxusgeschmack" (Bourdieu 1982) oberer Schichten (auch) im Trinkwasser eine symbolische Ressource und ein Feld symbolischer Distinktion (‚feiner Unterschiede') findet und in Anspruch nimmt. Luxusgeschmack heißt in diesem Zusammenhang nicht nur, Mineralwasser dem – fast kostenlosen – Leitungswasser vorzuziehen, sondern auch eine Hierarchie der besseren, feineren, edleren und natürlich auch teureren Sorten und Marken zu kennen und zu konsumieren. Diese Distinktionslogik in Sachen (Trink-) Wasser findet sich auch jenseits der Getränke- und Trinkkultur/Trinkgewohnheiten. Auch in nicht ernährungsbezogenen Bereichen des Trinkwasserverbrauchs und Trinkwassergebrauchs, zum Beispiel im privaten Bad, sind schichtspezifische Besonderheiten und Differenzen quantitativer und qualitativer Art bis heute zu erwarten und festzustellen. Das private Bad und Baden ist heutzutage zwar gewiss kein Luxus oberer Schichten (mehr), aber die Ausstattungen der Bäder und die Praktiken des Badens (die Häufigkeit und Menge des Wasserverbrauchs, die Zubereitung des Wassers) sind höchst ungleich, in ihrer sachlichen Ungleichheit sozial schichtdifferenziert und ein Ansatz der symbolischen Distinktion.

- kulturelle Sickerprozesse: Folgt man Elias, dann hat man es als soziologischer Beobachter historischer Gesellschaften (einschließlich der gegenwärtigen) nicht nur mit spezifischen Schichten und schichtspezifischen Traditionen und Habitus zu tun, die etwa als Bestimmungsgründe von Vorstellungen des (‚guten‘) Geschmacks oder der (‚guten‘) Gesundheit gerade auch das Konsumverhalten und das Verhältnis zu Konsumobjekten regulieren und differenzieren. Vielmehr geht es auch um historische Verhältnisse und um – Habitustransformationen einschließende – Langfrist-Prozesse des Austauschs und der Auseinandersetzung, der Distinktion und Identifikation zwischen Schichten. Eine besondere Rolle spielen Elias‘ Zivilisationstheorie zufolge kulturelle Sickerprozesse, nämlich mit entsprechenden Wandlungen des Wissens verbundene Prozesse des Absickerns oberschichtlicher Verhaltensmodelle von (gesellschaftlich) ‚oben‘ nach (gesellschaftlich) ‚unten‘, in untere Sozialschichten.

In diesem Zusammenhang kann man wiederum den Konsum von Mineralwässern (oder auch die Praxis des Badens) als Beispiel (und Kontext eigener Art) aufgreifen und zugleich eine mindestens ansatzweise Antwort auf die Frage zu geben versuchen, warum sich die bekannte Hierarchie der Trinkwässer entwickelt und in Form von Wassermärkten und Wasserangeboten ausgeprägt hat. Eingeschlossen ist dabei die spezifisch interessante Frage nach dem (relativ schlechten) Image des Leitungswassers.

Sickerprozess im genannten Sinne heißt in diesem Zusammenhang zunächst: Der heutige, über die ganze Gesellschaft verbreitete, wenn auch in verschiedener Hinsicht differenzierte Konsum von Mineralwässern und seine seit Jahrzehnten enorme Steigerung haben mit einem langfristigen historischen Prozess des sozialen Durch- und Absickerns der historischen Bedeutung des Mineralwassers als (Luxus-)Getränk der sozialen Oberschicht (früherer Gesellschaften) zu tun. Sie bediente sich dieses Getränks einstmals und bedient sich seiner (in welcher gewandelten Form auch immer) bis heute als einer Art Luxus – früher vorzugsweise in luxuriösen Bädern und Kuren, aber auch in kostspieligen Abfüllungen für den Hausgebrauch (vgl. Winterberg 2007: 135ff.). Dabei ging es hauptsächlich um gesundheitlich wohltuende oder heilende Wirkungen, eine Art Medizin oder Wellness. Gleichzeitig, daneben und bis heute zunehmend hat sich das Mineralwasser und haben sich verschiedene Mineralwässer als geschmacklich besonders ‚feine' Konsumobjekte entwickelt und etabliert. Diesbezüglich herrscht das wert- und preisbegründende Prinzip der Knappheit, das auch sozusagen einen eigenen Erlebnisreiz setzt.

In dieser und in jener Bedeutung – sowohl als gutes Geschmacksobjekt und guter Geschmacksindikator als auch als Objekt und Medium guter Gesundheit – ist das Mineralwasser mittlerweile auch in mittleren und unteren Sozialschichten angekommen und schon weit verbreitet. Auch heute noch – in der Zeit der Massenproduktion und des Massenkonsums von Mineralwasser – schwingen diese Bedeutungen, wenn auch tendenziell unbewusst, vor allem bei den etwas teureren Marken mit und machen für mittlere und eher untere Sozialschichten den Wert bzw. den Erlebniswert des Mineralwassertrinkens mit aus, auch wenn der Preis die Produktauswahl bedingt oder bestimmt.

Gegenläufig zu dem hier gemeinten Sickerprozess und zu dem Prozess der Vermassung des Mineralwasserkonsums verhält sich die aktuell mehr denn je offensichtliche Tendenz zur Distinktion von Mineralwässern und durch den Konsum von – distinktiven – Mineralwässern. Weit hinaus über den symbolischen (Distinktions-)Gehalt und (Distinktions-)Wert der Massenware und des Massenkonsums geht heute jedenfalls das Mineralwasser als zugleich (in verschiedenen Klassen) besonders teures und symbolisch-semantisch aufgeladenes Lifestyle-Produkt, das offen oder verdeckt als (Oberschicht-)Statussymbol fungiert. Mineralwasser erscheint hier also wiederum im Zusammenhang starker bis extremer sozialer Ungleichheit (Schichtung): als ein potentiell prestigesymbolisches Konsumobjekt, das sich auch und gerade wegen seiner relativen Indifferenz auf der Sachebene spezifisch dazu eignet, guten Geschmack und einen Sinn für feine Geschmacksunterschiede zum Ausdruck zu bringen bzw. zu demonstrieren. Marken, Images und zugehörige Mythologien spielen hierbei traditionell eine zentrale Rolle – nicht zuletzt als potentielle Symbole und Symptome einer Lebensart und einer sozialen (Schicht-)Zugehörigkeit.

Gleichzeitig wird hier auch so etwas wie eine ihrerseits als Modell existierende und sozial durchsickernde aristokratische Haltung in der Ernährungs- und Genusspraxis deutlich und deutlich gemacht. Man zeigte und zeigt im gepflegten (Dauer-)Konsum entsprechender Wässer nicht nur eine gewisse Betuchtheit und Geschmack/Niveau, sondern auch buchstäbliche Nüchternheit, Zurückhaltung, Distanz, Maß und Selbstbeherrschung in Bezug auf körperliche Bedürfnisse und Emotionalität. War das Wassertrinken einst bloß sozusagen ein Naturzwang oder auch ein soziales Armutszeugnis, so hat es sich in bestimmten sozialen Kreisen und für sie nicht nur zu einem ökonomisch begründeten (Klassen-) Statussymbol entwickelt, sondern auch in Verbindung mit dem besagten ‚Geschmacksadel' und der Symbolisierung dieses Adels zu einem Zeugnis gesteigerter Rationalität, Auf- und Abgeklärtheit und (damit) Zivilisiertheit/Kultiviertheit. Das schließt sinnlichen Genuss durchaus ein, aber es ist ein feiner und verfeinerter, zurückhaltender, eher indirekter und reflexiver Genuss.

Alle hier angesprochenen in und über Habitus fungierenden kulturellen Traditionen, die jeweils eine eigene Verständlichkeit und Selbstverständlichkeit implizieren, wirken als unbewusstes/ungewusstes Wissen sozusagen im Hintergrund und Untergrund der empirischen und praktischen Tatsachen, um die es in dem vorliegenden Buch geht. Trinkwasser und Wassertrinken, Wasserverbrauchen und Wassergebrauchen, Wasserverstehen und Wassererleben sind mit andern Worten auch vielfältig mental bedingt, ohne dass dies den Akteuren selbst bewusst wäre. Für die Gegenwart und jüngere Vergangenheit ist allerdings charakteristisch, dass das Fortbestehen und die Fortentwicklung jener kulturellen Traditionen und mentalen Dispositionen einhergeht mit einer (bewussten und expliziten) Dauerthematisierung und Dauerirritation durch Medien, Politik, Wissenschaft u.a. Gleichwohl dürfte in der aktuellen und bewussten Thematisierung des Trinkwassers und in jeglicher diesbezüglicher Praxis immer noch in erheblichem Maße, wenn nicht hauptsächlich, jener traditionelle Sinn stecken (nationalkultureller, religiöser, zivilisatorischer, schicht-, klassen-, milieukultureller Sinn) und – zum Beispiel als Quelle von Rationalisierungen – bedeutsam oder maßgeblich dafür sein, was in puncto Trinkwasser aktuell und bewusst vorgeht, was gemeint, geglaubt und kommuniziert wird.

6

Die ‚Bilder', die sich Menschen und Gruppen vom Trinkwasser bzw. den Varianten des Trinkwassers machen, und die ‚Bilder', die ihnen davon, zum Beispiel durch Werbung oder Journalismus, gemacht werden, sind also kulturell/mental voraussetzungsvoll und (damit) divers. Sie haben jeweils aktuell eine mehr oder weniger stabile Struktur, sind aber auch geworden und veränderlich.

In diesem Zusammenhang macht es soziologisch Sinn, mit dem Image-Begriff zu operieren, der sich heute generell mehr denn je als ein wissenssoziologischer und zeitdiagnostischer Begriff aufdrängt und theoretisch wie praktisch zunehmend gebräuchlich ist. Auf der Hand liegt ja, dass es sich bei Images jeder Art (auch den Images des Trinkwassers) um eine Art von Wissen handelt – je-

weils sozusagen um einen Wissenskomplex, der aus unterschiedlichen Wissens-
kontexten entsteht und aus unterschiedlichen Wissensquellen gespeist wird oder
werden kann.

***

Kurzer Exkurs über den soziologischen Image-Begriff

Mit Images sind, wenn man einem kleinsten gemeinsamen Nenner soziologischer Verständnisse dieses Begriffs folgt, schematische Vorstellungskomplexe
oder Stereotypen gemeint, die sich im Sinne einer gerafften Beschreibung auf
diverse, menschliche wie nicht-menschliche (Image-)Objekte beziehen und
diese bewertend qualifizieren oder disqualifizieren. Images sind also nicht nur
sinn- und informationsgeladen, sondern auch symbolisch bzw. kapitalgeladen.
In ihnen stecken Status- oder Prestigewerte oder – mit umgekehrten Wertvorzei-
chen – Stigmawerte.

Der Imagebegriff steht in jedem Fall für ein reflexives Verhältnis zwischen
einem ‚Bild' und einem ‚Abgebildeten', einem Bezeichnenden (Image) und
einem Bezeichneten (Image-Objekt), einem Beschreibenden und einem Beschriebenen. In diesem Sinne, das heißt im Bewusstsein dieser Differenz, kann
der Begriff auch im Alltagsleben gebraucht werden. ‚Man' weiß dann im Prinzip, dass ein Image ein ‚Bild' von etwas ist und mit diesem ‚etwas' nicht völlig
gleichgesetzt werden darf. Andererseits stößt man im Alltagsleben auch auf die
verbreitete Tendenz, Image und Image-Objekt praktisch gleichzusetzen, also
diesbezüglich kein Differenzbewusstsein zu haben, sondern vielmehr eine tendenziell absolute Gewissheit, was die Vollständigkeit und Richtigkeit jenes
‚Bildes' betrifft.

Als hoch- oder höchstgradig selektive Bilder, die das, worauf sie sich beziehen, nicht repräsentieren, sondern nur in eigener Form und eigenem Sinn
vertreten, sind Images immer auch Negationen von Informationen über ihr Objekt, und sie sind aufgrund dieser Exklusivität/Selektivität und aufgrund ihrer
Informationsorganisation, die Konsistenzprinzipien unterliegt, immer auch Konstrukte eigener und neuer Ordnung, die sich von ihren jeweiligen sachlichen
(Objekt-)Bezügen mehr oder weniger weit entfernen.

Allerdings – und dies ist auch in dem hier intendierten diagnostischen
Rahmen relevant – kann man in vielen Kontexten der Massenmedien (z. B. der
massenmedialen Werbung) nur noch schwerlich von einem reflexiven oder
asymmetrischen Verhältnis zwischen Images und Image-Objekten sprechen.
Diese Schwierigkeit hat damit zu tun, dass Images hier in besonderen Spielräumen und mit besonderen Freiheiten gebildet werden und vielfach auf nichts
(mehr) verweisen außer auf sich selbst und andere Images.

Als mehr oder weniger abstrakte, komplexitätsreduzierende und fiktive (Objekt-)Beschreibungen/Kurzfassungen, in denen potentiell sozial folgenreiche Werturteile und Bewertungen stecken, sind Images aller Art einerseits das Zielgebiet von interessierten Akteuren, die versuchen, sie (diese Vorstellungen, Bewertungen) durch Darstellungen (Informationskontrollen) positiv oder negativ zu beeinflussen. Andererseits evozieren Images unter Umständen auch Aktivitäten der ‚Evaluation'. Es geht dann entsprechend interessierten Akteuren um die praktische Frage, was sich hinter existierenden Images anderer tatsächlich verbirgt. Aktive bzw. strategische Image-Arbeit bedeutet dementsprechend, publikumsorientiert und ‚empathisch' Eindrücke bzw. gute Eindrücke von einem Objekt bzw. ‚sich selbst' zu erzeugen, zu erhalten und zu steigern.

Images, seien es tradierte Schätze von ‚Bildern' (Stereotypen) und/oder Produkte und Konstruktionen von (kapital-)interessierten Akteuren, machen also – wie auch immer sie sich zu Realitäten/‚Fakten' verhalten – sozusagen eine Ebene oder Schicht sozialer Wirklichkeit aus, wenn nicht soziale Wirklichkeit überhaupt. Unter modernen Bedingungen, das heißt auch unter der Bedingung eines vielfältigen und vielfältig induzierten ‚Realitätsverlustes' (vgl. Gehlen 1957), gilt dies im historisch höchsten Maße, und umso mehr ist es diesbezüglich berechtigt, von einem „Zeitalter der Images" (Boorstin 1987) zu sprechen. In diesem Zeitalter werden mehr denn je nicht nur Realitäten von Images gleichsam überlagert, sondern auch ersetzt, und es werden sozusagen Leerstellen der Realität durch Images ausgefüllt.

***

Die oben in Bezug auf Trinkwasser thematisierte Ebene der kulturellen Traditionen (nationalkulturelle, zivilisatorische, schichtkulturelle etc.) impliziert Images/Image-Schätze und bedingt die Entwicklung von Images. Auf dieser Ebene geht es sozusagen um Images erster Ordnung, um Images, die sich langfristig entwickelt und verfestigt haben und sowohl das verbrauchte/konsumierte Objekt als auch entsprechende Konsumenten einschließen oder betreffen. Images und Image-Schätze sind auf dieser Ebene tendenziell implizit und unbewusst.

Diese Image-Ebene und die mit ihnen zusammenhängenden kulturellen Tatsachen konditionieren und limitieren alle absichtlichen und zeitlich nachgeordneten (aktuellen) Versuche, Images zu kontrollieren, zu generieren und zu modifizieren. Diesbezüglich kann man also von (image-)bedingter Image-Arbeit und von Images zweiter Ordnung sprechen, also von Images, die reflexiv sind und reflektiert werden, die Konstrukte und Konstruktionen darstellen. Heutzutage ist diese Ebene natürlich besonders wichtig, wichtiger als je zuvor, und auch in diesem Sinne ist die Rede von einem ‚Zeitalter der Images' niemals berechtigter als heute.

In diesem ‚Zeitalter' gibt es nicht nur viele und vielfältige Image-Generatoren, Image-Arbeiten und Image-Arbeiter, sondern auch Image-Aufgaben, Image-Probleme und Image-Herausforderungen bzw. Konkurrenzen um und mit Images, ja regelrechte Kämpfe um sie und mit ihnen. Das betrifft natürlich auch und gerade die Sphäre(n) der Wirtschaft, der Märkte und des Konsums. Diejenigen, die in diesen Sphären agieren und operieren, tun dies aber eben nie in einem kulturellen ‚Vakuum', sondern immer unter der Bedingung eines mehr oder weniger langfristig gewordenen kulturellen status quo, eines kulturellen Unterbaus, den sie zwar bewusst und gezielt ansteuern und unter Umständen zu ändern vermögen, aber auch in jedem Fall berücksichtigen und in Rechnung stellen müssen.

Das gilt natürlich auch, wenn es um Trinkwasser geht, dessen Varianten ja auf die oben thematisierten kulturellen Traditionen verweisen, die den Spielraum von Image-Arbeiten definieren. Auch wenn sie es mit Wasser-Themen zu tun haben, müssen und können die entsprechenden Image-Arbeiter gegebene kulturelle Tatsachen bzw. Image-Tatsachen berücksichtigen, ‚managen' und günstigenfalls gebrauchen.

Das Verhältnis der verschiedenen Trinkwasserklassen (Leitungswasser vs. Mineralwasser) und der ‚Kampf um Images' in diesem Verhältnis ist ein Beispiel hierfür: Während Mineralwasser als solches traditionell ein Image mit Prestige ‚besitzt' und markenspezifische Prestigewerte aufweist, hat es Leitungswasser jedenfalls in Mitteleuropa nicht nur nicht zu einem „Prestigeprodukt" (Winterberg 2007) gebracht, sondern unterliegt bis heute und gerade heute verbreitet einer gewissen Geringschätzung, Skepsis und Verdächtigung. Unter diesen Image-Voraussetzungen und im Bewusstsein dieser Voraussetzungen operieren heutzutage professionelle Marketing-Experten und Image-Arbeiter mit einschlägigen Interessen, Zielen und Aufträgen, die sie strategisch angehen und angehen müssen. Lars Winterberg konstatiert in diesem Zusammenhang im Hinblick auf die Images und Image-Arbeiten des Mineralwassers in ihrem antagonistischen Verhältnis zur Image-Lage des Leitungswassers:

„Während also einerseits Sauberkeit und hohe Trinkwasserqualität seit dem frühen 19. Jahrhundert in enger Verbindung mit dem natürlichen Mineralwasser propagiert werden, leidet die städtische Versorgung – ungeachtet der hygienischen Fortschritte – unter dem Generalverdacht einer möglichen Belastung. Diese dominante Dichotomie kann der Mineralwasserindustrie in ihrem Marketing-Konzept dienen und somit gezielt instrumentalisiert werden. Aufschlussreich gestaltet sich bereits die Durchsicht der Website ‚mineralwasser.com', eines im Auftrag des Verbands Deutscher Mineralbrunnen konzipierten Marketing-Portals. In einer direkten Gegenüberstellung greifen die Autoren auf das tradierte Bild zurück, wonach Mineralwasser ‚aus unterirdischen, vor Verunreinigungen geschützten, ursprünglich reinen Wasservorkommen' stamme, Leitungswasser hingegen aus Grund- und Oberflächenwasser gewonnen wird und ‚daher zahlreichen Umwelteinflüssen ausgesetzt' sei. Die notwendige Aufbereitung führe schließlich dazu, dass der Verbraucher Wasser ‚mit einer Reihe von Chemikalien versetzt' erhalte. Weiter wird gewarnt, dass das Leitungswasser kontrolliert werde, ‚bevor es von den Wasserversorgern ins Rohrnetz eingespeist wird', bis zum Erreichen des Abnehmers aber ‚häufig noch einen kilometerweiten Weg durch das städtische Rohrsystem' zurücklegen müsse. Derartige ‚Dämonisierungen' des Leitungsnetzes, das sich des menschlichen Zugriffs scheinbar weitestgehend entzieht, und überdies mit Assoziationen wie ‚Untergrund', ‚Verunreinigung' und ‚Ratten' in weiten Bevölkerungskreisen negativ konnotiert ist, können zur Diskreditierung des Leitungswassers beitragen" (Winterberg 2007: 171f.).

Trinkwasser bzw. Leitungswasser und Mineralwasser sind also auch strategische Ziel- und Arbeitsgebiete in einem imagemäßig höchst und spezifisch voraussetzungsvollen Wettbewerb und Konkurrenzkampf um Images – ein Kampf, der ebenso (Selbst-)Idealisierungen und (Selbst-)Mystifikationen einschließt wie (Fremd-)Stigmatisierungen. In diesem Handlungsfeld wird von professionellen oder professionalisierten Akteuren mit allen Sinn- und Informationsressourcen, Medien und Taktiken/Strategien operiert, die Erfolge versprechen. So werden Images wie das des Mineralwassers (und der Mineralwassermarken) gepflegt, stabilisiert, forciert, gesteigert, modifiziert oder erweitert. Sie erscheinen dem adressierten Publikum im Erfolgsfall als plausibel, leuchten ihm ein und überzeugen es, das heißt, sie gelten und wirken als Wissen und gehen in soziale (Publikums-)Wissensbestände und mentale (Habitus-)Verfassungen ein.

Die hier gemeinten ‚positiven' Images/Imagekonstruktionen zeichnen sich also durch einen eigentümlichen Wirklichkeitsstatus zwischen Wahrheit und Unwahrheit aus. Weder sind diese Images in einem emphatischen Sinne (wirklich und vollkommen) wahr noch sind sie gänzlich unwahr. Wahr ist vielmehr ihr Charakter als eine konsistente Version eines Objektes (Mineralwasser), die dieses Objekt für ein (Konsumenten-)Publikum ‚im besten Licht' präsentiert. Das impliziert die Überdramatisierung imagemäßig ‚konstruktiver Informationen' (aus der Sicht des adressierten Publikums) und die Unterschlagung oder Beschönigung ‚destruktiver' oder relativierender Informationen, während andererseits faktisch oder potentiell konkurrierende Image-Objekte (Leitungswasser) in ein komplementäres, ‚schlechtes Licht' gerückt werden oder in einem solchen Licht verbleiben – ein Licht, das im Prinzip ebenso wenig und ebenso viel der Realität entspricht wie jene ‚guten Eindrücke'.

7

Das Wissen vom (Trink-)Wasser ist heute mehr denn je in Bewegung (im Fluss) und mehr denn je komplex verortet und vielgestaltig. Es schließt neben und mit feldspezifischen Wissensbeständen auch Unwissen, Halbwissen, Irrtümer, ‚Vorurteile', naive Theorien, Mythen, religiöse und ideologische Überzeugungen, Meinungen und die verschiedensten interessenmotivierten bzw. strategischen Konstrukte und Konstruktionen ein – Stilisierungen, Idealisierungen, Mystifikationen, (Selbst-)Täuschungen aller Art. Heutzutage sind es nicht zuletzt spezifisch interessierte und desinteressierte (wirtschaftliche, politische, ideologische) ‚Parteien', die sich mit ihren Vorstellungen, Darstellungen und Kommunikationen zum Thema Trinkwasser systematisch zwischen den Polen Lüge und Wahrheit bewegen. Aber auch (scheinbar) fehlende Interessen, fehlende Interessiertheit und bloße Ignoranz führen in diesem Sinne zu einer Art Wissen oder ‚Bewusstsein' – dazu, dass diese oder jene (Wasser-)Wirklichkeitsversion geglaubt wird.

Neben den einschlägig zuständigen Behörden kann man sich am ehesten von den Wissenschaften ein Wissen versprechen, das auch im hier thematischen Kontext über diese Wissensebene hinausgeht und zumindest in Teilen nicht weniger als Wahrheit und Aufklärung bedeutet, Wissen höherer Ordnung und Wissensfortschritt. Am plausibelsten erscheint diese Erwartung natürlich im Hinblick auf die Naturwissenschaften. Für diese Wissenschaften und für Quasi-Naturwissenschaften wie die Medizin oder die Ernährungswissenschaften kann man heute jedenfalls konstatieren, dass sie speziell in puncto Trinkwasser/Wassertrinken bedeutende Erkenntnisbestände generiert haben, auch wenn hier selbst für den beobachtenden Laien immer noch und immer wieder viele sachliche Forschungslücken und Defizite in der Verknüpfung des diversen Wissenschaftswissens zu bemängeln sind.

Unbefriedigender und kritischer stellt sich die Lage im Bereich der Sozialwissenschaften/Soziologie dar. Zwar gibt es auch hier mittlerweile vermehrte Forschungsaktivitäten in Bezug auf Trinkwasser und materielle und ökologische Tatsachen überhaupt, aber diese Aktivitäten und ihre Resultate sind vergleichsweise und gemessen an der Wichtigkeit der Sache und Probleme nach wie vor eher bescheiden, rudimentär und disparat.

Abschließend programmatisch vorausschauend, möchte ich daher eine sachlich-perspektivische Schwerpunktbildung oder Spezialisierung im Sinne einer (Trinkwasser einschließenden) soziologischen Ökologie oder ökologischen Soziologie vorschlagen und dazu einige Vorstellungen und Postulate umreißen:

- Die Soziologie/Sozialwissenschaften könnten und sollten ihre (Forschungs-)Aufmerksamkeit stärker als bisher auf Fragestellungen der

Ökologie und der ökologischen Materialitäten/Ressourcen richten. Trinkwasser und das Wissen vom Wasser sind in diesem Zusammenhang, wie deutlich werden sollte und soll, wichtig und exemplarisch, aber natürlich nur Aspekte eines höchst komplexen und immer komplexer werdenden Zusammenhangs. Ihm könnte sich eine soziologische Ökologie oder ökologische Soziologie systematisch widmen.

- Eine solche Forschungs(aus)richtung entspricht nicht nur der offensichtlichen Relevanz, Dringlichkeit und Aufdringlichkeit bestimmter historischer Entwicklungstatsachen, Problemfelder und Krisen (Kurz- und Langfristkrisen), sondern kann diesbezüglich auch sowohl analytisch/diagnostisch fungieren als auch vor diesem Hintergrund Lösungsansätze generieren und reflektieren. In diesem Zusammenhang kann oder muss es um die Rekonstruktion des (eines) ökologischen und sozioökologischen status quo gehen und zugleich um die Ermittlung und eventuell Vermittlung von sozialen/kulturellen Bedingungen, unter denen dieser status quo sich wandeln oder verändert werden kann. Dies schließt das Wissen, Denken, Handeln und Behandeltwerden von Menschen und Gruppen notwendig mit ein.

- Eine in diesem Kontext gerade von der (Wissens-)Soziologie auszufüllende Funktionsleerstelle besteht in einer Zusammenführung und Verarbeitung diverser Wissensbestände, nicht zuletzt einschlägiger Wissensbestände verschiedener wissenschaftlicher Disziplinen: der Medizin, der Ernährungswissenschaften, der Biologie etc., aber auch etwa der Politikwissenschaft, der Wirtschaftswissenschaften, der Erziehungswissenschaft oder der Medienwissenschaft. Eine soziologische Ökologie/ökologische Soziologie könnte und sollte inter- und transdisziplinär operieren und entsprechend vergleichende und synthetische Forschung betreiben. Dabei wäre insbesondere die Kluft zwischen naturwissenschaftlichem und sozialwissenschaftlichem Wissen, Wissenschaffen und Wissenverbreiten zu überwinden.

- Eine soziologische Ökologie/ökologische Soziologie könnte auch die Grundlage einer generellen und – etwa im Hinblick auf Trinkwasser – speziellen (Öffentlichkeits-)Aufklärung, Bildung und Erziehung darstellen sowie deren Reflexion und Instruktion betreiben: als Teil einer Soziologie ökologischer bzw. ökologisch relevanter Praxen, zum Beispiel von Konsumpraxen. Einzuschließen ist dabei sowohl so etwas wie Umweltaufklärung, Umweltbildung und Umwelterziehung als auch eine Ernährungsaufklärung, Ernährungsbildung und Ernährungserziehung. Dass sich bestimmte Sozialwissenschaften hier besonders aufdrängen und berühren, liegt auf der Hand.

- Die Soziologie/Sozialwissenschaften könnten in diesem Zusammenhang also nicht nur als wissenschaftliche Wissensgeneratoren, Wissenslieferanten und Wissensperformatoren fungieren, sondern auch in einem methodologisch gerechtfertigten Sinne sozusagen pädagogisch und politisch wirksam und damit enttrivialisiert werden. Das setzt allerdings voraus, dass genuin wissenschaftliche Aktivitäten und Resultate mit ‚Veröffentlichungen' einhergehen, die nicht nur auf wissenschaftliche oder wissenschaftsaffine Publika zielen, sondern auch auf alle ‚Öffentlichkeit(en)', die mit jenen ökologisch-materiellen Tatsachen direkt oder indirekt zu tun haben.

- Eine solche Öffentlichkeits- und Veröffentlichungsarbeit jenseits der eigenen scientific community und jenseits des wissenschaftlichen Elfenbeinturms ist ebenso gerechtfertigt wie der Ansatz und die Ausrichtung der entsprechenden wissenschaftlichen Arbeit selbst. Wenn es bei ökologisch-materiellen Themen und Problemen wie den hier behandelten um nicht weniger als die Existenz, die Gesundheit, die ‚Lebensqualität' und die Zukunft von Menschen und der Menschheit geht, dann dürfen, ja müssen alle darauf bezogenen oder beziehbaren Wissenschaften in puncto Erkenntnisinteresse und Zielsetzung in gewisser Weise Partei ergreifen und sich fragen und fragen lassen, was sie jeweils und in Verbindung miteinander zur Erkenntnis jener Themen und zur Lösung jener Probleme beitragen können.

Literatur

Ahrens, Jörn/Hieber, Lutz/Kautt, York (Hrsg.) (2015*): Kampf um Images. Visuelle Kommunikation in gesellschaftlichen Konfliktlagen*. Wiesbaden: Springer VS.

Beck, Ulrich (1986): *Risikogesellschaft. Auf dem Weg in eine andere Moderne*. Frankfurt am Main: Suhrkamp.

Beck, Ulrich (2007): *Weltrisikogesellschaft. Auf der Suche nach der verlorenen Sicherheit*. Frankfurt am Main: Suhrkamp.

Becker, Julian (2017): Wasser in der Kunst an den Beispielen niederländischer und impressionistischer Malerei. In: Willems, Herbert (Hrsg.): *Die Wasser der Gesellschaft. Zur Einführung in eine Soziologie des Trinkwassers*. Wiesbaden: Springer VS, S. 239-257.

Berger, Peter/Luckmann Thomas (1969): *Die gesellschaftliche Konstruktion der Wirklichkeit. Eine Theorie der Wissenssoziologie*. Frankfurt am Main: Fischer.

Boorstin, Daniel (1987): *Das Image: der amerikanische Traum*. Reinbek bei Hamburg: Rowohlt.

Bourdieu, Pierre (1976): *Entwurf einer Theorie der Praxis auf der ethnologischen Grundlage der kabylischen Gesellschaft*. Frankfurt am Main: Suhrkamp.

Bourdieu, Pierre (1982): *Die feinen Unterschiede. Kritik der gesellschaftlichen Urteilskraft*. Frankfurt am Main: Suhrkamp.

Bourdieu, Pierre (1983): Ökonomisches Kapital, kulturelles Kapital, soziales Kapital. In: Kreckel, Reinhard (Hrsg.): *Soziale Ungleichheiten.* (Soziale Welt, Sonderband 2). Göttingen: Schwartz, S. 183-198.

Bourdieu, Pierre (1987): *Sozialer Sinn. Kritik der theoretischen Vernunft.* Frankfurt am Main: Suhrkamp.

Bourdieu, Pierre (1998): *Über das Fernsehen.* Frankfurt am Main: Suhrkamp.

Bullinger, Hans J.: (2012). Forschen für die Stadt von morgen. In: *weiter.vorn Das Fraunhofer-Magazin*, H.4.

Elias, Norbert (1980a): *Über den Prozeß der Zivilisation. Soziogenetische und psychogenetische Untersuchungen. Band 1: Wandlungen des Verhaltens in den westlichen Oberschichten des Abendlandes.* 7. Auflage. Frankfurt am Main: Suhrkamp.

Elias, Norbert (1980b): *Über den Prozeß der Zivilisation. Soziogenetische und psychogenetische Untersuchungen. Band 2: Wandlung der Gesellschaft. Entwurf zu einer Theorie der Zivilisation.* 7. Auflage. Frankfurt am Main: Suhrkamp.

Elias, Norbert (1981): *Was ist Soziologie?* München: Juventa.

Esch, Stefanie (2018): Wasser zwischen Alltagsgetränk und Lifestyle-Produkt (in diesem Band).

Fromhold-Eisebith, Martina (2009): Die „Wissensregion" als Chance der Neukonzeption eines zukunftsfähigen Leitbilds der Regionalentwicklung. In: *Raumforschung und Raumordnung 67,* H.3, S. 215-227.

Fromhold-Eisebith, Martina; Eisebith, Günter (2008): Looking Behind Facades: Evaluating Effects of (Automotive) Cluster Promotion. In: *Regional Studies 42,* H.10, S. 1343-1356.

Gehlen, Arnold (1957): *Die Seele im technischen Zeitalter. Sozialpsychologische Probleme in der industriellen Gesellschaft.* Reinbek bei Hamburg: Rowohlt.

Giddens, Anthony (1988*): Die Konstitution der Gesellschaft. Grundzüge einer Theorie der Strukturierung.* Frankfurt am Main/New York: Campus.

Goffman, Erving (1971): *Interaktionsrituale. Über Verhalten in direkter Kommunikation.* Frankfurt am Main: Suhrkamp.

Goffman, Erving (1977): *Rahmen-Analyse. Ein Versuch über die Organisation von Alltagserfahrungen.* Frankfurt am Main: Suhrkamp.

Gumbrecht, Hans Ulrich/Pfeiffer, Karl Ludwig (Hrsg.) (1988): *Materialität der Kommunikation.* Frankfurt am Main: Suhrkamp.

Hafner, Sabine; Engelmann, Tobias; Merten, Thomas (2014): Mit einer Strategischen Allianz Transformationsaufgaben des demografischen Wandels, der Steigerung der Ressourceneffizienz und der Innovationsfähigkeit im Wirtschaftsraum Augsburg ganzheitlich anpacken. In: *præview – Zeitschrift für innovative Arbeitsgestaltung und Prävention 5*, H.2 (im Druck).

Hahn, Alois (1987): Soziologische Aspekte der Knappheit. In: Heinemann, Klaus (Hrsg.): *Soziologie wirtschaftlichen Handelns.* Opladen: Westdeutscher Verlag, S. 119-132.

Heckmann, Tanja (2018): Wasser in der Werbung – Inszenierungen, Konstruktionen und Probleme (in diesem Band).

Herrmann, Daniel; Felfe, Jörg; Hardt, Julia (2012): Transformationale Führung und Veränderungsbereitschaft: Stressoren und Ressourcen als relevante Kontextbedingungen. In: *Zeitschrift für Arbeits- und Organisationspsychologie 56*, S. 70-86.

Kaiser, Tara (2017): Trinkwasser als Lifestyle-Produkt: Wie Wasser zum Luxusartikel wurde. In: Willems, Herbert (Hrsg..): *Die Wasser der Gesellschaft. Zur Einführung in eine Soziologie des Trinkwassers.* Wiesbaden: Springer VS, S. 157-173.

Kautt, York (2008): *Image. Zur Genealogie eines Kommunikationscodes der Massenmedien.* Bielefeld: transcript

Luhmann, Niklas (1980): *Gesellschaftsstruktur und Semantik. Studien zur Wissenssoziologie der modernen Gesellschaft.* Bd. 1. Frankfurt am Main: Suhrkamp.

Luhmann, Niklas (1984): *Soziale Systeme. Grundriß einer allgemeinen Theorie.* Frankfurt am Main: Suhrkamp.

Luhmann, Niklas (1997): *Die Gesellschaft der Gesellschaft.* Frankfurt am Main: Suhrkamp.

Willems, Herbert/Kautt, York (2003): *Theatralität der Werbung. Theorie und Analyse massenmedialer Wirklichkeit: Zur kulturellen Konstruktion von Identitäten.* Berlin: de Gruyter.

Willems, Herbert (2012): *Synthetische Soziologie. Idee, Entwurf und Programm.* Wiesbaden: Springer VS.

Willems, Herbert (Hrsg.) (2017): *Die Wasser der Gesellschaft. Zur Einführung in eine Soziologie des Trinkwassers.* Wiesbaden: Springer VS.

Winterberg, Lars (2007): *Wasser – Alltagsgetränk, Prestigeprodukt, Mangelware. Zur kulturellen Bedeutung des Wasserkonsums in der Region Bonn im 19. und 20. Jahrhundert.* Münster: Waxmann.

Wissen über Wasser

Elisabeth Heinz und Melina Schmidt

Abstract

Das Ziel der vorliegenden Arbeit ist es, einen ansatzweisen Überblick über das in der deutschen Gesellschaft vorhandene Wissen über Trinkwasser zu verschaffen. Dabei wird grundlegend zwischen objektivem Wissen (z. B. von Behörden), wissenschaftlichem Wissen verschiedener Disziplinen und Alltagswissen (Laienwissen) unterschieden. Wissenschaftliches Wissen wird einerseits im Rahmen einer Onlinerecherche gesucht und untersucht. Andererseits wird mittels einer disziplinübergreifenden Literaturrecherche der aktuelle wissenschaftliche Diskurs zum Thema Trinkwasser selektiv reflektiert. Um das Alltagswissen der deutschen Bevölkerung zum Thema Trinkwasser zu erfassen, wird eine Onlinebefragung durchgeführt. Es wird deutlich, dass objektives Wissen über Trinkwasser über die Portale der Wasserbetriebe oder Kommunen für jedermann überwiegend gut zugänglich ist. Gleichwohl zeigt die Untersuchung auch gravierende Defizite im Wasserwissen der Bevölkerung, das sich seit einer 2004 durchgeführten Umfrage des Forums Trinkwasser e.V. kaum verbessert hat. Darüber hinaus wird gezeigt, durch welche Übereinstimmungen, Unklarheiten, Widersprüche und Kontroversen sich der wissenschaftliche Diskurs zum Thema Trinkwasser auszeichnet.

© Springer Fachmedien Wiesbaden GmbH, ein Teil von Springer Nature 2019
H. Willems, *Wissen vom Wasser*, https://doi.org/10.1007/978-3-658-23948-0_2

1   Einleitung

Das vorliegende Lehrforschungsprojekt beschäftigt sich mit der Frage, welches Wissen über Wasser in der deutschen Gesellschaft vorhanden ist. In diesem Zusammenhang interessieren uns vor allem Aspekte wie der allgemeine Wissensstand der Bevölkerung, die unterschiedlichen Erkenntnisse verschiedener wissenschaftlicher Disziplinen, wie beispielsweise der Ernährungswissenschaften oder der Medizin, aber auch Unstimmigkeiten und Widersprüche zwischen den einzelnen Fachrichtungen. Es wird auch untersucht, ob es Kontroversen und Diskussionen über Wasser und das Wissen darüber gibt.

Unter Alltagswissen verstehen wir das in der deutschen Bevölkerung vorhandene Wissen über Trinkwasser. Es beinhaltet Informationen, die man durch lebenspraktische Erfahrung sammelt, die sich jedoch nicht auf wissenschaftliche Quellen berufen. Alltagswissen zeichnet sich weiterhin dadurch aus, dass es subjektiv gefiltert und in seiner Komplexität stark reduziert ist. Da die weitaus meisten Menschen beim Thema Trinkwasser als Laien anzusehen sind, werden hier die Differenzen zu objektivem und wissenschaftlichem Wissen untersucht.

Unter objektivem Wissen sind Daten, z. B. die Wasserqualität betreffend, zu verstehen, die durch regelmäßige Untersuchungen mit der immer gleichen Methode erhoben werden. Dieses Wissen wird demnach systematisch gewonnen und die Erfassung entspricht der Objektivität wissenschaftlicher Standards.

1.1   Ablauf

Der erste Teil dieser Arbeit gestaltet sich rein deskriptiv und fußt auf umfangreichen Recherchen zum Thema Trinkwasser. Hierbei interessiert es uns im Besonderen, wo man Wissen über Wasser finden kann. Wichtig ist, dass es in diesem Abschnitt vor allem um objektives Wissen geht. Es wird untersucht, welche Instanzen und Institutionen Wissen über Wasser präsentieren und durch welche Datenbanken diese Informationen zugänglich sind. Für diesen Teil des Lehrforschungsprojekts wurde vor allem das Internet als Plattform für die Recherche genutzt. Eine zentrale Forschungsfrage dieses Teils ist, inwiefern sich die unterschiedlichen Quellen in Bezug auf objektives Wissen unterscheiden (z. B. kommunale vs. private Wasserwirtschaft). Des Weiteren soll die Frage beantwortet werden, inwiefern sich die objektiven Daten untereinander – je nach geografischer Lage, Bevölkerungsdichte etc. – unterscheiden.

In dem daran anschließenden Teil des Projekts wird der Wissensstand unterschiedlicher wissenschaftlicher Disziplinen bezüglich des Forschungsfelds Trinkwasser untersucht. In besonderem Maße interessant erscheinen hierbei die Sozialwissenschaften, die Medizin, die Ernährungs- und Sportwissenschaften sowie die Agrar- und Umweltwissenschaften. Des Weiteren widmet sich unsere

Forschungsarbeit der Frage, ob es möglicherweise Dissense zwischen den genannten Disziplinen oder Teildisziplinen gibt. Um an möglichst umfangreiches Wissen aus unterschiedlichen Blickwinkeln zu gelangen, wurden neben dem Internet als Informationsmedium auch Einrichtungen wie Bibliotheken genutzt.

Im dritten Teil unseres Forschungsprojekts steht die Frage im Vordergrund, inwiefern sich Alltagswissen von wissenschaftlich fundiertem Wasserwissen unterscheidet. Hierbei wird eine Studie des Forums Trinkwasser e.V. herangezogen. Um mehr über das Wissen, die Einstellung gegenüber Trinkwasser und das Trinkverhalten der Bevölkerung zu erfahren, lässt dieser Verein regelmäßig repräsentative Umfragen durchführen. 2004 kam es zu dem Ergebnis, dass das allgemeine Wissen der deutschen Bevölkerung über Trinkwasser mangelhaft und lückenhaft ist. Daran anschließend haben wir in unserem Forschungsprojekt eine eigene Umfrage durchgeführt, um den aktuellen Wissensstand (im Jahr 2017) zu ermitteln.

1.2   Grundlagen zum Begriff Trinkwasser

Zunächst gilt es, Trinkwasser allgemein zu definieren. Die folgende Definition und die damit einhergehende Einteilung der unterschiedlichen Trinkwassertypen bilden die Grundlage der vorliegenden Arbeit. Trinkwasser ist laut der Trinkwasserverordnung vom 21.05.2001 (Bundesgesetzblatt, Teil I, Nr. 24):

> „alles Wasser, im ursprünglichen Zustand oder nach Aufbereitung, das zum Trinken, zum Kochen, zur Zubereitung von Speisen und Getränken oder insbesondere zu den folgenden anderen häuslichen Zwecken bestimmt ist: Körperpflege und – Reinigung; Reinigung von Gegenständen, die bestimmungsgemäß mit Lebensmitteln in Berührung kommen; Reinigung von Gegenständen, die bestimmungsgemäß nicht nur vorübergehend mit dem menschlichen Körper in Kontakt kommen. Dies gilt ungeachtet der Herkunft des Wassers, seines Aggregatzustandes und ungeachtet dessen, ob es für die Bereitstellung auf Leitungswegen, in Tankfahrzeugen, in Flaschen oder anderen Behältnissen bestimmt ist.“

Anhand dieser Definition wird schon die große und komplexe Bedeutung von Trinkwasser klar: Trinkwasser betrifft zentrale Bereiche unseres Lebens; vor allem der Erhalt unserer Gesundheit basiert maßgeblich auf dem Konsum von (Trink-)Wasser. Daher ist es von großer Wichtigkeit, dass Trinkwasser frei von Schadstoffen ist.

Fünf Typen konsumierbaren Wassers werden unterschieden:

Natürliches Mineralwasser – Um von natürlichem Mineralwasser sprechen zu können, muss das Wasser aus unterirdischen und aus vor Verunreinigung geschützten Wasservorkommen stammen. Natürliches Mineralwasser zeichnet sich durch eine Fülle an Mineralstoffen und Spurenelementen aus, die die Gesundheit und Funktionsfähigkeit des menschlichen Organismus gewährleisten sollen.

In Deutschland muss natürliches Mineralwasser amtlich anerkannt sein. Eine Anerkennung garantiert auch die Abwesenheit von Krankheitserregern im Wasser.

Heilwasser – Hierbei gelten die gleichen Vorschriften wie bei natürlichem Mineralwasser. Zusätzlich sollte das Heilwasser aber mindestens ein Gramm mehr gelöste Mineralstoffe pro Liter enthalten. Um als Heilwasser zu gelten, muss weiterhin die vorbeugende oder heilende Wirkung des Wassers wissenschaftlich nachgewiesen sein. Damit gilt es auch nicht als normales Lebensmittel, sondern wird den Arzneimitteln zugeordnet. Aktuell sind etwa 35 verschiedene Heilwasser in Deutschland erhältlich.

Quellwasser – Dieser Trinkwassertyp zeichnet sich durch seine direkte Abfüllung am Standort der jeweiligen Quelle aus. Da in Deutschland viele Quellen unterirdisch angesiedelt sind, ist das aus ihnen entnommene Wasser frei von Schadstoffen und gilt deshalb als besonders rein und gesund. Vor allem aufgrund der Filterung durch verschiedene Gesteinsschichten kann das Wasser viele Mineralstoffe und Spurenelemente aufnehmen. Im Vergleich zum natürlichen Mineralwasser bedarf es keiner amtlichen Anerkennung. Zudem können auch die Anteile der Mineralstoffe variieren, und es muss – anders als beim Heilwasser – keine positive Wirkung auf die Gesundheit nachgewiesen werden.

Tafelwasser – Hergestellt wird dieser Typ aus Trinkwasser, Natursole sowie der externen Zugabe von Mineralstoffen. Bei Bedarf wird dem Tafelwasser noch Kohlensäure beigefügt. Tafelwasser muss keinen natürlichen Ursprung haben und ist auch nicht an eine bestimmte Quelle gebunden. Ein Vorteil des Tafelwassers ist somit, dass es überall hergestellt werden kann. Dieser Trinkwassertyp darf im Gegensatz zu den bisher erläuterten Typen auch über Zapfanlagen angeboten werden.

Leitungswasser wird zum größten Teil aus Grund- und Oberflächenwasser gewonnen. Die Qualität des Leitungswassers variiert stark und ist regional bedingt. Leitungswasser ist kein naturbelassenes Produkt, da es von den jeweils zuständigen Wasserwerken einer Region nach bestimmten Vorgaben aufbereitet und gereinigt wird.

In der Recherche zu diesen fünf grundlegenden Trinkwassertypen fällt auf, dass es vor allem in Bezug auf die Güte von Leitungswasser Kontroversen gibt. Immer wieder wird die gesundheitsfördernde Wirkung von Leitungswasser in Frage gestellt. Verschiedene Quellen empfehlen sogar, den Konsum von Leitungswasser zu vermeiden und stattdessen vollständig auf Flaschenwasser umzusteigen. Zu einem späteren Zeitpunkt wird untersucht, ob diese Kritik am Leitungswasser gerechtfertigt ist. Zunächst wird im Folgenden beschrieben, wie man an objektives Wissen über Trinkwasser gelangen kann.

2 Objektives Wissen über Wasser

Objektives Wissen wird, wie bereits erwähnt, systematisch und nach wissen-schaftlichen oder wissenschaftsnahen Standards gewonnen. Es umfasst nur die gewonnenen Daten ohne jegliche Interpretation.
Dieses Kapitel wird sich vorrangig mit objektiven Daten zur Zusammensetzung und Herkunft von Leitungswasser beschäftigen.

2.1 Inhaltsstoffe, Grenzwerte und Preise

Welche Stoffe das Trinkwasser in welchen Mengen beinhalten darf, ist in Deutschland durch die Trinkwasserverordnung geregelt. Sie wird regelmäßig überarbeitet. Die aktuellste Version ist vom 10. März 2016. Das oberste Ziel der Verordnung ist, die Konsumenten vor den gesundheitlichen Folgen von Wasser-verunreinigungen zu schützen:

> „Der Zweck dieser Verordnung ist es, die menschliche Gesundheit vor den nachtei-ligen Einflüssen, die sich aus der Verunreinigung von Wasser ergeben, das für den menschlichen Gebrauch bestimmt ist, durch Gewährleistung seiner Genusstaug-lichkeit und Reinheit nach Maßgabe der folgenden Vorschriften zu schützen." (DVGW 2016: online)

Die Verordnung gilt nicht für Mineral- Tafel- und Heilwasser, deren Inhaltsstof-fe in anderen Verordnungen geregelt sind. Die Verordnung selbst enthält einige Paragraphen, die sich mit der Beschaffenheit des Trinkwassers befassen. Prinzi-piell gilt: „Trinkwasser muss so beschaffen sein, dass durch seinen Genuss oder Gebrauch eine Schädigung der menschlichen Gesundheit insbesondere durch Krankheitserreger nicht zu befürchten ist. Es muss rein und genusstauglich sein." (ebd.)
Diesen Absatz kann man als grundlegendes Ziel der Trinkwasserverord-nung verstehen. Alle folgenden Paragraphen dienen dazu, es zu spezifizieren und mit Grenzwerten zu versehen, um den Interpretationsspielraum zu verrin-gern. Tabelle 1 enthält einige wichtige Inhaltsstoffe von Trinkwasser sowie – falls vorhanden – die gesetzlich vorgeschriebenen Grenzwerte.

Inhaltsstoff	Grenzwert in mg/l
Natrium	200
Kalium	-
Magnesium	-
Calcium	-
Chlorid	250

Inhaltsstoff	Grenzwert in mg/l
Fluorid	1,5
Sulfat	250
Nitrat	50

Tab. 1:	Inhaltsstoffe und Grenzwerte (eigene Darstellung nach TrinkwV 2001 Anlagen 2 und 3)

Neben den Inhaltsstoffen des Trinkwassers ist auch sein Preis relevant. Die aktuellsten Zahlen für den durchschnittlichen Trinkwasserpreis in Deutschland wurden 2013 vom Statistischen Bundesamt veröffentlicht. Demnach kostet ein Kubikmeter Trinkwasser in Deutschland 1,69 Euro. Umgerechnet auf einen Liter ergibt sich ein Preis von rund 2 Cent. Hinzu kommt die Grundgebühr, die in diesem Literpreis nicht berücksichtigt ist (vgl. Statistisches Bundesamt 2014). Es ist davon auszugehen, dass die Konsumenten regelmäßig in Form von Abrechnungen und Informationsschreiben über den jeweiligen Trinkwasserpreis in ihrer Kommune informiert werden.

2.2 Methodisches Vorgehen

In Bezug auf das objektive Wissen über Trinkwasser stellen sich zwei Fragen:

1. Wie gut ist objektives Wissen für die Bevölkerung zugänglich?
2. Wie stark unterscheidet sich das objektive Wissen?

Zur Beantwortung der ersten Frage gehen wir davon aus, dass die Internetrecherche eine in der deutschen Bevölkerung mittlerweile gängige Form der Informationssuche ist. Daher ist das erste Ziel, zu ermitteln, wie viel objektives Wissen über eine Internetrecherche zu finden ist. Anschließend soll untersucht werden, was das auf diese Weise gefundene objektive Wissen über Wasser umfasst und wie stark es differiert.

Das objektive Wissen über Wasser ist sehr stark regional geprägt. Aufgrund der Tatsache, dass das Wasser aus unterschiedlichsten Quellen stammt, unterscheiden sich die Werte je nach Gemeinde. Voraussetzung für die Analyse des objektiven Wissens ist somit eine regionale Differenzierung. Wie unterscheiden sich z. B. die Mineralienwerte und der Härtegrad des Wassers? Wie ist das regional spezifische objektive Wissen über Wasser zugänglich?

Da sich diese Daten für Gemeinden und sogar Stadtteile stark unterscheiden, ist die Grundgesamtheit für die Analyse des objektiven Wissens über Wasser sehr groß. Eine Vollerhebung wäre mit einem zeitlichen Aufwand verbunden gewesen, der nicht im Verhältnis zu den gewonnenen Erkenntnissen gestanden hätte. Wir haben uns daher für eine Teilerhebung entschieden.

Problematisch ist, dass kein Verzeichnis über alle Wasserwerke existiert. Aufgrund der relativ kleinen regionalen Einheiten (z.B. Stadtteil, Gemeinde) haben wir näherungsweise anhand von Postleitzahlen differenziert. Dabei ist es zwar möglich, dass mehrere Postleitzahlgebiete Wasser aus der gleichen Quelle erhalten oder dass ein Postleitzahlbereich von unterschiedlichen Wasserwerken versorgt wird. Aber wegen des fehlenden Verzeichnisses haben wir uns dennoch dazu entschieden, die Postleitzahlen als Differenzierungskriterium zu verwenden. Da die Postleitzahlen nur als Kriterium für die Zufallsauswahl dienen, ist nicht damit zu rechnen, dass dieses Auswahlkriterium einen negativen Einfluss auf die Genauigkeit der Untersuchung haben wird.

Um eine Zufallsstichprobe aus der Grundgesamtheit aller deutschen Postleitzahlen zu ziehen, wurde die Datenbank OpenGeoDB genutzt (vgl. Open GeoDB 2015: online). Diese Datenbank ist gemeinfrei und kann frei verändert werden. Daher ist fraglich, ob die Datenbank die Gesamtheit deutscher Postleitzahlen korrekt wiedergibt. Da die Datenbank jedoch nur dazu dient, eine Zufallsstichprobe aus der Gesamtheit der Postleitzahlen zu ziehen, ist auch hier nicht mit einem negativen Einfluss auf die Rechercheergebnisse zu rechnen. Aus den insgesamt 59.215 Postleitzahlen wurden schließlich 20 per Zufallsstichprobe ausgewählt.

Im Anschluss wurde recherchiert, welchen Gemeinden diese Postleitzahlen zugeordnet sind und welche Informationen zum Trinkwasser man dort jeweils finden kann. Im Laufe dieser Internetrecherche wurden vier Kategorien mit zugehörigen Codierungen entwickelt (1=Informationen zum zuständigen Wasserwerk, 2=Informationen zur Herkunftsregion, 3=genaue Informationen zum Brunnen bzw. zur Quelle und 99=keine Informationen zur Wasserherkunft).

Des Weiteren wurde die Zusammensetzung des Leitungswassers der Gemeinden ermittelt. Auch hierbei wurden die Variablen erst im Laufe der Recherche festgelegt. Dabei beschränkten wir uns auf jene Informationen zur Zusammensetzung des Wassers, die am häufigsten bereitgestellt wurden: Natrium, Kalium, Magnesium, Calcium, Chlorid, Fluorid, Sulfat und Nitrat. Außerdem wurde der Härtegrad des Wassers in °dH (Grad deutscher Härte) protokolliert.

Die Auswertung der Rechercheergebnisse wurde mit MS Excel durchgeführt. Da die Daten zu den Herkunftsinformationen bereits während der Datenerhebung codiert wurden, konnten alle Daten als numerische Daten behandelt werden. Die Analyse der Daten erfolgte in zwei Schritten: Für die nominalskalierte Variable Herkunftsinformationen wurde eine einfache Häufigkeitsauszählung gemacht. Die gleiche Auswertung wurde auch für die Verfügbarkeit von Informationen zu den Inhaltsstoffen durchgeführt. Die Zusammensetzungsdaten sind hingegen intervallskaliert. Um darzustellen, wie die Inhaltsstoffe regional differieren, haben wir uns für die grafische Darstellung durch Boxplots entschieden.

Ein Boxplot, das in der deutschsprachigen Literatur häufig auch Kastendiagramm genannt wird, dient der graphischen Darstellung der Verteilung statistischer Daten. Der Aufbau eines Boxplots gestaltet sich wie folgt: Es besteht immer aus einem Rechteck, der sogenannten Box, und zwei Linien, welche dieses Rechteck verlängern. Diese Linien werden „Whisker" genannt. Die Box entspricht dem Bereich, in dem sich die mittleren 50% der Daten befinden. Sie wird also durch das obere und das untere Quartil begrenzt. Zusätzlich wird der Median der Verteilung als durchgehender Strich in der Box eingezeichnet. Dieser Strich teilt das gesamte Diagramm in zwei Hälften, in denen dann jeweils 50% der Daten liegen.[1]

Ein Boxplot soll visuell aufzeigen, in welchem Bereich sich bestimmte Daten befinden und wie sich diese innerhalb des abgebildeten Bereichs verteilen. Der Vorteil des Boxplots besteht im schnellen Vergleich der Verteilung in verschiedenen Untergruppen. Während ein Histogramm eine zweidimensionale Ausdehnung hat, ist ein Boxplot eindimensional gestaltet, so dass sich leicht mehrere Datensätze nebeneinander auf derselben Skala darstellen und vergleichen lassen.

2.3 Ergebnisse und Interpretation

Zunächst wurde die Verfügbarkeit objektiven Wissens analysiert. Ausgehend von der Stichprobe von 20 Fällen, waren wir bei 10% der Fälle nicht in der Lage, Informationen zur Herkunft des Leitungswassers zu finden. Die restlichen 90% stellten mindestens Informationen zum zuständigen Wasserwerk online zur Verfügung. Darüber hinaus konnten wir bei 30% der Fälle Informationen zur Herkunftsregion des Leitungswassers finden. In fast der Hälfte der Fälle (45%) waren darüber hinaus sogar genaue Informationen zum Brunnen bzw. zur Quelle des Leitungswassers verfügbar (siehe Abbildung 1). Im Durchschnitt war es uns möglich, Informationen zu sieben der neun untersuchten Inhaltsstoffe zu finden.

Die Verteilung der verschiedenen Inhaltsstoffe sowie deren Grenzwerte haben wir in Form von Boxplots dargestellt. Anhand des folgenden Boxplots zum Härtegrad des Trinkwassers erkennt man, dass die Daten relativ stark variieren. Die Lage der Box deutet jedoch darauf hin, dass die Daten zu den Härtegraden eher gleichmäßig verteilt sind. Es ist nicht davon auszugehen, dass die Daten extreme Ausreißer beinhalten.

---

1 Vgl. www. Crashkurs-statistik.de.

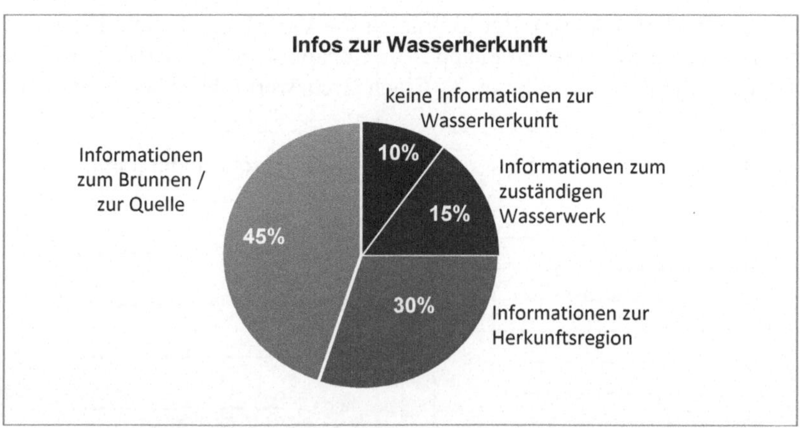

Abb. 1:   Verteilung der verfügbaren Herkunftsinformationen (eigene Darstellung)

Zur Interpretation der Daten ist es sinnvoll, sie in die verschiedenen Härtegradkategorien einzuordnen. Als weiches Wasser bezeichnet man Wasser mit einem Härtegrad von 0 bis 8. Von 8 bis 14 °dH wird die Wasserhärte als mittel bezeichnet. Als hartes Wasser gilt Wasser ab 14 °dH (vgl. Forum Trinkwasser: online). Diese Informationen wurden im Anschluss an die Auswertung ebenfalls in das Boxplot eingetragen und sind durch die dunkelgrauen Linien dargestellt. Man erkennt, dass sich die Daten eher im Bereich des mittleren und harten Wassers befinden.

Das arithmetische Mittel der erhobenen Daten beträgt 12,8 °dH. Dies entspricht einem mittleren Härtegrad. Inwiefern dieser Wert dem gesamtdeutschen Durchschnitt entspricht, ist schwer zu sagen. Da es keine umfassende zentrale Datenbank zur Wasserhärte gibt, sind keine verlässlichen Daten zugänglich. Die Webseite wasserhaerte.net hat den Anspruch, möglichst viele Daten zur Wasserhärte zusammenzutragen. Dort ist für Deutschland eine durchschnittliche Wasserhärte von 16 °dH angegeben, das sich aus 2250 Städten zusammensetzt (vgl. wasserhaerte.net 2017: online). Davon ausgehend, dass der angegebene Durchschnittswert für Deutschland korrekt ist, weicht die gezogene Stichprobe mit einem Unterschied von 3,2 °dH recht stark vom Mittelwert ab. Dieses Ergebnis zeigt, was bereits oben erläutert wurde: Die Stichprobengröße von 20 reicht nicht aus, um Deutschland repräsentativ darzustellen.

Im Folgenden werden die Ergebnisse der erhobenen Inhaltsstoffe beschrieben und interpretiert. Anhand des Boxplots für Natrium erkennt man, dass sich die meisten Werte im unteren Bereich zwischen 5 und 20 mg/l befinden. Nach oben hin gibt es Ausreißer bis hin zu knapp 90 mg/l. Dieser höchste Wert ist dennoch weit vom Grenzwert von 200 mg/l (hier dargestellt als rotes Kreuz) entfernt (siehe Abbildung 2). Bei Kalium ist die Verteilung ähnlich. Die meisten Werte bewegen sich zwischen knapp 2 und knapp 4 mg/l; das Maximum liegt bei etwa 11 mg/l (siehe Abbildung 3). Einen Grenzwert gibt es bei Kalium nicht.

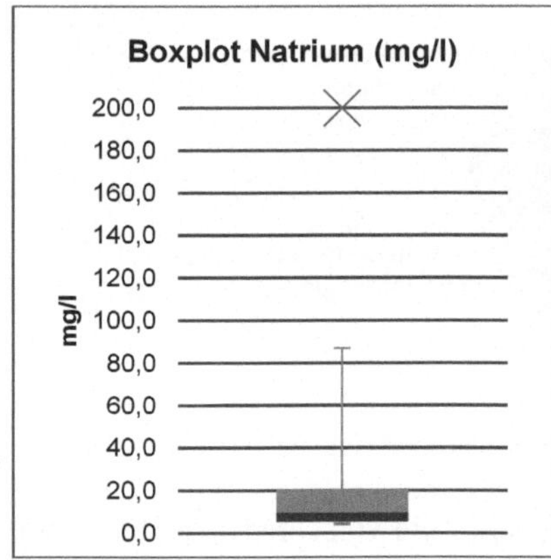

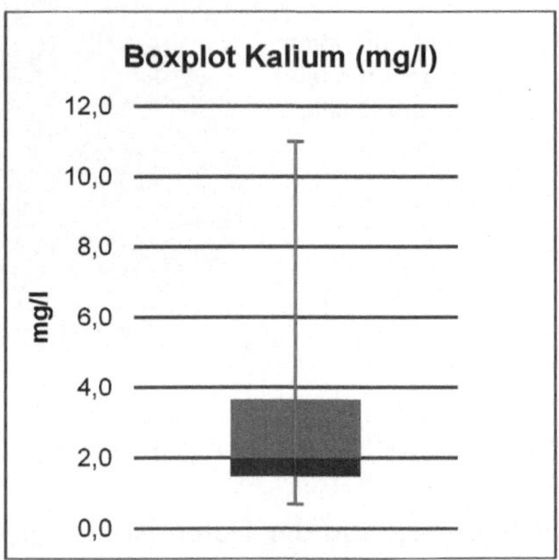

Abb. 2 und 3:   Boxplot Natrium und Boxplot Kalium (eigene Darstellungen)

Magnesium und Calcium sind die Inhaltsstoffe, die für die Härte des Wassers verantwortlich sind. Auch bei diesen beiden Stoffen gibt es keine Grenzwerte. Die Spannweite von Magnesium ist eher gering; weder Minimum noch Maximum sind extrem (siehe Abbildung 4). Bei Calcium sieht die Verteilung etwas anders aus. Die Spannweite ist größer als beim Magnesium, mit Ausreißern vor allem in Richtung Maximum (siehe Abbildung 5).

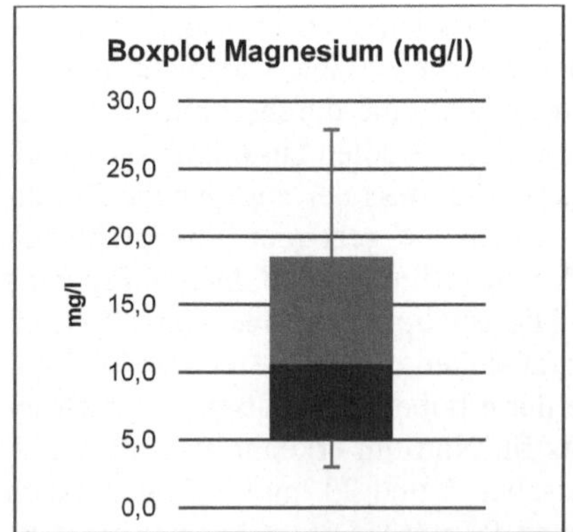

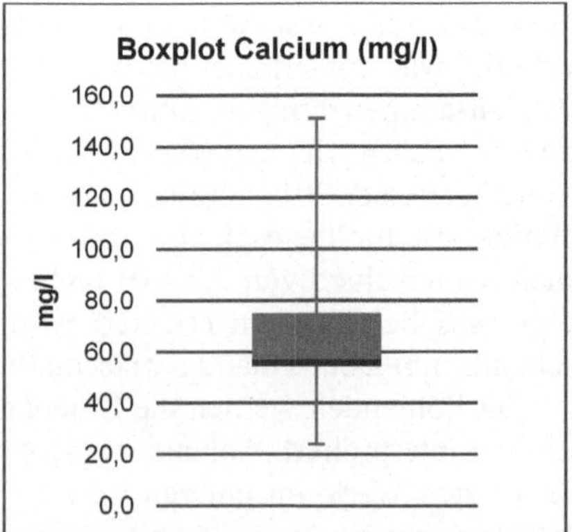

Abb. 4 und 5: Boxplot Magnesium und Boxplot Calcium (eigene Darstellungen)

Im Gegensatz zu Magnesium und Calcium gibt es für Chorid und Fluroid gesetzlich vorgeschriebene Grenzwerte. Man erkennt, dass ein Großteil der Werte bei beiden Inhaltsstoffen weit vom Grenzwert entfernt liegt (siehe Abbildungen 6 und 7). Die Daten zu Fluorid weisen ein Maximum auf, das im Vergleich zum Rest der Werte sehr hoch erscheint, jedoch immer noch rund 100 mg/l vom Grenzwert entfernt liegt (siehe Abbildung 7).

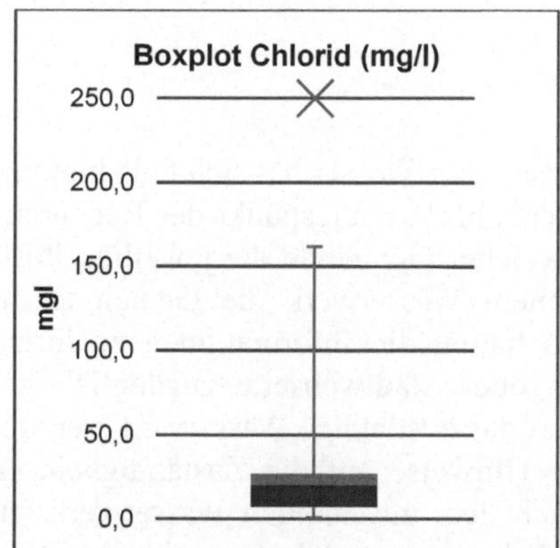
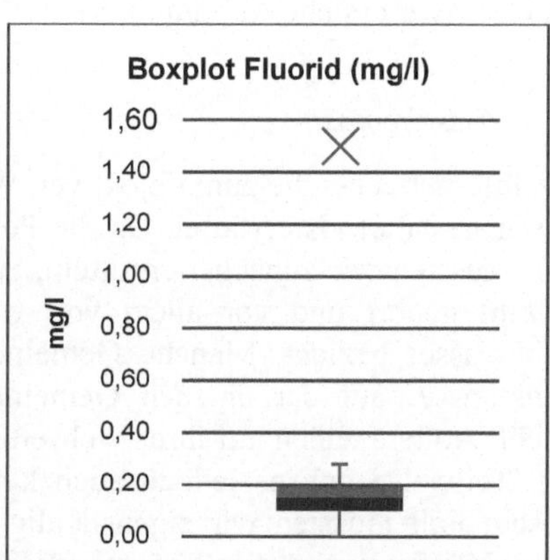

Abb. 6 und 7:   Boxplot Chlorid und Boxplot Fluorid (eigene Darstellungen)

Wie auch bei Chlorid und Fluorid sind die Daten für Sulfat und Nitrat weit vom Grenzwert entfernt.

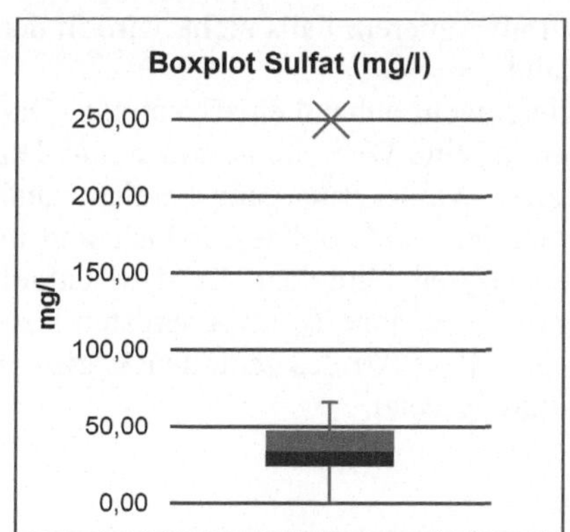
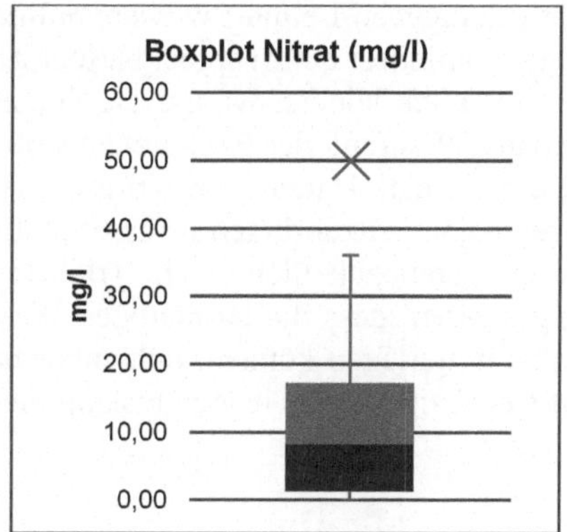

Abb. 8 und 9:   Boxplot Sulfat und Boxplot Nitrat (eigene Darstellungen)

Die Werte für Sulfat drängen sich zwischen 30 und 40 mg/l bei einem arithmetischen Mittel von 34,56 mg/l. Es gibt jedoch auch Minimalwerte, die beinahe null betragen. Selbst das Maximum ist mit 66,2 mg/l noch weit vom Grenzwert 250 mg/l entfernt (siehe Abbildung 8). Die Nitratwerte sind etwas weiter verteilt. Das arithmetische Mittel beträgt mit 11,08 mg/l nur rund ein Fünftel des Grenzwertes. Allerdings liegt das Maximum mit 36,1 mg/l verhältnismäßig nah am Grenzwert (siehe Abbildung 9).

2.4 Zwischenfazit

Die Internetrecherche zum objektiven Wissen über Wasser hat sich teils komplizierter gestaltet als erwartet. Da die Postleitzahl Ausgangspunkt der Recherche war, mussten wir zunächst ermitteln, zu welcher Gemeinde die jeweilige Postleitzahl gehört und vor allem von welchem Wasserwerk die Gemeinde ihr Trinkwasser bezieht. Manche Gemeinden hatten die Informationen zu ihrem Trinkwasser auf der eigenen Gemeinde- oder Stadtwebseite zugänglich gemacht. Andere haben auf ihrer Webseite auf das zuständige Wasserwerk verwiesen. Teilweise gab es jedoch auch keine Hinweise auf die Zuständigkeit. In diesem Fall mussten wir eigenständig nach dem zuständigen Wasserwerk suchen. Häufig waren die Wasserwerke auch in einem größeren regionalen Verbund zusammengeschlossen.

Nimmt man sich jedoch die Zeit, mehrere Webseiten nach den gesuchten Informationen zu durchsuchen, so wird man in den meisten Fällen fündig. In 90% der Fälle waren zumindest Informationen zum zuständigen Wasserwerk zu finden. In den meisten Fällen ist es also möglich, sich über die Trinkwasserqualität des eigenen Leitungswassers online zu informieren. Falls nicht, wird in der Regel zumindest ein Ansprechpartner genannt.

Deutlich leichter wäre diese Suche gleichwohl anhand einer zentralen Datenbank. Während der Recherchen sind wir auf eine Webseite gestoßen, die den Anspruch hat, Daten zum Trinkwasser aller Wasserversorgungsbereiche und Orte zusammenzubringen (Wasserqualität Online 2017: online). Jedoch sind in dieser Datenbank nicht viele Trinkwasseranalysen hinterlegt. Es wird darauf hingewiesen, dass die zuständigen Wasserversorger ihre Trinkwasserdaten kostenlos hinterlegen können. Scheinbar hat sich diese Art des zentralen Registers auf freiwilliger Basis jedoch bislang nicht durchgesetzt.

3 Wissenschaftliches Wissen über Wasser

3.1 Soziologie

Wasser ist für den Menschen überlebenswichtig und eines der wichtigsten Güter einer Gesellschaft. Der Umgang mit Trinkwasser sagt daher viel über eine Gesellschaft aus. Dennoch findet man in der soziologischen Fachliteratur nicht viel Material zum Thema Trinkwasser. Wir haben daher auch im Rahmen der Nachbardisziplinen Politikwissenschaft und Ethnologie recherchiert.

Eine überwiegend soziologische Perspektive nimmt Gesa Schönberger in ihrem Beitrag „Wasser: Bewährt, aber nicht immer begehrt. Zu den Trinkgewohnheiten der Gegenwart" ein. Sie befasst sich mit der Frage, welche Rolle Wasser als Getränk in der Gesellschaft der Gegenwart spielt. Ihr Fazit ist, dass Trinkwasser eine zentrale Rolle in der deutschen Trinkkultur spielt, jedoch vorwiegend als Zweitgetränk betrachtet wird. Sie bewertet das Trinken von Wasser – sowohl Leitungswasser als auch Mineralwasser – als Alltagsroutine (vgl. Schönberger 2009: 13ff.).

Auch Gunther Hirschfelder und Lars Winterberg befassen sich in ihrem Beitrag „…weil man das Wasser trinken kann? Aspekte kultureller Wertigkeit und sozialer Distinktion" mit der Rolle des Trinkwassers in Gesellschaft und Kultur. Einleitend bezeichnen sie Wasser als „die einzige Grundkonstante menschlicher Ernährung" (Hirschfelder/Winterberg 2009: 109). Anders als Schönberger betrachten sie nicht nur die Gegenwart, sondern auch die Entwicklung der Wertigkeit von Trinkwasser. Sie schlussfolgern, dass Trinkwasser im Laufe der Zeit sehr gegensätzlich und überwiegend negativ bewertet wurde. Besonders während der Vormoderne wurde der Konsum von Trinkwasser mit Armut assoziiert, in der Zeit der Industrialisierung zusätzlich mit Umweltverschmutzung. Auch heute kann sich Trinkwasser aus der Leitung nur schwer durchsetzen. Hirschfelder und Winterberg schreiben dies der Geschichte der Wertigkeit des Trinkwassers zu, die die kulturellen Normen bis heute prägt (vgl. ebd.: 127ff.).

Martin Wurzer-Berger beschreibt in seinem Beitrag „Wasser in der Gastronomie" die kulturelle Bedeutung von Trinkwasser in Küchen, Bars und Restaurants der Gastronomiebranche (vgl. Wurzer-Berger 2009: 273ff.). Er stellt fest, dass unter Sterneköchen häufig Mineralwasser statt Leitungswasser zur Zubereitung der Speisen eingesetzt wird, was mit geschmacklichen Defiziten durch Chlor sowie den hohen Kalkgehalt von Leitungswasser in manchen Regionen begründet wird. Im Bereich der Bar spielt sogenanntes Sodawasser eine Rolle – einfaches Leitungswasser, dem vor Ort Natriumkarbonat zugefügt wird. Es findet Verwendung in einer Reihe verschiedener Cocktails. Im Restaurantbetrieb spielt Leitungswasser in Deutschland (anders als in anderen europäischen Ländern wie Frankreich oder Österreich) traditionell keine Rolle. Deutschland kann jedoch eine ausgeprägte Mineralwasserkultur vorweisen, was sich auch in Restaurants zeigt (vgl. ebd.: 274ff.).

Peter Peter beschreibt in seinem Beitrag „Vom Krankentrunk zum Lifestylesprudel. Die mediale Aufwertung des Mineralwassers" die Imageveränderung des Mineralwassers. Er vergleicht führende Mineralwassermarken und stellt fest, dass Mineralwasser zum Lifestyleprodukt avanciert – sei es als schickes, teures Premiumwasser in edlen Glasflaschen oder als gesundes Sport- und Fitnessgetränk (vgl. Peter 2009: 283ff.).

Neben Beiträgen, die sich mit der allgemeinen kulturellen Bedeutung von Trinkwasser befassen, gibt es auch einige Beiträge, die die Rolle von Trinkwasser in der Religion behandeln. Zwei Beiträge sollen an dieser Stelle beispielhaft erwähnt werden: „Majim – das Wasser im Judentum. Eine kultur- und religionsgeschichtliche Skizze" von Bastian Fleerman behandelt die Bedeutung von Trinkwasser im Judentum. Der Autor zeigt Beispiele religiöser Traditionen auf und begründet die große Bedeutung des Trinkwassers für das Judentum mit seinem Ursprung in trockenen Wüstenregionen (vgl. Fleermann 2009: 145f.). „Heiliges Wasser – heilendes Wasser. Kulturanthropologische Überlegungen zu Handlungspraxen und Deutungen am Beispiel Lourdes" von Dagmar Hänel untersucht die Hintergründe des Lourdeswassers, das im Wallfahrtsort Lourdes entspringt und nach Meinung seiner Befürworter heilende Kräfte besitzt. Basierend auf der religiösen Bedeutung wird das Wasser rituell und therapeutisch verwendet (vgl. Hänel 2009: 149ff.).

Auf kritische Weise befasst sich Petra Dobners Werk „Quer zum Strom. Eine Streitschrift über das Wasser" mit dem Wasserkonsum der deutschen Bevölkerung. Sie stellt Deutschland als Land der ambitionierten Wassersparer und der verhältnismäßig hohen Wasserpreise dar (vgl. Dobner 2013: 9ff.). Wie auch Peter befasst sie sich mit dem Aufschwung des Flaschenwassers zum Lifestyleprodukt. Auf kritische Weise stellt sie fest, dass Mineralwasser aus Flaschen teils nicht mehr Mineralien enthält als Leitungswasser und dabei deutlich teurer ist. Besonders kritisch betrachtet sie den indirekten Wasserkonsum beispielsweise durch Fleischkonsum, der so hoch ist, dass er das Sparen von Leitungswasser lächerlich erscheinen lässt. Auch mit den ökologischen Auswirkungen der Lebensweise der deutschen Bevölkerung befasst sie sich und stellt Mängel in der ökologischen Zukunft des Trinkwassers fest (vgl. ebd.: 25ff.). Eine Betrachtung ökonomischer Aspekte des Trinkwassers in Deutschland findet man ebenfalls bei Petra Dobner. Sie befasst sich beispielsweise mit der zunehmenden Privatisierung der vormals öffentlichen Wasserwerke (vgl. ebd.: 63ff.).

Die Monografie „Wie lange reicht die Ressource Wasser? Vom Umgang mit dem blauen Gold" von Wolfram Mauser betrachtet die Thematik der begrenzten Wasserressourcen aus soziologischer, aber auch aus politikwissenschaftlicher Perspektive anhand verschiedener Fragen. Warum und inwiefern brauchen wir Wasser zum Leben? Wie wird unsere Nutzung des Wassers durch die Natur beschränkt? Wie nutzt der Mensch das Wasser? Diese Fragen beantwortet Mauser stets im Kontext des gesamten Wassersystems der Erde. Er hebt hervor, dass das Leben der Menschen schon immer sehr eng mit dem Wasser verknüpft war (vgl. ebd.: 64f.). Der zweite Teil des Buches befasst sich mit der Frage, wie sich die Wassernutzung durch den Menschen auf den globalen Wasserkreislauf auswirkt. Dabei wird Wasser stets als begrenztes Gut betrachtet. Nach Betrachtung der benötigten und verfügbaren Wassermengen resümiert er: Es herrscht keine Trinkwasser- und Sanitärwasserknappheit, da der Mensch mit 20-40 Litern täglich hiervon nur wenig benötigt. Der Großteil des Wasserverbrauchs entfällt auf die Produktion von Nahrungsmitteln. Um eine als gesund angenommene Ernährung zu gewährleisten, werden pro Mensch und Jahr 1300m² Wasser benötigt. Prinzipiell kann die Erde eine ausreichende Wassermenge liefern. Das Problem liegt hier in der Verteilung. Der Wasserverbrauch der Menschen ist also vor allem durch den Konsum bedingt. Der reiche Teil der Erdbevölkerung konsumiert (fleischlastige) Nahrung, die deutlich mehr Wasser benötigt, während der arme Teil viel weniger und häufig viel zu wenig Nahrung konsumiert und damit einen niedrigeren Wasserverbrauch hat (vgl. ebd.: 187ff.). Im dritten Teil seines Buches befasst sich Mauser mit der nachhaltigen Nutzung der Wasserressourcen und formuliert einige Handlungsempfehlungen.

3.2 *Politikwissenschaft*

Friedrich Barth behandelt in seinem Beitrag „Wasser – das blaue Gold des 21. Jahrhunderts" die Problematik einer globalen Wasserkrise aus politikwissenschaftlicher Perspektive. Anhand von Beispielen wie dem Verschwinden des Aralsees argumentiert er, dass das 21. Jahrhundert von einer wachsenden Trinkwasserkrise gezeichnet sein wird. Er stellt fest, dass diese Krise vor allem – aber nicht nur – die Entwicklungsländer betrifft (vgl. Barth 2009: 69ff.). Seinen Fokus legt er dabei auf Maßnahmen der EU. Aufgrund seiner Prognose gibt Barth politische Empfehlungen zur Bekämpfung einer Trinkwasserkrise. Diese umfassen vor allem Investitionen in die Infrastruktur sowie die Ver- und Entsorgung in Megastädten. Außerdem empfiehlt Barth eine Stärkung und verbesserte Zusammenarbeit von Entwicklungsinstitutionen bzw. Investoren und den Empfängern (vgl. ebd.: 79f.). Die Empfehlungen von Barth bleiben dabei auf einer recht allgemeinen Ebene.

Auch Petra Dobner befasst sich in ihrer Monografie „Wasserpolitik. Zur politischen Theorie, Praxis und Kritik globaler Governance" mit dem Aufkommen einer globalen Trinkwasserkrise und den Gegenmaßnahmen im Rahmen von Global Governance. Dobner beschreibt die Wasserpolitik als gesellschaftliche Daueraufgabe und hebt hervor, dass sie als gemeinsame globale Aufgabe aufgefasst werden muss (vgl. Dobner 2010: 9ff.). Die Autorin zeigt zunächst die Hintergründe der globalen Wasserkrise auf, um anschließend auf politische Implikationen einzugehen. Sie gibt einen Überblick über Weltwasserkonferenzen und zieht eine Zwischenbilanz der bisherigen Wasserpolitik. Des Weiteren geht sie auf die Privatisierung der Wasserpolitik ein und diskutiert deren Auswirkung auf das Gemeinwohl (vgl. ebd.: 127ff.).

Der Sammelband „The Human Right to Water" von Eibe Riedel und Peter Rothen befasst sich mit Trinkwasser im Sinne eines globalen Grundrechts. Einige Beiträge behandeln das Thema Trinkwasser als Menschenrecht aus einer Gerechtigkeitsperspektive. Heiner Bielefeldt bspw. resümiert, dass neben den technischen Aspekten zur globalen Bereitstellung sauberen Trinkwassers die Menschenrechtsperspektive nicht außer Acht gelassen werden darf, um eine nachhaltige Lösung zu finden (vgl. Bielefeldt 2006: 49ff.). Mehrere Beiträge beziehen sich auf das General Comment No. 15 des UN-Ausschuss über wirtschaftliche, soziale und kulturelle Rechte. Eibe Riedel liefert bspw. eine umfassende Erläuterung zum Inhalt des General Comment No. 15, das die grundlegenden Rechte beschreibt, die jeder Mensch bezüglich Trinkwasser haben müsse (vgl. Riedel 2006: 27ff.). Andere Beiträge des Bandes behandeln die Rechtslage sowie die Implementierung des General Comment No. 15 in verschiedenen Ländern und Regionen. So erläutert S. Muralidhar die Auswirkungen des indischen Rechtssystems auf die Trinkwasserlage des Landes (vgl. Muralidhar 2006: 65ff.). Nach der Analyse der zentralen Einflüsse auf die Trinkwasserversorgung präsentiert Muralidhar Maßnahmen zur Verbesserung der Lage und zur Anpassung an das General Comment No. 15. Claudia Arce wiederum befasst sich in ihrem Beitrag mit der Wasserpolitik der eher armen Staaten im Nahen Osten (vgl. Arce 2006: 169).

3.3 Ethnologie

Im Bereich der Ethnologie befasst sich die Trinkwasserforschung vor allem mit den Auswirkungen des Trinkwassermangels und der daraus resultierenden Armut. Im Bereich der Armutsforschung schwinden dabei die Grenzen zur Soziologie. Auch Alexei Trouchine hat sich in seiner Arbeit „Trinkwasserversorgung und Armut in Kasachstan: Aktueller Zustand und Wechselwirkungen" mit genau diesem Thema befasst. Er zieht in seinem Buch die Schlussfolgerung, dass verfügbares Trinkwasser einen entscheidenden Aspekt der Armutsbekämpfung in Kasachstan darstellt, vor allem da die Trinkwasserversorgung eng mit der medizinischen Versorgung der Bevölkerung und einer sauberen Umwelt verknüpft ist. Er hebt hervor, dass sich die Trinkwasserversorgung Kasachstans verschlechtert hat und sich diese Entwicklung indirekt negativ auf die Bekämpfung der Armut im Land auswirkt (vgl. Trouchine 2013: 13).

Karlheinz Cless beleuchtet in seiner Monografie „Menschen am Brunnen. Ethnologische Perspektiven zum Umgang mit Wasser" unterschiedliche Zugänge zum Thema Trinkwasser aus ethnologischer Sicht und hebt anhand von Beobachtungen verschiedener Länder und Regionen die kulturellen Einflüsse hervor. Er geht unter anderem auf die Rolle des Trinkwassers im Rahmen zwischenmenschlicher Beziehungen ein. Wasser schaffe „soziale Beziehungen, intiiert menschliche Interaktionen, erzeugt Zuneigung, Dankbarkeit und Vertrauen" (ebd.: 216). Auf der Makroebene beschreibt er die Korrelation zwischen Trinkwasser und Macht: Wer die Trinkwasserversorgung kontrolliert und steuert, hat die Macht, über die Richtung von Innovation und Armut zu entscheiden (vgl. Cless 2014: 215ff.).

3.4 Medizin und Ernährungswissenschaften

Betrachtet man das Thema Trinkwasser aus medizinischer bzw. ernährungswissenschaftlicher Perspektive, stellen sich vor allem zwei Fragen: Wie sollte Trinkwasser beschaffen sein und wie sollte es konsumiert werden? Auf letztere Frage gab es im Laufe der Geschichte sehr unterschiedliche Antworten. Friedrich Manz, Bernhard Kampmann und Thomas Lennert haben in ihrem Beitrag „Wie viel Wasser braucht der Mensch? 150 Jahre ärztliche Empfehlungen zur Flüssigkeitszufuhr bei Gesunden und Kranken" untersucht, wie sich die Trinkempfehlungen der Medizin im Laufe der Zeit verändert haben. Basierend auf der Säftelehre der Antike galt beispielsweise für Kinder der Grundsatz, ihnen nicht zu viel zu trinken zu geben. Kinder galten als Menschen mit einer hohen inneren Feuchtigkeit. Übermäßiges Trinken hätte ihre Körpersäfte somit in Ungleichgewicht gebracht (vgl. Manz, Kampmann, Lennert 2009: 163).

Ende des 19. Jahrhunderts lagen die Empfehlungen laut den Autoren zwischen 1,7 und 3 Litern am Tag. Basis für diese Trinkempfehlung war ausschließlich die durchschnittliche Trinkmenge gesunder Europäer, da man davon ausging, dass die Gesundheit des Menschen darauf schließen lässt, dass er automatisch die optimale Menge an Wasser zu sich nimmt. Mitte des 20. Jahrhunderts wurden vermehrt die Wasseraufnahme durch feste Nahrungsmittel sowie die Oxidation berücksichtigt. Ziel war es, die minimale Trinkmenge für eine submaximale Urinkonzentration zu erreichen. Dies führte zu geringeren Trinkempfehlungen zwischen 1,4 und 1,9 Litern am Tag (vgl. ebd.: 165f.).

Neuere Modelle beziehen hingegen den Kontext in die Ermittlung des Trinkwasserbedarfs ein. Dabei werden vor allem die Energiezufuhr und andere alltägliche Umweltfaktoren einbezogen. Daraus ergibt sich unter anderem die Empfehlung aus dem Jahr 2004, nach der Männer 1,97 Liter und Frauen 1,46

Liter am Tag trinken sollten, um auf eine Gesamtwasserzufuhr von 2,92 Liter bzw. 2,29 Liter am Tag zu kommen (vgl. ebd.: 166ff.).

Neben Empfehlungen zur Trinkwassermenge finden sich auch konkrete Informationen zu den Auswirkungen verschiedener Wasserbestandteile auf die Gesundheit. Das KATALYSE-Institut hat hierzu 1993 „Das Wasserbuch. Trinkwasser und Gesundheit" veröffentlicht, dass für die Gesundheit relevante Fakten zum Thema Trinkwasser übersichtlich zusammenfasst. Ein Teil des Buches befasst sich ausführlich mit den für den Körper essentiellen sowie toxischen Inhaltsstoffen des Trinkwassers und deren Auswirkung auf die Gesundheit.

Natrium ist in jedem Trinkwasser zu finden und kann bei übermäßiger Aufnahme zu Bluthochdruck führen. Die Autoren beschreiben den Beitrag des Trinkwassers selbst bei hohem Natriumgehalt jedoch als gering, da die Aufnahme beispielweise durch Speisesalz deutlich überwiegt. Kalium spielt für den menschlichen Körper eine wichtige Rolle; der Trinkwasserkonsum kann mit 1 bis 5 mg/l jedoch nur sehr geringfügig zum täglichen Mindestbedarf beitragen. Ein weiteres für die Gesundheit wichtiges Mineral ist Calcium. Es ist vor allem ein wichtiger Baustein des menschlichen Skeletts, aber auch für die Blutgerinnung und das Nervensystem unabdinglich. Besonders bei Kindern und Jugendlichen sowie Schwangeren ist eine ausreichende Calciumzufuhr für das Wachstum notwendig. Die Autoren bewerten die Calciumzufuhr in nahezu allen Bevölkerungsgruppen als mangelhaft. Obwohl Calcium in Form von lästigem Kalk an Armaturen und in der Waschmaschine einen schlechten Ruf hat, ist ein hoher Calciumgehalt des Wassers sehr gesund (vgl. Barth et al. 1993: 46ff.).

Wie Calcium sorgt auch Magnesium für sogenanntes hartes Wasser. Der Körper benötigt Magnesium für den Aufbau der Zähne, zahlreiche Stoffwechselvorgänge sowie für Nerven und Muskeln. Eine ausreichende Zufuhr von Magnesium ist für den Körper also sehr wichtig, allerdings spielt das Trinkwasser hier eine untergeordnete Rolle, da der Magnesiumbedarf in der Regel durch die Nahrung gedeckt wird. Anders als beim Calcium ist der Körper in der Regel also nicht auf die Aufnahme von Magnesium durch Trinkwasser angewiesen.

Kupfer wird vom Menschen in einer relativ geringen Dosis benötigt, die bereits durch Nahrung gedeckt ist. Eine zu hohe Kupferzufuhr kann für Säuglinge im Extremfall sogar gefährlich werden. Bei der öffentlichen Trinkwasserversorgung ist allerdings nicht mit einem zu hohen Kupfergehalt zu rechnen. Hohe Kupferwerte findet man fast ausschließlich bei hauseigenen Brunnen oder Haushalten mit alten Kupferrohren. Eisen ist ein für den Körper überlebenswichtiges Spurenelement. Besonders Kinder, Frauen bis zur Menopause, Schwangere, Stillende und Ausdauersportler haben einen erhöhten Eisenbedarf. Laut Empfehlung der Deutschen Gesellschaft für Ernährung sollten Frauen 18 mg und Männer 12 mg Eisen am Tag zu sich nehmen. Das Trinkwasser kann hier jedoch nur einen geringen Teil des täglichen Eisenbedarfs abdecken. Obwohl eisenhaltiges Wasser prinzipiell gesund ist, wird Eisen bereits bei einem geringen Eisengehalt aus dem Trinkwasser herausgefiltert, da Konzentrationen ab 0,2 mg/l einen unangenehmen metallischen Geschmack des Trinkwassers hervorrufen (vgl. ebd.: 50ff.).

Der tägliche Bedarf an Mangan wird in der Regel bereits durch die Nahrungsaufnahme gedeckt. Sollte dies nicht der Fall sein, kann der Körper das fehlende Mangan durch verschiedene enzymatische Reaktionen ersetzen. Mangelerscheinungen sind somit ausgeschlossen. Jedoch wird diskutiert, ob Mangan in einer zu hohen Dosis zu einem erhöhten Auftreten von Parkinson-Symptomen führen kann. Der vorgeschriebene Grenzwert für Mangan ist jedoch – genau wie bei Eisen – nicht toxikologisch, sondern geschmacklich begründet. Selen wird vom Körper zur Entgiftung von Substanzen und zum Schutz der Zellmembranen benötigt. Ein Selenmangel kann in Rheumatismus, Grauem Star und einem erhöhten Krebsrisiko resultieren sowie Leber-, Muskel- und Herzfunktionsstörungen hervorrufen. Selen wird jedoch hauptsächlich durch Nahrung aufgenommen und spielt für das Trinkwasser eine untergeordnete Rolle (vgl. ebd.: 54ff.).

Fluorid ist vor allem für die Zähne ein wichtiges Element. Kritisch ist jedoch, dass die Werte von erwünschter und schädigender Menge extrem nah beieinander liegen. Während eine optimale tägliche Zufuhr für die Knochen- und Zahnschmelzbildung elementar ist, kann eine zu hohe Dosis die Zähne und im Extremfall auch das Knochengerüst schädigen. In den meisten Trinkwässern ist Fluorid in einer Konzentration von weniger als 0,25 mg/l enthalten. Für eine optimale Fluoridaufnahme wäre 1 mg/l die richtige Konzentration. In einigen Ländern wie der Schweiz und der Niederlande wird die natürliche Fluorid-Konzentration durch Fluoridisierung erhöht, um Karies in der Bevölkerung und vor allem bei Kindern vorzubeugen. Dies hat jedoch den Nachteil, dass es je nach Ernährungsgewohnheiten auch zu einer Überdosierung kommen kann. In Deutschland wird das Trinkwasser daher nicht fluoridisiert (vgl. ebd.: 56ff.)

Neben diesen essentiellen Inhaltsstoffen des Wassers enthält Trinkwasser häufig auch nichtessentielle, teilweise toxische Stoffe. Eines dieser Elemente ist Sulfat, das zwar im Körper enthalten, aber nicht essentiell ist, da es der Körper selbst herstellen kann. Ein überhöhter Sulfatgehalt im Trinkwasser kann hingegen abführend wirken und ist somit besonders für Säuglinge gesundheitsschädlich. Natürliche Trinkwässer enthalten jedoch in der Regel einen sehr geringen Sulfatanteil. Erhöhte Sulfatanteile findet man beispielsweise in Braunkohlegebieten sowie in Gebieten mit viel Verkehr und Industrie (vgl. ebd.: 59f.).

Auch ein Übermaß an Nitrat kann zu gesundheitlichen Schäden führen, obwohl der Mensch naturbedingt an die Aufnahme von Nitrat gewöhnt ist. Generell nimmt der Mensch heute zu viel von gering toxischem Nitrat zu sich. Dies liegt jedoch weniger am Trinkwasser als vielmehr an der Nahrung. Vor allem Gemüse enthält viel Nitrat; Trinkwasser hingegen macht nur rund 30% der täglichen Nitratzufuhr aus. Die Reduzierung der Nitratzufuhr muss also nicht nur durch Reduzierung des Nitratgehalts im Trinkwasser, sondern auch in den landwirtschaftlich genutzten Böden erfolgen (vgl. ebd.: 60ff.).

Immer noch problematisch ist in manchen Haushalten der Bleigehalt des Trinkwassers. Blei kann bereits in geringen Dosen gesundheitliche Schäden hervorrufen, vor allem für ungeborene Kinder. Es behindert ihr Wachstum und die Funktionsfähigkeit des Nervensystems. Erhöhte Bleiwerte im Trinkwasser sind fast immer auf Bleirohre in der Hausinstallation zurückzuführen. Solche Bleirohre sind heute noch immer in alten Häusern mancher Regionen zu finden (vgl. ebd.: 72ff.).

Es gibt einige Elemente, die im Trinkwasser in geringen Mengen vorkommen, die Gesundheit aber kaum beeinflussen. Hierzu gehört beispielsweise Aluminium, das aus geschmacklichen Gründen stark begrenzt wird und somit kaum zur Deckung des täglichen Aluminiumbedarfs beiträgt. Auch Arsen kommt in Trinkwasser vor – allerdings in so geringen Mengen, dass eine Gesundheitsgefährdung durch toxische Arsenverbindungen ausgeschlossen ist. Cadmium gilt in der Ernährung als ebenso gefährlich wie Blei. Da das Trinkwasser jedoch nur 4% der Gesamtaufnahme ausmacht, fällt das Trinkwasser hier kaum ins Gewicht (vgl. ebd.: 69ff.).

Das Buch „Wasserwerk. Wissenswertes über Mineralwasser, Quellwasser, Tafelwasser, Heilwasser" von Alfred Stollenwerk ist ein allgemeiner Ratgeber zum Thema Wasserkonsum und Gesundheit. Es ist allerdings zu beachten, dass dieses Buch von Apollinaris & Schweppes GmbH & Co. veröffentlicht wurde. Die Perspektive des Unternehmens als Mineralwasserhersteller sollte also dabei berücksichtigt werden. Dieses Werk befasst sich ebenfalls mit den Inhaltsstoffen von Trinkwasser, den Grenz- und Empfehlungswerten sowie den Auswirkungen auf die Gesundheit. Verglichen mit der Darstellung des KATALYSE-Instituts fällt auf, dass der Fokus auf den positiven Eigenschaften der Inhaltsstoffe liegt. Während das KATALYSE-Institut bspw. ausführlich beschreibt, inwiefern eine zu hohe Fluoriddosis gesundheitsschädlich ist und auf die unterschiedlichen Maßnahmen und Diskussionen zum Thema Fluoridisierung eingeht, beschreibt Stollenwerk diesen Aspekt lediglich in einem halben Satz (vgl. Barth et al. 1993: 56ff. und Stollenwerk 1994: 67). Eine wichtige Aussage des Ratgebers zum Thema Trinkmenge lautet: „Lieber einen Schluck mehr Mineralwasser als einen zu wenig." (Stollenwerk 1994: 26)

Das älteste Buch aus dieser Literaturrecherche wurde im Jahr 1990 veröffentlicht. „Trinkwasser und Ihre Gesundheit" von Allen E. Banik zeigt, wie sich die medizinische und ernährungswissenschaftliche Meinung zum Thema Trinkwasser im Laufe der letzten 30 Jahre gewandelt hat. Es ist zu beachten, dass das Buch aus den USA stammt und einige der Aussagen nicht auf Deutschland übertragbar sind. So stellt Banik die Verschmutzung des Trinkwassers als sehr kritisch dar. Vergleicht man diese Einschätzung mit der heutigen Trinkwassersituation in Deutschland, erkennt man einen eklatanten Unterschied. Besonders interessant ist Baniks Meinung zum Thema hartes Trinkwasser. Er fasst zusammen: „Je härter das Wasser, desto größer die Gefahr von Herzbeschwerden." (Banik 1990: 54). Gleichzeitig hält er auch den Verzehr von weichem Leitungswasser für schädlich, da dieses besonders stark durch toxische Inhaltsstoffe wie Blei belastet sei.

Zum Thema Mineralwasser meint Banik, dass sich die enthaltenen Mineralien aus Mineralwasser nicht vom Körper verwerten lassen, da sie sich in anorganischem Zustand befinden. Er kommt zu dem Schluss, dass man am besten ausschließlich „reines", also destilliertes Wasser trinken sollte. (vgl. ebd.: 60ff.). Insgesamt bewertet Banik die nicht-essentiellen Inhaltsstoffe des Wassers als überwiegend toxisch und gesundheitsschädlich, während er den Nutzen essentieller Stoffe aus dem Trinkwasser abstreitet. Dies begründet er damit, dass diese aus dem Trinkwasser nicht in den Körper aufgenommen werden können.

Neben dem Alter des Werkes von Banik sollte man allerdings auch die wissenschaftliche Fragwürdigkeit des Autors berücksichtigen. Obwohl es mit vielen Zitaten anderer Mediziner untermauert ist, enthält das Buch viele wertende Elemente, die eher den Eindruck einer persönlichen Meinung als eines wissenschaftlichen Schlusses erwecken. Dennoch ist es sinnvoll, dieses Werk in eine Zusammenschau über die Literatur einzubeziehen, da auch heute noch diskutiert wird, ob der Verzehr von destilliertem Wasser gesund oder ungesund ist.

3.5 Sportwissenschaften

Eine weitere Disziplin, die für die Recherche zu Trinkwasser interessant scheint, ist die Sportwissenschaft. Da gerade bei viel Bewegung ein ausreichender Wasserkonsum unabdinglich ist, sollten auch aus dieser Disziplin unterschiedliche Informationen und Meinungen eingeholt und miteinander verglichen werden.
Im Rahmen dieser Recherche stößt man vor allem auf Internetseiten über Sport und auf verschiedene Fitnessblogs. Letztere erfreuen sich vor allem in den letzten Jahren – einhergehend mit dem populären Fitness-Lifestyle – großer Beliebtheit und halten somit zahlreiche Informationen und Empfehlungen zum Trinkwasserkonsum bereit. Hinsichtlich ihrer wissenschaftlichen Aussagekraft sollten diese Quellen jedoch kritisch betrachtet werden.

Die Verfasser der verschiedenen Online-Artikel stimmen grundsätzlich in der Annahme überein, dass ein ausgewogener Trinkwasserkonsum die Basis für ein gesundes und aktives Leben bildet (vgl. z.B. die Webseiten Viactiv, Fit for Fun und Fitmio). Da der Körper bis zu 50% aus Wasser besteht, erscheint es von großer Bedeutung, täglich ausreichend Wasser zu konsumieren. Gleichzeitig werden auch die drastischen körperlichen Folgen bei einer zu geringen Flüssigkeitszufuhr thematisiert: Wenn der Mensch zu wenig Wasser trinkt, fördert dies das Eindicken des Blutes. Dadurch werden die Muskelzellen schlechter mit Sauerstoff und Nährstoffen versorgt. Diese Unterversorgung hat zur Folge, dass die menschliche Leistungsfähigkeit immer weiter absinkt. Zusätzlich wird die Konzentrationsfähigkeit stark vermindert. Problematisch ist weiterhin, dass zeitgleich das Verletzungsrisiko ansteigt und sich die Wahrscheinlichkeit von Muskelzerrungen und Krämpfen drastisch erhöht (vgl. ebd.).

Weiterhin raten Sportwissenschaftler dazu, nicht erst dann etwas zu trinken, wenn bereits ein Durstgefühl vorhanden ist. Ein empfundenes Durstgefühl sei bereits ein Warnsignal für einen akuten Flüssigkeitsmangel, mit welchem nicht selten auch Symptome wie Müdigkeit, Kopfschmerzen und sogar Übelkeit einhergingen. Oftmals müsse der Mensch aber erst lernen, auch ohne Durstgefühl zu trinken. Vor allem Kindern oder älteren Menschen falle eine gewisse Trinkroutine oft schwer (vgl. Viactiv Krankenkasse). Dennoch müsse berücksichtigt werden, dass der tägliche Flüssigkeitsbedarf von Mensch zu Mensch stark variiert und unterschiedlichste Faktoren Einfluss auf die tägliche Trinkwassermenge nehmen, die ein Organismus benötigt. Bei der Recherche stößt man in der Sportwissenschaft auf unterschiedliche Faustformeln und Tabellen. Die meisten Internetquellen, wie etwa das Fitnessportal „Fit for Fun", empfehlen jedoch, als Erwachsener täglich anderthalb bis zwei Liter Wasser zu trinken.

Im Sommer 2015 berichtete das Nachrichtenmagazin „Die Welt" im Sportressort über einen Marathonläufer, der während des Laufs an einem Hirnödem verstorben ist, weil er vor und vor allem während des Laufes nur Leitungswasser anstelle von Mineralwasser konsumiert habe. Das Hirnödem sei durch einen aufkommenden Natriummangel hervorgerufen worden. Sportexperten sind sich einig, dass Sportler bei Temperaturen über 25 Grad etwa ein bis zwei Liter Schweiß pro Stunde verlieren. Ein Liter Schweiß enthält etwa ein Gramm Natrium (vgl. Schramm 2015: online). Die Trinkempfehlung für Extremsportler liegt daher bei ca. einem Liter pro Stunde. Konsumiert werden sollten vor allem Getränke mit 400-600 mg Natrium pro Liter. Werte in dieser Größenordnung kann unser herkömmliches Leitungswasser nicht bieten, denn laut der EU-Richtlinien liegen die durchschnittlichen Natriumwerte bei nur 20 mg pro Liter.

Der Autor Alfred Stollenwerk formuliert „Die Trinkregeln für den Sport" im Zusammenhang mit körperlicher Betätigung. Beispielsweise rät er dazu, nicht nur während des Sports ausreichend Wasser zu trinken, sondern bereits vorher und generell regelmäßig über den gesamten Tag verteilt. Wichtig sei es auch, nach dem Sport viel Wasser zu trinken, aber keinesfalls zu kaltes Wasser. Auch sollte der Konsument darauf achten, das Wasser nicht allzu schnell zu trinken, da der Körper sonst mit der enormen Wassermenge überfordert sein könnte. Im Vergleich zu den verschiedenen Fitnessblogs, die zwar Schorlen als gut für Sportler bezeichnen, generell aber reines Wasser als ideales Sportgetränk ansehen, empfiehlt Stollenwerk in seinem Buch eine andere Erfrischung. Perfekt sei die Mischung aus einem Viertel Apfelsaft und drei Vierteln Heilwasser. Aufgrund des hohen Mineralstoffgehalts seien Heil- und Mineralwässer die optimale Möglichkeit, den Körper vor, während und nach der sportlichen Betätigung mit allen wichtigen Nährstoffen zu versorgen. Dabei differenziert Stollenwerk zwischen den einzelnen Stoffen und betitelt Magnesium als „Mineralstoff Nummer Eins". Vor allem für die körperliche Ausdauer sei es unverzichtbar. Daneben benötige der Körper aber auch Mineralstoffe wie Calcium oder Eisen (vgl. Stollenwerk 1994: 74ff.).

Allgemein findet die sportwissenschaftliche These, je besser das Trinkverhalten, desto besser die menschliche Leistungsfähigkeit (geistig sowie sportlich), durchweg Zustimmung.

3.6 Agrar- und Umweltwissenschaften

Die Agrar- und Umweltwissenschaften wiederum nehmen eine ganz andere Perspektive bezüglich des Forschungsthemas Trinkwasser ein als die bisher betrachteten Disziplinen. Zentral ist hier die Frage, auf welche Art und Weise gutes und gesundes Trinkwasser gewonnen wird und wie man dessen Güte langfristig gewährleisten kann. Aktuelle Informationen über Trinkwasser aus der Perspektive der Agrar- und Umweltwissenschaften findet man auch hier vorrangig im Internet, beispielsweise in Form von Online-Zeitungsartikeln oder auf der Website des Umweltbundesamtes. Auffällig ist, dass fast alle Artikel die Verschmutzung des Trinkwassers durch Medikamente und Chemikalien thematisieren und als nicht zu vernachlässigende Gefahr für die Umwelt und den menschlichen Körper problematisieren.

Auch in Universitätsbibliotheken findet man Literatur bezüglich der Trinkwassergüte und möglichen Gesundheitsrisiken durch Verschmutzung und Medikamente. So thematisiert Florian Keil in seinem Beitrag „Arzneimittelwirkstoffe im Trinkwasser" das Problem von Arzneimittelspuren im Grundwasser. Seit einigen Jahrzenten sind Medikamente ein zentraler Bestandteil der deutschen Gesundheitsvorsorge und Garant eines hohen Lebensstandards. Doch seit in den 1990er Jahren Spuren von Arzneimitteln im Trinkwasser nachgewiesen worden sind, beschäftigen sich Umweltwissenschaftler mit möglichen Folgen des unbeabsichtigten Konsums der sogenannten Xenobiotika. Allerdings ist umstritten, wie groß der Einfluss der nachgewiesenen Wirkstoffe auf den menschlichen Organismus wirklich ist. In der Umweltwissenschaft, aber auch in der Medizin wird immer noch über mögliche Langzeitfolgen oder chronische Erkrankungen aufgrund eines regelmäßigen Konsums von belastetem Trinkwasser debattiert. Keil ist der Auffassung, dass den Forschenden bislang ein effizienter Lösungsansatz fehle, um sich der Herausforderung zu stellen. Allerdings macht der Autor noch auf ein weiteres Problem aufmerksam, welches nachhaltig zur Verschmutzung unseres Trinkwassers beiträgt: In vielen Haushalten werden Arzneimittel unsachgemäß über die Toilette oder den Abfluss entsorgt, ohne dass sich die Verantwortlichen der umweltbelastenden Konsequenzen bewusst sind (vgl. Keil 2009: 232ff.).

Einen Schritt weiter geht die Wissenschaftlerin Ursula Degen in ihrem Beitrag „Schwer und nicht abbaubare Stoffe im Wasser" und thematisiert neben Arzneimittelstoffen im Trinkwasser auch andere nicht abbaubare Substanzen. Dazu zählt sie alle, die „in einem biologischen Klärverfahren nicht oder nur wenig angegriffen werden" (Degen 1982: 152). Dies beschränkt sich nicht nur auf organische Schadstoffe, sondern inkludiert auch anorganische Elemente. Zur Ausräumung letzterer sei das übliche biologische Reinigungsverfahren nicht ausreichend. Stattdessen müsse man auf aufwendigere physikalisch-chemische Methoden zurückgreifen (vgl. ebd.: 153f.). Degen rät daher dringend, die Kläranlagen so zu konzipieren, dass sie auch Wasser mit nur schwer abbaubaren Stoffen nachhaltig reinigen können.

Es ist für die gesamte Menschheit von zentraler Bedeutung, die Wasserversorgung auch in der Zukunft gewährleisten zu können. Um das wichtigste Lebensmittel des Menschen zu schützen, ist ein nachhaltiger und bewusster Umgang mit den natürlichen Wasserressourcen von größter Wichtigkeit. Die Autoren Kluge und Schramm empfehlen in ihrer Publikation „Wasser und Nachhaltigkeit" vor allem die Investition in innovative Sanitärkonzepte, um reines und sauberes Trinkwasser nicht nur in Deutschland, sondern auch weltweit zu garantieren. Global betrachtet nehmen diese Konzepte in den letzten Jahren merklich zu (vgl. Kluge/Schramm 2009: 53ff). In diesem Kontext stellen die Autoren beispielsweise das Vakuum-Biogas-Konzept vor, bei dem Vakuumtoiletten verwendet werden. Als Konsequenz ergibt sich eine enorme Trinkwasserersparnis von bis zu 90%. Erfolgreiche Anwendung fand dieses Projekt bereits in einer Wohnsiedlung in Lübeck. Doch es gibt noch weitere alternative Konzepte, die in den nächsten Jahren umgesetzt werden sollen. Die Autoren prognostizieren für die kommenden Jahre je nach Bevölkerungsentwicklung und Siedlungsstruktur einen „radikalen Wandel der Trinkwasserversorgung" (vgl. ebd.: 65). Unbeantwortet bleibt allerdings die Frage nach der Finanzierung der teilweise doch sehr kostenintensiven Projekte.

Ein weiteres Teilgebiet, das im Zusammenhang mit der hier thematisierten Disziplin einen gewissen Stellenwert hat, ist die Landwirtschaft. Auch hier ist eine ausreichende Wasserversorgung von zentraler Bedeutung, da die Versorgungsbereiche Mensch, Tier und Pflanzen eng miteinander verwoben sind. Vor allem in der Tierhaltung werden große Mengen an reinem Tränkwasser benötigt und auch die Bewirtschaftung der Felder benötigt eine große Menge an Wasser. Bei einem akuten Wassermangel, beispielsweise in extremen Hitzeperioden, fällt die Ernte nur sehr dürftig aus und beeinträchtigt somit die gesamte Versorgungsleistung. Zwar ist Deutschland nur sehr selten von Dürreperioden betroffen, in südlicheren Ländern stellt dies aber ein ernstes Problem für die gesamte Landwirtschaft dar (vgl. Garbrecht 1985: 218).

Der Naturschutzverbund WWF kritisiert den Wasserverbrauch in der Landwirtschaft massiv. Er erhebt den Vorwurf, das Agrarwesen ginge zu verschwenderisch mit der wertvollen Ressource Wasser um. Häufig werde die Wahl der angebauten Feldfrüchte eher aus wirtschaftlichen statt aus ökologischen Beweggründen getroffen, was den enorm hohen Wasserverbrauch erkläre. Vor allem der Anbau von Reis und Baumwolle beanspruche besonders viel Wasser. Zwar sei Deutschland kein Hersteller von Baumwolle, gehöre aber zu den führenden Importeuren weltweit. Somit hinterlässt auch die Bundesrepublik laut WWF nur durch den Einkauf von Baumwolle einen jährlichen ökologischen Fußabdruck von rund 5,5 Kubikkilometern – ein sehr hoher und bedenklicher Wert (vgl. WWF: online).

Eine weitere sehr informative Studie des WWF aus dem Jahr 2009 trägt den Titel „Der Wasser-Fußabdruck Deutschlands" und beschäftigt sich unter anderem mit dem enorm hohen Wasserverbrauch durch die Fleischproduktion. Die Herausgeber der Studie sind der Frage nachgegangen, woher eigentlich das Wasser stammt, das in unseren Lebensmitteln steckt. Vor allem für die Herstellung von Fleisch werden beträchtliche Mengen an Trinkwasser verbraucht: So benötigt man für die Herstellung von einem Kilogramm Rindfleisch über 15.000 Liter Wasser. In der besagten Studie hat der WWF zahlreiche Staaten und deren „Wasser-Fußabdrücke" miteinander verglichen und gibt konkrete Handlungsempfehlungen. So rät er beispielsweise der Europäischen Kommission, nur dann die Subventionen aus dem Agrar-Haushalt auszuzahlen, wenn die entsprechenden Mitgliedsländer erwiesenermaßen verantwortungsvoll mit der wertvollen Ressource Wasser umgehen. Neben Ratschlägen an politische Institutionen spricht der WWF aber auch Empfehlungen für Unternehmen oder ganz konkret für den Verbraucher aus. Es sei im Hinblick auf zukünftige Entwicklungen und damit einhergehende Probleme sinnvoll, den Fleischkonsum deutlich zu reduzieren. Auch der Einkauf von regionalem und saisonalem Obst und Gemüse stelle einen wichtigen Faktor zur Reduktion des Wasser-Fußabdrucks dar (vgl. WWF 2009: online).

Ebenfalls sehr interessant sind die online aufbereiteten Informationen des Umweltbundesamtes. Dieses publiziert regelmäßig Berichte zur Trinkwassergüte und veröffentlicht beispielsweise den „Bericht des Bundesministeriums für Gesundheit und des Umweltbundesamtes an die Verbraucher und Verbraucherinnen über die Qualität von Wasser für den menschlichen Gebrauch (Trinkwasser) in Deutschland". In diesem Bericht findet man allerlei Informationen über die aktuelle Trinkwasserqualität; zusätzlich garantiert er die Nachvollziehbarkeit verschiedener Werte (beispielsweise auch der von Pestiziden). Folglich verschafft dies dem deutschen Verbraucher eine gewisse Transparenz. Des Weiteren wird hier Bezug auf die deutsche Trinkwasserverordnung aus dem Jahre 2001 genommen, welche zur Einhaltung bestimmter Kriterien und Güteeigenschaften verpflichtet. Grundanforderungen sind hierbei, dass das Wasser „rein und genusstauglich" sein muss, keine Krankheitserreger erhalten darf und weiterhin frei von (Schad-)Stoffen in gesundheitsschädigenden Konzentrationen sein muss. Generell beurteilt das Umweltbundesamt die deutsche Trinkwasserqualität als sehr gut, da es nur wenige Mikroorganismen oder schädliche Stoffe enthalte.

3.7 Kontroversen

Nachdem das Thema Trinkwasser aus der Perspektive verschiedener Wissenschaftsdisziplinen untersucht wurde, sollen im Folgenden Unstimmigkeiten und Kontroversen zwischen den verschiedenen Beiträgen zusammengefasst werden.

Festzustellen ist z. B., dass in der Politikwissenschaft nicht unbedingt Kontroversen auftreten, bezüglich der globalen Trinkwasserknappheit jedoch unterschiedliche Lösungsansätze angeboten werden. Generell ist sich die Politikwissenschaft allerdings darüber einig, dass der weltweite Mangel an Wasser noch fatale Konsequenzen für Umwelt und Menschheit mit sich bringen wird. Auch wenn die Ressource Wasser von den Vereinten Nationen im Jahre 2010 als allgemeingültiges Menschenrecht verabschiedet wurde, haben längst nicht alle Länder dieser Welt ausreichend Zugang zu sauberem Trinkwasser. Manche Politikwissenschaftler sehen die Verantwortung dafür eher in den staatlichen Institutionen, andere wiederum in globalen Wirtschaftsunternehmen oder beim Verbraucher.

Die meisten Unstimmigkeiten lassen sich im Bereich der Medizin, der Ernährungs- und der Sportwissenschaft finden. So sind sich viele Quellen über die ideale Tagestrinkmenge eines erwachsenen Menschen uneinig. Die verschiedenen Richtwerte befinden sich alle innerhalb eines Spektrums zwischen anderthalb bis drei Litern täglich. Während manche Internetseiten die Tagestrinkmenge anhand des individuellen Körpergewichts festlegen, geben andere einen festgelegten Wert vor. Letzteres findet man am häufigsten.

Uneinigkeit herrscht auch bei der Frage, ob Getränke wie Kaffee und Grün- bzw. Schwarztee zum täglichen Wasserkonsum gezählt werden dürfen, da ihnen eine entwässernde Wirkung zugesprochen wird.

Zwiegespalten sind Ernährungs- und Sportwissenschaft auch in Bezug auf das ideale Getränk. Während manche Forscher Saft mit einem überwiegenden

Anteil an Heilwasser befürworten (vgl. Stollenwerk 1994: 74ff.), plädieren andere Wissenschaftler für den Konsum von purem Mineral- und Leitungswasser ohne jeglichen Zuckerzusatz. Unter den Sportwissenschaftlern herrscht weiterhin auch kein Konsens darüber, ob reines Leitungswasser den notwendigen Mineralienbedarf des menschlichen Organismus abdecken kann.

Eine weitere Uneinigkeit zeigt sich im historischen Vergleich des wissenschaftlichen Wissens über Wasser: Vor allem ältere Quellen äußern sich skeptisch hinsichtlich der Güte des deutschen Trinkwassers. So war beispielsweise noch in den 1990er Jahren die Annahme sehr verbreitet, dass Leitungswasser eher ungesund für den menschlichen Körper sei, da der Konsum von hartem Wasser zur Verkalkung der Arterien führe. Stattdessen wurde sogar zum Verzehr von destilliertem Wasser geraten (vgl. Stollwerk 1994). Das ist heutzutage nicht mehr der Fall.

3.8 Fazit

Im zweiten Teil unseres Lehrforschungsprojekts über Trinkwasser wurden zahlreiche Informationen aus den unterschiedlichsten Forschungsperspektiven gesammelt. Neben gesellschaftswissenschaftlichen Disziplinen wie der Soziologie und der Politikwissenschaft wurde auch ein Fokus auf naturwissenschaftliche Ansätze gelegt. Daraus ist am Ende eine Wissenssammlung zum Thema Trinkwasser entstanden, die einen gewissen Überblick über die Ansätze der Disziplinen bietet. Im Folgenden sollen nun noch einmal die zentralen Erkenntnisse zusammengetragen werden.

Trinkwasser ist überlebenswichtig und zählt zu einem der wichtigsten Güter unserer Gesellschaft. Die Wichtigkeit von sauberem Trinkwasser wurde auch von Seiten der Politik anerkannt und im Jahr 2010 von den Vereinten Nationen als Menschenrecht festgeschrieben. Im Vergleich zu vielen anderen Ländern kann sich die Bundesrepublik Deutschland glücklich schätzen, über genügend sauberes Trinkwasser zu verfügen. Ein Überfluss an reinem Trinkwasser ist alles andere als eine Selbstverständlichkeit. Der fortschreitenden Trinkwasserknappheit muss in Zukunft unbedingt entgegengewirkt werden.

Deutsches Trinkwasser ist nicht nur zur Genüge vorhanden, es ist auch sehr gesund und enthält zahlreiche Mineralstoffe und Spurenelemente. Vor allem hartes Wasser gilt als besonders gesund für den menschlichen Organismus, da das darin enthaltene Calciumkarbonat – im Volksmund eher als Kalk bekannt – für die Funktionsfähigkeit des Körpers sorgt. Doch auch weiches Wasser kann bedenkenlos konsumiert werden.

Da der Konsum von Wasser allgemein sehr wichtig für den Menschen ist, sollte man pro Tag mindestens anderthalb bis zwei Liter davon trinken. Bei sportlicher Aktivität erhöht sich die tägliche Trinkempfehlung und auch bei warmen Temperaturen sollte die Flüssigkeitszufuhr nochmals erhöht werden. Generell sind dies jedoch nur Richtwerte und die tägliche Trinkmenge variiert von Mensch zu Mensch.

Oft wird scheinbar vergessen, wie wichtig Wasser auch für Umwelt und Natur ist. Wasser ist eine wertvolle Ressource, mit der jeder einzelne von uns bewusst und nicht verschwenderisch umgehen sollte. Vor allem das gedankenlose Entsorgen von Medikamenten über den Abfluss hat nachhaltige Konsequenzen für die deutsche Trinkwassergüte, da selbst moderne Kläranlagen Medikamentenrückstände gar nicht oder nur schwer filtern können. Über drohende gesundheitliche Folgen sind sich die Wissenschaftler aktuell noch nicht einig. Auch in der Produktion von Fleisch werden enorme Wassermengen verbraucht. Neben der Fütterung der Tiere werden auch für die Säuberung der Ställe große Mengen Wasser verbraucht. Umweltschützer setzen sich seit Jahren gegen die hohe Fleischproduktion ein und plädieren für einen verantwortungsvolleren Umgang mit Wasser.

Abschließend lässt sich festhalten, dass durch diverse Fachliteraturen viel unterschiedliches Wissen über Wasser zugänglich ist. Das Internet vermittelt zusätzlich schnellzugängliche Informationen durch unterschiedlichste Onlinequellen, die zu einem großen Teil fundiert sind.

4 Alltagswissen über Wasser

4.1 Ziel der Untersuchung

Im dritten Teil des vorliegenden Lehrforschungsprojekts soll das Alltagswissen der deutschen Bevölkerung über Trinkwasser untersucht werden. Während Teil eins und zwei deskriptiv ausgerichtet waren, ist der folgende Teil empirisch orientiert. Wir haben eine Umfrage erstellt, um den Wissensstand zu erfragen, auszuwerten und anschließend zu interpretieren. Die Vorannahme ist, dass das Alltagswissen über Trinkwasser nur mäßig vorhanden und eher lückenhaft ist. Am Ende der empirischen Untersuchung soll eine Bilanz über den aktuellen Wissensstand sowie ein Vergleich zu einer Studie des Forums Trinkwasser e.V. von 2004 gezogen werden.

4.2 Die Studie des Forums Trinkwasser e.V.

Im Auftrag von Forum Trinkwasser e.V. hat das Markt- und Meinungsforschungsunternehmen TNS Emnid im März 2004 eine repräsentative Bevölkerungsbefragung über Trinkwasser durchgeführt, bei welcher telefonisch insgesamt 1.005 Personen in Deutschland befragt wurden. Es ging dabei um unterschiedliche Aspekte bezüglich des Themas Trinkwasser, worunter beispielsweise Fragen zur Nutzung, aber auch allgemeine Wissensfragen fielen. Kategorisiert wurden die Teilnehmer im Anschluss nach den Variablen Herkunft (West und Ost), Alter (14-29, 30-39, 40-49, 50-59, >60 Jahre), Geschlecht und Schulbildung. Zusätzlich wurden bei der Auswertung weitere Informationen wie die Haushaltsgröße und das Haushaltsnettoeinkommen berücksichtigt.

Im Folgenden sollen die einzelnen Elemente des Fragebogens vorgestellt werden. Zuerst wurden die Teilnehmer der Studie zu ihrem Nutzungsverhalten von Leitungswasser befragt. Hierzu wurden verschiedene Verwendungszwecke vorgegeben wie beispielsweise die Zubereitung von Speisen und die Medikamenteneinnahme. Mehrfachnennungen waren möglich. Herausgefunden hat TNS Emnid, dass fast alle Befragten in ihrem Haushalt täglich von Leitungswasser Gebrauch machen. Lediglich 1% der Studienteilnehmer gab an, für die Zubereitung von Speisen kein Wasser zu verwenden. Folglich ist Trinkwasser das Lebensmittel Nummer eins in deutschen Haushalten. Die Frage nach der Nutzung von Wasser wird in der von uns durchgeführten Umfrage allerdings ausgelassen, da hier das Wissen über Wasser im Fokus steht.

In der darauffolgenden Frage wurden die Studienteilnehmer gebeten, das Leitungswasser nach seinem Geschmack zu beurteilen. Interessant ist, dass dieser von der deutschen Bevölkerung als deutlich positiv empfunden wird. Laut den Studienergebnissen bewertete knapp ein Fünftel der Teilnehmer den Leitungswassergeschmack als „gut" (2,0). Regional betrachtet schneidet der Norden jedoch besser ab als der Süden: In Norddeutschland erhält Leitungswasser im Durchschnitt eine durchaus positive Bewertung von 1,9. Wirft man einen Blick auf die Altersklassen, so bewerten ältere Menschen den Geschmack von Leitungswasser besser als jüngere Generationen. Auch diese Frage wurde in der später eigenständig durchgeführten Umfrage außer Acht gelassen, da persönliche Vorlieben und individuelle Präferenzen nicht im Vordergrund stehen sollen.

Anschließend wurden die Teilnehmer der Umfrage nach einer persönlichen Einschätzung der Trinkwasserqualität gebeten. 91% aller Befragten glaubten, dass das deutsche Trinkwasser mindestens gut sei; ein Drittel meinte, man könne es als sehr gut bezeichnen. Das Vertrauen in deutsche Wasserstandards ist folglich sehr hoch.

In einer weiteren Frage sollten die Teilnehmer ihr persönliches Trinkverhalten einschätzen und ihre tägliche Trinkmenge nennen. Darunter fiel all das Wasser aus der Leitung, das pur, gesprudelt oder auch als Kaffee oder Tee verarbeitet pro Tag konsumiert wird. Die Mehrheit der Befragten (31%) trank etwa einen Liter Leitungswasser pro Tag, was einer Menge von vier Wassergläsern entspricht. Auffällig bei der Betrachtung der Ergebnisse war, dass ältere Menschen zu einem höheren Leitungswasserkonsum neigen als Jüngere.

Die nächste Frage, die auch in der eigenen Umfrage aufgegriffen wurde, zielt auf das Wissen der Befragten über Wasser ab. Im konkreten Fall sollten die Studienteilnehmer angeben, wo sie sich über die Qualität ihres Leitungswassers informieren können. In der Regel ist hierfür das jeweilige Wasserversorgungsunternehmen zuständig. Die Befragten konnten sich jedoch für mehrere Antwortmöglichkeiten entscheiden. Zur Auswahl standen – neben dem richtigen Ansprechpartner „Wasserversorgungsunternehmen" – das Gesundheitsamt, Analyse-Labors, die Stadtverwaltung, örtliche Tageszeitungen sowie die Polizei. Die Mehrheit der Befragten nannte die richtige Lösung (88%). Eine weitere beliebte Angabe war mit 68% das Gesundheitsamt. Lediglich 2% nannten die Polizei als mögliche Quelle für Informationen zur Wasserqualität.

Die anschließende Frage zielt ebenfalls darauf ab, den Wissenstand der deutschen Bevölkerung über Leitungswasser zu überprüfen. Hierbei sollten die Befragten die Auswirkungen von hartem und weichem Wasser auf ihre Gesundheit einschätzen. Weit verbreitet ist die (falsche) Annahme, dass hartes Wasser dem Körper eher schadet. Dies meinten auch 40% der Befragten. Unter den jüngeren Studienteilnehmern waren es sogar mehr als die Hälfte (51%). Aufgrund des erhöhten Anteils an Calciumkarbonat und zusätzlichen Mineralstoffen hat hartes Wasser jedoch erwiesenermaßen positive Effekte auf den menschlichen Organismus. Weiches Wasser wurde dennoch deutlich besser bewertet; fast die Hälfte der Befragten schrieb ihm eine positive Wirkung zu (47%). Wissenschaftlich ist allerdings noch nicht erwiesen, ob weiches Wasser überhaupt Einfluss auf die physische Gesundheit hat. Da durch diese Frage relativ leicht der Wissensstand über Leitungswasser abgefragt werden kann, wurde sie auch in die Vergleichsumfrage mit aufgenommen.

Daran anknüpfend ließ das Forum Trinkwasser e.V. einen möglichen Effekt von hartem Wasser auf den Geschmack erfragen. Hierzu sollten die Studienteilnehmer einschätzen, ob sich hartes Wasser eher positiv oder negativ auf den Geschmack auswirke und ob sich dies beispielsweise beim Trinken von Kaffee oder Tee bemerkbar mache. Generell waren sich die Befragten uneinig, ob der Härtegrad überhaupt einen Effekt auf den Geschmack des Wassers hat. Auffällig war jedoch, dass die Befragten vor allem bei den Heißgetränken einen veränderten Geschmack wahrnahmen. Für 46% der Befragten schmeckten Kaffee und Tee, die mit hartem Wasser zubereitet wurden, deutlich schlechter als bei der Verwendung von weichem Wasser. Lediglich 12% behaupteten das Gegenteil und beurteilten den Geschmack von Heißgetränken mit weichem Wasser als negativ. Da Geschmäcker bekanntlich verschieden sind und die Beantwortung dieser Frage auch stark von persönlichen Vorlieben abhängt, wurde diese Frage nicht in den vergleichenden Fragebogen aufgenommen.

Auch das Wissen der Probanden über die Wasserherkunft wurde erfragt. Als Auswahlmöglichkeiten wurden den Teilnehmern die Items „aus dem

Grundwasser", „aus Oberflächenwasser (z.B. Talsperren, tiefe Seen, Flüsse)" und „aus Quellwasser" vorgegeben. Hier konnte festgestellt werden, dass die deutsche Bevölkerung sehr gut über die Wasserherkunft informiert ist. Insgesamt wurden alle Herkunftsarten in etwa gleich häufig genannt (73%, 69% und 68%). Richtig ist, dass das deutsche Wasser aus allen drei Quellen bezogen wird. Das meiste Trinkwasser in Deutschland stammt allerdings aus dem Grundwasser (64%). Nur ein sehr geringer Anteil (3%) der Umfrageteilnehmer konnten zu dieser Frage keine Angaben machen.

Anschließend befasste sich die Studie des Forums Trinkwasser ein weiteres Mal mit dem Härtegrad von Wasser und fragte dieses Mal nach den Gründen für hartes Wasser. Neben Calciumkarbonat (Kalk) sind verschiedene Mineralstoffe wie Calcium und Magnesium entscheidend für die Wasserhärte. Fast alle Studienteilnehmer (87%) konnten Kalk als Verursacher von hartem Wasser richtig zuordnen. Allerdings vermischten einige Befragte die richtigen Lösungen mit den falschen Antwortkategorien „Blei" und „Eisen". Ungefähr ein Drittel (31%) der Teilnehmer machte Blei für den Härtegrad des Leitungswassers verantwortlich. Zu beobachten war, dass das Wissen über die Ursachen für hartes Wasser mit steigendem Schulabschluss ausgeprägter war. Während die Befragten mit dem niedrigsten Schulabschluss (Volksschule ohne Lehre) zu 42% die korrekte Antwort lieferten, waren rund zwei Drittel der Teilnehmer mit Abitur oder Hochschulabschluss (67%) richtig informiert. Auch in die selbstständig durchgeführte Studie wurde die Frage nach den Ursachen für hartes Wasser aufgenommen, um die Ergebnisse anschließend mit den Resultaten des Forums Trinkwasser zu vergleichen.

Für die Kontrolle des Trinkwassers sind in Deutschland die entsprechenden Wasserversorgungsämter sowie die Gesundheitsämter zuständig. Das wussten auch die meisten der Probanden, vermischten allerdings auch oft falsche Antworten mit den richtigen. Auswählen konnten die Teilnehmer neben den korrekten Antwortmöglichkeiten („durch die Wasserversorgungsämter" und „durch die Gesundheitsämter") auch „durch die Verbraucherzentralen" und „durch die Stadtverwaltung" sowie „gar nicht". Dass das deutsche Trinkwasser überhaupt nicht kontrolliert würde, behauptete allerdings nur 1% der Studienteilnehmer. Die richtige Antwort konnten 41% der Probanden geben. Auch hier nahm das Bildungsniveau erneut Einfluss auf die Richtigkeit der gegebenen Antwort: Der Wissensunterschied zwischen der niedrigsten Bildungsstufe und dem höchstmöglichen Abschluss betrug 14 Prozentpunkte.

Auch die Frage nach den Kosten von Leitungswasser war Bestandteil der Umfrage des Forums Trinkwasser. Generell ist Trinkwasser in Deutschland mit ca. 0,2 Cent pro Liter sehr günstig. Darüber waren sich nur wenige Studienteilnehmer bewusst und nur knapp ein Viertel (24%) der Befragten gab hierfür die richtige Antwort. Die meistgenannte Antwortkategorie mit 27% war „weiß nicht", und knapp 5% der Teilnehmer war sogar davon überzeugt, dass Leitungswasser hierzulande etwa 50 Cent pro Liter koste. Festzustellen war, dass das Wissen der Männer besser ausgeprägt war als das der Frauen: Während ein Drittel der Männer (33%) die Frage richtig beantwortete, war dies nur bei 17% der Frauen der Fall. Da sowohl die Frage nach den Kontrollinstanzen als auch die nach dem Wasserpreis ein wichtiger Bestandteil des Wissens über Wasser ist, wurden beide Themen in den eigenen Fragebogen aufgenommen.

Um die Ergebnisse auswerten und interpretieren zu können, wurde ein sogenannter Wissensindex gebildet, der die richtigen Antworten pro Fragebogen zählt. Hierfür wurden allerdings nur die Wissensfragen berücksichtigt. Nur 7% der Befragten waren in der Lage, alle drei Fragen korrekt zu beantworten. Immerhin ein knappes Drittel (31%) konnte auf zwei Fragen die richtige Antwort liefern. Nur eine richtige Antwort gaben 37% der Teilnehmer und ein Viertel (25%) beantwortete alle Fragen falsch. Aus diesem sehr durchwachsenen Ergebnis schlussfolgerte das Forum Trinkwasser, dass der Wissensstand der deutschen Bevölkerung im Jahre 2004 noch sehr lückenhaft und unvollständig war.

Nun gilt es unsererseits zu überprüfen, ob sich das Wissen über Wasser ein gutes Jahrzehnt später verbessert hat und vorhandene Lücken geschlossen werden konnten.

4.3 Methoden

4.3.1 Methodenwahl

Die Wahl der Methoden für die Befragung zum Thema Alltagswissen orientiert sich an der Studie des Forums Trinkwasser aus dem Jahr 2014. Dies ermöglicht den bestmöglichen Vergleich der beiden Umfragen. Die Studie wurde als Onlinebefragung durchgeführt. Onlinebefragungen bieten den Vorteil, mit relativ geringem Aufwand eine große Stichprobe zu erzielen. Da das Thema der Umfrage wenig komplex ist, war aus unserer Sicht kein Interviewer nötig, um nachzuhaken oder Rückfragen zu beantworten. Dadurch konnten die Nachteile eines persönlichen oder telefonischen Interviews – wie Interviewer-Bias oder die Beantwortung der Fragen nach sozialer Erwünschtheit – umgangen werden. Wie auch die Umfrage des Forums Trinkwassers wurde die Befragung mittels eines standardisierten Fragebogens durchgeführt. Dabei wurden zunächst einige demografische Daten abgefragt. Anschließend wurden Fragen zum Wissen über Wasser gestellt, teils in Form von Quizfragen mit mehreren Antwortmöglichkeiten. Es ist davon auszugehen, dass diese spielerische Form der Befragung eine höhere Rücklaufquote fördert, da die Befragten günstigenfalls Spaß an der Beantwortung des Fragebogens haben.

4.3.2 Grundgesamtheit und Stichprobe

Die Grundgesamtheit der Umfrage umfasst alle in Deutschland lebenden Personen, da jede in Deutschland lebende Person Zugang zu Trinkwasser hat. Auch Menschen unter 18 Jahren entscheiden größtenteils bereits darüber, welches Wasser sie trinken und haben eine Meinung zum Thema Trinkwasser. Daher ist die Grundgesamtheit nicht durch das Alter beschränkt. Da es sich jedoch um eine Onlinebefragung handelt, ist die Grundgesamtheit auf Personen mit Internetzugang begrenzt.

Es ist offensichtlich, dass es im Rahmen eines Lehrforschungsprojekts nicht möglich ist, bei der Erhebung von Primärdaten eine repräsentative Stichprobe zu erhalten. Um dennoch einigermaßen aussagekräftige Daten zu bekommen, setzten wir eine Stichprobengröße von mindestens 100 Personen als Ziel an. Als diese Zielgröße nach acht Tagen erreicht war, wurde die Umfrage beendet.

4.3.3 Operationalisierung und Fragebogenaufbau

Um einen möglichst genauen Vergleich der Umfragen zu ermöglichen, wurden einige Fragen unverändert aus der Umfrage des Forums Trinkwassers übernommen. Hierzu zählen grundlegende demografische Daten (Geschlecht und Alter). Das Geschlecht (v1) wurde als Einfachauswahl mit den Ausprägungen „männlich", „weiblich" und „keine Angabe" abgefragt. Das Alter (v2) wurde als offene Frage gestellt, um intervallskalierte Daten und damit eine höhere Aussagekraft und Detailgenauigkeit zu erreichen. Die Frage nach dem Schulabschluss (v3) wurde abgeändert und nach unserer Auffassung verständlicher gestaltet. Die neuen Ausprägungen lauten: „Kein Schulabschluss", „Hauptschulabschluss", „Realschulabschluss", „Abitur", „Hochschulabschluss" und „Keine Angabe". Es handelt sich also um ein ordinales Skalenniveau.

Des Weiteren wurden Fragen nach der Meinung zu hartem bzw. weichem Wasser sowie zur Informationslage über Trinkwasser aus der Befragung des Forums Trinkwasser übernommen. Zunächst wurde gefragt: „Haben Sie sich schon einmal über die Zusammensetzung und Qualität Ihres Leitungswassers informiert?" (v4) Die Frage konnte mit „Ja" oder „Nein" beantwortet werden. Ergänzt wurde sie durch die Frage „Wenn ja, wo?" (v5) Diese Frage war teilstandardisiert und gab folgende Antwortmöglichkeiten vor: „Im Internet", „Bei der Stadtverwaltung", „Beim Wasserversorgungsunternehmen". Begleitet wurden diese Antwortmöglichkeiten durch ein Textfeld, das den Befragten die Möglichkeit gab, eine eigene Antwort frei zu formulieren. Es wurden jedoch nicht alle Antwortoptionen aus der Umfrage des Forums Trinkwasser übernommen, da die Frage dort als eine Art Quizfrage gestellt wurde und sich daher auch „falsche" Antworten („bei Analyse-Labors", „in der örtlichen Tageszeitung",

„bei der Polizei") unter den Antwortoptionen befanden. Diese Frage hatte die Intention, an Teil 1 des Lehrforschungsprojekts anzuschließen. Wir hatten herausgefunden, dass Informationen zu Qualität und Herkunft des Trinkwassers größtenteils online zugänglich sind. Mit dieser Frage sollte untersucht werden, ob dieses Informationsangebot auch genutzt wird.

Die beiden folgenden Fragen zur Auswirkung von hartem bzw. weichem Wasser auf die Gesundheit (v6 und v7) wurden von einer kurzen Erklärung eingeleitet: „Bei der Analyse von Leitungswasser wird das Wasser in verschiedene Härtegrade von weich bis sehr hart eingeteilt." Die Fragen lauteten anschließend: „Was meinen Sie, welche Wirkung hartes (bzw. weiches) Wasser auf Ihre Gesundheit hat?". Auch diese beiden Fragen wurden von Fragen der Forum Trinkwasser-Studie abgeleitet, jedoch wurde die Formulierung leicht verändert. Die Skala ist mit den Abstufungen „Sehr positiv", „Positiv", „Negativ", „Sehr negativ", „Keine Wirkung" und „Weiß nicht" direkt übernommen worden. Dies ermöglicht die Vergleichbarkeit dieser Variablen.

Des Weiteren wurden drei Quizfragen aus der Studie des Forums Trinkwasser übernommen. Die erste Quizfrage befasste sich mit der Ursache für hartes Wasser (v8). Sie war wie folgt formuliert: „Was sind Ihres Wissens nach Ursachen für hartes Wasser?". Dabei haben wir die Formulierung leicht verändert, um deutlich zu machen, dass es sich um eine Mehrfachauswahl handelt („sind" statt „ist"). Die Antwortmöglichkeiten wurden zum Zweck der Vergleichbarkeit beibehalten. Den zweiten Teil der Fragestellung aus der Forum Trinkwasser-Studie („Was macht Wasser hart?") haben wir weggelassen, da wir ihn als redundant empfunden haben.

Die zweite Quizfrage thematisierte die Qualitätskontrolle des Trinkwassers (v9). Sie lautete: „Wie wird die Qualität des Trinkwassers in Deutschland kontrolliert?". Sowohl die Formulierung der Frage als auch die Ausprägungen wurden aus der Umfrage des Forums Trinkwasser übernommen.

Auch die dritte Quizfrage geht auf die Befragung des Forums Trinkwasser zurück. Wir haben die Formulierung „Was kostet ein Liter Trinkwasser im Durchschnitt?" jedoch in „Was kostet ein Liter Leitungswasser im Durchschnitt?" geändert. Es war davon auszugehen, dass die ursprüngliche Formulierung falsch verstanden werden könnte, indem als Trinkwasser nicht nur Leitungswasser, sondern auch Mineralwasser betrachtet werden könnte. Die Antwortmöglichkeiten wurden jedoch unverändert übernommen.
Die folgenden Quizfragen haben wir hingegen aus den Erkenntnissen der Recherche zum wissenschaftlichen Wissen (Teil 2) abgeleitet. Auswahlkriterium war dabei die Relevanz für das Alltagswissen. Nicht alle Erkenntnisse des wissenschaftlichen Wissens sind auch als Alltagswissen sinnvoll. Vieles geht zu sehr ins Detail, um für den Trinkwasser-Laien interessant oder hilfreich zu sein. Wir haben daher versucht, Fragen zu finden, die sich auf alltagstaugliches Wis-

sen über Trinkwasser beziehen. Alle folgenden Fragen sind geschlossene Fragen zur Einfachauswahl.

Quizfrage 4 bezog sich auf die empfohlene tägliche Trinkmenge: „Wie viel Liter Wasser sollte ein erwachsener Mensch pro Tag mindestens trinken?" Wie in Teil 2 dargestellt, gab es diesbezüglich im Laufe der Zeit, aber auch abhängig von den einzelnen Disziplinen und sogar einzelnen Wissenschaftlern, recht unterschiedliche Meinungen. Dennoch kristallisierte sich eine aktuelle Trinkempfehlung von mindestens 1,5 bis 2 Litern am Tag heraus. Um den sehr unterschiedlichen Empfehlungen der herangezogenen Quellen gerecht zu werden, wählten wir für die Antwortmöglichkeiten Werte mit einer hohen Spannweite. Die Ausprägungen waren: „Ca. 1 Liter", „1,5 - 2 Liter", „2,5 - 3 Liter", „mehr als 3,5 Liter" sowie „Weiß nicht".

Die fünfte Quizfrage bezog sich nur indirekt auf das Trinkwasser. Vielmehr ging es um den Wasser-Fußabdruck des Menschen, der in der Agrarwissenschaft eine Rolle spielt und auch aus politikwissenschaftlicher Perspektive betrachtet wird. Die Frage lautete: „Wie viel Wasser wird für die Produktion von einem Kilogramm Rindfleisch benötigt?". Wir wählten die Antwortmöglichkeiten sehr unterschiedlich: „450 Liter", „870 Liter", „3.000 Liter", „15.500 Liter" und „Weiß nicht".

Quizfrage Nummer 6 betrachtet einen politikwissenschaftlichen Aspekt des Themas Trinkwasser: „Wann erklärten die Vereinten Nationen Wasser zum Menschenrecht?". Als Antwortmöglichkeiten wurden die Jahreszahlen „1958", „1983", „1992" und „2010" vorgegeben sowie „Weiß nicht".

Die letzte Quizfrage betrachtet einen Aspekt der umweltwissenschaftlichen Trinkwasserforschung: „Was können Kläranlagen aus verschmutztem Wasser nicht herausfiltern?" Die Frage beschäftigt sich mit der Problematik von Trinkwasserverschmutzung durch Medikamentenrückstände. Als Antwortmöglichkeiten waren gegeben: „Papier", „Haare", „Urin", „Medikamentenrückstände" sowie „Weiß nicht".

Alle Antwortmöglichkeiten der Quizfragen wurden randomisiert. Dadurch sollten Reihenfolge-Effekte der Antwortvorgaben vermieden werden, denn Befragte tendieren dazu, eine der oberen Antwortmöglichkeiten zu wählen (vgl. Bogner & Landrock 2015: 8).

Zuletzt bleibt zu erläutern, warum wir nicht alle Fragen aus dem Fragebogen der Forum Trinkwasser-Studie übernommen haben. Hauptgrund für das Auslassen bestimmter Fragen war der strikte Fokus auf das Thema Wissen. Die Forum Trinkwasser-Studie hat zusätzlich zu den Wissensfragen auch Daten zur Trinkwassernutzung sowie Meinungen zum Geschmack des Trinkwassers erhoben. Um die Befragung kurz und pointiert zu halten, haben wir diese Fragen ausgelassen und den Fokus einzig auf Wissensfragen sowie Fragen zu Informationen über Trinkwasser gelegt. Neben diesen Fragen wurden auch die demografischen Daten zum Erhebungsgebiet nicht abgefragt. Da die Stichprobe sehr klein war, erwarteten wir durch eine Aufteilung in Bundesländer oder Nielsen-Gebiete keine sinnvollen Erkenntnisse. Außerdem war es unwahrscheinlich, dass die Verteilung der Befragten repräsentativ für die Verteilung der deutschen Bevölkerung ist.

4.3.4   Datenauswertung

Zunächst wurden alle Daten als Excel-Datei von dem genutzten Anbieter für Onlinebefragungen (www.umfrageonline.com) heruntergeladen. Anschließend wurden die Daten codiert und in SPSS übertragen.

Als erster Auswertungsschritt wurden die demografischen Daten betrachtet. Das Geschlecht (v1) wurde mit einer einfachen Häufigkeitsanalyse mit Ausgabe des Modus ausgewertet. Auch für das Alter (v2) wurde eine Häufigkeitsanalyse durchgeführt, ergänzt durch Berechnung des Minimums, des Maximums sowie des arithmetischen Mittels. Der Schulabschluss (v3) wurde wie das Geschlecht als kategoriale Variable mit einer Häufigkeitsauszählung mit Ausgabe des Modus analysiert. Für die kategorialen Variablen v4, v5, v6 und v7 wurden Häufigkeitsauszählungen mit Ausgabe des Modus durchgeführt.

Die Variable v8 war als Mehrfachauswahl angelegt und wurde als Variablen v8a bis v8e ausgegeben. Zunächst wurden Häufigkeitsanalysen für die einzelnen Variablen durchgeführt. Anschließend wurde analysiert, welcher Anteil der Befragten mindestens eine richtige Antwort, aber keine falsche Antwort gegeben hatte. Dies wurde als „richtige Antwort" zusammengefasst. Das diente dem Vergleich mit der Forum Trinkwasser-Studie. Um dies zu erreichen, wurde ein Filter eingesetzt, der falsche Antworten herausfiltert. Anschließend wurde eine neue Variable v8_ab aus den Variablen v8a und v8b (den richtigen Antworten) erstellt. Eine Häufigkeitsauszählung für diese Variable v8_ab unter Einsatz des Filters ergab die Anzahl der Befragten, die mindestens eine richtige und keine falsche Antwort gegeben hatten.

Auch die Variable v9 war als Mehrfachauswahl angelegt. Auch hierfür wurden jeweils Häufigkeitsanalysen mit Modus für die Variablen v9a bis v9f durchgeführt. Die Quizfragen v10 bis v14 waren als Einfachauswahl ausgelegt und somit unkompliziert auszuwerten. Wir führten Häufigkeitsanalysen mit Ausgabe des Modus durch. Alle Ergebnisse dieses zweiten Teils der Befragung wurden zusätzlich als Kreisdiagramme grafisch aufbereitet.

4.3.5   Ergebnisse

Im Folgenden sollen die Ergebnisse der Umfrage beschrieben und im Detail dargestellt werden. Begonnen wird hierbei mit den demografischen Fakten, auf die die Resultate der Wissensfragen folgen. An der online durchgeführten Studie haben insgesamt 118 Personen teilgenommen, von denen 65% weiblich und 32% männlich waren. Die restlichen Teilnehmer machten keine Angabe zu ihrem Geschlecht. Bezüglich der Altersstruktur der Teilnehmer lässt sich eine deutliche Dominanz der 14- bis 29-Jährigen ausmachen. Der Modus, also der am häufigsten vorkommende Wert in der Verteilung, liegt bei 22 Jahren. Der jüngste Studienteilnehmer ist 11 Jahre, das Altersmaximum liegt bei 53 Jahren. Der deutlich am häufigsten vorkommende Schulabschluss ist mit 60,2% das Abitur. 2,5% aller Teilnehmer gaben an, keinen Abschluss zu besitzen, ebenfalls 2,5% haben einen Hauptschulabschluss gemacht und wiederum 8,5% haben die mittlere Reife absolviert. Ein gutes Fünftel der Studienteilnehmer (21,2%) besitzt einen Hochschulabschluss. Die restlichen 5% machten zu dieser Frage keine Angabe.

Rund 40% der Befragten haben sich schon einmal über die Qualität und Güte ihres Trinkwassers informiert. Etwa 59% gaben an, dies bislang noch nicht getan zu haben. Als Informationsquelle hierfür nutzte die Mehrheit das Internet (66%), mit großem Abstand folgten danach die Wasserversorgungsunternehmen mit knapp 10% der Antworten und anschließend die jeweilige Stadtverwaltung, auf die 5,8% der Antworten entfielen. Weiterhin gab knapp ein Fünftel der Teilnehmer (18,8%) an, sich bislang anderweitig informiert zu haben und nannte beispielsweise den Heizungsbauer, aber auch Bildungseinrichtungen wie Universität und Schule.

Als nächstes wurden die Teilnehmer nach ihren Kenntnissen zur Wasserhärte befragt und sollten die Wirkung von hartem und weichem Wasser auf ihre Gesundheit beurteilen. Aus medizinischer Sicht ist hartes Wasser gesund für den menschlichen Körper, bezüglich der Effekte von weichem Wasser besteht bislang noch kein Konsens. Die Umfrageteilnehmer allerdings waren zum Großteil (52,1%) davon überzeugt, dass hartes Wasser eher negativ für die Gesundheit sei. Etwa 2,5% schätzten hartes Wasser sogar als sehr negativ ein. Nur etwa 15% der Befragten war davon überzeugt, dass hartes Wasser positiv oder sogar sehr positiv für den menschlichen Körper sei. Die restlichen 30% waren zur Hälfte davon überzeugt, dass der Wasserhärtegrad keinerlei Auswirkungen auf den Körper habe. Die andere Hälfte gab an, die Antwort nicht zu wissen.

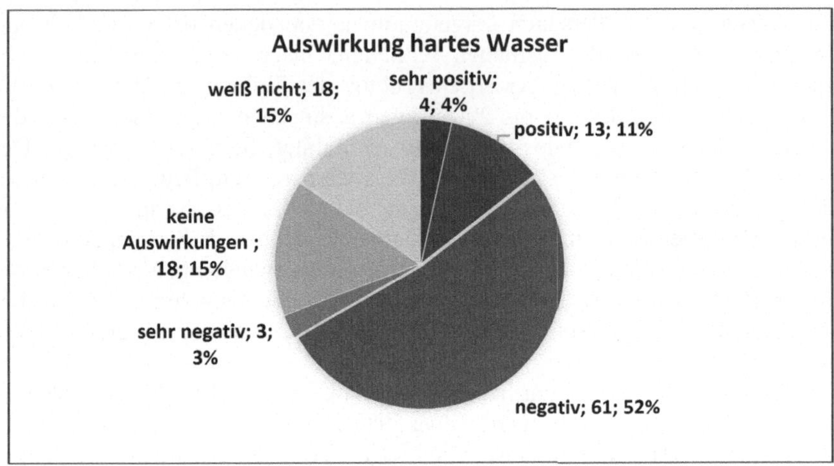

Abb. 10:   Wirkung von hartem Wasser (eigene Darstellung)

Die Wirkung von weichem Wasser hingegen schätzte fast die Hälfte der Befragten (47%) als positiv ein. Lediglich knapp 11% aller Teilnehmer ging von einer negativen bis sehr negativen Wirkung aus, und immerhin ein Viertel (25,6%) war der Überzeugung, dass weiches Wasser überhaupt keinen Einfluss auf die Gesundheit hat. 13,7% konnten die Frage nicht beantworten.

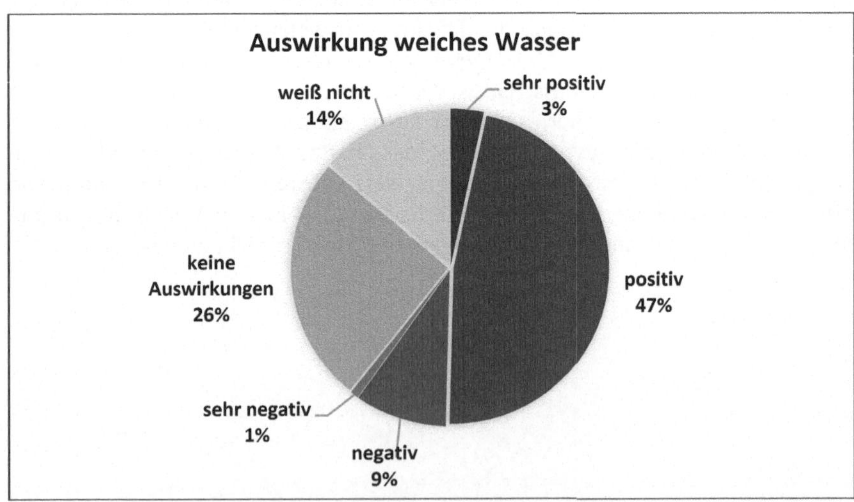

Abb. 11:   Wirkung von weichem Wasser (eigene Darstellung)

In diesem Zusammenhang wurde auch nach dem Grund für den Grad der Wasserhärte gefragt. Wissenschaftlich erwiesen ist, dass Kalk und Mineralstoffe wie Calcium und Magnesium maßgebliche Ursachen für Unterschiede bezüglich der Wasserhärte sind. Immerhin 69,3% der Befragten nannten Kalk und knapp ein Viertel (24,6%) wusste, dass auch verschiedene Mineralstoffe Einflussfaktoren hinsichtlich des Wasserhärtegrads sind. Lediglich 6,1% aller Teilnehmer nannte Eisen und noch weniger Teilnehmer (2,6%) gingen von Blei als Ursache für hartes Wasser aus. 11,4% gaben an, die Antwort auf diese Frage nicht zu kennen.

Danach wurden die Teilnehmer gefragt, wer ihrer Meinung nach das Trinkwasser in Deutschland kontrolliere. 61,1% nannten richtigerweise die Wasserversorgungsunternehmen. Einige Teilnehmer (36,3%) zählten weiterhin die Gesundheitsämter zu den verantwortlichen Kontrollinstanzen. Die anderen Antworten entfielen mit 14,2% auf die Verbraucherzentralen sowie mit 22,1% auf die Stadtverwaltung. Ein Teilnehmer meinte, das deutsche Trinkwasser würde überhaupt nicht kontrolliert. 12,4% gaben an, die Antwort nicht zu wissen.

Deutsches Leitungswasser ist mit etwa 0,2 Cent pro Liter relativ günstig. Über den korrekten Preis waren 34,5% der Studienteilnehmer informiert. Eine weitere größere Gruppe (27,4%) ging davon aus, dass Leitungswasser etwa 0,7 Cent pro Liter kostet. Die restlichen Antworten verteilten sich relativ gleichmäßig auf die restlichen Kategorien. Allerdings ging keiner der Teilnehmer davon aus, deutsches Wasser sei kostenfrei. 17,7% der Befragten gaben an, die Antwort auf die Frage nach dem deutschen Leitungswasserpreis nicht beantworten zu können.

Mediziner und Ernährungswissenschaftler raten Erwachsenen meist zu einer täglichen Trinkmenge von 1,5 bis 2 Litern Wasser. Darüber wusste gut die Hälfte der Teilnehmer (51,3%) Bescheid. Eine weitere Gruppe der Befragten (44,3%) schätzte die tägliche Trinkempfehlung mit 2,5 bis 3 Litern ein wenig höher ein. Der Anteil derjenigen, die von weniger als einem Liter oder mehr als 3 Litern pro Tag ausgingen, ist mit zusammengefasst etwa 4% äußerst gering.

Bei der Frage nach dem durchschnittlichen Verbrauch von Leitungswasser in der Produktion von einem Kilogramm Rindfleisch, der laut WWF bei etwa 15.500 Litern liegt, waren sich die Teilnehmer sehr uneinig. Die folgende Grafik verdeutlicht das Spektrum der Beantwortungen dieser Frage:

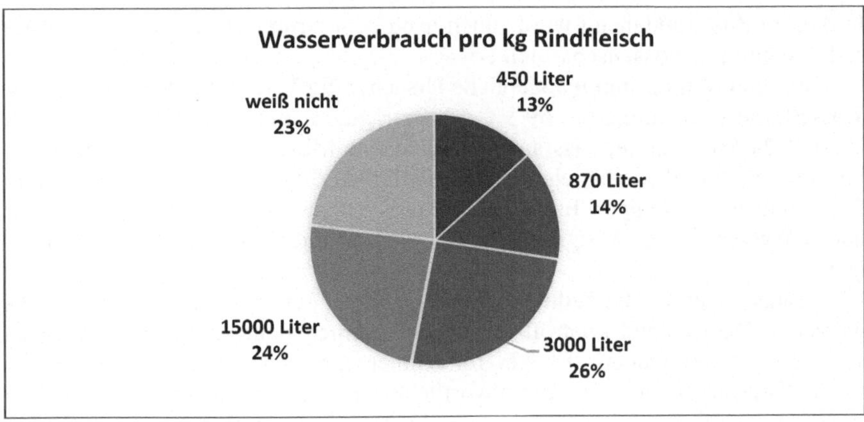

Abb. 12:   Wasserverbrauch pro kg Rindfleisch (eigene Darstellung)

Die gegebenen Antworten teilen sich einigermaßen gleichmäßig auf die vorge-
gebenen Kategorien auf. Die richtige Lösung wusste mit etwa 24% etwa ein
Viertel der Befragten. Fast ebenso viele Teilnehmer (23%) gaben an, die Antwort auf diese Frage nicht zu kennen.

Seit dem Jahr 2010 gilt der Zugang zu Trinkwasser als universelles Menschenrecht. Nur 15,3% der Studienteilnehmer konnte die entsprechende Frage
richtig beantworten. Ein Großteil (38,7%) konnte die Frage nicht beantworten.
Die restlichen Antworten entfielen relativ ausgewogen auf die Jahreszahlen
1958 (13,51%), 1983 (19,82%) und 1992 (12,6%).

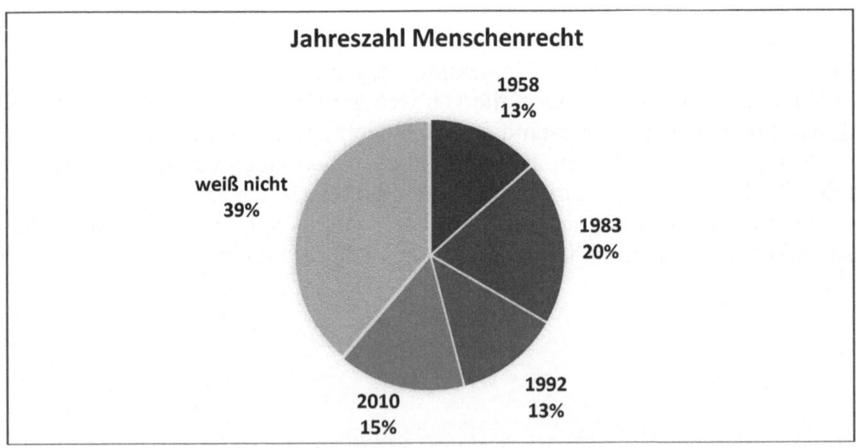

Abbildung 13: Wasser als Menschenrecht (eigene Darstellung)

Die letzte Frage der Studie befasste sich mit der Reinigung von Wasser durch die Kläranlagen. Hierbei wurden die Teilnehmer dazu befragt, was ihrer Meinung nach nicht vollständig bei der Wasserreinigung gefiltert werden könne. Neben den Antwortmöglichkeiten „Urin" und „Papier" standen weiterhin auch „Haare" und die einzig richtige Lösung „Medikamentenrückstände" zur Auswahl. Diese Frage konnten sehr viele Studienteilnehmer (79,5%) richtig beantworten. Jeweils 4,5% der Befragten waren davon überzeugt, dass sich Haare und Urin nicht aus verschmutztem Wasser herausfiltern ließen. Nur ein Teilnehmer gab Papier an. Die restlichen 10,7% konnten diese Frage nicht beantworten.

4.3.6   Interpretation

Nachfolgend sollen die zentralen Erkenntnisse des dritten Teils dieser Arbeit zusammengefasst werden. Hierzu gehört neben der Interpretation der erhaltenen Ergebnisse auch der Vergleich mit der 2004 durchgeführten Studie des Forums Trinkwasser.

Bezüglich des Geschlechts der Umfrageteilnehmer lässt sich feststellen, dass deutlich mehr Frauen als Männer unter den Befragten waren. Der Frauenanteil der Studie lag bei über 65%. Bei der Studie des Forums Trinkwasser war die Verteilung der Geschlechter gleichmäßiger und teilte sich etwa in zwei gleichgroße Hälften auf. Betrachtet man die Altersstruktur der Befragten, so haben an der eigenständig durchgeführten Studie sehr viele junge Menschen zwischen 20 und 25 Jahren teilgenommen. Der Modus liegt bei 22 Jahren. Eine Erklärung hierfür ist, dass viele Studierende unter den Befragten waren. Dem entspricht auch der sehr häufig angegebene Schulabschluss „Abitur". Der jüngste Teilnehmer der Studie war elf Jahre alt, das Maximum liegt bei 53 Jahren. Dies lässt sich unter anderem damit erklären, dass das Internet bei älteren Menschen nicht so präsent ist und in vielen Fällen überhaupt nicht genutzt wird. Da das Forum Trinkwasser die Daten telefonisch erfragt hat, war es folglich leichter, eine breiter gefächerte Bevölkerungsgruppe zu erreichen. Bei der Studie des Forums Trinkwasser waren über 300 Teilnehmer über 60 Jahre alt.

Betrachtet man nicht nur die demografischen Fakten, sondern auch die inhaltlichen Ergebnisse, so lassen sich einige interessante Feststellungen machen. Während etwa 40% der Teilnehmer der Studie des Forums Trinkwasser hartes Wasser fälschlicherweise als schlecht für die Gesundheit bewerteten, waren es bei der 13 Jahre später durchgeführten Befragung sogar über 50%. Immerhin konnten aber hier die Ursachen für hartes Wasser besser zugeordnet werden. Auch das Wissen über die richtigen Kontrollinstanzen von deutschem Wasser war 2004 besser ausgeprägt: Bei der Studie des Forums Trinkwasser nannten 89% die Wasserversorgungsunternehmen; in der selbst durchgeführten Studie wurden diese lediglich von 69% genannt. Auch bei dieser Frage scheint also das Wissen über Wasser abgenommen zu haben. Bei der Frage nach der benötigten Menge an Wasser für die Fleischproduktion und der Frage nach dem Menschenrecht auf Wasser herrschte ähnlich großes Unwissen und Fehlwissen. Da diese Fragen allerdings nicht vom Forum Trinkwasser gestellt wurden, liegt hier keine Möglichkeit zum Vergleich vor.

In der direkten Gegenüberstellung der beiden Umfragen sticht eine Frage heraus, bei der sich das Wissen der Teilnehmer deutlich verbessert hat: Bei der Frage nach dem Wasserpreis konnten 2017 immerhin 34% der Befragten die richtige Antwort geben. Konträr hierzu wussten im Jahre 2004 nur 24%, dass ein Liter Leitungswasser in Deutschland etwa 0,2 Cent kostet.

Generell lässt sich feststellen, dass sich die Kenntnisse der Bevölkerung über Trinkwasser in manchen Bereichen verbessert, in anderen wiederum verschlechtert haben. Das Wissen der Deutschen über ihr Wasser ist also kritisch zu betrachten und bleibt nach wie vor lückenhaft und defizitär.

5   Fazit

In dem hier berichteten Lehrforschungsprojekt zum Thema „Wissen über Wasser" wurde das in der deutschen Gesellschaft vorhandene Wissen über Trinkwasser aus unterschiedlichen Perspektiven beleuchtet und analysiert.

Während in Teil1 Erkenntnisse über die Zugänglichkeit von ‚objektivem Wasserwissen' gewonnen und grafisch festgehalten wurden, richtete Teil 2 seinen Fokus auf die Recherche wissenschaftlichen Wissens über Wasser. In diesem Teil konnten Erkenntnisse aus dem Bereich der Gesellschaftswissenschaften, aber auch aus ernährungs- und sportwissenschaftlichen Arbeiten sowie der Medizin herausgestellt werden. Nicht zu vernachlässigen ist auch das Feld der Agrar- und Umweltwissenschaften, die sich vor allem in den letzten Jahren intensiv mit Problemen wie der Wasserverschmutzung durch Medikamentenrückstände und der globalen Wasserverknappung befassen.

Zu den für uns besonders interessanten Einsichten gehört die Tatsache, wie einfach zugänglich die unterschiedlichen Informationen über Wasser sind. Zwar erfordert die Suche nach objektiven Informationen über Trinkwasser teilweise Geduld und ein bisschen Recherchegeschick, jedoch sind die meisten Daten zu den Wasserwerten transparent und öffentlich zugänglich aufbereitet. Auch das wissenschaftliche Wissen über Wasser war durch zahlreiche aktuelle und vor allem seriöse Onlinequellen gut zugänglich. Neben den im Internet veröffentlichten Daten wurden wir aber auch durch die Fachliteratur der entsprechenden Bibliotheken leicht und gut informiert.

Auffällig war, dass Trinkwasser von vielen verschiedenen Disziplinen auf sehr unterschiedliche Weise betrachtet wird. Man konnte auch Differenzen im Zeitverlauf erkennen, vor allem bei den Themen Gesundheit und Trinkempfehlungen. Meist widersprechen sich die Erkenntnisse und Auffassungen der verschiedenen Disziplinen jedoch nicht, sondern betrachten nur verschiedene Seiten derselben Medaille.

Interessante Schlüsse konnten im empirisch ausgerichteten dritten Teil bezüglich des Alltagswissens in der Bevölkerung gezogen werden. Durch den Vergleich mit der 2004 veröffentlichten Studie des Forums Trinkwasser wurde festgestellt, dass sich das Wissen über Wasser in der deutschen Gesellschaft nur geringfügig bis gar nicht verändert bzw. verbessert hat. Wasser scheint immer noch ein Thema zu sein, das mit bemerkenswerten Wissensdefiziten einhergeht. Allerdings gibt es mittlerweile zahlreiche Portale und Foren, die über Trinkwasser und insbesondere Leitungswasser informieren und aufklären.

Literatur

Arce, Claudia (2006). Water – A Human Right out of Reach? Experiences from the Middle East. In: Riedel, Eibe/Rothen, Peter (Hrsg.): *The Human Right to Water*. Berlin: Berliner Wissenschafts-Verlag, S. 169-171.

Banik, Allen E. (1990). *Trinkwasser und Ihre Gesundheit*. Ritterhude: Waldthausen Verlag.

Barth, Friedrich (2009). Wasser – das blaue Gold des 21. Jahrhundert. In: Hirschfelder, Gunther/ Ploeger, Angelika (HRSg.): *Purer Genuss? Wasser als Getränk, Ware und Kulturgut*. Frankfurt am Main: Campus Verlag, S. 69-80.

Barth, Monika/Lowis, Jürgen/Pritzer, Monika/Witassek, Ruth (1993). *Das Wasserbuch. Trinkwasser und Gesundheit*. Köln: Kiepenhauer & Witsch.

Bielefeldt, Heiner (2006). Access to Water, Justice and Human Rights. In: Riedel, Eibe/Rothen, Peter (Hrsg.): *The Human Right to Water*. Berlin: Berliner Wissenschafts-Verlag, S. 49-52.

Bogner, Kathrin/Landrock, Uta (2015). *Antworttendenzen in standardisierten Umfragen*. Mannheim: GESIS – Leibniz Institut für Sozialwissenschaften (SDM Survey Guidelines).

Bundesgesetzblatt (2016): *Trinkwasserverordnung* – in der Fassung der Bekanntmachung vom 10. März 2016 (BGBl. I, S. 459).

Cless, Karlheinz (2014). *Menschen am Brunnen. Ethnologische Perspektiven zum Umgang mit Wasser*. Bielefeld: Transcript Verlag.

Degen, Ursula (1982). Schwer und nicht abbaubare Stoffe im Wasser. In: Bossel, Hartmut/ Grommelt, Hans-Joachim/ Oeser, Kurt (Hrgs.): *Wasser – Wie ein Element verschmutzt und verschwendet wird. Umfassende Darstellung der Fakten, Trends und Gefahren*. Frankfurt am Main: Fischer Taschenbuch Verlag, S. 152-170.

Deutscher Verein des Gas- und Wasserfaches e.V. (2016): *Trinkwasserverordnung. Garant für sauberes Trinkwasser*. URL: https://www.dvgw.de/themen/wasser/trinkwasserverordnung/ [Stand: 10.12.2016].

Dobner, Petra (2010). *Wasserpolitik. Zur politischen Theorie, Praxis und Kritik globaler Governance*. Berlin: Suhrkamp Verlag.

Dobner, Petra (2013). *Quer zum Strom. Eine Streitschrift über das Wasser.* Bonn: Bundeszentrale für politische Bildung.

Fit for Fun (2017). *Beauty and Health.* URL: http://www.fitforfun.de/beauty-wellness/gesundheit [Stand: 28.02.2017].

Fleermann, Bastian (2009). Majim – das Wasser im Judentum. Eine kultur- und

religionshistorische Skizze. In: Hirschfelder, Gunther/Ploeger, Angelika (Hrsg.): *Purer Genuss? Wasser als Getränk, Ware und Kulturgut.* Frankfurt am Main: Campus Verlag, S. 133-148.

Garbrecht, Günther (1985). *Wasser: Vorrat, Bedarf und Nutzung in Geschichte und Gegenwart.* Reinbek bei Hamburg: Rowohlt, S.214-222.

Hänel, Dagmar (2009). Heiliges Wasser – heilendes Wasser. Kulturanthropologische Überlegungen zu Handlungspraxen und Deutungen am Beispiel Lourdes. In: Hirschfelder, Gunther/Ploeger, Angelika (Hrsg.): *Purer Genuss? Wasser als Getränk, Ware und Kulturgut.* Frankfurt am Main: Campus Verlag, S. 109-131.

Hirschfelder, Gunther/Winterberg, Lars (2009): ...weil man das Wasser trinken kann? Aspekte kultureller Wertigkeit und sozialer Distinktion. In: Hirschfelder, Gunther/Ploeger, Angelika (Hrsg.): *Purer Genuss? Wasser als Getränk, Ware und Kulturgut.* Frankfurt am Main: Campus Verlag, S. 109-131.

Keil, Florian (2009). Arzneimittelstoffe im Trinkwasser. In: Hirschfelder, Gunther/Ploeger, Angelika (Hrsg.): *Purer Genuss? Wasser als Getränk, Ware und Kulturgut.* Frankfurt am Main: Campus Verlag, S. 232-252.

Kluge, Thomas/Schramm, Engelbert (2009). Wasser und Nachhaltigkeit. In: Hirschfelder, Gunther/Ploeger, Angelika (Hrsg.): *Purer Genuss? Wasser als Getränk, Ware und Kulturgut.* Frankfurt am Main: Campus Verlag, S. 53-67.

Mauser, Wolfram (2007). *Wie lange reicht die Ressource Wasser? Vom Umgang mit dem blauen Gold.* Bonn: Bundeszentrale für politische Bildung.

Muralidhar, S. (2006). The Right to Water: An Overview of the Indian Legal Regime. In: Riedel, Eibe/Rothen, Peter (HRSg.): *The Human Right to Water.* Berlin: Berliner Wissenschafts-Verlag, S. 65-81.

OpenGeoDB (2015): *OpenGeoDB.* URL: http://opengeodb.giswiki.org/wiki/OpenGeoDB [Stand: 26.10.2016].

Peter, Peter (2009). Vom Krankentrunk zum Lifestylesprudel. Die mediale Aufwertung des Mineralwassers. In: Hirschfelder, Gunther/Ploeger, Angelika (Hrsg.): *Purer Genuss? Wasser als Getränk, Ware und Kulturgut.* Frankfurt am Main: Campus Verlag, S. 283-288.

Riedel, Eibe (2006). The Human Right to Water and General Comment No. 15 of the CESCR. In: Riedel, Eibe/Rothen, Peter (Hrsg.): *The Human Right to Water.* Berlin: Berliner Wissenschafts-Verlag, S. 19-36.

Schönberger, Gesa (2009). Wasser: Bewährt, aber nicht immer begehrt. Zu den Trinkgewohnheiten der Gegenwart. In: Hirschfelder, Gunther/Ploeger, Angelika (Hrsg.): *Purer Genuss? Wasser als Getränk, Ware und Kulturgut.* Frankfurt am Main: Campus Verlag, S. 13-33.

Schramm, Anja (2015): *Reines Leitungswasser ist beim Sport gefährlich.* URL: https://www.welt.de/sport/fitness/article143909758/Reines-Leitungswasser-istbeim-Sport-gefaehrlich.html [Stand: 26.02.2017].

Statistisches Bundesamt (2014): *Wasserwirtschaft. Öffentliche Wasserversorgung in Deutschland von 2013.* URL: https://www.destatis.de/DE/ZahlenFakten/GesamtwirtschaftUmwelt/Umwelt/Umwelts tatistischeErhebungen/Wasserwirtschaft/Tabellen/Wasserabgabe_2013.html [Stand: 13.01.2017].

Stollenwerk, Alfred (1994). *Wasserwerk. Wissenswertes über Mineralwasser, Quellwasser, Tafel-wasser, Heilwasser.* Frankfurt am Main: Apollinaris & Schweppes GmbH & Co.

Trouchine, Alexei (2003). *Trinkwasserversorgung und Armut in Kasachstan. Aktueller Zustand und Wechselwirkungen.* Gießen.

Umweltbundesamt (2017): *Themen–Wasser.* URL: https://www.umweltbundesamt.de/themen/ wasser [Stand: 01.03.2017].

United Nations Department of Economic and Social Affairs (2014): *The human right to water and sanitation.* URL: http://www.un.org/waterforlifedecade/human_right_to_water.shtml [Stand: 15.11.2016].

Viactiv Krankenkasse (2017): *Meine Gesundheit.* URL: https://www.viactiv.de/ [Stand: 22.02.2017].

Wasserhaerte.net (2017). *Wasserhärte Verzeichnis.* URL: http://www.wasserhaerte.net/deutschland /index.html [Stand: 14.01.2017]

Wasserqualität Online (2017). *Startseite.* URL: http://www.wasserqualitaet-online.de/ [Stand: 25.10.2016].

WWF (2009): *Der Wasserfußabdruck Deutschlands.* URL: http://www.wwf.de/fileadmin/fmwwf/Publikationen-PDF/wwf_studie_wasserfussabdruck.pdf [Stand: 01.03.2017]

Wasser in der Werbung – Inszenierungen, Konstruktionen und Probleme

Tanja Heckmann

Abstract

Wasser ist als eines der wichtigsten Grundnahrungsmittel fest im Alltag der Menschen verankert, sei es zum Kochen oder als Durstlöscher. Unlängst avanciert das eine oder andere Markenwasser durch clevere Medien- und Werbeprofis sogar zum Luxus- oder Life-Style-Wasser. Dabei spielen inszenierte Lebensstile eine große Rolle. Diese Untersuchung beschäftigt sich daher mit der Darstellung von Lebensstilen in Werbeanzeigen von Tafel- und Mineralwassermarken. Es wird der Frage nachgegangen, ob die aktuelle Werbung derzeit bestehende Lebensstile aufgreift und für sich nutzt oder ob sie vielmehr neue Lebensstile generiert und bestehende verändert. Hierzu werden zunächst ausgewählte Werbeanzeigen von Tafel- und Mineralwassermarken hinsichtlich ihrer Symboliken und Textinhalte untersucht. In einem weiteren Schritt werden etwaige Konstruktionen und Potentiale der analysierten Werbeanzeigen herausgearbeitet. Die Fragestellungen werden auf der Grundlage der durchgeführten Analyse, ausgewählter Konzepte des soziologischen Lebensstil-Diskurses und der entsprechenden Fachliteratur diskutiert.

© Springer Fachmedien Wiesbaden GmbH, ein Teil von Springer Nature 2019
H. Willems, *Wissen vom Wasser*, https://doi.org/10.1007/978-3-658-23948-0_3

1   Einleitung

Wasser ist eines der wichtigsten Grundnahrungsmittel. Ohne Wasser ist der menschliche Organismus auf Dauer nicht überlebensfähig. Oder anders ausgedrückt: Wasser ist das Elixier des Lebens und somit ein essenzielles Produkt des täglichen Bedarfs.[1] Doch obwohl das deutsche Trinkwasser laut Bundesamt für Verbraucherschutz und Lebensmittel das „am strengsten kontrollierte Lebensmittel"[2] ist, findet sich in den Supermarktregalen ein vielfältiges, fast unüberschaubares Angebot diverser Mineral- und Tafelwässer, Quell- sowie Heilwässer verschiedener nationaler und internationaler Marken. Doch während Wasser – auch dank der Werbung – in Deutschland zu einem Luxusprodukt avanciert, sprechen Wissenschaftler von einer „globalen Wasserkrise"[3] und prangern die ungerechte Wasserverteilung sowie den prekären Wassermangel in den Entwicklungsländern an.

Doch diese aktuelle Problematik scheint für die Mineralwasserhersteller und Werbestrategen nicht von Bedeutung zu sein. Vielmehr nimmt die Tendenz der Branche zu, Wasser als Luxusprodukt zu bewerben, insbesondere im Hinblick auf die aktuelle Fitness- und Gesundheitswelle. Mit auffallenden Werbeslogans und bunten Plakaten wollen clevere Werbeleute die Verbraucher zum Kauf von Gerolsteiner, Volvic und anderen hochpreisigen Wässern verleiten – scheinbar mit Erfolg. Denn laut dem Verband Deutscher Mineralbrunnen e.V. nahm der Pro-Kopf-Verbrauch von Mineral- und Heilwasser in Deutschland in den vergangenen Jahren kontinuierlich zu. So lag dieser im Jahr 2000 noch bei 100,3 Liter, wohingegen er im Jahr 2015 auf 147,3 Liter pro Kopf anstieg. Hinzu kommt der Verbrauch von Tafelwasser, wie beispielsweise von der populären Wassermarke Bonaqua aus dem Hause Coca-Cola.

1.1   *Forschungsfragen*

Tatsächlich zählen die bekannten und stark beworbenen Wassermarken wie Gerolsteiner, Selters und Volvic laut Umfragen zu den beliebtesten Marken der

---

1   Vgl. Dürrschmid, Klaus: Das essentielle Lebensmittel Wasser. In: Internationaler Arbeitskreis für Kulturforschung des Essens. Mitteilungen 13 (2006), S. 2.

2   Vgl. Bundesamt für Verbraucherschutz und Lebensmittelsicherheit, unter: https://www.bvl.bund.de/DE/01_Lebensmittel/03_Verbraucher/15_Wasser_Mineralwasser/01 _Trinkwasser/Trinkwasser_node.html, letzter Aufruf: 05.01.2017.

3   Vgl. Hummel, Diana et al.: Die globale Wasserkrise und der virtuelle Wasserhandel. Wie innovative Forschung zu einem besseren Ressourcen-Management beitragen kann, unter: http://www.forschung- frankfurt.uni-frankfurt.de/36050668/virtueller_Wasserhandel_60- 64.pdf?, letzter Aufruf: 3.02.2017.

deutschen Verbraucher.[4] Vor diesem Hintergrund stellt sich die zentrale Frage der vorliegenden Arbeit: Mit welchen werblichen Darstellungen, Inszenierungen und Idealbildern wird Wasser in Zeitschriften und Social-Media-Kanälen beworben?

Dem Verbraucher muss sich angesichts vollmundiger Versprechen von „lebendig machendem Wasser", der Steigerung körperlicher und geistiger „Aktivität" und ultimativer „Natürlichkeit" die Frage stellen, ob es sich hier um nichts weiter als kreative Marketingstrategien der Werbeprofis handelt. Auch die von der Werbeindustrie häufig angepriesenen „gesunden Inhaltsstoffe" wie Calcium, Magnesium oder Hydrogencarbonate, wie beispielsweise in der Werbekampagne des deutschen Marktführers Gerolsteiner,[5] bleiben fragwürdig. Denn unbestritten haben alle offerierten Mineral- und Tafelwässer, ob aus Deutschland, Frankreich oder der hawaiianischen Tiefsee, eines gemeinsam: Sie sind Wasser – eine natürliche, farb-, geruchs- und geschmacklose Flüssigkeit. Interessant an dieser Tatsache ist, dass es den Werbestrategen gelingt, mannigfaltige Werbekampagnen für Wässer zu entwickeln, obwohl sich alle, egal ob Billig-Wässer vom Discounter oder Premium-Wässer der Edelmarken, als Produkte kaum oder nur unerheblich voneinander unterscheiden. Wie diese Kampagnen aussehen, welche werblichen Inszenierungsstrategien zum Einsatz kommen und inwiefern diese Ergebnisse für den soziologischen Diskurs aufschlussreich sind, ist Untersuchungsschwerpunkt dieser Arbeit.

Neben den zahlreichen Kampagnen für Mineralwässer sind jedoch auch zunehmend die Werbeanzeigen diverser Wassersprudler und Tischwasserfilter für die Aufbereitung von Leitungswasser in Publikumszeitschriften und Social-Media-Kanälen präsent. Es sind alternative Produkte zum Mineralwasser im Handel, mithilfe derer der potenzielle Verbraucher davon verschont bleiben soll, schwere Kisten zu transportieren, und in der Lage ist, gesprudeltes Wasser aus dem eigenen Leitungswasser herzustellen. Immerhin kam das Umweltbundesamt in seinem jüngsten Bericht zur Trinkwasserqualität zu dem Ergebnis, dass das deutsche Leitungswasser ohne Einschränkungen „genusstauglich" und „von sehr guter Qualität" sei.[6] Zu diesem Ergebnis kommt auch der aktuelle „Wassercheck" der Stiftung Warentest. Die Prüfer des Verbrauchermagazins lobten das

---

4　Vgl. YouGov-Markenmonitor BrandIndex, unter: https://yougov.de/news/2015/10/22/kategoriealkoholfreie-getranke/, letzter Aufruf: 05.01.2017.

5　Internetauftritt Gerolsteiner, unter: https://www.gerolsteiner.de/de/mineralstoffe/, letzter Aufruf: 05.01.2017.

6　Bundesministerium für Gesundheit, Bericht des Bundesministeriums für Gesundheit und des Umweltbundesamtes an Verbraucherinnen und Verbraucher über die Qualität von Wasser für den menschlichen Gebrauch (Trinkwasser) in Deutschland, unter: http://www.umwelt bundesamt.de/sites/default/files/medien/378/publikationen/ug_02_2015_trinkwasserbericht_0. pdf, S. 2., letzter Aufruf: 02.06.2016.

deutsche Leitungswasser für seine „gute Qualität" – und das zu einem Literpreis von durchschnittlich 2 Cent.[7] In Anbetracht dessen ist es umso erstaunlicher, dass der Verbraucher das Mineralwasser als Lebensmittel dem deutschen Leitungswasser vorzieht.[8]

Hieraus ergibt sich eine weitere Fragestellung: Leistet die Werbung mit ihren bunten Plakaten und eingängigen Slogans einen Beitrag zu dieser Problematik, indem sie Mineralwässer bewirbt, die weit mehr zu können scheinen, als den Durst zu löschen? Weiterhin stellt sich angesichts des Lifestyle-Charakters von Wasser die Frage, ob Mineralwässer beziehungsweise Mineralwassermarken als Symbole und Distinktionsmittel divergierender Lebensstile fungieren. Bilden die aktuellen Werbeanzeigen Idealtypen, Symboliken sowie Normen und Werte spezifischer Lebensstile ab? Es wird vermutet, dass hierin die Erklärung dafür liegt, dass sich das Mineralwasser gegenüber dem kostengünstigeren Trinkwasser als Durstlöscher in der Gesellschaft seit Jahrzehnten behaupten kann.

1.2   Stand der Forschung

Aufgrund der Tatsache, dass Trinkwasser, Mineralwasser und andere Wasserarten zu den zentralen Grundnahrungsmitteln zählen und aus dem täglichen Leben jedes Einzelnen nicht wegzudenken sind, erscheint es umso erstaunlicher, dass das Produktfeld „Wasser" als Forschungsgegenstand in der soziologischen Auseinandersetzung kaum oder häufig nur in Form einer Randnotiz thematisiert wird.[9] Insbesondere in der Konsum- und Werbesoziologie wäre eine mehrdimensionale Beschäftigung mit Wasser als Konsumgut von hoher Relevanz. Immerhin zählt Wasser zu den am häufigsten konsumierten Alltagsgetränken, und das nicht erst, seitdem ein gesellschaftlicher Wertewandel hin zu einem gesunden Lifestyle stattfindet. Aber nicht nur die Soziologie, auch andere Wissenschaftsdisziplinen haben sich bis heute kaum eingehender mit dem Alltagsgetränk Wasser beschäftigt. So kommt Lars Winterberg zu dem Schluss: „Alltagsgetränke, ihr Konsum und das zugrunde liegende Wertesystem entziehen sich nach wie vor wissenschaftlicher Kenntnisnahme."[10]

---

7   O. A. (2016): Der große Wassercheck. In: Stiftung Warentest, 08/2016, S. 20–23.

8   Vgl. Wüstefeld-Würfel, Marion (1999): Mineralwasser aus Konsumentensicht: Eine Studie über Verbrauchsmuster und konsumrelevante Einstellungen zu natürlichem Mineralwasser, Bonner Studien zur Wirtschaftssoziologie, Bd. 13. Winterschlick/Bonn: Wehle; o. A. (2015): Nah an der Quelle. In: Stiftung Warentest, 06/2015, S. 20-23.

9   Wohingegen sich andere Disziplinen wie die Geschichts- oder Ernährungswissenschaften weitaus intensiver mit dem Gegenstand Wasser beschäftigen. Vgl. Winterberg, Lars (2007): Wasser – Alltagsgetränk, Prestigeprodukt, Mangelware. Zur kulturellen Bedeutung des Wasserkonsums in der Region Bonn im 19. und 20. Jahrhundert. Münster u. a.: Waxmann Verlag.

10   Winterberg 2007, S. 23.

So ist auch das gesamte Spektrum der Mineral- und Tafelwässer in der Marken-, Werbe- oder Konsumsoziologie nur spärlich vertreten. Der Fokus werbe- und konsumsoziologischer Auseinandersetzung liegt vielmehr auf anderen Konsumprodukten. Zum Beispiel auf Produkten und Marken aus der Automobil- oder Kosmetikbranche, wie in den Beiträgen von Kai-Uwe Hellmann „Zur Historie und Soziologie des Markenwesens"[11] und Hans-Jürgen Anders' „Euro-Verbraucher – Realität oder Fiktion?"[12] Aber auch das Interesse an den Themengebieten Wohnen und Einrichten scheint in den vergangenen Jahren relativ stark gestiegen zu sein, womöglich aufgrund eines zunehmenden Trends hin zu einer immer weitgehenderen Individualisierung, wie Udo Koppelmann und Erich Küthe resümieren.[13] Die Kleidung stellt ein weiteres zentrales Untersuchungsfeld für die Werbesoziologie dar. Zum einen zählt die Kleidung zumindest für den größten Teil der Gesellschaft zweifelsohne zu den unentbehrlichen Konsumgütern neben den Lebensmitteln. Zum anderen fungiert die Kleidung als eines der zentralen Symbole für Zugehörigkeit und Distinktion in der Gesellschaft. Nichtsdestoweniger widmen sich auch einige soziologische Beiträge im Kontext der Werbeanalyse dem breiten Angebot von Lebens- und Genussmitteln. Allerdings beschränken sich diese Diskurse weitestgehend auf die Untersuchung von Genussmitteln wie Zigaretten, Bier und andere alkoholische Getränke.[14]

Darüber hinaus widmen sich zahlreiche Monografien, Zeitschriftenbeiträge und Sammelbände der Aufbereitung von Werbung im Allgemeinen sowie unter spezifischen sozio-kulturellen Gesichtspunkten, zum Beispiel unter dem Aspekt der werblichen Nutzung verschiedener Medienformen, der politischen Relevanz der Werbung oder der Darstellung von Alter und Geschlecht in der Werbung.[15]

---

11 Hellmann, Kai-Uwe: Zur Historie und Soziologie des Markenwesens. In: Jäckel, Michael (Hrsg.) (2007): Ambivalenzen des Konsums und der werblichen Kommunikation. Wiesbaden: VS Verlag für Sozialwissenschaften, S. 53-72.

12 Anders, Hans-Jürgen: (1990) Euro-Verbraucher - Realität oder Fiktion? In: Szallies, Rüdiger; Wiswede, Günter (Hrsg.): Wertewandel und Konsum, Landsberg/Lech 1990, S. 233-256.

13 Vgl. Koppelmann Udo; Küthe, Erich (1990) Szallies, Rüdiger/Wiswede, Günter (Hrsg.): Wertewandel und Konsum: Fakten, Perspektiven und Szenarien für Markt und Marketing. Landsberg/Lech: Verlag Moderne Industrie, S. 401-424.

14 Vgl. Hölscher, Barbara (1998): Lebensstile durch Werbung? - zur Soziologie der Life-Style Werbung. Opladen/Wiesbaden: Westdeutscher Verlag; Jäckel, Michael (Hrsg.) (2007): Ambivalenzen des Konsums und der werblichen Kommunikation. Wiesbaden: VS Verlag für Sozialwissenschaften; Trommsdorff, Volker (1989): Konsumentenverhalten. Stuttgart u. a.: Verlag W. Kohlhammer.

15 Beispielsweise: Willems (2002); Kroeber-Riel, Werner (1990): Strategie und Technik der Werbung. Verhaltenswissenschaftliche Ansätze. Stuttgart u. a.: Verlag W. Kohlhammer; Zurstiege, Guido (2005):

1.3   Zielsetzung

Mit dieser Arbeit sollen zwei Ziele verfolgt werden: Erstens soll aufgezeigt werden, mit welchen inhaltlichen und stilistischen Mitteln die Werbung agiert, um einfaches Trinkwasser zu einem Lifestyle- und Luxusprodukt zu kultivieren. Hierfür werden aktuelle Werbeanzeigen aus Publikumszeitschriften und Social-Media-Kanälen hinsichtlich ihrer Text- und Bildinhalte analysiert. Zweitens sollen mögliche Hinweise auf Lebensstile abzeichnende Inhalte sowie Inszenierungsschwerpunkte herausgearbeitet werden. Zudem werden in einem Exkurs einzelne Werbeanzeigen der bereits erwähnten Tischwasserfilter und Trinkwasseraufbereiter analysiert und mit den Werbeanzeigen der Mineralwasserhersteller auf Parallelen und Divergenzen verglichen.

Wie bereits eingangs dargestellt wurde, ist Wasser nicht nur ein Grundnahrungsmittel, sondern erhält zunehmend den Status eines Luxusprodukts, sei es durch entsprechende Werbung oder äußere Umstände wie die einer Wasserknappheit. Aus diesem Grund ist es auch Ziel dieser Arbeit, die Mittel und Methoden der Werbung angesichts dieser Problematik kritisch zu untersuchen.

1.4   Methodische Vorgehensweise und Aufbau der Arbeit

Um den zuvor dargestellten Fragestellungen nachzugehen, werden in einem ersten Schritt relevante Begriffe näher definiert und in den Kontext der Forschungsthematik eingeordnet (Kapitel 2). Im Anschluss daran erfolgt die Darstellung verschiedener Ansätze zur Lebensstilforschung im Hinblick auf die entwickelten Fragestellungen (Kapitel 3). Das darauf folgende Kapitel legt den Fokus auf die empirische Analyse aktueller Print-Werbeanzeigen verschiedener Wassermarken. Neben den Printanzeigen für Wasser werden aktuelle Werbeanzeigen und Grafiken aus den sozialen Medien herangezogen. Als methodischen Zugang zur Strukturierung und qualitativen Untersuchung der Werbeanzeigen hinsichtlich ihrer Text- und Bildinhalte wird der von Hermann Cölfen verfasste Beitrag „Semper idem oder Jeden Tag wie neu? Zum Wandel des Weltbildes in deutschen Werbeanzeigen zwischen 1960 und 1990"[16] berücksichtigt (Kapitel 4). Um die Palette der Möglichkeiten aufzuzeigen, die in der Werbung zum Thema Wasser beziehungsweise Mineralwasser existieren, werden in einem Exkurs die aktuellen Werbeanzeigen von den Alternativprodukten SodaStream und Brita analysiert und diskutiert (Exkurs).

---

16   Cölfen, Hermann: Semper idem oder Jeden Tag wie neu? Zum Wandel des Weltbildes in deutschen Werbeanzeigen zwischen 1960 und 1990. In: Willems, Herbert (Hrsg.) (2002): Die Gesellschaft der Werbung. Kontexte und Texte. Produktionen und Rezeptionen. Entwicklungen und Perspektiven. Wiesbaden: Westdeutscher Verlag, S. 657-673.

Auf Grundlage der zuvor durchgeführten Analyse der Werbeanzeigen gilt es im folgenden Kapitel, zum einen die gewonnenen Ergebnisse in den Kontext der zentralen Fragestellung einzuordnen und zum anderen die Ergebnisse unter Berücksichtigung einzelner werbe- und konsumsoziologisch relevanter Dimensionen (z. B. Geschlechter- und Altersdarstellung in der Werbung; Problem der Austauschbarkeit von Werbeinhalten) zu betrachten (Kapitel 5).

Der Schwerpunkt des darauf folgenden Kapitels liegt in der Auseinandersetzung mit der werblichen Inszenierung und Bedeutungszuschreibung von Mineralwasser als Erlebnis- und Prestigeprodukt (Kapitel 6). Die Arbeit wird mit einer Zusammenfassung einschließlich eines perspektivischen Ausblicks auf mögliche Potenziale für eine weitergehende Gegenstandsbetrachtung abgeschlossen (Kapitel 7).

2 Begriffsbestimmungen

In diesem Kapitel sollen zunächst wesentliche Begriffe definiert und in das Thema der Arbeit eingeordnet werden. Das begriffliche Verständnis von „Werbung" und „Lebensstile" ist zentral für die Analyse von Werbung im Kontext lebensstilspezifischer Aspekte. Da es in den beiden Hauptkapiteln zur empirischen Analyse von Wasserwerbung auch um die Darstellung von Marken, der Relevanz von Markenclaims, Markenimages und Markenidentitäten in der Werbung gehen wird, sollen diese Begriffe ebenso wie jene zum besseren Verständnis kurz skizziert und voneinander abgegrenzt werden.

Werbung

Werbung ist die Beeinflussung des Verhaltens mithilfe diverser Kommunikationsmittel und hat „die Herstellung und Verbreitung von Erwartungen, Bedeutungen und Botschaften"[17] zum Ziel – so lautet der Konsens zahlreicher Definitionen aus der vorhandenen Literatur,[18] wie beispielsweise folgende Erläuterung zum Stichwort „Werbung" aus dem Wörterbuch der Soziologie:

„Werbung, die planmäßige Beeinflussung von Personenkategorien mit dem Ziel, zum Zwecke des Absatzes von Produkten und Dienstleistungen oder der Erringung

---

17 Hellmann, Kai-Uwe/Schrage, Dominik (Hrsg.) (2004): Konsum der Werbung. Zur Produktion und Rezeption von Sinn in der kommerziellen Kultur. Wiesbaden: VS Verlag für Sozialwissenschaften, S. 82.

18 Vgl. Kroeber-Riel, Werner (1990): Strategie und Technik der Werbung. Verhaltenswissenschaftliche   Ansätze. Stuttgart: Verlag W. Kohlhammer, S. 29f.

bzw. Konsolidierung polit. Herrschaftsverhältnisse bestimmte Kauf- oder Wahlhandlungen zu stimulieren."[19]

Allerdings ist Werbung noch weitaus mehr und bedarf einer mehrdimensionalen definitorischen Darstellung. Tatsächlich muss Werbung zunächst vielmehr als gesamtgesellschaftliches Phänomen eingeordnet werden, das für den wissenschaftlichen Diskurs, beispielsweise in der Psychologie, der Betriebswirtschaft, den Geschichtswissenschaften, den Medien- und Kommunikationswissenschaften sowie den Geistes- und Sozialwissenschaften, von erheblicher Bedeutung ist.[20]

Anhand der Werbung ist es möglich, sowohl den sozialen Wandel von Werten und Normen als auch existierende (mediale) Idealtypen und Lebensstile in der Gesellschaft herauszuarbeiten. Denn entscheidend für den Erfolg der Werbemaßnahmen ist, dass sie „die Werte der Gesellschaft, Normen von Gruppen, Bezugsgruppen und sozialen Rollen"[21] in ihrer Umsetzung berücksichtigen. Insofern kann die Werbung durchaus als „ein Spiegelbild der Gesellschaft"[22] beschrieben werden. Allerdings gibt es aus Sicht der Werbeprofis nicht die „eine" Gesellschaft. Vielmehr konstatiert Barbara Hölscher, dass die „Werbeintentionen [...] so gut wie nie an alle Verbraucher gerichtet"[23] sind. Stattdessen werden die spezifischen Zielgruppen mittels entsprechend zielgerichteter Werbung angesprochen. Der Lifestyle stellt dabei einen nicht zu unterschätzenden Aspekt in der aktuellen Werbekommunikation dar. Denn der Lifestyle oder der Lebensstil einer spezifischen Zielgruppe ist mit ausschlaggebend für die Konzeption der Werbekampagnen. So bekundet Andreas Steinle vom Zukunftsinstitut (einem Institut für europäische Trend- und Zukunftsforschung): „Die Zielgruppe ist tot, es lebe der Lebensstil."[24]

Im folgenden Abschnitt soll daher der Begriff Lebensstil aus soziologischer Perspektive näher erläutert werden.

---

19   Hillmann, Karl-Heinz (2007): Wörterbuch der Soziologie. Stuttgart: Kröner Verlag, S. 961.

20   Vgl. Schierl, Thomas: Über kommunikative Welt- und Geschlechterbilder. In: Göttlich, Udo et al. (Hrsg.) (1998): Kommunikation im Wandel. Zur Theatralität der Medien. Köln: Halem Verlag, S. 193.

21   Hillmann 2007, S. 961.

22   Schierl 1998, S. 198.

23   Hölscher, Barbara (1998): Lebensstile durch Werbung?: zur Soziologie der Life-Style-Werbung. Opladen/Wiesbaden: Westdeutscher Verlag, S. 162.

24   Steinle, Andreas: Die Zielgruppe ist tot, es lebe der Lebensstil, Onlineartikel auf zukunftsinstitut.de (08/2015), unter: https://www.zukunftsinstitut.de/artikel/tup-digital/02-the-end-of-marketing/diezielgruppe-ist-tot-es-lebe-der-lebensstil/, letzter Aufruf: 10.10.2016.

Lebensstil

„Wir – ihr – ingroup – outgroup"[25] – die Kultivierung von unterschiedlichen Lebensstilen hat erhebliche sozio-kulturelle Effekte auf die gesellschaftlichen Strukturen. Das führt dazu, dass sich Personen mit unterschiedlichen Lebensstilen, verschiedenen sozialen Gruppen zugehörig fühlen, wodurch soziale Zugehörigkeiten einerseits und soziale Ausgrenzungen andererseits die Folge sind.[26] Der Begriff Lebensstil (oder „Lifestyle") ist in der öffentlichen Wahrnehmung fest verankert. Ob in der Mode, dem Ess- und Trinkverhalten oder in den Medien – gerne werden mannigfaltige Lifestyles lanciert. Im Wörterbuch der Soziologie wird der Begriff Lebensstil wie folgt definiert:

> „Lebensstil bezeichnet in ganzheitlich-umfassender Weise die jeweiligen Ausdrucksformen der alltäglichen Daseinsgestaltung bestimmter Personen, sozialer Einheiten, Bevölkerungsteile und ggf. ganzer Gesellschaften. Die Ausprägung eines L.s hängt insbes. von der kulturellen Eigenart einer Gesellschaft, von dem sozialen Standort der beteiligten Individuen und von deren Lebensauffassungen und Wertvorstellungen ab."[26]

Es hat zunächst den Anschein, als ob jeder seinen ganz individuellen Lifestyle verwirklichen und leben könnte. Allerdings müssen hierzu in der Regel nicht unerhebliche Voraussetzungen gegeben sein und unter Umständen Hindernisse überwunden werden. Nicht jeder Lebensstil ist für jeden erreichbar.

Bereits Max Weber konstatierte, dass der Lebensstil oder ursprünglich die sogenannte Lebensführung unter anderem auch von den ökonomischen Bedingungen der Individuen abhängig ist.[27] Insofern sind die materiellen Voraussetzungen entscheidend für die Zugehörigkeit und Nicht-Zugehörigkeit zu bestimmten Lebensstilen – und sind folglich eine Dimension der sozialen Ungleichheit. Diesbezüglich beschreibt Hartmut Lüdtke Lebensstile als „aktive, expressive und konsumtive Seite der sozialen Ungleichheit".[28] Neben ökonomischen Voraussetzungen umfassen Lebensstile auch den „[...] regelmäßig wiederkehrende[n] Gesamtzusammenhang der Verhaltensweisen, Interaktionen, Meinungen, Wissensbestände und bewertenden Einstellungen eines Menschen."[29] Hans Rolf Vetter geht einen Schritt weiter und markiert neben der bereits ange-

---

25 Dangschat, Jens/Blasius, Jörg (Hrsg.) (1994): Lebensstile in den Städten. Konzepte und Methoden. Opladen: Leske + Budrich, S. 39.

26 Hillmann 2007, S. 489.

27 Vgl. Weber, Max (2002): Wirtschaft und Gesellschaft: Grundriss der verstehenden Soziologie. Tübingen: Mohr, S. 538.

28 Lüdtke, Hartmut: Der Wandel von Lebensstilen. In: Glatzer, Wolfgang (Hrsg.) (1992): Entwicklungstendenzen der Sozialstruktur. Frankfurt/New York: Campus Verlag, S. 36-59.

29 Hradil, Stefan (2001): Soziale Ungleichheit in Deutschland. Opladen: Leske + Budrich, S. 46.

führten Dimension des Konsums sechs weitere relevante „Konstruktionselemente" von individuellen Lebensstilen:

- die Familien- und Haushaltsstrukturen, insbesondere die Zusammensetzung der Haushalte und die Erwerbsbeteiligung der Haushaltsmitglieder
- die Zeit- und Aktivitätsbudgets
- die sozialen Beziehungen, „Netzwerke" der Haushalte und die Mitgliedschaften der Haushaltsangehörigen
- die Wohnformen, Einrichtungen und Ausstattungen
- die Wertvorstellungen
- die Lebensziele und Lebenspläne[30]

Neben Weber, Lüdtke und Vetter setzten sich bereits seit Beginn des 20. Jahrhunderts weitere Sozialwissenschaftler mit dem Phänomen der Lebensstile auseinander.[31] Einzelne ausgewählte Lebensstilansätze sowie soziale Dimensionen moderner Lebensstile werden in Kapitel 3 näher dargestellt.

Gerade im neueren Lebensstildiskurs wird zunehmend die Interdependenz zwischen der Werbung und der Entwicklung von Lebensstilen betont und sowohl anhand von theoretischen als auch empirischen Methoden expliziert.[32] Denn ohne Zweifel nehmen Konsumprodukte eine zentrale Rolle in der Gestaltung des individuellen Lebensstils ein, weswegen die soziale Werbewirkung nicht zu unterschätzen ist. Insbesondere in einer Gesellschaft, in der die zunehmende Tendenz zur eigenen Selbstverwirklichung, Individualisierung, aber auch Distinktion und Gruppenzugehörigkeit primär mittels spezifischer Konsumstile ihren Ausdruck findet.[33] Tatsächlich fungieren zahlreiche Konsumprodukte, wie beispielsweise Automobile, Bekleidung oder Unterhaltungselektronik, als Sinn-

---

30   Vetter, Hans-Rolf: Lebensführung – Allerweltsbegriff mit Tiefgang; Lüdtke, Hartmut: Kulturelle und soziale Dimensionen des modernen Lebensstils. In: Vetter, Hans-Rolf (Hrsg.) (1991): Muster moderner Lebensführung: Ansätze und Perspektiven. Weinheim u. a.: Juventa Verlag, S. 43-44; 131151.

31   Vgl. Konietzka, Dirk (1995): Lebensstile im sozialstrukturellen Kontext. Opladen: Westdeutscher Verlag, S. 18.

32   Vgl. Ingenkamp, Konstantin (1996): Werbung und Gesellschaft. Frankfurt: Lang, S. 113; Vgl. Hölscher 1998, S. 11.

33   Vgl. Rode, Friedrich A. (1989): Der Weg zum neuen Konsumenten: Wertewandel in der Werbung, Wiesbaden: Gabler, S. 83; Hellmann, Kai-Uwe (2003): Soziologie der Marke. Frankfurt am Main: Suhrkamp, S. 378.

bilder und Instrumente einer von Konsum geprägten Lebensstilgesellschaft.[34] Damit sich das Auto, das Smartphone oder die Turnschuhe von Marke X, Y, Z jedoch als spezifische Symbole eines Lebensstiles manifestieren, bedarf es einer werblichen Inszenierung von Produkten. Gleichzeitig gilt es allerdings auch, entsprechende Lebensstile medial zu vermarkten, um potenzielle Zielgruppen strategisch zielgerichtet ansprechen zu können.[35] Dies gelingt beispielsweise mit der werbestrategischen Ausrichtung einer Marke.

Marke

Der Markenbegriff findet sich in verschiedenen wissenschaftlichen Disziplinen, beispielsweise den Wirtschaftswissenschaften, der Psychologie oder den Rechtswissenschaften. Auch in der Soziologie fungiert die Marke als eigener Forschungsschwerpunkt – in der Markensoziologie. Der Begriff Marke kann aufgrund seiner interdisziplinären Verwendung unterschiedlich definiert werden. Im Gabler Wirtschaftslexikon wird der Begriff beschrieben als:

> „Name, Bezeichnung, Zeichen, Design, Symbol oder Kombination dieser Elemente zur Identifizierung eines Produktes (Produktpersönlichkeit) oder einer Dienstleistung eines Anbieters und zur Differenzierung von Konkurrenten."[36]

Die Marke als Konstrukt schließt sowohl den Faktor Markenidentität als auch das Markenimage mit ein.[37] Im Folgenden sollen diese beiden Begriffe kurz erläutert werden.

Markenidentität

Der Marketingprofessor Heribert Meffert kennzeichnet die Markenidentität wie folgt: „Die Markenidentität umfasst diejenigen raum-zeitlich gleichartigen Merkmale der Marke, die aus Sicht der internen Zielgruppen in nachhaltiger

---

34 Vgl. Wöhler, Karlheinz: Raumkonsum als Produktion von Orten. In: Hellmann, Kai-Uwe/Zurstiege, Guido (Hrsg.) (2008): Räume des Konsums. Über den Funktionswandel von Räumlichkeit im Zeitalter des Konsumismus. Wiesbaden:VS Verlag für Sozialwissenschaften, S. 69-86.

35 Vgl. Vetter, Hans-Rolf: Lebensführung – Allerweltsbegriff mit Tiefgang. Eine Einführung. In: Vetter, Hans-Rolf (Hrsg.) (1991): Muster moderner Lebensführung. Weinheim/München: Juventa Verlag, S. 9-88.

36 Gabler Wirtschafts-Lexikon (1997): Stichwort: Marke. Gabler: Wiesbaden, S. 2537.

37 Vgl. Radtke, Bernd (2014): Markenidentitätsmodelle. Analyse und Bewertung von Ansätzen zur Erfassung der Markenidentität. Springer Gabler Verlag: Wiesbaden, S.1.

Weise den Charakter der Marke prägen."[38] Die Markenidentität wird, anders ausgedrückt, durch das Unternehmen selbst forciert und kann daher auch als „Selbstbild einer Marke"[39] bezeichnet werden. Hier liegt er Unterschied zum Markenimage.

Markenimage

Das Markenimage ist, anders als die Markenidentität, die subjektive Vorstellung der Verbraucher von einer Marke.[40] So ist es möglich, dass eine Marke je nach Verbraucher unterschiedliche Images haben kann. Für die Werbestrategen bedeutet das, dass die angestrebte Markenidentität der Unternehmen möglichst umfassend durch die Marketingstrategie repräsentiert und dargestellt werden muss. So kann vermieden werden, dass sich vom Unternehmen unerwünschte Markenimages bei den Verbrauchern etablieren.

Markenclaim

Die Begriffe Markenclaim und Markenslogan werden in der Praxis häufig synonym gebraucht, obwohl sie in ihrer Bedeutung leicht voneinander abweichen. Der Ausdruck Claim (engl.: Behauptung, Anspruch) wird insbesondere in der deutschen Werbebranche verwendet, denn im englischen Gebrauch bezieht sich der Ausdruck auf einen Rechtsanspruch für Unternehmen. Der Claim ist demnach eine Bezeichnung für einen Werbespruch, der sich explizit auf ein Unternehmen bezieht, wie beispielsweise „Gerolsteiner – Das Wasser mit Stern". Der Slogan (engl.: Wahlspruch) existiert in Verbindung mit einer Werbekampagne häufig nur temporär und wird im Zuge einer neuen Kampagne ausgetauscht. Er kann den Produkt-, Marken- oder Unternehmensnamen enthalten.[41]

Auf der Grundlage der skizzierten Begrifflichkeiten soll es in den Kapiteln 4, 5 und 6 darum gehen, Wasserwerbung qualitativ zu untersuchen. Dabei wird es auch um die Darstellung von Wassermarken, deren Markenimages und Markenslogans gehen. Das nächste Kapitel widmet sich zunächst der Lebensstilthematik. Zum einen werden die klassischen Ansätze der Lebensstilforschung

---

38 Meffert, Heribert et al. (2008): Marketing. Grundlagen marktorientierter Unternehmensführung. Konzepte – Instrumente – Praxisbeispiele. GWV Fachverlage GmbH: Wiesbaden, S. 362.

39 Esch, Franz-Rudolf (2014): Strategie und Technik der Markenführung. Verlag Franz Vahlen: München, S. 79.

40 Vgl. Radtke 2014, S. 2.

41 Vgl. Stumpf, Marcus: Claims als Instrumente der Markenführung. In: Janich, Nina (Hrsg.) (2009): Marke und Gesellschaft. Markenkommunikation im Spannungsfeld von Werbung und Public Relations. VS Verlag für Sozialwissenschaften: Wiesbaden, S. 137-149.

kurz skizziert, zum anderen gilt es, die neueren Lebensstiltheorien zu diskutieren. Schließlich werden die Lebensstilstudien der Marktforschung kritisch hinterfragt, um im Anschluss daran Probleme und Funktionen von Lebensstiltypen zusammenzutragen.

3　Ansätze der Lebensstilforschung

Die Lebensstilforschung zählt zu den wichtigsten Bereichen der heutigen Soziologie, insbesondere im Hinblick auf das immerwährende Phänomen der sozialen Ungleichheit[42] und dessen Auswirkungen auf gesellschaftliche Zusammenhänge. Hinsichtlich dieser Thematik findet sich im soziologischen Diskurs eine Reihe verschiedener Lebensstilmodelle, -theorien und -studien – angefangen bei den Klassikern wie Simmels „Philosophie des Geldes", der „Theorie der feinen Leute" von Veblen oder Webers Auseinandersetzung mit der Lebensführung in „Wirtschaft und Gesellschaft". Zu den neueren Ansätzen zählen beispielsweise Bourdieus „Die feinen Unterschiede", Lüdtkes Untersuchung der Lebensstile oder auch Konietzkas Ansatz der Lebensstile im Kontext des sozio-kulturellen Wandels. Gleichzeitig existieren zahlreiche Lebensstilstudien in den Bereichen der Marktforschung und der Werbung, wie beispielsweise die SINUS-Milieustudie, die Lifestyle-Studie der Chicagoer Werbeagentur Conrad & Burnett, die Lebensstiltypen der Gesellschaft für Konsumforschung (GfK) oder die Zielgruppentypologie der AZ Direct Marketing, einer Marketingunternehmung des Bertelsmann-Konzerns.[43]

Im Folgenden werden sowohl ausgewählte klassische Lebensstiltheorien als auch aktuelle Lifestyle-Studien dargestellt und einander gegenübergestellt. Ziel dieses Kapitels ist es, die Unterschiede und Gemeinsamkeiten der klassischen und aktuellen Lebensstiltheorien aufzuzeigen. Die Ansätze und Typologien wurden im Hinblick auf Fragestellung und Gegenstandsbereich der vorliegenden Arbeit ausgewählt.

42　Soziale Ungleichheit bezeichnet eines von der Soziologie aufgeworfenes Phänomen. Soziale Ungleichheit liegt vor, wenn bestimmte als wertvoll und begehrt „geltende „Güter" nicht absolut gleich verteilt sind." Soziale Ungleichheit kann beispielsweise in der Einkommenshöhe, dem Bildungsgrad oder den Lebensbedingungen in Erscheinung treten. Vgl. Hradil, Stefan 2001, S. 29-34.

43　Vgl. Hölscher 1998, S. 328-340; Georg, Werner (1998): Soziale Lage und Lebensstil. Eine Typologie. Opladen: Leske + Budrich, S. 119-122; SINUS Markt- und Sozialforschung GmbH (2015): Informationen zu den Sinus-Milieus® 2015, Stand 01/2015, unter: http://www.sinus institut.de/fileadmin/user_data/sinus-institut/Downloadcenter/Informationen_zu_den_Sinus Milieus.pdf, letzter Aufruf: 30.11.2016.

3.1 Klassische Ansätze der Lebensstilforschung

Dieses Unterkapitel widmet sich drei klassischen Theorien und Ansätzen der Lebensstilforschung: Thorstein Veblens „Theorie der feinen Leute", Max Webers Ansatz der „Lebensführung" und Pierre Bourdieus Werk „Die feinen Unterschiede".

3.1.1 Thorstein Veblen – Theorie der feinen Leute

Eine Dimension von Lebensstilen ist die Realisierung von angestrebten Zugehörigkeiten und Distinktionen mittels spezifischer Konsummuster.[44] In der „Theorie der feinen Leute" (Original: „The Theory of the Leisure Class") aus dem Jahr 1899 skizziert Thorstein Veblen, dass der Konsum von zentraler Bedeutung für die Zurschaustellung des Reichtums und der Stellung innerhalb der damals existierenden Klassengesellschaft war.[45] Und auch heute ist das Muster der Abgrenzung und Zugehörigkeit geprägt vom Konsum der jeweils spezifischen Markenprodukte, sei es im Bereich der Kleidung, der Wohnungseinrichtung oder der Ess- und Trinkgewohnheiten.

Veblen kennzeichnete die Art und Qualität der Kleidung sowie die Auswahl der Speisen und Getränke als Indikatoren für die obere Klasse, die sogenannten „Müßiggänger". Die Klasse der „Müßiggänger" zeichnet sich jedoch nicht nur ausschließlich durch den „demonstrativen Konsum" beziehungsweise das Zurschaustellen des eigenen Konsums aus.[46] Durch die Zurschaustellung der entsprechenden klassenspezifischen Statussymbole und Güter wird der soziale Status generiert, der mit der Ehre des Prestiges behaftet ist. Dieses Prestige ist folglich für diejenigen erreichbar, die über ein entsprechendes finanzielles Vermögen verfügen, um sich den Konsum der „besseren Güter" leisten zu können.[47] Aber nicht nur der demonstrative Konsum zeichnet die obere Klasse aus, sondern auch die Praktik des „demonstrativen Müßiggangs".[48] Denn wer es sich leisten kann, sowohl Zeit als auch Energie zu verschwenden und keiner pekuniären Arbeit nachzugehen, der grenzt sich in besonderer Art und Weise von denen ab, die einer Erwerbsarbeit nachgehen müssen. Insofern widmet sich die Klasse der „Müßiggänger" nicht nur dem demonstrativen Konsum, sondern pflegt mit

---

44   Vgl. Reisch, Lucia A.: Symbols for Sale: Funktionen des symbolischen Konsums. In: Deutschmann, Christoph (Hrsg.) (2002): Die gesellschaftliche Macht des Geldes. Wiesbaden: Westdeutscher Verlag, S. 226-250.

45   Vgl. Veblen, Thorstein (1958): Theorie der feinen Leute: eine ökonomische Untersuchung der Institutionen. Köln u. a.: Kiepenheuer & Witsch, S. 99.

46   Vgl. ebd., S. 93f.

47   Vgl. ebd., S. 46, 84. 68 Ebd., S. 57-77.

48   Ebd., S. 57-77.

Hingabe „vornehme Sitten und Manieren", kultiviert ihren Geschmack und beaufsichtigt das Hauspersonal.

Der Geschmack übt heute wie zu Veblens Zeiten einen erheblichen Einfluss auf die Gestaltung der Lebensweise aus. Dabei steht das eigene Wohlbehagen häufig im Zentrum der Entscheidungen. Die Fähigkeit, gute von schlechten Speisen und Getränken zu unterscheiden und schlussendlich die ‚richtigen' Güter auszuwählen, oder in Veblens Worten „die peinlich genaue Auswahl",[49] ist dabei nur eine Dimension der Geschmacksnormen der oberen Klasse. Dem ist hinzuzufügen, dass bereits Veblen die Bedeutsamkeit der „Aufmachung der Güter", also Produktdesign und Verpackung, als Impulsgeber für die Auswahl und schließlich für den Kauf betonte.[50]

Doch obwohl die Konsummuster und die Gestaltung der alltäglichen Lebensführung der oberen Klassen für die unteren Klassen unerreichbar sind, stellt Veblen fest, dass die Normen und Konventionen der oberen Klassen bis zur untersten Klasse durchdringen und darüber hinaus als Leitbilder fungieren.[51] Hieraus resultiert ein unwillkürlicher Nachahmungsprozess, der eine gesamtgesellschaftliche Dimension erreicht. Veblen beschreibt diesen Prozess folgendermaßen:

> „Die Institution einer müßigen Klasse übt nicht nur einen Einfluss auf die soziale Struktur aus, sondern auch auf den Charakter der einzelnen Gesellschaftsmitglieder. Sobald eine gegebene Neigung oder ein gegebener Gesichtspunkt als autoritative Standards, als lebensbestimmende Normen übernommen worden sind, machen sie ihre diesbezügliche Wirkung auf die Gesellschaft geltend."[52]

Veblens Konzept der sogenannten Mußeklasse (leisure class) ist für die vorliegende Arbeit relevant, da es insbesondere das Konsumverhalten (demonstrativer Konsum) als eine zentrale Dimension der Lebensführung kennzeichnet. Weiterhin ist aus Veblens Konzept abzuleiten, dass der Konsum spezifischer Güter sowie die vorhandene Zeit zur Muße die Zugehörigkeit zu einer bestimmten Gruppe implizieren und gleichzeitig als distinktive Merkmale wirken. Inwiefern sich Veblens Konzept auf den Untersuchungsgegenstand dieser Arbeit übertragen lässt, wird in Kapitel 7 deutlich.

---

49   Ebd., S. 84.

50   Vgl. ebd., S. 156.

51   Vgl. ebd., S. 195. 72 Ebd., S. 206.

52   Ebd., S. 206

3.1.2   Max Weber – Die Lebensführung

Auch in Max Webers Darstellung zur Lebensführung ist das ökonomische Kapital von zentraler Bedeutung für die Klassenzugehörigkeit. Dabei unterscheidet Weber zwischen drei Klassen beziehungsweise den sogenannten Klassenlagen der Besitzklassen, der Erwerbsklassen und der sozialen Klassen.[53] Nach Weber wird die Besitzklasse insbesondere durch die Besitzunterschiede festgesetzt, wohingegen die Erwerbsklassen durch die Erwerbschancen in Abhängigkeit von besonderen Fähigkeiten oder der Bildung bestimmt sind. Als Beispiele hierfür nennt Weber Unternehmer als typische Zugehörige der privilegierten Erwerbsklasse. Zu den mittleren Erwerbsklassen zählt er selbstständige Bauern und Handwerker. In die unterste Klasse der Erwerbsklassen ordnet er die gelernten sowie ungelernten Arbeiter ein.[54] Die dritte Klassenlage – die soziale Klasse – definiert Weber hingegen wie folgt: „Die Gesamtheit derjenigen Klassenlagen [...] zwischen denen ein Wechsel α. persönlich, β. in der Generationenfolge leicht möglich ist und typisch stattzufinden pflegt."[55] Diese Klassenlagen erfassen die „Arbeiterschaft als Ganzes", „das Kleinbürgertum", „die besitzlose Intelligenz und Fachgeschultheit" (qualifizierte Angestellte und Beamte) sowie „die Klassen der Besitzenden und durch Bildung Privilegierten".[56]

Als Gegenentwurf zu den Klassenlagen, die auf der Grundlage ökonomischer Bedingungen und Besitz konstituiert werden, führt Weber die Stände an. Diese charakterisiert er folgendermaßen:

> „Stände sind, im Gegensatz zu den Klassen, normalerweise Gemeinschaften, wenn auch oft solche von amorpher Art. Im Gegensatz zur rein ökonomisch bestimmten ‚Klassenlage' wollen wir als ‚ständische Lage' bezeichnen jede typische Komponente des Lebensschicksals von Menschen, welche durch eine spezifische, positive oder negative, soziale Einschätzung der ‚Ehre' bedingt ist, die sich an irgendeine gemeinsame Eigenschaft vieler knüpft."[57]

Die verschiedenen Stände unterscheiden sich durch ihre jeweilige Art der Lebensführung. Diese wird sowohl durch ökonomische Bedingungen als auch durch spezifische Konventionen, beispielsweise der Kleidung, der Ess- und Trinkgewohnheiten, der Wohnungseinrichtung sowie religiös geprägter Muster

---

53   Vgl. Weber, Max (2002): Wirtschaft und Gesellschaft: Grundriss der verstehenden Soziologie. Tübingen: Mohr Siebeck, S. 177.

54   Vgl. ebd., S. 178–179.

55   Ebd., S. 177.

56   Ebd., S. 179.

57   Ebd., S. 534.

geprägt.[58] Im Hinblick auf den Untersuchungsgegenstand der vorliegenden Arbeit wird an dieser Stelle der Aspekt des Konsums in Webers Konzept der Lebensführung weiter ausgeführt. Ziel ist es, die Relevanz von Auswahl und Konsum bestimmter Produkte für die Gestaltung des Lebensstils darzustellen. Dieser Schritt dient der Arbeit für die Interpretation und Diskussion der späteren Analyseergebnisse.

Obwohl die Lebensführung nach Weber durch verschiedene gruppenspezifische Aspekte (Religion, Magie, Politik etc.) geprägt ist, stellt das Konsumverhalten eine wesentliche und signifikante Dimension der Lebensführung dar. Jede ständische Gesellschaft, so Weber, etabliert eigene Regeln und Normen, die das Konsumverhalten steuern; dabei spielen die ökonomischen Voraussetzungen eine zentrale Rolle. Denn die Art und Weise sowie die Qualität des Konsums wird bestimmt durch das ökonomische Kapital. Gleichzeitig wirken kulturelle und soziale Normen, Verhaltensregeln sowie Gepflogenheiten auf das Konsumverhalten. Insofern fungiert das gruppenspezifische Konsumverhalten als ein Instrument der Distinktion von beispielsweise weniger exklusiven Ständen. Zudem fungieren bestimmte Güter als Prestigeobjekte und demonstrieren schließlich die von Weber angeführte „ständische Ehre".[59]

An dieser Stelle soll nicht unerwähnt bleiben, dass sowohl Weber als auch Veblen die Tragweite von Produktgestaltung und Werbung in ihre Überlegungen mit einbeziehen. So stellt Weber fest, dass die Konsumenten „in hohem Maß, durch […] aggressive Reklame [...]"[60] in ihrem Konsumverhalten beeinflusst werden. Weiterhin würden neue Bedürfnisse geweckt und alte verdrängt.

Die folgende Darstellung der Theorien des französischen Soziologen Pierre Bourdieu soll zeigen, dass Webers Definition der Lebensführung, insbesondere im Hinblick auf konsumtive Aspekte, auch über 100 Jahre nach Erscheinen im Diskurs der Lebensstilforschung noch von wesentlicher Bedeutung ist.

3.1.3 Pierre Bourdieu – Klassenzugehörigkeit durch Lebensstile

Bourdieu greift in seinem Werk „Die feinen Unterschiede" (Original: „La Distinction") auf Webers Klassenbegriff zurück, um die Beziehung zwischen den sozio-kulturellen Aspekten des Lebensstils und der Klassenzugehörigkeit zu untersuchen. Hierfür stellt er verschiedene kulturtheoretische Konzepte in einen Gesamtzusammenhang. Diese beschäftigen sich mit dem Habitus, dem Feld,

---

58   Vgl. ebd., S. 239, 537.

59   Vgl. Rössel, Jörg: Kapitalismus und Konsum. Determinanten und Relevanz des Konsumverhaltens in Max Webers Wirtschaftssoziologie. In: Maurer, Andrea (Hrsg.) (2010): Wirtschaftssoziologie nach Max Weber. Wiesbaden: VS Verlag für Sozialwissenschaften, S. 150f.

60   Weber 2002, S. 53

dem Kapital sowie der Klasse. Ebenso finden sich bei Bourdieu die bereits von
Weber dargestellten Kennzeichen von Lebensstilen – z.B. Kleidung, Geschmack
von Speisen und Wohnungseinrichtung.[61]

Wie sich ein Mensch kleidet und was er isst oder trinkt, ist Teil seines Habitus. Denn nach Bourdieu ist der Habitus der „Erzeugungsmodus der Praxis-
formen"[62] – also die inkorporierten Dispositionen einer Person, wie beispielsweise Auftreten, Ausdrucksweise, Geschmack oder seine Denk- und Wahrneh-
mungsweisen. Dabei ist von Bedeutung, dass der Habitus als klassenspezifi-
sches Merkmal fungiert und sich zudem an den spezifischen Habitus des sozialen Umfeldes anpasst.[63] Dazu stellt Bourdieu fest:

> „Der Habitus bewirkt, daß die Gesamtheit der Praxisformen eines Akteurs (oder ei-
> ner Gruppe von aus ähnlichen Soziallagen hervorgegangenen Akteuren) als Produkt
> der Anwendung identischer (oder wechselseitig austauschbarer) Schemata zugleich
> systematischen Charakter tragen und systematisch unterschieden sind von den kon-
> stitutiven Praxisformen eines anderen Lebensstils."[64]

Demnach ist der Habitus weniger ein individuelles Konzept, sondern vielmehr
abhängig von den unmittelbaren Gruppenstrukturen eines Akteurs und seiner
Klassenzugehörigkeit. Insofern ist der Habitus sowohl ein Merkmal für die
Position im sozialen Raum als auch im Raum der Lebensstile. Im folgenden
Abschnitt soll zum besseren Verständnis das Modell des sozialen Raums kurz
skizziert werden

Der soziale Raum

Wie in den Konzepten von Veblen und Weber ist auch in Bourdieus Konzeption
der Kapitalbesitz unter anderem ausschlaggebend für die gesellschaftliche Position eines Akteurs. Bourdieu unterscheidet dabei zwischen drei Kapitalarten:
ökonomisches, kulturelles und soziales Kapital.[65] Als ökonomisches Kapital
wird das Eigentum bezeichnet, das sich direkt in Geld eintauschen lässt. Das
kulturelle Kapital bezeichnet das Bildungskapital. Doch zeigen sich auch hier
herkunftsbedingte Disparitäten: zum einen die soziale Herkunft, die den Zugang
zur Bildung beeinflusst, zum anderen der Zugang zu einer „freien Bildung" als

---

61   Vgl. Bourdieu, Pierre (1991): Die feinen Unterschiede: Kritik der gesellschaftlichen Urteils-
     kraft. Frankfurt am Main: Suhrkamp, S. 282.

62   Ebd., S. 277.

63   Ebd.

64   Ebd., S. 278.

65   Vgl. ebd., S. 196.

der Schulung kultureller und soziokultureller Fähigkeiten in Abhängigkeit von der sozialen Herkunft.[66] Weiterhin existieren drei Formen des kulturellen Kapitals: das objektivierte, das inkorporierte und das institutionalisierte Kapital.[67] Diese werden im Rahmen dieser Arbeit aber nicht weiter ausgeführt.

Bourdieu konstruiert sein Modell des sozialen Raumes mittels dreier Dimensionen des Kapitals: dem Kapitalvolumen, der Kapitalstruktur und der sozialen Laufbahn. Er verortet das kulturelle und ökonomische Kapital an zwei entgegengesetzten Enden einer horizontalen Achse und setzt das Kapitalvolumen auf die vertikale Achse. Dieses Modell untergliedert er in drei Klassen: die herrschende, die mittlere sowie die Arbeiterklasse, die durch ihre jeweiligen Kapitalverhältnisse eine Position im Raum zugewiesen bekommen. Dazu ergänzt Bourdieu den „Raum der Lebensstile", der die Merkmale der verschiedenen Muster der Lebensführung einbezieht. Um eine Verknüpfung zwischen dem Raum der sozialen Positionen und dem Raum der Lebensstile herzustellen, setzt Bourdieu den bereits beschriebenen Habitus ein, der eine Überträgerfunktion zwischen den Kapitalvoraussetzungen und den kennzeichnenden Lebensstilen einnimmt.[68]

Lebensstile

Die Charakterisierung der Lebensstile erfolgt insbesondere im Hinblick auf das jeweils vorhandene Kapital der Klassen. Denn erst die verfügbaren sozialen, kulturellen und ökonomischen Kapitalressourcen ermöglichen die Ausgestaltung der Lebensführung. Sie sind Voraussetzung für den klassenspezifischen Geschmack und dessen Realisierung, beispielsweise im Konsumverhalten oder der Freizeitgestaltung.[69] Aus diesen klassenspezifischen Verhaltens- und Handlungsweisen resultieren mehr oder weniger bewusste Distinktionen innerhalb der Gesellschaft. So fungiert beispielsweise die „kulturelle Kompetenz" beziehungsweise die „kultivierte Einstellung" der herrschenden Klasse als Dimension der „Kennerschaft" und schließt demzufolge die Zugehörigkeit der nicht oder nur wenig kulturell kompetenten Akteure aus. Das gleiche gilt für die Fähigkeit jener, die Alltagsentscheidungen nach ästhetischen Gesichtspunkten fällen, zum Beispiel beim Kauf eines neuen Möbel- oder Kleidungsstücks.[70] Diesbezüglich stellt Bourdieu fest:

---

66   Vgl. ebd. S. 115ff.

67   Vgl. ebd. S. 48-49, 195.

68   Vgl. Georg 1998, S. 65ff.

69   Vgl. Bourdieu 1991, S. 25f.

70   Vgl. ebd., S. 80.

> „Die im objektiven wie im subjektiven Sinn ästhetischen Positionen, die ebenso in
> Kosmetik, Kleidung oder Wohnungsausstattung zum Ausdruck kommen, beweisen
> und bekräftigen den eigenen Rang und die Distanz zu anderen im sozialen Raum."[71]

Der Lebensstil der herrschenden Klasse nimmt die Position des höchst angesehenen Lebensstils im sozialen Raum ein. Er fungiert als exklusives, auf Distinktion und Prätention ausgerichtetes Positionierungsinstrument.[72] Dabei ist die
herrschende Klasse stets bemüht, ihre exklusive Stellung im sozialen Raum
beizubehalten, insbesondere angesichts der Aufstiegsbestrebungen und Nach-
ahmungsversuche der kleinbürgerlichen Klasse und Arbeiterschaft - obgleich
sich der Lebensstil der Arbeiter viel mehr an dem orientiert, was für sie, angesichts ihrer ökonomischen Situation, möglich ist und laut Bourdieu auf dem
sogenannten „Notwendigkeitsgeschmack" beruht.[73]

Unter Berücksichtigung des thematischen Rahmens dieser Arbeit wird
kurz auf Bourdieus Ausführungen bezüglich der distinktiven und lebensstilspe-
zifischen Ess-und Trinkkultur eingegangen. Im Kontext des Ess- und Trinkverhaltens stellt er fest, dass die „neuen Verhaltensmaxime der Mäßigung um der
Schlankheit willen",[74] die zweifelsohne noch heute bestehen, sich insbesondere
in den Lebensstilen der herrschenden Klassen etabliert haben. Infolgedessen
kennzeichnet die Schlankheit eine weitere Dimension der sozialen Distinktion.

3.2 Die Lifestyle-Typen der Wirtschaft und Werbung

Volle Supermarktregale, regelmäßige Produktinnovationen und eine kontinuierlich steigende Zahl neuer Anbieter – angesichts eines Überangebotes an Waren
und Dienstleistungen sind die Unternehmen dazu gezwungen, mehr Aufmerksamkeit für ihre Produkte zu gewinnen, um sich von der wachsenden Konkurrenz abzuheben. Dieses Konkurrenzbewusstsein bezieht sich vor allem auf den
Produktbereich der austauschbaren Waren, also auf Waren, die sich hinsichtlich
Qualität und Leistung kaum voneinander unterscheiden – beispielsweise Kos-
metikprodukte, Genussmittel oder Grundnahrungsmittel.[75] Vor dem Hintergrund
der zunehmenden Mediatisierung stehen die Unternehmen vor der Aufgabe, sich
und ihre Produkte möglichst zielgenau auf potenzielle Käufer auszurichten. Um

---

71 Ebd., S. 107.

72 Vgl. ebd., S. 389.

73 Vgl. ebd., S. 285.

74 Ebd., S. 292.

75 Vgl. Kroeber-Riel, Werner (1990): Strategie und Technik der Werbung. Verhaltenswissen-
    schaftliche Ansätze. Stuttgart u. a.: Verlag W. Kohlhammer, S. 20.

ihre Werbemaßnahmen zielgruppenorientiert konzipieren und platzieren zu können, ist es sowohl für die Unternehmen als auch für die Werbeagenturen unerlässlich, über die Besonderheiten, Wertvorstellungen sowie Konsumpräferenzen der spezifischen Zielgruppen informiert zu sein.

In Anbetracht dieser Herausforderung etablierten sich seit den 1970er und 1980er Jahren zunehmend Marktforschungsinstitute, die sich auf Zielgruppenermittlung, Markenpositionierung und Lifestyle-Forschung spezialisierten. Dabei wurden gängige Methoden und Instrumente der qualitativen und quantitativen Marktforschung angewendet.[76] Und auch die aktuellen Lifestyle-Studien der Institute und Werbeagenturen stützen sich auf die klassischen Methoden der qualitativen Sozialforschung und etablierten Lebensstilkonzepte aus der Soziologie.[77] Im folgenden Abschnitt soll Gerhard Schulzes kultursoziologische Theorie „Die Erlebnisgesellschaft" erläutert werden. Wie später in Kapitel 5 und 6.3 deutlich wird, ist der Aspekt des Erlebnisses in der Werbung von zentraler Bedeutung geworden. Aus diesem Grund dient eine vorherige Veranschaulichung des Modells als Grundlage für die spätere Interpretation und Diskussion der qualitativen Ergebnisse aus der Anzeigenanalyse.

3.2.1 Die Erlebnisgesellschaft

In den 1990er Jahren veröffentlichte Gerhard Schulze sein Werk „Die Erlebnisgesellschaft – Kultursoziologie der Gegenwart". Das darin verfolgte Konzept widmet sich dem Prozess der Individualisierung, der Herausbildung alltagsästhetischer Schemata, der daraus resultierenden Milieubildung und den Konsequenzen im Kontext der „Erlebnisgesellschaft".[78]

Als ausschlaggebend für eine zunehmende Erlebnisorientierung der Akteure führt Schulze die fast unüberschaubare Zahl der Wahlmöglichkeiten im alltäglichen Leben an, beispielsweise im Feld des Konsums, der Berufswahl, der Partnerwahl oder auch der Freizeitgestaltung. Es gibt immer Alternativen und Möglichkeiten, die ein schöneres und besseres Erlebnis versprechen. Infolgedessen handelt und konsumiert der Akteur mit einer erlebnisorientierten Maxime. Dabei steht der eigene Geschmack im Zentrum der Entscheidung.[79] Angetrieben wird eine solche Handlungsdynamik vom stetig expandierenden Erleb-

---

76 Vgl. Diaz-Bone, Rainer: Milieumodell und Milieuinstrumente in der Marktforschung. In: Forum: Qualitative Sozialforschung, Volume 5, No. 2, Art. 28, 2004; vgl. Hölscher 1998, S. 172.

77 Vgl. Botzenhardt, Florian/Pätzmann, Jens Uwe (2012): Die Zukunft der Werbeagenturen. Strategische Planung als Innovationsmotor. Springer Gabler Verlag: Wiesbaden, S. 63.

78 Vgl. Schulze, Gerhard (2005): Die Erlebnisgesellschaft. Kultursoziologie der Gegenwart. Frankfurt am Main: Campus Verlag.

79 Vgl. ebd., S. 13ff.

nismarkt, einem Markt, so Schulze, auf dem die angebotenen Produkte überwiegend „in erlebnisbezogenen Begriffen definiert"[80] werden, beispielsweise als „schön, spannend, gemütlich, stilvoll oder interessant"[81]. Die Wahl oder Nichtwahl der jeweiligen Produkte konzentriert wiederum Akteure mit den gleichen Entscheidungen für oder gegen (Erlebnis-)Produkte in kollektive Erlebnisgemeinschaften.[82]

Für welches Produkt der Akteur sich nun entscheidet, welches er als schön oder hässlich erachtet, ist Teil seines eigenen Stils. Der Stil ist „die Gesamtheit der Wiederholungstendenzen in den alltagsästhetischen Episoden eines Menschen", welcher „sowohl die Zeichenebene alltagsästhetischer Episoden [...] als auch die Bedeutungsebene" einschließt.[83] Der Stil formiert nicht nur die eigene Identität, sondern konfiguriert gleichzeitig Kollektive gleicher oder ähnlicher Stilmuster. Als Bedeutungsebenen des Stils bestimmt Schulze den Genuss, die Distinktion und die Lebensphilosophie. Alle drei Ebenen haben sowohl eine distinktive als auch eine verbundenheitsstiftende Dimension. Denn Stil kann sowohl Identifikation mit anderen Akteuren als auch Abgrenzung und Eingrenzung gegenüber anderen Akteuren effizieren,[84] wobei die alltagsästhetischen Gemeinsamkeiten insbesondere mittels gemeinsamer Zeichen ersichtlich werden. Diese kollektiven Zeichen werden von Schulze als alltagsästhetische Schemata zusammengefasst. Im Rahmen seiner Untersuchung bestimmt er drei alltagsästhetische Schemata: Hochkulturschema, Trivialschema, Spannungsschema. Die Schemata unterscheiden sich hinsichtlich ihres Genussschemas, des Distinktionsmusters und der Lebensphilosophie.[85]

Typische Schlagworte für das Hochkulturschema sind unter anderem „Bildungsbürger" oder „kultiviert".[86] Typische Zeichen des Hochkulturschemas sind beispielsweise das Hören klassischer Musik, der Besuch von Museen oder Ausstellungen und die Auswahl „guter Literatur". Das Muster des Genussschemas folgt der Kontemplation, also unter anderem der Besinnlichkeit und Konzentration auf geistige Erlebnisse. Die Distinktion richtet sich gegen den „barbarischen Geschmack"[87], insofern gegen alles, was nicht als gebildet oder kultiviert

---

80   Ebd., S. 559.

81   Ebd.

82   Vgl. ebd., S. 33.

83   Ebd., S. 103.

84   Vgl. ebd., S. 112.

85   Vgl. ebd., S. 127ff.

86   Ebd., S. 143.

87   Ebd., S. 146.

gekennzeichnet werden kann. Im Zentrum der Lebensphilosophie steht die Perfektion.[88]

Für das Trivialschema führt Schulze beispielsweise den deutschen Schlager, Liebesfilme oder Arztromane an. Die Gemütlichkeit, sei es im eigenen Heim oder im Freizeitbereich, steht im Mittelpunkt des Trivialschemas. Ebenso die Zugehörigkeit zur eigenen Gemeinschaft. Infolgedessen erfolgt die Distinktion insbesondere gegen alle, die sich nicht nach den symbolischen Zeichen und Mustern des Trivialschemas richten. Die Ablehnung anderer Schemata rührt auf der geltenden lebensphilosophischen Ausrichtung, der Harmonie. Denn alle außenstehenden Formen und Muster könnten das angestrebte gemeinschaftliche beziehungsweise harmonische Miteinander stören.[89]

Das Spannungsschema hingegen strebt nach Aktion und Abwechslung. Der expressive Charakter äußert sich durch das Hören lauter Rockmusik, den Besuch von Kneipen und Spielhallen und das Pflegen des eigenen Erscheinungsbildes. Das Spannungsschema möchte sich von denjenigen abgrenzen, die nicht dem aufregenden, interessanten, aktionsbeladenen Schema entsprechen, folglich den Langweilern wie unter anderem „Spießer, Etablierte, Dickwänste, Hausfrauen".[90]

Die drei Schemata dürfen allerdings nicht als voneinander abgegrenzte Systeme begriffen werden, sondern vielmehr als optionale Bausteine für den eigenen
persönlichen Stil.[91] Dennoch treten in der Gesellschaft Gruppierungen von Akteuren mit ähnlichen Stilen in Erscheinung, die „sich durch gruppenspezifische Existenzformen und erhöhte Binnenkommunikation"[92] von anderen abheben. Demnach formieren sie charakteristische soziale Milieus respektive Lebensstilgruppen, Subkulturen oder „erlebbare gesellschaftliche Großgruppen".[93] Anhand seiner Untersuchungsergebnisse kennzeichnet Schulze fünf Erlebnismilieus:

- Niveaumilieu

- Harmoniemilieu

- Integrationsmilieu

---

88   Vgl. ebd., S. 149f.

89   Vgl. ebd., S. 150ff.

90   Vgl. ebd., S. 155.

91   Vgl. ebd., S. 157.

92   Ebd., S. 174.

93   Ebd.

- Selbstverwirklichungsmilieu
- Unterhaltungsmilieu[94]

Schulze geht davon aus, dass sich soziale Milieus aufgrund mannigfaltiger Dispositionen, wie etwa dem Lebensalter und der Bildung, dem Familienstand, Arbeitsplatzmerkmalen oder der Wohnsituation unterscheiden.[95]

Als Schauplatz der hier dargestellten Schemata und sozialen Milieus fungiert schließlich der Erlebnismarkt.[96] Hier treffen die Erlebnisnachfrage der „Erlebniskonsumenten" und das Erlebnisangebot der Anbieter aufeinander.[97] Der Konsum bestimmter Produkte fungiert als Instrument der Erlebniserfüllung. Insofern verwundert es nicht, dass die Anbieter auf dem umkämpften Erlebnismarkt darauf abzielen, ihren Produkten einen möglichst hohen Erlebnischarakter zuzuschreiben, beispielsweise durch Erlebniswerbung und entsprechende Produktgestaltung.

Im Folgenden wird kurz auf die von Schulze angeführten produktspezifischen Werbestrategien auf dem Erlebnismarkt eingegangen. Die angeführten Aspekte sollen der späteren Interpretation der analysierten Mineralwasseranzeigen dienen. Wie bereits erwähnt, ist der Erlebnismarkt ein hart umkämpfter, dynamischer Markt.[98] Zahlreiche Anbieter verfolgen die Absicht, unter Zuhilfenahme strategischer Instrumente zum einen ein möglichst großes Publikum für sich zu gewinnen und zum anderen die Konkurrenz hinter sich zu lassen. Um diese Ziele zu erreichen und der Rationalität der Erlebnisnachfrage gerecht zu werden, kennzeichnet Schulze vier Methoden:

1. Schematisierung der Käuferschichten und die zielgruppenspezifische Ausrichtung der Produktgestaltung;
2. Profilierung der eigenen Produkte auf dem Erlebnismarkt mittels spezifischer Zeichen und Images;
3. Kontinuierliche Abwandlung bereits etablierter Produkte, beispielsweise mithilfe von technischen Weiterentwicklungen oder Qualitätssteigerungen. Häufig gestalten sich derartige ‚Verbesserungen' als mehr oder weniger unerhebliche Veränderungen, die nichtsdestoweniger entsprechend aufwendig beworben werden. Weitere Möglichkeiten sind: veränderte Produktbezeichnungen und Gestaltungen.

---

94   Vgl. ebd., S. 258ff.
95   Vgl. ebd., S. 277.
96   Vgl. ebd., S. 417.
97   Vgl. ebd.
98   Vgl. ebd. S. 443.

4. Derartige Praktiken suggerieren dem Beworbenen die Existenz eines neuen Produktes, das sich subjektiv vom Ursprungsprodukt abhebt. Entscheidend ist der Erlebnischarakter des Produktes.[99]

In der Dynamik des Erlebnismarktes werden selbst Güter des täglichen Bedarfs wie Lebensmittel zu Erlebnisgütern umgedeutet. Auf diesen Umstand soll in Kapitel 6.3 nochmals näher eingegangen werden.

3.2.2　Lifestyle-Typen der Marktforschung

Der zunehmende Konkurrenzdruck auf dem Markt erfordert eine zielgruppenspezifische Markt- und Markenkommunikation. Um die Werbeinhalte und Werbegestaltung auf die anvisierte Zielgruppe abzustimmen und die dafür geeigneten Medien einzusetzen, ist es unerlässlich, über die Wünsche, Werte, Verhaltensweisen und Ideale – kurz: den Lebensstil der Zielgruppe – informiert zu sein.[100] Diese Informationen beziehen die Unternehmen in der Regel aus den Lifestyle-Studien der Marktforschungsinstitute. Aufbau, Struktur und Zielsetzung richten sich dabei häufig nach den Zielvorstellungen der Auftraggeber einer Studie.

Zu den bekannten und im wissenschaftlichen Diskurs gerne zitierten Lebensstilstudien der Marktforschung zählen unter anderem:

- die Sinus-Milieus der SINUS Markt- und Sozialforschung GmbH,

- die Zielgruppentypologie der AZ Direct Marketing Bertelsmann GmbH,

- die MC & LB LIFE STYLE 1990 der Chicagoer Werbeagentur Leo Burnett,

- die Euro Styles-Studie der Gesellschaft für Konsumforschung (GfK)

- sowie aktuell die Studie Lebensstile für morgen des zukunftsInstituts.[101]

Da sich die hier angeführten Studien hinsichtlich ihrer wissenschaftlichen Forschungsmethoden nicht in erheblichem Maße voneinander unterscheiden und insofern eine detaillierte Beschreibung jeder einzelnen Studie keinen Mehrwert für diese Arbeit herstellt, werden die aufgelisteten Studien nicht näher erläutert.

99　Vgl. ebd., S. 440ff.

100　Vgl. Kroeber-Riel 1990, S. 23f.

101　Vgl. Hölscher 1998, S. 208f.; Georg 1998, S. 119f.; Speck, Annette: Zehn Lebensstile, die Sie im Blick haben sollten. [24.07.2014], unter: https://www.springerprofessional.de/marktforschung/marketingstrategie/zehn-lebensstile-die-sie-imblick-haben-sollten/6597402, letzter Aufruf: 08.01.2017.

Vielmehr ist es im Sinne der kritischen Auseinandersetzung auf dem Gebiet der Lebensstil-Forschung und der Relevanz für die Analyse und Diskussion von Werbeanzeigen relevanter, abschließend auf die Funktionen und die Probleme von Lebensstilkategorisierungen einzugehen.

3.3 Funktionen der Lebensstile und Probleme von Lebensstiltypen

Wie bereits dargestellt, sind Lebensstile spezifische Muster des alltäglichen Verhaltens, der Lebensgestaltung, der Präferenzen und Einstellungen von Personen und sozialen Gruppen. Vor diesem Hintergrund erschließen sich drei Funktionskomplexe von Lebensstilen sowohl auf personaler als auch gesamtgesellschaftlicher Ebene.[102] Die Kenntnis dieser Funktionskomplexe von Lebensstilen ist für den marketingstrategischen Aufbau eines Produkts beziehungsweise einer Marke förderlich. Die Wahrnehmung der Verbraucher für das Produkt oder die Marke kann erhöht werden, wodurch der Absatz positiv beeinflusst werden kann.

Funktionen

1. Die Zugehörigkeit im sozialen Raum: Aufgrund der gemeinsamen Werte, kulturellen Muster, Symbol- und Sinnstrukturen von Lebensstiltypen wird die persönliche Verortung im dreidimensionalen Raum vereinfacht. Soziale Beziehungen werden leichter geschlossen.[103]
2. Soziale und personale Identität: Lebensstile implizieren spezifische Verhaltensroutinen, Norm- und Wertvorstellungen und generieren konstante Orientierungsmuster. Infolgedessen wirken Lebensstile zum einen identitätssichernd, zum anderen als Verbindungselement im sozialräumlichen Umfeld.[104]
3. Distinktion und Zugehörigkeit: Gruppeninterne expressive Symbole und Handlungsmuster haben eine distinktive Wirkung gegenüber jeglichen Personen oder Gruppen, die vom normativen Schema abweichen. Es findet sozusagen eine Abgrenzung gegenüber anderen Lebensstilen

---

102 Vgl. Lüdtke, Hartmut: Strukturelle Lagerung und Identität. Zum Zusammenhang von Ressourcen, Verhalten und Selbstbildern in Lebensstilen. In: Dangschat, Jens/Blasius, Jörg (Hrsg.) (1994): Lebensstile in den Städten. Konzepte und Methoden. Opladen: Leske + Budrich, S. 313-332; Konietzka, Dirk (1995): Lebensstile im sozialstrukturellen Kontext: ein theoretischer und empirischer Beitrag zur Analyse soziokultureller Ungleichheiten. Opladen: Westdeutscher Verlag, S. 139f.

103 Vgl. ebd., S. 313-332; vgl. ebd., S. 139f.

104 Vgl. ebd.

statt. Gleichzeitig fördert der distinktive Charakter nach außen die innere Verbundenheit und Kohäsion der Gruppe.[105]

Die Problematik der Lebensstiltypen

Obgleich die Typisierung und Kategorisierung von Lebensstilen sowohl im wissenschaftlichen als auch im marktwirtschaftlichen Kontext nutzbringende Effekte zur Folge haben, muss die damit einhergehende Problematik, insbesondere im Hinblick auf werbestrategische Typisierungen, berücksichtigt werden.

Unbestritten ist ein elementares Ziel der soziologischen Lebensstilforschung die Spezifizierung und Klassifizierung von divergierenden Lebensstilen. Dabei greifen soziologische Konzepte gern auf bereits existente Gruppenschemata zurück. So urteilt Schulze:

> „Trotz vieler kritischer Auseinandersetzungen mit Webers methodologischer Programmatik kehrt die Soziologie immer wieder zu idealtypischen Konzeptionen zurück. Gerade das Irritierende an Idealtypen, ihre Unschärfetoleranz, macht ihren besonderen Wert, ja ihre Unerläßlichkeit für die sozialwissenschaftliche Theoriebildung aus."[106]

Insofern ist es nicht sinnvoll, Lebensstiltypen als festdefinierte Idealtypen aufzufassen. Vielmehr fungieren die bis heute konzipierten Lebensstiltypen als grobe Orientierungsschemata. Weiterhin sind Lebensstiltypen keine klar voneinander abgrenzbaren Kategorien, denn tatsächlich sind die Grenzen zwischen den Typen fließend und einzelne Praktiken oder Symbole lassen sich in divergierenden Lebensstilkategorien feststellen. Für die Werbung bedeutet das, dass die Werbemaßnahmen und Konzepte nie nur einen bestimmten Lebensstil abbilden oder ansprechen können. Dennoch ist eine tendenzielle Ausrichtung auf einen Lebensstil möglich. Bei der Betrachtung von Lebensstiltypen aus der Marktforschung sind außerdem folgende Aspekte zu berücksichtigen:

Erstens sind die Initiatoren und Geldgeber der Lebensstilstudien in der Marktforschung zum größten Teil Unternehmen. Deren Interesse besteht insbesondere darin, einen möglichst präzisen Überblick über potenzielle und geeignete Zielgruppen beziehungsweise Lebensstiltypen zu erzielen. Insofern ist davon auszugehen, dass spezifische soziale Milieus oder Gruppen nicht auf die gleiche Art und Weise untersucht werden oder unter Umständen nicht in das Untersuchungsfeld aufgenommen werden und folglich nicht als Lebensstiltypen in Studien auftauchen.

---

105 Vgl. ebd.

106 Schulze 2005, S. 84.

Zweitens ist unbestritten, dass die Lebensstiltypen der Marktforschung in der Regel als Arbeitsgrundlagen für Werbemaßnahmen der Unternehmen herangezogen werden. Demzufolge ist anzunehmen, dass die Forschungsdesigns der Marktforschung viel mehr aus Unternehmerperspektive als aus neutraler Forschungsperspektive heraus konzipiert sind.[107]

Drittens soll nicht unerwähnt bleiben, dass die Marktforschungsinstitute selbst auch Unternehmen sind, die sich auf einem stark umkämpften Markt präsentieren. Laut Statistischem Bundesamt waren im Berichtsjahr 2013 über 1.600 Unternehmen in der Markt- und Meinungsforschung tätig – Tendenz steigend.[108] Zugleich lassen sich zahlreiche Niederlassungen weltweit agierender Marktforschungsunternehmen aus den USA oder den europäischen Nachbarländern in deutschen Städten nieder. Die Gründe dafür liegen auf der Hand. Zum einen verzeichnen Marktforschungsunternehmen steigende Umsätze. Zum anderen sind Zielgruppensegmentierungen und Konzepte, angesichts der zunehmenden Relevanz zielgerichteter Marketingstrategien auf dem hart umkämpften Angebotsmarkt, fast unerlässlich.[109] In Anbetracht dessen steht außer Frage, dass die Studien der Marktforschung seitens der Institute selbst vor dem Hintergrund betriebswirtschaftlicher Zwecke durchgeführt werden.

Im Folgenden gilt es nun, die beiden sachlichen Schwerpunkte Trinkwasser und Lebensstil miteinander zu verknüpfen. Dazu wird eine qualitativ-empirische Untersuchung von Werbeanzeigen verschiedener Wassermarken durchgeführt und im Kontext der Lebensstilthematik untersucht.

4 Empirische Untersuchung von Mineralwasseranzeigen

Ob Gerolsteiner, Adelholzener oder VILSA – fest steht: Die Angebotsvielfalt auf dem Wassermarkt ist beachtlich. Und zweifellos sind die Anbieter angesichts der herrschenden Marktbedingungen dazu gezwungen, sich von ihrer Konkurrenz abzuheben, insbesondere in der Mineralwasserbranche. Denn zum einen ist das Produkt als solches austauschbar: Egal welche Marke, welcher Preis oder wel-

---

107 Vgl. ebd., S. 84f.; Hölscher 1998, S. 219ff.

108 Vgl. Statistisches Bundesamt: Strukturerhebung im Dienstleistungsbereich Werbung und Marktforschung [15.10.2015], unter: https://www.destatis.de/DE/Publikationen/Thematisch/DienstleistungenFinanzdienstleistungen/Branchenberichte/WerbungMarktforschung547 4118137004.pdf?__blob=publicationFile, letzter Aufruf: 10.10.2016.

109 Vgl. O.A.: Top 25 Global Research Organizations [31.08.2012], unter: http://www.planungsanalyse.de/news/pages/protected/pdfs/98_org.pd.], letzter Aufruf: 05.10.2016.

che Herkunft – hinsichtlich seiner Konsistenz, seines Aussehens und Geschmacks gibt es fast keine Unterschiede. Zum anderen zählt Wasser zu den Grundnahrungsmitteln und wird demzufolge kontinuierlich von den Verbrauchern nachgefragt. Einen Nachfrage- oder Absatzrückgang, wie dieser bei Produkten aus dem Technik- und Bekleidungsbereich oder auch bei anderen Lebensmitteln häufig zu verzeichnen ist, findet auf dem Mineralwassermarkt kaum statt.[110] Ganz im Gegenteil – der Pro-Kopf-Verbrauch von Mineralwasser nimmt seit Jahrzehnten kontinuierlich zu. Allein die deutschen Mineralbrunnen konnten im Jahr 2016 einen Absatz von 11,3 Milliarden Litern Mineral- und Heilwasser verzeichnen. Das entspricht einem Zuwachs von 0,8 Prozent im Vergleich zum vorangegangenen Jahr. Der Pro-Kopf-Verbrauch belief sich dabei auf 149 Liter.[111]

Allerdings unterscheiden sich die angebotenen Wässer hinsichtlich ihrer Eigenschaften oder Qualität kaum voneinander. Den Unternehmen ist dieser problematische Umstand durchaus bewusst. Insofern ist es nicht verwunderlich, dass die Werbeausgaben der Getränkehersteller in den letzten Jahren kontinuierlich zunahmen. Denn den Unternehmen ist es fast ausschließlich mit werbestrategischen Maßnahmen möglich, aus der homogenen Masse der Wasserhersteller herauszustechen und sich auf dem Markt zu profilieren. So beliefen sich die Werbeaufwendungen des stillen Mineralwassers Vio aus dem Hause Coca-Cola im Jahr 2014 noch auf rund 12 Millionen Euro, wohingegen diese 2015 bereits über 17 Millionen Euro betrugen – eine Zunahme von über 45 Prozent. Auch Adelholzener nahm mehr Geld für Werbung in die Hand. Im Jahr 2014 gab die Bayerische Adelholzener Alpenquellen GmbH noch ca. 4 Millionen Euro für Werbung aus, während sich die Ausgaben mit über 11 Millionen Euro ein Jahr später fast verdreifachten. Diese Liste ließe sich entsprechend fortführen.[112]

Hier stellt sich nun die Frage, welche Werbeinhalte, Symbole und Bilder von den Unternehmen der Wasserbranche eingesetzt werden, um ihr Produkt auf dem breiten Angebotsmarkt zu profilieren und zu positionieren.

---

110 Vgl. Eisenbach, Ulrich (2004): Mineralwasser. Vom Ursprung rein bis heute. Kultur- und Wirtschaftsgeschichte der deutschen Mineralbrunnen. Verband deutscher Mineralbrunnen e. V.: Bonn, S. 112.

111 Vgl. Verband deutscher Mineralbrunnen (VDM): Mineralwasser-Absatz 2016: Rekordjahr für deutsche Mineralbrunnen. Pressemitteilung vom 05.01.2017, unter: http://www.presseportal.de/pm/28275/3527677, letzter Aufruf: 07.01.2017.

112 Vgl. Schäfer, Nikolaus: Strategischen Nutzen finden: Rückblick: Der Werbedruck im AfG-Sektor 2015. In: Getränkeindustrie 3/2016, S. 10-12.

4.1 Auswahl der Werbeanzeigen

Die Auswahl der geeigneten Werbeanzeigen erfolgte in zwei Schritten. Zunächst wurden die Ausgaben von insgesamt 50 verschiedenen Publikums- und Fachzeitschriften unterschiedlichster Genres aus den Jahren 2015 und 2016 nach Anzeigen für Mineralwässer durchsucht. Um ein möglichst breites Spektrum unterschiedlicher Zeitschriftenrubriken abzudecken, wurden Zeitschriften verschiedenster Themen- und Sachgebiete berücksichtigt. Dabei konnten 34 Anzeigen für die Analyse digitalisiert werden, wobei drei Anzeigenmotive jeweils 5fach, drei Motive jeweils 2fach und ein Motiv 4fach vorhanden sind. Infolgedessen belief sich der Korpus auswertbarer Printwerbeanzeigen auf 16 verschiedene Motive aus den Jahren 2015 und 2016. Um noch weiteres Datenmaterial für die Analyse zu gewinnen, wurden in einem zweiten Schritt zusätzliche Recherchen auf verschiedenen Internetplattformen unternommen. Die Ergebnisse der Analyse werden in Kapitel 4.2 ausgeführt.

Für eine bessere Übersichtlichkeit werden im Folgenden die herangezogenen Zeitschriften thematischen Kategorien zugeordnet:

- Frauenzeitschriften: Brigitte, Brigitte MOM, Brigitte Woman, Freundin, Für Sie, Myself, Viva!, Woman

- Kochzeitschriften: Chefkoch, deli, essen & trinken, essen & trinken Für jeden Tag, LandGenuss, So is(s)t Italien, Sweet Paul

- Verbraucherzeitschriften: Öko-Test, Stiftung Warentest

- Familien-/Elternzeitschriften: Eltern, ELTERN family, familie&co, Nido

- Nachrichtenmagazine: DER SPIEGEL, FOCUS, stern

- Wirtschaftsmagazine: brand eins, Capital, Focus-Money, manager magazin, WirtschaftsWoche

- Politikmagazin: Cicero

- Reportagemagazine: GEO Magazin, National Geographic

- Sonstige: auto motor und sport, Clever reisen!, COUCH, FOCUS GESUNDHEIT, GQ, natur – Das Magazin für Natur Umwelt und besseres Leben, Neon, stern – GESUND LEBEN, Zuhause Wohnen

Es muss jedoch angemerkt werden, dass die Bildrecherche nicht in jeder der herangezogenen Zeitschriften und Magazine erfolgreich war. Dennoch war der Rechercheprozess insofern wichtig, als deutlich wurde, dass Wasserwerbung in Printmagazinen nur in begrenzter Form zu finden ist. Nichtsdestoweniger gehen aus dem Korpus akkumulierter Werbeanzeigen fünf verschiedene Mineralwassermarken hervor: Adelholzener, è Aqua, Gerolsteiner, Staatl. Fachingen und VILSA.

Laut den jeweiligen Flaschenetiketten zählen die Marken Adelholzener, Gerolsteiner und VILSA zu den natürlichen Mineralwässern. Das Wasser der Marke è Aqua zählt zu den Quellwässern. Die Marke Staatl. Fachingen vertreibt sowohl Heil- als auch natürliche Mineralwässer. Die Wässer unterscheiden sich jedoch nicht nur hinsichtlich ihrer Wassergattung, sondern auch angesichts ihrer Verkaufspreise.

Im Folgenden werden die Printanzeigen der fünf genannten Wassermarken in zwei Schritten untersucht: Erstens wird die Bildebene der Anzeigen im Hinblick auf mögliche Symbole, Bildelemente, Menschen, Dinge sowie Farben analysiert. Im zweiten Schritt geht es darum, die Textebene zu untersuchen. Diese beinhaltet die Werbebotschaft, Textelemente und den Markennamen.

4.2   Qualitative Analyse

4.2.1   Bildebene –"Ein Bild sagt mehr als tausend Worte"

Bilder sind ein wesentliches Instrument in der Werbekommunikation, denn „mit dem Bild", so Marketingprofessor Werner Kroeber-Riel, „appelliert die Werbung an die Gefühle und Bedürfnisse der Empfänger"[113] und wird sowohl gedanklich als auch visuell schneller wahrgenommen als Textelemente. Medienwissenschaftler Guido Zurstiege fügt hinzu: „Bilder [in der Werbung – Anm. d. Verf.] 'erzählen' nicht nur in äußerster Verdichtung eine Geschichte, sie vermögen auch solche Geschichten zu erzählen, die sich allein mit sprachlichen Mitteln gar nicht erzielen ließen."[114]

Adelholzener

Die Printanzeigen der bayerischen Mineralwassermarke waren im Rahmen der durchgeführten Anzeigenrecherche am häufigsten in den Ausgaben der Frauenzeitschrift Freundin sowie dem Nachrichtenmagazin FOCUS vertreten. Insgesamt liegen drei verschiedene Anzeigenversionen aus den Jahren 2015 und 2016 vor. Im Zentrum jeder Anzeige befindet sich eine gefüllte, an der Oberfläche

---

113   Kroeber-Riel 1990, S. 106f., Vgl. Trommsdorff, Volker (1989): Konsumentenverhalten. Stuttgart u. a.: Kohlhammer, S. 217.

114   Zurstiege, Guido (2005): Zwischen Kritik und Faszination. Was wir beobachten, wenn wir die Werbung beobachten, wie sie die Gesellschaft beobachtet. Köln: Herbert von Halem Verlag, S. 233.

leicht feucht-perlige Mineralwasserflasche. Im Hintergrund ist jeweils ein mit Schnee bedeckter Berg vor hellblauem Himmel zu sehen. Während es bei Anzeige 1 bei diesem Motiv bleibt, befindet sich bei einer weiteren Anzeige das Gesicht des Fußballers Philipp Lahm linksseitig neben der Wasserflasche. Bei dem dritten Motiv befindet sich am rechten oberen Rand das Adelholzener Firmenlogo in Blau auf weißem Hintergrund. Die Wasserflasche wird von einer Hand gehalten und in Richtung des Rezipienten geführt. Neben der Bergkulisse blickt der Betrachter auf eine schlichte Sonnenterrasse mit hellen Möbeln. Alle drei Anzeigen sind in den Farben Weiß und Blau bis Hellblau gehalten.

é Aqua

Von allen 50 herangezogenen Zeitschriften waren die Anzeigen der Quellwassermarke è Aqua ausschließlich in den Ausgaben des Finanzmagazins WirtschaftsWoche zu finden. Es handelt sich dabei um identische, ganzseitige Anzeigen. In der Mitte der Anzeige befindet sich das Markenlogo, das fast den gesamten Anzeigenraum einnimmt. Am rechten unteren Rand ist eine gefüllte é Aqua-Wasserflasche platziert. Der Hintergrund ist schlicht und in einem Hellblau-Hellgrau-Weiß-Ton gehalten. Ein Informationsfeld im unteren Viertel der Anzeige erscheint in Weiß.

Gerolsteiner

Im Gegensatz zu der Verteilung von é Aqua-Anzeigen waren die Printanzeigen der Mineralwassermarke Gerolsteiner in diversen Publikationen vertreten. In Frauenzeitschriften (Brigitte, Jhg. 2016), Kochzeitschriften (essen & trinken, Jhg. 2016) sowie Nachrichtenmagazinen (Focus, Jhg. 2015; Der Spiegel, Jhg. 2016; Stern Jhg. 2016). Daraus gingen fünf verschiedene Anzeigenversionen hervor. Alle fünf Versionen sind hinsichtlich ihrer Symbolik und Farbgebung identisch. Im Zentrum der Anzeigen steht jeweils eine gefüllte Gerolsteiner-Mineralwasserflasche, die von hochspritzendem Wasser (Spritzer, Perlen) umgeben ist. Im rechten oberen Drittel befindet sich mittig das Gerolsteiner-Markenlogo: der rote achteckige Stern mit einem vor weißem Hintergrund platzierten schwarzen Löwen. Als Hintergrundfarben werden Hellbau und Weiß eingesetzt. Personen oder weitere Gegenstände befinden sich in keiner der fünf ausgewerteten Printanzeigen.

Staatl. Fachingen[115]

Obwohl die Printanzeigen der Mineral-und Heilwassermarke Staatl. Fachingen mit am häufigsten im Korpus zu finden sind, gibt es nur zwei Anzeigenversionen, wobei sich diese hinsichtlich der jeweiligen Wassergattung (still oder medium) unterscheiden. In beiden Anzeigen befindet sich in der oberen Hälfte der Anzeige eine blonde Frau in einem auffälligen roten Kleid. Sie ist bis zur Taille umhüllt von einem Wasserwirbel. Die Frau wirkt gepflegt, ist schlank und zeigt ein fröhliches Lachen. Ihre Arme sind weit nach oben ausgestreckt. Als Hintergrundfarben werden verschiedene Blaunuancen und Weiß verwendet. Die untere Hälfte der Anzeige dient als ‚Raum für Informationen'. Links des Textelements sind sowohl eine gefüllte Glaswasserflasche als auch ein gefülltes Wasserglas abgebildet.

VILSA

Die Marke VILSA wurde im Rahmen der durchgeführten Erhebung in Kochzeitschriften (Chefkoch, Jhg. 2016; essen & trinken, Jhg.2016), in der Frauenzeitschrift Brigitte (Jhg. 2016) sowie im Gesundheitsmagazin stern – GESUND LEBEN (Jhg. 2014) gefunden. Alle Anzeigen sind ganzseitig erschienen, was auf die konzeptionelle Gestaltung der Printanzeige zurückzuführen ist. Denn die Anzeigen teilen sich in zwei voneinander klar zu unterscheidende Marketingkonzepte auf. Der untere Teil der Seite wirkt wie eine klassische Werbeanzeige, wohingegen der obere Teil auch als ein redaktioneller Beitrag gedeutet werden kann (siehe Textebene). Wie schon bei den vorangegangenen Mineralwassermarken steht auch in der VILSA-Anzeige die gefüllte Wasserflasche in vorgerückter Position; rechts daneben befindet sich der VILSA-Werbeslogan; das VILSA-Markenlogo befindet sich in der linken Anzeigenecke. Im Hintergrund steht eine Naturszene: ein sauberer Bach mit grüner, dichter Bepflanzung. Eine junge, schlanke Frau kniet auf einem Stein am Bachbett und lässt Bachwasser durch ihre Hände fließen. Der Gesichtsausdruck der Frau wirkt bedächtig.

---

115 Staatl. Fachingen ist ein Markenname der Fachingen Heil- und Brunnen GmbH. Staatl. wird als Teil des Markennamens nicht ausgeschrieben.

4.2.2   Textebene – „Der Text macht das Mehr" oder „Kein Mensch will Werbung lesen"[116]

Die textliche Werbebotschaft stellt neben dem Bild die zweite maßgebliche Dimension einer Werbeanzeige dar. Denn allein ein gut gemachtes Bild macht noch keine erfolgreiche Werbeanzeige. Aus diesem Grund müssen textliche Werbebotschaften, das heißt der Werbeslogan sowie alle weiteren Textelemente, verständlich, humorvoll, überraschend und informativ sein.[117]

Adelholzener

Wie bereits beschrieben, werden in den Printanzeigen der Mineralwassermarke Adelholzener schneebedeckte Bergmotive als Hintergründe eingesetzt. Diese Thematik greifen die Textelemente wiederum auf, sowohl in Anzeige a) mit: BERGSPITZENQUALITÄT – Adelholzener Mineralwasser. Die reine Kraft der Alpen (A), Anzeige b) ERLEBE DIE REINE KRAFT – Erlebe Adelholzener Mineralwasser (B) als auch in c) BEI DIESEM AUGENBLICK WIRD JEDER WIMPERNSCHLAG ZUR EWIGKEIT – Adelholzener Mineralwasser in der neuen stilvollen 0,5l Glasflasche (C).

Jedes Textelement bezieht sich unmittelbar auf die dargestellte Szene beziehungsweise auf das dargestellte Motiv. Text A bezieht sich auf das Bergmotiv und nennt in diesem Kontext die Alpen. Infolgedessen wird ein Gefühl von Heimat und Naturbelassenheit suggeriert. Mit dem Adjektiv „rein" wird diese Emotion bestätigt. Ebenso im Fall von Anzeige B. Hier wirbt ein prominenter Fußballer für das Mineralwasser. Sein Gesicht strahlt Gelassenheit und Zuversicht aus.[118] Das Textelement unterstützt diese Wahrnehmung, indem es erstens explizit auf die Kraft des reinen Wassers anspielt. Zweitens suggeriert sowohl die bildliche als auch die textliche Dimension ein Erlebnis, welches der Genuss des Wassers mit sich bringen soll. Tatsächlich kommt der emotionsbehaftete Imperativ „Erlebe" in beiden der kurzen Textelemente zum Einsatz.

---

116   Winter, Jörn: Auf dem Weg zur einfachen Sprache. In: Winter, Jörn (Hrsg.) (2008): Handbuch Werbetext. Von guten Ideen, erfolgreichen Strategien und treffenden Worten. Frankfurt am Main: Deutscher Fachverlag, S. 45-52.

117   Vgl. Dämon, Kerstin: Gekommen um zu bleiben. So funktioniert der perfekte Werbeslogan. In: WirtschaftsWoche Online [30.07.2014], unter: http://www.wiwo.de/erfolg/management/gekommenum-zu-bleiben-so-funktioniert-der-perfekte-werbeslogan/10127122.html, letzter Aufruf: 11.10.2016.

118   Die Tatsache, dass es sich bei der Werbefigur um eine prominente Person handelt, wird im Rahmen dieser Arbeit nicht näher thematisiert. Um die Darstellung von Prominenten in der Werbung unter soziologischen Gesichtspunkten zu beleuchten, bedarf es einer weitgehenderen Untersuchung, die den Rahmen dieser Arbeit überschreiten würde.

Auch Textelement C bezieht sich unmittelbar auf die bildliche Inszenierung. Dabei steht sowohl der Anblick beziehungsweise der Ausblick von der Sonnenterrasse auf die schneebedeckten Berge als auch die stilvolle Glasflasche selbst im Zentrum der Anzeige. Beide stehen eng miteinander in Relation und generieren einen spezifischen, emotional hoch aufgeladenen Moment.

è Aqua

Im Gegensatz zu den gefühlsbetonten Anzeigen von Adelholzener wirkt die Werbeanzeige der Marke é Aqua sachlich und rational, nicht nur aufgrund der bildlichen Gestaltung, sondern vielmehr hinsichtlich des Textelements (siehe Abbildung 1):

Kaffee und Tee lieben è.

Das erste Quellwasser als Zubereitungswasser für Caffè und Tè.

Entdecken Sie Kaffee und Tee neu: è Aqua bringt alle Geschmacksnuancen zur vollen Entfaltung. Mit seinem optimalen Härtegrad eignet sich das natürliche Hochquellwasser ideal zur Zubereitung – ohne Wasserfilter und Kalkablagerungen in Kaffeemaschine und Wasserkocher. è Aqua entspringt einem Naturschutzgebiet in den italienischen Alpen. Es ist frei von Umwelteinflüssen, ohne Konservierungsstoffe und nicht ozonbehandelt. www.e-aqua.de

Abb. 1:   Textelement – Printanzeige è Aqua (WirtschaftsWoche 31/2016)

Zweifellos ist der Informationsgehalt des Anzeigentextes hoch. Sowohl die Qualität und Herkunft als auch der forcierte ‚Produktnutzen' des è Aqua-Quellwassers werden ersichtlich. È Aqua hebt sich insofern deutlich von seinen Mitkonkurrenten auf dem Wassermarkt ab, indem die Werbung dem Quellwasser einen spezifischen Produktvorteil zuspricht. Auf diese Weise wird suggeriert, dass dieses Wasser in einzigartiger Weise für die Zubereitung von Kaffee und Tee geeignet ist. Die Tatsache, dass die Anzeigen von è Aqua ausschließlich im Wirtschaftsmagazin WirtschaftsWoche zu finden waren, lässt darauf schließen, dass sich die Marke auf eine spezifische, ausgewählte Zielgruppe konzentriert – die Konsumenten, die Wert auf hohe Qualität, Eleganz, Genuss und Distinktion legen.

Gerolsteiner

„Erfrischend natürlich und neutral im Geschmack – Das Wasser mit Stern." Oder „2.500mg/l wertvolle Mineralien. Von Natur aus hoch und ausgewogen mineralisiert. – Das Wasser mit Stern." oder auch „Wie die Mineralien, so der Geschmack: ausgewogen natürlich.- Das Wasser mit Stern."

Die Mineralwassermarke Gerolsteiner lässt keinen Zweifel daran, dass der Verbraucher durch das Trinken des Gerolsteiner-Mineralwassers mit wertvollen Mineralien versorgt wird und somit aktiv etwas für sich und seine Gesundheit tut. Weiterhin inszeniert Gerolsteiner sein Markenwasser als ausgesprochen natürlich. Die zentralen Botschaften der Natürlichkeit und der hohe Mineraliengehalt werden mittels entsprechender Farbgebung und Schriftgröße vom übrigen Werbetext abgehoben. Neben den beiden primären Werbebotschaften nutzt Gerolsteiner den symbolischen Gehalt seines Markenlogos für sich. Denn der Markenslogan „Das Wasser mit Stern" weist nicht nur auf den achteckigen Stern als Markenlogo hin, sondern beinhaltet auch eine emotionale Dimension. Der Stern fungiert als kulturelles Symbol und kann unter anderem als Rangabzeichen gedeutet werden, welches die besondere Güte und Qualität (eines Produktes) symbolisiert. Das Markenwasser wird so als ‚ausgezeichnetes' Wasser inszeniert. Dieser Aspekt soll in Kapitel 5.5 nochmals näher ausgeführt werden.

Staatl. Fachingen

Auch die Werbeanzeigen der Mineral- und Heilwassermarke Staatl. Fachingen implizieren die Natürlichkeit des Wassers als ein zentrales Qualitätsmerkmal. Des Weiteren weist der Werbetext auf den natürlich hohen Hydrogencarbonat-Gehalt von 1.846mg/l hin. Darüber hinaus richtet sich die Marke unmittelbar an all jene Konsumenten, die auf ihre Säure-Basen-Balance achten. Auf diese Weise suggeriert die Werbeanzeige (siehe Abbildung 2) nicht nur einen hohen gesundheitlichen Nutzen, sondern wendet sich diesbezüglich geradezu an eine spezifische gesundheitsbewusste Zielgruppe. Der Werbeslogan „Natürlich besser leben" fungiert neben den tendenziell rationalen Informationen zur Säure-Basen-Balance und zum Hydrogencarbonat-Gehalt von 1.846mg/l als emotionaler Ausgleich. Die Synthese aus bildlicher und textlicher Gestaltung inszeniert das Mineral-und Heilwasser von Staatl. Fachingen als gesundes und natürliches Wasser für ein besseres, unbeschwertes Lebensgefühl.

Abb. 2:   Textelement – Printanzeige Staatl. Fachingen (Chefkoch, 07/2016)

VILSA

Wie bereits dargestellt, sind die Printanzeigen der Mineralwassermarke VILSA in zwei klar voneinander abgegrenzte Sektionen unterteilt. Exemplarisch wird im Folgenden eine VILSA-Printanzeige (essen&trinken, 08/2016) aus dem Korpus eingehender analysiert.

Die untere Hälfte zeigt das bereits vorgestellte Bildmotiv. Darauf in weißer Schrift mittig platziert der Werbeslogan: „Das reine Wunder der Natur – Unberührt seit Jahrtausenden". Dieser kurze Slogan steht unmittelbar in Relation zu der visualisierten Naturszene. Die Werbebotschaft ist angesichts dessen unmissverständlich. VILSA positioniert sich als natürliches, reines Mineralwasser. Der obere Teil der ganzseitigen Werbeanzeige (siehe Abbildung 3) wirkt hingegen weniger als Werbung, sondern vielmehr als ein redaktioneller Beitrag der Zeitschrift zum Thema Mineralwasser.

Abb. 3:   Textelement – Printanzeige VILSA (essen&trinken 08/2016)

VILSA stellt dem Rezipienten relevante Informationen zum Thema Mineralwasser zur Verfügung. Erstens weist die Anzeige auf die gesundheits- und genussfördernden Eigenschaften von Hydrogencarbonat hin – welches in VILSA vorhanden ist. Zweitens klärt VILSA über die Auswahl des ‚richtigen' Wassers für Speisen auf – wie beispielsweise das natürliche VILSA Mineralwasser. Und drittens informiert VILSA über die ideale Trinktemperatur für Mineralwässer, um zugleich darauf hinzuweisen, dass das quellfrische und geschmacklich feine VILSA-Mineralwasser am besten mit der entsprechenden Wassertemperatur getrunken werden sollte. Die redaktionelle Aufmachung der VILSA-Werbeanzeige generiert beim Leser das Gefühl von Informiertheit. VILSA inszeniert sich als die Mineralwassermarke, welche die Konsumenten aus subjektiver Perspektive ‚sachlich' informiert, wodurch das Gefühl von Sicherheit und Vertrauen, sowohl in das Produkt als auch in die Marke, hervorgerufen wird.

An dieser Stelle lässt sich zusammenfassen, dass jede der fünf vorgestellten Mineralwassermarken in ihren Anzeigen die Natürlichkeit ihrer Wässer deutlich hervorhebt. Ebenso wird der gesundheitliche Nutzen der Wässer in einer mal mehr, mal weniger direkten Kommunikationsweise propagiert. Hierzu werden bekannte, klangvolle Inhaltsstoffe und Begriffe angeführt, wie beispielsweise

„Mineralien" (mit und ohne mg/l-Angabe), „mineralisiert", „Hydrogencarbonat", „Natrium" und „Säure-Basen-Balance".

Nachdem Printanzeigen fünf verschiedener Markenwässer hinsichtlich ihrer Bild- und Textelement analysiert wurden, widmet sich der nachfolgende Abschnitt nun der werblichen Darstellung von Markenwässern in den sozialen Medien.

## 4.3	Mineralwasser im World Wide Web

Neben den klassischen Printmedien nimmt die Werbung auf Internetplattformen einen immer höheren Stellenwert in den Werbeaktivitäten der Mineralwasserunternehmen ein. Ausgewählte (zielgruppenspezifische) Portale, Websites und soziale Netzwerke haben sich als Marketinginstrumente etabliert.[119]

Aus diesem Bedeutungsaspekt heraus werden im Folgenden ausgewählte Werbeanzeigen aus dem Internet analysiert. Da bisher ausschließlich deutsche Mineralwassermarken herangezogen wurden, liegt das Augenmerk in der folgenden Untersuchung auf populären Mineralwassermarken aus dem europäischen Ausland. Als Quelle dienen insbesondere die markeneigenen Social-Media-Kanäle wie zum Beispiel Facebook und Instagram.

Ziel der bildlichen und textlichen Analyse von Wasserkampagnen aus dem Internet ist es, weitere Werbekonstruktionen im Bereich der Wasserwerbung herauszuarbeiten. Diese werden in Kapitel 4.6 eingehender interpretiert und unter soziologischen Gesichtspunkten betrachtet. Die Auswahl fiel nach längerer Recherche auf die beiden Mineralwassermarken evian und Volvic. Denn wie festzustellen ist, sind die stillen Mineralwässer aus Frankreich in den populären Social-Media-Kanälen wie Facebook und Instagram im Vergleich zu anderen Mineralwassermarken weitaus präsenter. Dies lässt sich dadurch erklären, dass sowohl Fernsehwerbung als auch Außenwerbung nach wie vor die wichtigsten und meist genutzten Werbeträger im Sektor alkoholfreier Getränke sind.[120]

### 4.3.1	evian – „Live Young."[121]

Bildebene

Die Werbeanzeigen der aktuellen Online-Kampagne der französischen Mineralwassermarke evian zeigen die Gesichter zweier Personen – eine erwachsene Person und ein Baby. Die Personen, die sich im Hinblick auf die

---

119	Vgl. Schäfer 2016, S. 11.

120	Vgl. ebd.

121	„Live Young": Titel der aktuellen evian-Kampagne

Haar- und Augenfarbe sowie die Gesichtsform ähneln, schauen direkt in die Kamera und somit unmittelbar in die Richtung des Beworbenen. Beide tragen jeweils identische Kleidung und haben eine nahezu übereinstimmende Mimik. Der Hintergrund ist neutral, fast Weiß gehalten. Das in Blau-Rot gehaltene evian-Logo befindet sich in der rechten oberen Ecke der Anzeige. Eine Mineralwasserflasche oder andere branchenübliche Symbole, wie sie bei den vorangegangenen Mineralwassermarken werbestrategisch eingesetzt wurden, finden sich in der evian-Kampagne nicht. Insofern wird für den Rezipienten nicht ersichtlich, dass es sich hier um eine Mineralwasserwerbung handelt. Es sei denn, ihm ist die Marke evian bereits bekannt.

Textebene

Auch die Werbesprüche (siehe Abbildungen 4a, 4b, 4c) geben keinen Aufschluss darüber, dass es sich um Werbung für ein stilles Mineralwasser handelt.

Abb. 4a: Textelement – Onlineanzeige evian (facebook-Unternehmensseite) https://m.facebook.com/evian.germany/photos/a.339503766091328/659766104 065091/?type=3&theater, letzter Zugriff 22.08.2018

Abb. 4b: Textelement – Onlineanzeige evian (facebook-Unternehmensseite) https://m.facebook.com/evian.germany/photos/a.339503766091328/659761540732214/?type=3&theater, letzter Zugriff 22.08.2018

Abb. 4c: Textelement – Onlineanzeige evian (facebook-Unternehmensseite) https://www.facebook.com/evian.germany/photos/a.339503766091328/65976223739881 1/?type=3&theater, letzter Zugriff 22.08.2018

Im Gegensatz zu seinen Mitkonkurrenten wirbt evian nicht mit seiner vermeintlichen Natürlichkeit, Reinheit oder Mineralisierung. Vielmehr zielt die evian-Werbekampagne auf eine weitere zentrale Dimension erfolgreicher Werbung ab: den Humor. Denn Humor schafft nicht nur Aufmerksamkeit für das Produkt, insbesondere auf dem umkämpften Mineralwassermarkt, sondern kann auch den Erinnerungswert der Werbung bei den Rezipienten erhöhen.[122] Alle oben abgebildeten hellgrauen Textelemente (siehe Abbildungen 4a, 4b, 4c) stehen in keinem Zusammenhang zum Produkt Mineralwasser. Vielmehr drehen sich die flotten Sprüche um die Persönlichkeit und die innere Einstellung des Konsumenten. Die Darstellung von Erwachsenen neben dem eigenen jüngeren ‚Ich' stellt in Verbindung mit den entsprechenden Textelementen die Problematik des Erwachsenseins dar. Die jüngere ‚Ausgabe' ist sozusagen das innere Kind, das ab und an geweckt werden muss. Hier spricht evian ein spezifisches Lebensgefühl an, das durch den Konsum des stillen Mineralwassers hervorgerufen, unterstützt oder verwirklicht werden kann. Tatsächlich stellt die Vermittlung eines erlebnishaften Lebensgefühls eine spezifische Werbestrategie in der Mineralwasserbranche dar. Hierauf soll in Kapitel 6.3 nochmals näher eingegangen werden.

Eine weitere zentrale Komponente auf textlicher Ebene stellt das Hashtag #LiveyoungJanuary dar. Alle Bild- und Textbeiträge mit diesem Hashtag werden der evian-Kampagne zugeordnet. Das bedeutet, dass jeder Konsument aktiv an der Kampagne partizipieren kann, indem er beispielsweise eigene Bildbeiträge auf den persönlichen Social-Media-Kanälen mit diesem Hashtag versieht. So potenziert sich nicht nur die Werbewirksamkeit der Kampagne, sondern es findet gleichzeitig eine emotionale Bindung des Konsumenten an die Marke statt. Das Wassertrinken wird sozusagen zu einem mehrdimensionalen Erlebnis, sowohl auf individueller als auch auf sozial interaktiver Ebene. Die evian-Onlinekampagne richtet sich insofern gezielt an eine spezifische Zielgruppe: junge, social-media-affine, gesundheitsbewusste und trendbewusste Erwachsene.

Auch der Mitkonkurrent Volvic hat das Potenzial des Online-Marketings im Hinblick auf relevante Zielgruppen erkannt und entwickelte die #BeUNSTOPPABLE#Kampagne.

---

122   Vgl. Böhringer, Joachim et al. (2011): Kompendium der Mediengestaltung. Konzeption und Gestaltung für Digital- und Printmedien. Berlin u. a.: Springer Verlag, S. 250.

4.3.2   Volvic – Social-Media-Kampagne #BeUNSTOPPABLE#

Bildebene

Die Bildmotive der #BeUNSTOPPABLE#-Kampagne (siehe Abbildung 5a–5d) zeigen Personen (Frauen, Kinder, Männer) in verschiedenen Situationen. Dabei handelt es sich nicht um Alltagssituationen, sondern vielmehr um individuelle lebensfrohe Freizeitsituationen.

Abb. 5a-5d: Onlineanzeigen Volvic (Facebook und Unternehmensblog) https://project-e.eu/beunstoppable-kampagne-mit-volvic/?lang=de, letzter Zugriff 22.08.2018

Die exemplarisch ausgewählten Bildmotive sind in kräftigen Farben gehalten und zeigen vier unterschiedliche Personen, wobei alle vier von europäischer Herkunft und schlanker Körperstatur sind. Die Motive 5a bis 5c bilden zudem aktive Personen und sportliche Aktivitäten ab. Dieser Aspekt lässt sich auch für andere, hier nicht abgebildete Motive dieser Kampagne feststellen. Branchenspezifische Symbole oder gar eine Wasserflasche befindet sich auf keinem der Motive. Und auch die Textebene gibt keinen Hinweis darauf, dass es sich hier um eine Kampagne für ein stilles Mineralwasser handelt.

Textebene

Die ansprechenden und emotionsstarken Bildmotive sind mit dem jeweils thematisch passenden Schlagwort versehen, einer positiv konnotierten Bezeichnung für den jeweiligen Protagonisten, wie beispielsweise den Seilläufer, der ohne Sicherungsgurt über einer tiefen Schlucht auf einem Seil balanciert und den Titel WIEDERAUFSTEHER erhält (siehe Abbildung 5c). Auch die ALLTAGSHELDIN – die junge Mutter, die während ihrer Yogaübung mit ihrem Sohn spielt und ihn auf ‚Händen trägt' (siehe Abbildung 5a) entspricht dem Ziel der Passgenauigkeit von Bild und Text. Die jeweiligen Bild-Text-Schemata kommunizieren dem Rezipienten, dass jede Hürde zu meistern ist und dass jeder Moment ein Erlebnis sein kann. Volvic inszeniert hochemotionale Erlebnisse und richtet sich dabei offensichtlich an eine ausgewählte Zielgruppe. Es werden primär junge, attraktive Personen in spezifischen Situationen gezeigt, die sowohl ein Identifikationspotenzial als auch eine Vorbildfunktion aufweisen.

Zudem integriert Volvic, wie auch sein Mitkonkurrent evian, ein Hashtag in seine Online-Werbekampagne. So involviert auch evian die Konsumenten aktiv in seine #BeUNSTOPPABLE#-Kampagne, mit dem Ziel, dass sich eine emotionale Verbundenheit des Konsumenten mit der Marke entfaltet.

An dieser Stelle lässt sich zusammenfassen: Beide Online-Kampagnen zeigen junge, schlanke, modern gekleidete Werbefiguren. Die Bildmotive beziehungsweise die lifestylespezifischen Inszenierungen stehen im Zentrum der Kampagnen, wobei diese auch nach längerer Betrachtung nicht als Werbung für Mineralwasser gedeutet werden können. Auch die knappen, aber pointierten Schlagworte und Werbetexte stellen keine Verknüpfung zu dem Produkt (stilles) Mineralwasser oder dem Trinken von Wasser im Allgemeinen her. Insofern verfolgen die Online-Kampagnen von evian und Volvic eine werbestrategische Markpositionierung über die emotionale Ebene und weniger mittels informativer, produktzentrierter Werbebotschaften.

Im Vergleich mit den klassischen Printanzeigen aus Publikums- und Fachzeitschriften wird deutlich, dass sich Online-Werbekampagnen, insbesondere im Feld der Social-Media-Kanäle, hinsichtlich ihrer Werbestrategien deutlich von klassischen Printanzeigen unterscheiden. Wo Gerolsteiner und Co. mit gesundheitsfördernden Inhaltsstoffen und der Reinheit ihrer Mineralwässer werben, verkaufen die Online-Werbekampagnen vielmehr ein spezifisches Lebensgefühl und emotionale Erlebnismomente.

4.4 Anspruch und Erkenntnisgehalt der Analyse

Bevor es in Kapitel 5 darum gehen wird, die gewonnenen Ergebnisse der empirischen Analyse in den soziologischen Lebensstildiskurs und in einzelne Dimensionen der Konsum- und Werbesoziologie einzuordnen, sind zunächst einige Anmerkungen zum Anspruch und zum Erkenntnisgehalt der hier durchgeführten Analyse von Wasserwerbung notwendig.

Im Rahmen der vorliegenden Arbeit liegt das Ziel der qualitativen Untersuchung weniger in der Gewinnung möglichst vieler Daten, sondern vielmehr im Potenzial hinsichtlich der qualitativen Analyse, der inhaltlichen sowie bildlichen Interpretation und der Anwendbarkeit für die soziologische Diskussion. Die herangezogenen Printanzeigen und Online-Werbeanzeigen bieten eine geeignete Grundlage für die beabsichtigte methodische und inhaltliche Auseinandersetzung. Dabei konzentriert sich die Untersuchung auf einzelne ausgewählte Muster und Konstruktionen, die für die Bearbeitung der Fragestellungen von Bedeutung sind.

Nichtsdestoweniger muss darauf hinwiesen werden, dass es sich bei den hier vorgestellten und analysierten Printanzeigen um eine kleine Auswahl handelt. Um im Rahmen der Fragestellungen eine möglichst inhaltlich tiefgehende Auseinandersetzung zu erreichen, sollte der Datensatz überschaubar bleiben. Insofern ist der Pool der herangezogenen Zeitschriften nicht repräsentativ und zeigt die werbestrategische Präsenz der Mineralwässer in Publikums- und Fachzeitschriften nur ausschnittsweise. Dennoch zeigen die gewonnenen Daten wesentliche Tendenzen hinsichtlich werbestrategischer Konstruktionen im Feld der Wasserwerbung auf.

Exkurs: Mach dir dein eigenes Mineralwasser – SodaStream und Co.

Trotz des fast unüberschaubaren Angebotes an verschiedenen Premium-, Marken- und Discountmineralwässern finden zunehmend Alternativen zum klassischen Mineralwasser in Flaschen den Weg zum Verbraucher. Allen voran der Marktführer für Wassersprudler SodaStream sowie Brita, der Marktführer für Trinkwasserfilter.[123] Beide Produkte bereiten Trinkwasser individuell für den Konsumenten frisch auf – ein großer Vorteil gegenüber dem abgefüllten Mineralwasser in der Flasche. Zudem entfällt der Transport der schweren Wasserkisten, und die Kosten für das selbst gesprudelte Wasser sind minimal – Konsumen-

---

123 Vgl. Terpitz, Katrin: In Zukunft designt jeder sein Wasser selbst. In: Handelsblatt Online [08.09.2014], unter: http://www.handelsblatt.com/unternehmen/mittelstand/brita-chef-markus-hankammer-inzukunft-designt-jeder-sein-wasser-selbst/10667668.html, letzter Aufruf: 18.10.2016; o. A.: Die Deutschen lieben ihr Leitungswasser – Laut aktueller forsa-Umfrage sprudelt jeder Zehnte sein Wasser inzwischen selbst. In: Presseportal.de [16.06.2106], unter: http://www.presseportal.de/pm/58603/3354744, letzter Aufruf: 18.10.2016.

tenvorteile, über die sich die Mineralwasserhersteller selbstverständlich im Klaren sind. Denn nicht ohne Hintergedanken untergraben die Unternehmen das gute Image des deutschen Trinkwassers und weisen mit Nachdruck auf gesundheitliche Gefahren des Leitungswassers hin.[124] Angesichts der zunehmenden Konkurrenz von SodaStream und Brita heißt es in der Branchenzeitschrift Getränkegroßfachhandel:

> „Der Wettbewerber Brita sieht hohes Wachstum in leitungsgebundenen Trinkwasserspendern für Büros, Schulen, Krankenhäuser und die Gastronomie. Ohne die erfolgreiche Märchengeschichte vom besten Trinkwasser wäre diese Akzeptanz in der Bevölkerung unmöglich."[125]

In Anbetracht dieser Aussagen scheint es umso plausibler, dass sich die Werbestrategien vieler Mineralwasserunternehmen auf die Inhaltsstoffe und die Qualität ihrer Wässer konzentrieren. Es gilt, das Produkt Mineralwasser gegenüber der Konkurrenz als qualitativ hochwertiger und vielseitiger auf dem Angebotsmarkt zu profilieren. Zudem gilt es, die Daseinsberechtigung, insbesondere der Marken- und Premiummineralwässer, in der Wahrnehmung der Konsumenten zu verfestigen.

Nichtsdestoweniger nimmt der Erfolg, insbesondere von SodaStream, kontinuierlich zu. So spricht der Europachef des Unternehmens, Henner Rinsche, von einem Umsatzplus von 120 Prozent im Jahr 2015 und prognostiziert weitere Umsatzsteigerungen für die kommenden Jahre. Mitverantwortlich für diesen Erfolg sind unter anderem die erhöhten Werbeaufwendungen.[126] Tatsächlich fiel während des Rechercheprozesses für die vorliegende Arbeit auf, dass die Werbeanzeigen von SodaStream und Brita sowohl in Fach- als auch Publikumszeitschriften auffällig häufig vertreten waren. In Anbetracht dessen und der symptomatischen Rolle, die SodaStream und andere Alternativprodukte auf dem umkämpften Mineralwassermarkt einnehmen, werden im Folgenden ausgewählte Printwerbeanzeigen näher untersucht.

Im Rahmen der durchgeführten Recherche kristallisierte sich heraus, dass SodaStream-Anzeigen primär in Frauen- und Kochzeitschriften vertreten sind, wohingegen sich die Brita-Werbeanzeigen primär in Nachrichten- und Kochzeitschriften konzentrieren. In einem ersten Schritt werden die zwei jeweils am häufigsten vertretenen Anzeigenmotive von SodaStream und Brita auf bildlicher

---

124 Vgl. Mödinger, Manfred: Zur Lage des Wassers. Trinkwasser – das beste Lebensmittel?. In: GETRÄNKEFACHGROSSHANDEL, 5/2015, S. 43-45.

125 Ebd., S. 43-45.

126 Vgl. o. A.: SodaStream zieht Rekordbilanz für das Geschäftsjahr 2015. In: aboutdrinks.com, [23.02.2016], unter: http://www.about-drinks.com/sodastream-zieht-rekordbilanz-fuer-dasgeschaeftsjahr-2015/, letzter Aufruf: 18.10.2016.

und textlicher Ebene analysiert. Im zweiten Schritt wird ein kurzer Vergleich zwischen den bisher gewonnenen Ergebnissen aus Kapitel 4.2 und 4.3 mit den Ergebnissen der Werbeanzeigen-Analyse von SodaStream und Brita vorgenommen.

SodaStream

Bildebene

Der Marktführer für Trinkwassersprudler SodaStream platziert sein Produkt in der Mitte der Printanzeige. Die Hintergründe sind zurückhaltend in Weiß oder Hellbraun gehalten. Daneben befinden sich jeweils ein gefülltes Wasserglas sowie die passende Glaskaraffe. Der hellblaue Markenname wurde am Fuß der Anzeige platziert. Zudem wurde ein ÖKOTEST-Siegel direkt unter dem Wassersprudler positioniert. SodaStream möchte die Rezipienten offensichtlich mithilfe eines namhaften Prüfsiegels von einem Wechsel – weg vom abgefüllten Mineralwasser, hin zum Wassersprudler – überzeugen. Insofern verwundert es nicht, dass die bereits oben erwähnten Nutzervorteile eines Trinkwassersprudlers als textliche Werbebotschaften eingebunden werden.

Textebene

Zuerst springt dem Rezipienten der fett gedruckte Werbeslogan ins Auge: „Einfach sprudeln statt schwer schleppen!"

Mit diesem kurzen, aber aussagekräftigen Leitspruch lenkt SodaStream die Aufmerksamkeit nicht nur auf einen großen Nutzervorteil, sondern weist gleichzeitig seinen Produktvorteil als Manko der Mineralwasserflaschen aus. Diese Werbestrategie wird fortgeführt, indem SodaStream argumentativ auf seine Produktvorteile aufmerksam macht. Die knappen, aber für den Verbraucher verständlichen Botschaften heißen: „Immer frisch gesprudeltes Wasser", „Kein Plastikgeschmack" und „Kohlensäure individuell dosierbar".

Es wird deutlich, dass sich SodaStream unmittelbar als logische Alternative zum Mineralwasser in Flaschen inszeniert. Denn jede der aufgeführten Botschaften bezieht sich auf spezifische Eigenschaften von Mineralwässern in Flaschen. Tatsächlich hat das eine oder andere Mineralwasser aus der Flasche einen langen Transportweg hinter sich und ist demzufolge nicht frisch, anders als das Trinkwasser aus der Leitung. Und auch die omnipräsenten Plastikflaschen stehen seit Jahren im Verdacht, gesundheitsschädliche Stoffe an das Mineralwasser abzugeben.[127] Vor diesem Hintergrund präsentiert sich SodaStream dem Verbraucher mithilfe klar verständlicher und sachlicher Informationen als das ‚klügere' Produkt.

Offensichtlich ist das werbestrategische Ziel der SodaStream-Anzeigen die Gewinnung von Aufmerksamkeit, Kundenbeeinflussung und Marktpositionierung durch den Einsatz informativer Werbebotschaften. Zudem steht der unmittelbare objektive Nutzen des Produkts für den Verbraucher deutlich im Fokus des Werbekonzepts. Eine ähnliche Strategie verfolgt auch der Marktführer für Tischwasserfilter Brita.

Brita

Bildebene

Bereits bei einem ersten Blick auf beide Anzeigenmotive (siehe Abbildungen 6a und 6b) wird deutlich: Es steht weniger das Produkt selbst, sondern vielmehr sein spezifischer Nutzen für den Verbraucher im Zentrum der Werbestrategie. Denn die Größe der Produktabbildung nimmt in Relation zu den textlichen Werbebotschaften eine untergeordnete Position ein, obwohl es farblich hervorsticht (rosa, grün, blau). Die Wasserkaraffe befindet sich jeweils am linken unteren Anzeigenrand, wohingegen insbesondere der Werbespruch und zusätzliche Produktinformationen einen weitaus größeren Raum einnehmen. Der jeweilige Textinhalt wird durch ein entsprechend sinngemäßes bildliches Symbol unterstützt: eine männliche Figur, die eine große Anzahl an Wasserflaschen auf dem Arm balanciert (siehe Abbildung 6a) sowie eine gefüllte Kaffeetasse (siehe Abbildung 6b). Vor dem weißen Anzeigenhintergrund stechen das in Blau gehaltene Markenlogo sowie die in verschiedenen Blaunuancen gehaltene Schrift hervor, was zu dem Schluss führt, dass die textliche Ebene der Printanzeige und damit die informative Beeinflussung des Rezipienten im Vordergrund der Brita-Kampagne stehen.

---

127 Vgl. Scherff, Victoria: Wasser in Plastikflaschen: „Entwarnung zu geben ist verfrüht". In: Utopia.de [26.09.2016], unter: https://utopia.de/ratgeber/wasser-plastikflaschen-gesundheit/, letzter Aufruf: 19.10.2016; Jötten, Frederik: Schadstoffe – Wie belastet ist unser Mineralwasser?. In: Spiegel Online.de [30.07.2014], unter: http://www.spiegel.de/gesundheit/ernaehrung/plastikflaschen-undpestizide-welches-wasser-ist-gesund-a-983383.html, letzter Aufruf: 19.10.2016.

Textebene

Wie die Abbildungen 6a und 6b verdeutlichen, nimmt das zentrale Textelement über ein Drittel der Anzeige ein, wobei es sich in beiden exemplarisch ausgewählten Printanzeigen jeweils um rhetorische Fragen handelt.

Abb. 6a+6b: Printanzeigen Brita (Stern 34/2016 + Stern 40/2016)

Beide Fragen erzeugen bei den Rezipienten unweigerlich Aufmerksamkeit – das Ziel jeder werbestrategischen Maßnahme.[128] Klar verständlich und nachvollziehbar heißt es in den Brita-Anzeigen: „Warum Wasser schleppen, wenn es fließen kann?" (siehe Abbildung 6a) oder „Kaffee besteht zu 98% aus Wasser. Warum filtern wir nur den Kaffee?" (siehe Abbildung 6b).

Selbstverständlich sind die aufgegriffenen Themenschwerpunkte – wie zum Beispiel, dass Wasserschleppen kräftezehrend ist – dem Rezipienten nicht völlig neu. Vielmehr greift Brita auf bereits bekanntes Wissen und/oder den persönlichen Erfahrungsschatz aus dem Alltag der Rezipienten zurück. So hat vermutlich jeder Konsument von Mineralwasser in Flaschen die Erfahrung gemacht, dass es sich hierbei um recht unpraktische Produkte handelt, die regelmäßig hin- und hertransportiert werden müssen. Zudem ist für die Lagerung von Wasserkisten und Flaschen ein gewisser Stauraum in Haus oder Wohnung notwendig. Vor diesem Hintergrund appelliert Brita – ähnlich wie SodaStream – an den pri-

---

128   Vgl. Bleicher, Joan K./Hieckethier, Knut (Hrsg.) (2002): Aufmerksamkeit, Medien und Ökonomie. Beiträge zur Medienästhetik und Mediengeschichte, Band 13. Münster: LIT Verlag, S. 160.

mären und offensichtlichen Produktnutzen für den Rezipienten. Die rhetorischen Fragen implizieren, dass ein Brita-Tischwasserfilter die ‚klügere' Entscheidung im Hinblick auf das Wassertrinken ist. Darauf lenkt noch einmal der Werbeclaim hin: „Think your Water. Mit den smarten Brita Filterlösungen."

Es liegt auf der Hand, dass sich Brita als ‚smarte Marke' oder, anders ausgedrückt, als das Produkt für den cleveren Konsumenten positionieren möchte. Hinzu kommt, dass Brita deutlich auf die Nachteile seiner Konkurrenz hinweist. Dabei handelt es sich jedoch nicht um andere Hersteller von Tischwasserfiltern, sondern vielmehr um weitaus etabliertere Konkurrenten in der Getränkebranche: die Mineralwasserunternehmen.

Im zweiten Anzeigenbeispiel (siehe Abbildung 6b) wendet sich die Rhetorik der zentralen Werbebotschaft wiederum an den cleveren und gleichzeitig genussvollen Konsumenten. Denn in dieser Anzeigenversion lanciert Brita seinen produktspezifischen Nutzen in der Kaffeezubereitung. Hierzu werden wesentliche profilierende Aussagen eingesetzt, wie beispielsweise „perfektes Kaffeearoma" oder „reduziert geschmacksstörende Stoffe". Brita forciert insofern seine Position beziehungsweise sein Image als unverzichtbares Produkt für den perfekten Kaffeegenuss für eine spezifische Zielgruppe – wie etwa Vertreter des Hochkulturschemas. Dass sich Brita werbestrategisch an eine bestimmte Zielgruppe richtet, wird nicht nur anhand des Werbekonzepts deutlich, sondern auch im Hinblick auf die gezielte Platzierung in den Printzeitschriften. Im Rahmen der durchgeführten Materialrecherche wurde deutlich, dass sich die Brita-Printkampagne primär auf Nachrichtenmagazine wie den Stern und Verbraucherzeitschriften (Öko-Test, Stiftung Warentest) konzentriert.

Ziel dieses Exkurses war es, die werbestrategischen Ausrichtungen und Inszenierungskonzepte der sich zunehmend etablierenden Konkurrenz- beziehungsweise Alternativprodukte der Mineralwasserbranche herauszuarbeiten. Nun soll anhand der gewonnenen Ergebnisse ein skizzenhafter Vergleich zwischen Print- und Onlinekampagnen der bisher untersuchten Mineralwasserkampagnen mit der Konkurrenzwerbung von SodaStream und Brita vorgenommen werden. Ziel dieses Vergleichs ist es, die drei wichtigsten Aspekte der unterschiedlichen Marketingstrategien und Profilierungsmerkmale darzulegen.

1. Die Printkampagnen der herangezogenen Wassermarken legen den Fokus auf die Natürlichkeit, Reinheit und Qualität ihrer Wässer. Des Weiteren inszeniert das eine oder andere Unternehmen das eigene Mineralwasser als überaus gesundes Wasser, indem mit spezifischen (gesunden) Inhaltsstoffen (Mineralien, Natrium, Hydrogencarbonat) geworben wird. Ein solches Werbekonzept verfolgen weder die Onlinekampagnen noch SodaStream und Brita.

2. Die hier vorgestellten Onlinekampagnen legen den Schwerpunkt ihrer Werbestrategien auf emotionalisierte Konstruktionen. Weniger das Mineralwasser, sondern vielmehr das inszenierte Lebensgefühl steht im Mittelpunkt der Kampagne. Sowohl in der evian- als auch in der Volvic-Online-Werbekampagne werden die Jugendlichkeit, der einzigartige Erlebnismoment und ein damit projizierter, stark ästhetisierter Lifestyle in Szene gesetzt. Gleichzeitig begünstigt das Werbekommunikationsmedium Internet selbst Identifikations- und Partizipationspotenziale. Allerdings wird die Markenpositionierung mittels emotional aufgeladener Anzeigenmotive auch in klassischen Printanzeigen eingesetzt (Adelholzener, VILSA). Bei SodaStream und Brita findet eine werbestrategische Emotionalisierung der Marke oder des Produktes hingegen kaum statt.

3. Die derzeit an Popularität gewinnenden Konkurrenzprodukte der Mineralwasserbranche SodaStream und Brita setzen in ihren aktuellen Werbekonzepten primär auf die Ebenen der Information und Funktion. Mittels informativer Werbebotschaften weisen die Marken so nicht nur auf ihre spezifischen Produkt- und Nutzenvorteile für den Verbraucher hin, sondern implizieren zugleich die ‚offensichtlichen' Nachteile von Mineralwässern in Flaschen. Insofern findet eine Marken- beziehungsweise Produktinszenierung statt, die in erster Linie über die Positionierung als Gegenentwurf zu abgefüllten Mineralwässern konstruiert wird. Ein derartiges werbestrategisches Konzept, also die offenkundige Inszenierung als Alternativprodukt, wird weder in der Print- noch in der Onlinewerbung der Mineralwässer verfolgt.

Das Augenmerk dieses Exkurses lag auf der werblichen Inszenierung von SodaStream und Brita, von zwei Alternativprodukten zum abgefüllten Wasser in Flaschen. Das folgende Kapitel widmet sich wieder dem Schwerpunkt dieser Arbeit, der Mineralwasserwerbung.

5   Ergebnisse der empirischen Analyse

Die Untersuchung hat gezeigt, dass sich Werbung nicht auf das völlig Unbekannte und Fremde bezieht. Werbung generiert nicht tiefgreifende soziokulturelle Phänomene. Die Kreativen der Werbebranchen greifen vielmehr auf aktuell vorherrschende Normen, Werte und Ideale sowie auf bekannte und insbesondere sozial angesehene und erstrebenswerte Sozialkonstrukte zurück. Gleichwohl setzt Werbung Trends oder verändert das Bewusstsein für Produkte mittels innovativer Werbekonzepte.[129]

Anhand der vorangegangenen Analyse von Printanzeigen von Markenwässern in Deutschland werden im Folgenden spezifische Dimensionen werblicher Konstruktionen in der Wasserwerbung herausgearbeitet. Dabei soll es erstens um die Darstellung von Geschlecht und Alter in der Wasserwerbung gehen. Zweitens wird die Inszenierung verschiedener werbestrategischer Schwerpunkte wie die Herkunft, die Tradition sowie die Natürlichkeit und Hochwertigkeit in der Mineralwasserwerbung diskutiert. Drittens soll es darum gehen, den Aspekt der gesundheitsbezogenen Werbung im Kontext der Wasserwerbung aufzugreifen. Viertens werden die Funktionen und Symbolkräfte von Marken und Markenlogos diskutiert. Des Weiteren wird kurz auf die Markenkonstruktion der Mineralwässer auf populären Social-Media-Kanälen eingegangen. Abschließend gilt es, die Problematik der Austauschbarkeit von Werbeinhalten darzustellen.

5.1 *Geschlecht und Alter in der Mineralwasserwerbung*

„Das Geschlecht […] ist das Opium des Volkes"[130]. Es stellt in der modernen Industriegesellschaft „die Grundlage eines zentralen Codes"[131] dar, so der Soziologe Erving Goffman. „Soziale Interaktionen und soziale Strukturen"[132] unterliegen demnach dem Geschlechtercode.

Auch die heutige Konsumgesellschaft ist geprägt von geschlechtsspezifischen Codes, also geschlechtsspezifischen Unterschieden im Rollenverhalten, bei der Sprache oder körperlichen Darstellung. Diese Codes und Symboliken, aber auch gesellschaftliche und kulturelle Traditionen und Werte werden in nicht unerheblichem Maße von der Werbung kommuniziert, manifestiert und tradiert. Angesichts dessen stellt Raphaela Dreßler fest, dass „Werbung in besonderem Maße auch zur sozialen Konstruktion der Geschlechterrollen beiträgt",[133] sei es aus werbestrategischer Perspektive hinsichtlich des Kleidungsstils, der Ernährungsweise, der Freizeitgestaltung oder des Sozialverhaltens.

---

129 Vgl. Willems, Herbert/Kautt, York (2003): Theatralität der Werbung. Theorie und Analyse massenmedialer Wirklichkeit: Zur kulturellen Konstruktion von Identitäten. Berlin u. a.: de Gruyter, S. 74f.

130 Goffman, Erving (1994): Interaktion und Geschlecht. Frankfurt u. a.: Campus Verlag, S. 131.

131 Ebd., S. 105.

132 Ebd.

133 Dreßler, Raphaela: Vom Patriarchat zum androgynen Lustobjekt – 50 Jahre Männer im stern. In: Holtz-Bacha, Christina (Hrsg.) (2011): Stereotype? Frauen und Männer in der Werbung. Wiesbaden: VS Verlag für Sozialwissenschaften, S. 136-166.

Aber auch das Alter der Werbegesichter und Protagonisten in der Werbung stellt einen nicht zu unterschätzenden Faktor in der Werbewirkung dar. Denn auch mit dem Alter der Statisten generiert die Werbung ein spezifisches Produkt- und Markenimage. Dabei kann das Altersbild auf vielseitige und facettenreiche Art und Weise werbestrategisch portraitiert werden. Und obwohl das Potenzial der sogenannten „Best Ager" (Konsumenten über 50 Jahre) als konsumfreudige und kaufkräftige Zielgruppe hinreichend bekannt ist, präsentiert die Werbung in erster Linie junge Werbegesichter.[134] Obwohl Mineralwasser ein gewissermaßen altersunabhängiges Lebensmittel ist, beschränkt sich das Alter der Werbegesichter der hier untersuchten Werbeanzeigen für Mineralwasser auf die Altersgruppe der etwa 25- bis 35-Jährigen, ausgenommen das junge Mädchen als fleißige Leserin auf einem Bücherstapel für die Online-Kampagnen der Mineralwassermarke Volvic (siehe Abbildung 5d). Die Wassermarken Volvic, evian, Adelholzener und VILSA positionieren sich als junge, moderne und gesunde Wässer, die sich an den Ansprüchen und Lebenswelten der jungen Erwachsenen orientieren. Unterstützt wird dieses Ergebnis im Hinblick auf die Abbildung der Geschlechter in den Werbeanzeigen (siehe Abbildung: 5a-5d). Denn die herausgearbeiteten männlichen und weiblichen Werbetypen verbinden altersspezifische Attribute mit geschlechtsspezifischen Rollenmerkmalen einer forcierten Zielgruppe.

Besonders auffällig ist die idealisierte Inszenierung der weiblichen Protagonisten. Jung, überdurchschnittlich schön und schlank – die Mineralwasserwerbung orientiert sich an aktuell geltenden Schönheitsidealen. Die Gründe hierfür liegen auf der Hand. Zum einen zählt Mineralwasser zu den bevorzugten Lebensmitteln, wenn es um Schlankheit und einen gesunden Lebensstil geht. Und angesichts der zunehmenden Tendenz zum gesunden, aktiven Lifestyle positionieren die Hersteller ihre Markenwässer als die dafür passenden Produkte. Zum anderen orientiert sich die Werbung an geschlechtsspezifischen Rollenklischees, indem sie beispielsweise gezielt die Hausfrau und Mutter, die schöne, unerreichbare oder die sanfte, natürliche Frau aufgreift. Dabei werden keine neuen oder bisher unbekannten Geschlechtertypen und Rollen konzipiert, vielmehr geht es darum, etablierte, erstrebenswerte und teilweise identifizierbare Leitbilder abzuzeichnen. Im Falle der Mineralwasserwerbung konzentriert sich die weibliche Typeninszenierung auf die gesundheits- und schlankheitsbewusste, aktive und schöne Frau.

---

134 Vgl. Willems/Kautt 2003, S. 239f.; Auer-Srnka, Katharina J. u. a.: Ältere Menschen als Zielgruppe der Werbung: Eine explorative Studie zu Wahrnehmung und Selbstbild der „Best Ager" sowie stereotypen Vorstellungen vom Alt-sein in jüngeren Altersgruppen. In: der markt, 2008/3, 47. Jhg., Nr. 186, S. 99115.

Der Körper und die Schönheit stehen auch im Zentrum der Inszenierung von männlichen Werbetypen. Die Online-Kampagne der französischen Mineralwassermarke Volvic vermittelt beispielsweise ein konkretes stereotypes Rollenbild, das sich deutlich an aktuell vorherrschenden männlichen Idealbildern orientiert. Dabei geht es nicht nur um äußere Faktoren wie den Körper, Kleidung oder die Frisur, sondern auch um einen spezifischen sportlich-aktiven Lifestyle. Es ist festzustellen, dass die Online-Anzeigen jeweils junge, athletische Männer in aktionsreichen Outdoorsituationen abbilden. Die Sportlichkeit fungiert gewissermaßen als Indikator für die männliche Attraktivität. Unwichtig erscheint fast die Tatsache, dass der Rezipient die Gesichter der Protagonisten nicht sieht, sondern nur deren jeweilige Rückansicht. Daraus lässt sich ableiten, dass die Figuren im übertragenen Sinne den „großen Unbekannten" verkörpern, was dem Inszenierungskonzept der Marke zuträglich ist. Die Werbeszenen inszenieren den Mann als souveräne, leistungsfähige, attraktive Figur – als Leitbild, das Wünsche und Begierden sowohl beim Rezipienten als auch bei der Rezipientin auslöst. Wo die Werbefigur bei dem männlichen Rezipienten den Wunsch nach Abenteuer, Freiheit und erstrebenswerter Männlichkeit entfacht, fungiert die Werbefigur bei der Rezipientin vielmehr als ein Objekt der Begierde.

Zusammenfassend kann festgestellt werden, dass männliche und weibliche Leitbilder in der Mineralwasserwerbung abgebildet werden. Im Zentrum der Leitbildinszenierung stehen, sowohl bei dem Mann als auch bei der Frau, insbesondere die Attribute Schlankheit, Schönheit, Attraktivität und Aktivität. Gezeigt werden die im sozio-kulturellen Kontext etablierten, erstrebenswerten Vorbilder und Idealtypen, mit welchen sich die Rezipienten identifizieren können.

5.2 Tradition und Herkunft

Neben den geschlechts- und altersspezifischen Inszenierungen zählen auch die Dimensionen Tradition und Herkunft zu den Werbekonzepten der untersuchten Wasseranzeigen. Ob Adelholzener (Die reine Kraft der Alpen) oder é Aqua (entspringt einem Naturschutzgebiet in den italienischen Alpen) – die Mineralwassermarken inszenieren häufig die Illusion eines traditionell gewonnenen Mineralwassers aus unberührten, aber allgemein bekannten Ursprungsorten, wie beispielsweise den Alpen. Dies hat mehrere Gründe. Zum einen erzeugt die Angabe des Quellortes ein Sicherheits- und Vertrauensgefühl beim Rezipienten, sozusagen das gute Gefühl zu wissen, woher das Wasser stammt. Mineralwassermarken mit einer solchen Werbestrategie heben sich damit von der Konkurrenz ab und kreieren, wie die Analyse gezeigt hat, ein spezifisches Markenimage. Ein solches Image kann dazu führen, dass sich bestimmte Zielgruppen auf besondere Art und Weise angesprochen fühlen – beispielsweise weil sie sich der Region in besonderem Maße verbunden fühlen, weil sie dort einen schönen Urlaub verbracht haben oder ähnliches. Wie etwa die Alpen fungieren diese Ursprungsorte als positiv behaftete Sehnsuchtsorte. Zum anderen verleiht der ‚Herkunftsnachweis' den Wässern Authentizität.

Das gleiche gilt für das anvisierte Image eines traditionsreichen Mineralwassers. Die Werbesemiotik der Mineralwassermarken Staatl. Fachingen (Das Wasser. Seit 1742) und VILSA (Unberührt seit Jahrtausenden) suggerieren den Rezipienten, dass es sich um traditionelle, etablierte und insoweit vertrauenswürdige Mineralwassermarken handelt. Darüber hinaus wird den Marken ein authentischer Charakter verliehen.

Es kann geschlussfolgert werden, dass sich die Betonung von Herkunft und Tradition mittels textlicher und bildlicher Mittel an spezifische Zielgruppen mit entsprechenden Lifestyles richtet. Dabei zielt die Beschwörung der ‚einzigartigen' Herkunft und Geschichte eines Mineralwassers sowohl auf bestehende Wünsche und Bedürfnisse als auch auf Werte und Einstellungen der Adressaten ab, wobei gleichzeitig Wünsche, Bedürfnisse und Wertorientierungen durch die Werbebotschaften neu hervorgerufen oder modifiziert werden können.

5.3   Reinheit, Natürlichkeit und Hochwertigkeit

Ebenfalls auffällig ist die Betonung der Attribute Reinheit, Natürlichkeit und Hochwertigkeit. Bildmotive mit schneebedeckten Gipfeln, saftig grünen Wiesen und unberührten Bächen sollen bei den Rezipienten das Gefühl wecken, dass es sich jeweils um ein natürliches und reines Mineralwasser handelt, nicht um ein billiges Wasser aus dem Wasserhahn. Sowohl die ästhetischen Naturszenerien als auch die dazu passenden Werbeslogans, wie beispielsweise „Die reine Kraft der Alpen" (Adelholzener) oder „Das reine Wunder der Natur" (VILSA) konstruieren ein spezifisches Markenimage. Insbesondere bei Genussmenschen, qualitätsbewussten und/oder naturbewussten Konsumenten können beim Betrachten der Printanzeigen Assoziationen geweckt werden, die sich mit deren Lebensstilen decken. In demselben Maße lässt sich aus den Ergebnissen ableiten, dass die Werbeinszenierungen auch die Wünsche und Ansprüche sowie Ideologien der Rezipienten anvisieren. Das Bedürfnis nach einem natürlichen, unbehandelten, reinen Lebensmittel kann sozusagen durch den Genuss des Mineralwassers der Marke X gestillt werden.

Andererseits wecken derartige Inszenierungen in gleicher Weise spezifische Wünsche und Sehnsüchte bei anderen Konsumentengruppen, wie beispielsweise nach einem natürlicheren Lebensstil oder einem gesünderen Ernährungsverhalten. So kann der Wunsch nach einem naturnahen Lebensstil durch den Genuss eines reinen Mineralwassers aus den Alpen, zumindest teilweise, subjektiv befriedigt werden. Das Markenmineralwasser fungiert als Instrument, um Teil eines bestimmten (sozial angesehenen) Lebensstils zu sein; ihm wird insofern eine Symbolfunktion übertragen. Ein positiv behaftetes Markenimage, zum Beispiel „natürlich", „rein" und „hochwertig", kann dabei eine sozialisierende Wirkung haben, indem die Marke als Indikator für die Zugehörigkeit zu einer spezifischen sozialen Gruppe fungiert, wie etwa die sozial angesehene Gruppe der jungen, sportlich-schlanken Konsumenten oder der gebildeten Genussmenschen, die Wert auf qualitativ hochwertige Lebensmittel legen.

Beide Gruppen haben in der Gesellschaft einen hohen Status, beziehungsweise ein spezifisches hohes Ansehen.[135] Mineralwassermarken, die insofern spezifische Symbole und Attribute einer höher gestellten, angesehenen sozialen Gruppe und eines entsprechenden Lebensstils repräsentieren, verfügen somit auch über Identifikationspotenzial. Im Falle eines hochpreisigen Quellwassers wie é Aqua oder anderer Premiumwässern fungiert die Marke zudem distinktiv, weil sich der Konsument mehr oder weniger bewusst von den Nicht-Konsumenten dieser ‚exklusiven' Mineralwassermarken abgrenzt. In Kapitel 6.2 soll dieser Aspekt nochmals näher ausgeführt werden.

5.4 Gesundheit

„Gesünder essen – Wie Sie Herz & Knochen stärken. Krebs & Diabetes verhindert" (Focus Gesundheit 03/2105), „Lebe Deinen Life-Code. Mühelos fit und gesund"[136], Visite – Das Gesundheitsmagazin (Norddeutscher Rundfunk). Ob in Zeitschriften, Büchern oder im Fernsehen – das Thema Gesundheit ist in den Medien omnipräsent. Auch die Lebensmittelbranche hat diesen Trend erkannt und verspricht mit einer Vielzahl an Produkten ein besseres, gesünderes Leben. Dabei gerät die grundlegende Bedeutung von Gesundheit, also die reine funktionale „Aufrechterhaltung des körperlichen Gleichgewichts",[137] mehr oder weniger in Vergessenheit. So konstatiert Jean Baudrillard, dass die Gesundheit vielmehr als Status konstruierende Dimension fungiert, insbesondere „wenn sie in eine Vorstellung vom Körper als einem Prestigegut eingebettet ist".[138]

---

135 Vgl. Muntschik, Verena: Der Health Look als Statussymbol, Onlineartikel auf zukunftsInstitut.de (02/2016), unter: http://www.zukunftsinstitut.de/artikel/tup-digital/07-status-reloaded/01-longreads/der-health-look-als-statussymbol/, letzter Aufruf: 25.02.2017.

136 Despeghel, Michael (2007): Lebe Deinen Life-Code. Mühelos fit und gesund. Frankfurt am Main: Campus Verlag.

137 Hellmann, Kai-Uwe/Schrage, Dominik (Hrsg.) (2015): Jean Baudrillard: Die Konsumgesellschaft. Ihre Mythen, ihre Strukturen. Wiesbaden: Springer VS, S. 205.

138 Ebd., S. 205.

Der Gesundheitsmarkt ist aktuell „einer der wichtigsten Strategiepfeiler der Lebensmittelbranche",[139] diagnostizieren Hans-Werner Prahl und Monika Setzwein. Tatsächlich müssen Lebensmittel heute mehr können, als nur gut schmecken oder den Durst löschen. Sie müssen mehrfunktional sein, was so viel heißt wie: lecker, möglichst unverarbeitet, fett- und kalorienarm und im besten Fall versehen mit gesundheitsfördernden Inhaltsstoffen. Mit „Functional Food" lässt sich viel Geld verdienen, befriedigt es doch die Wünsche und Anforderungen einer ernährungs- und gesundheitsbewussten Konsumgesellschaft. Angesichts des unüberschaubaren Angebotes an Lebensmitteln erleichtern probiotische Joghurts, Omega-3-Eier oder Mineralwässer mit besonders vielen gesunden Mineralstoffen dem unschlüssigen Konsumenten die Auswahl.

Vor diesem Hintergrund verwundert es nicht, dass sich die hier untersuchten Wasseranzeigen in Zeitschriften und im Internet auffällig häufig auf den Gesundheitsaspekt konzentrieren. Dabei fällt in erster Linie die Betonung der gesundheitsfördernden Inhaltsstoffe der Mineralwässer ins Auge. Mineralwässer müssen heute also mehr leisten, als nur den Durst löschen, sie sollen möglichst natürlichen Ursprungs, von hoher Qualität und mit möglichst gesunden Inhaltsstoffen versehen sein. Aus der Analyse der Werbeanzeigen erschließen sich dabei zwei unterschiedliche Werbestrategien, die den Gesundheitsaspekt der Mineralwässer auf besondere Art und Weise herausstellen.[140]

Zum einen versprechen eingängige Werbesprüche wie „Natürlich besser leben." (Staatl. Fachingen) oder „Natürlich gesund: Gerolsteiner Heilwasser, die Erfrischung, die einfach gut tut." (Gerolsteiner), dass es sich hier um Mineralwässer handelt, die in besonderer Art und Weise etwas für ein „besseres", „gesünderes" Leben tun können – und das „ganz natürlich". Hier werden aktuell geltende sozio-kulturelle Normen, Werte und Lebenseinstellungen angesprochen. Denn erstens wird vermittelt, dass der Konsum von natürlichem Mineralwasser zu bevorzugen ist, da diese Wassergattung von höherer Qualität als ein gewöhnliches Tafel- oder Leitungswasser ist, wodurch sich der Konsument eines solchen Wassers wiederum von den Nicht-Konsumenten abhebt. Zweitens greift die Strategie auf gesellschaftlich und medial konstruierte Bedürfnisse zurück, indem sie den Rezipienten vorgibt, das für sich persönlich bessere Wasser zu sein – ‚besser', weil es am besten zum individuellen, gesunden Lebensstil

---

139 Vgl. Prahl/Setzwein 1999, S. 202.

140 Tatsächlich ist die Hervorhebung des Gesundheitsaspekts von Mineralwasser kein Phänomen der gegenwärtigen Werbung, bereits ab dem 15. Jahrhundert – mit der Erfindung des Buchdrucks – wurde die gesundheitsfördernde Wirkung des Mineralwassers in medizinischen Abhandlungen und Schriften sowie „Brunnenschriften" – Informationsbroschüren für Kunden – beworben. Ab 1900 wurde dann auch in der Reklame die heilende Wirkung von Mineral- und Tafelwasser weiter popularisiert. Siehe: Eisenbach 2004, S. 62-64, 132-133, 144-145.

passt und weil es die Inhaltsstoffe mit sich bringt, die für ein auf Gesundheit, Schlankheit und Leistung ausgerichtetes Leben prädestiniert sind. Dabei geht es aber nicht ausschließlich um die individuelle Gestaltung und Ausrichtung des Lebensstils, sondern auch um die gesellschaftlich angesehene und geltende Idealvorstellung von einem gesunden Lebensstil.

Um das sozial etablierte, gesunde und schlanke Schönheitsideal zu verfolgen, reicht es allerdings nicht aus, seinen Durst mit einem ‚lediglich‘ als gesund beworbenen Wasser zu stillen. Der gesundheitsorientierte Konsument will mehr. Er möchte wissen, welche Inhaltsstoffe sich in seinem Mineralwasser befinden, was diese für seine Gesundheit tun können und welchen Nutzen er aus ihnen ziehen kann. Es findet gewissermaßen eine „Expertisierung der Ernährung"[141] statt. Das Ess- und Trinkverhalten wird den eigenen körperlichen Zielen, aber auch den geltenden Idealvorstellungen eines optimalen Ess- und Trinkverhaltens angepasst. Hierzu wird sich Wissen aus diversen Quellen wie dem Fernsehen, entsprechender Literatur oder aus Zeitschriften angeeignet. Und nicht zuletzt trägt auch die Werbung einen nicht unerheblichen Teil zur Wissensbildung in der Gesellschaft bei, wie der folgende Abschnitt verdeutlicht.

Im Zusammenhang mit dem Gesundheitsaspekt ist festzustellen, dass die Wasserwerbung häufig mit branchenspezifischen Fachausdrücken und Inhaltsstoffen gespickt ist. Insbesondere die laut Umfragen beliebteste Mineralwassermarke Gerolsteiner setzt in ihrer aktuellen Kampagne auf die Verwendung von Fachtermini, wie beispielsweise „ausgewogen mineralisiert" oder „2.500 mg/l wertvolle Mineralien". Aber auch VILSA und Staatl. Fachingen werben mit fachspezifischen Ausdrücken wie „Hydrogencarbonat-Gehalt von 1.846 mg/l", „Säure-Basen-Balance" oder „wenig Natrium". Mit mehr oder weniger konkreten wissenschaftlichen Angaben inszenieren Gerolsteiner und andere Mineralwassermarken eigene Images als vertrauenswürdige gesunde Mineralwässer.

Fest steht, Werbung mit wissenschaftlich anmutenden Inhalten wird von den Rezipienten häufig als besonders glaubwürdig eingeordnet.[142] Und nicht nur das. Die durchgeführte Bildanalyse hat verdeutlicht, dass das inszenierte Markenimage gleichzeitig vermittelt, dass es sich hier um ein jeweils qualitativ hochwertiges Mineralwasser handelt und demzufolge um eine hochwertige,

---

141 Ebd., S. 264.

142 Vgl. Janich, Nina: Dahinter steckt immer in kluger Kopf. Das Bild der Wissenschaft in der Gesellschaft im Spiegel der Wirtschaftswerbung. In: Willems, Herbert (Hrsg.) (2002): Die Gesellschaft der Werbung. Kontexte und Texte. Produktionen und Rezeptionen. Entwicklungen und Perspektiven. Wiesbaden: Westdeutscher Verlag, S. 753-768.; Willems, Herbert/Jurga, Martin: Inszenierungsaspekte der Werbung. Empirische Ergebnisse der Erforschung von Glaubwürdigkeitsgenerierungen. In: Jäckel, Michael (Hrsg.) (1998): Die umworbene Gesellschaft: Analysen zur Entwicklung der Werbekommunikation. Opladen u. a.: Westdeutscher Verlag, S. 209-230.

prestigebehaftete Marke. Insofern hat ein solches Mineralwasser zwei Funktionen für den Konsumenten: Erstens können die angestrebten Ziele wie Gesundheit, Wohlbefinden oder Schlankheit subjektiv erreicht werden; zweitens fungieren der Kauf und Genuss bestimmter Premium- und Markenmineralwässer als Kennzeichen für einen guten Geschmack oder stehen für einen gesundheitsbewussten Lebensstil. Demzufolge kann der Konsum spezifischer Mineralwassermarken, insbesondere derer, die sich als ausgesprochen gesundheitsfördernd und hochwertig inszenieren, sowohl soziale Zugehörigkeiten als auch Abgrenzungen hervorheben. Dieser Sachverhalt wird im nachfolgenden Kapitel nochmals aufgegriffen.

5.5 Die Marke und ihr Markensymbol oder: „Die Magie der Marke"

Wie bereits erwähnt, verfolgen die Kampagnen der Mineralwassermarken unterschiedliche Konzepte, um sich auf dem Angebotsmarkt zu positionieren, sei es mithilfe von ästhetischen Bildmotiven oder auffälligen Werbesprüchen. Dabei wird das Mineralwasser entweder so beworben, dass ästhetisch inszenierte, hochemotionale Erlebnisszenerien (Volvic, evian) statt der Marke selbst im Zentrum stehen, oder umgekehrt, dass die Marke und das Markensymbol selbst werbestrategisch in Szene gesetzt werden. Das „In-Szene-Setzen" einer Marke beziehungsweise des Markensymbols hat verschiedene Funktionen. So konstatiert der Trendforscher Gerd Gerken:

> „Eine Marke bedeutet für die Menschen immer ein Stück Lebensgestaltung. Durch Marken steuert man sein Konsum-Verhalten, durch Marken spricht man mit anderen Menschen, durch Marken gestaltet man seine mentale und psychologische Evolution."[143]

Die Marke beziehungsweise das Markensymbol fungieren demnach auf mehrdimensionaler Ebene. Zum einen grenzt sich die Marke auf besondere Art und Weise von der Konkurrenz ab, indem sie das Markensymbol mit einem spezifischen Image behaftet. Zum anderen kann das Markensymbol eine soziokulturell relevante Symbolfunktion einnehmen.

Am Beispiel der Mineralwassermarke Gerolsteiner soll dieser Aspekt näher ausgeführt werden: Ein roter, achtzackiger Stern mit einem schwarzen Löwen (dem Löwen des Gerolsteiner Stadtwappens)[144] – das Markenlogo des deutschen

---

143   Gerken, Gerd (1995): Der magische Code: Marken-Tuning. Düsseldorf u. a.: Econ. S. 105.

144   Vgl. Millewski, Michael: Das Wasser mit Stern. In: Absatzwirtschaft – Marken 2013, S. 58–60,   unter: http://printarchiv.absatzwirtschaft.de/Content/k=UGu6CVw%252beU45VqRl3ToqVxFAZ-FmJtUZE%bI8%252bQ7b%252bqVSRRzAasI8PCPxYsw%252fuTDLZxp9fKihSv%252b4%253d;showblob ms, letzter Aufruf: 11.11.2016.

Mineralwasserherstellers Gerolsteiner befindet sich in allen untersuchten Print-anzeigen in der Mitte des oberen Drittels. Aufgrund der roten Farbe sticht es aus der generellen Farbgestaltung der Anzeigen (hellblau, hellgrün, weiß) deutlich hervor. Das Symbol wird an die Markenbotschaft gekoppelt, indem der Slogan „Wasser mit Stern" (siehe Abbildung 7) mithilfe von Schrift und Logo, im sym-bolischen Sinne, abgebildet wird. Das Mineralwasser wird so gezielt mit dem Stern in Verbindung gebracht.

Abb. 7:   Ausschnitt Printanzeige Gerolsteiner (Focus 32/2015)

Der Stern selbst fungiert im sozio-kulturellen Bewusstsein als Symbol für Schutz und Kraft und ist mit einer spezifischen Wertigkeit behaftet.[145] Ein „Wasser mit Stern" hebt sich insofern allein schon aufgrund des Symbolgehalts des Markenlogos von der Konkurrenz ab. Der Gerolsteiner-Stern erweckt beim Rezipienten das Gefühl, dass es sich hier um ein hochwertiges und ausgezeich-netes Mineralwasser handelt. Das traditionell anmutende Markenlogo vermittelt zudem den Eindruck von Qualität, Authentizität und Einzigartigkeit. Der rote Stern hebt sich folglich von der Masse an Markenlogos ab und verfügt über Prestigepotenzial.[146]

Marken können den individuellen Wunsch nach sozialer Distinktion und Zugehörigkeit unterstützen. Gleichzeitig stiftet eine Marke Identität, gerade in einer Gesellschaft, in der ein individueller Lebensstil deutlich vom Konsumver-halten bestimmt wird.[147] Dieser Umstand betrifft jedoch nicht nur Marken aus dem Technik- oder Bekleidungssegment, auch Produkte des täglichen Bedarfs

---

145 Vgl. Og, Jens Holger (2005): Lexikon der Symbolsprache und Zeichenkunde. Runen, Hiero-glyphen, Zahlensymbole und Ornamentik. Books on Demand: Norderstedt, S. 116-121.

146 Die Kraft des Sterns als Markenzeichen und Statussymbol, zeigt sich beispielsweise auch im Falle des Mercedes-Sterns.

147 Vgl. Hellmann, Kai-Uwe (2003): Soziologie der Marke. Frankfurt am Main: Suhrkamp, S. 378.

wie Lebensmittel sind heute Teil des Markenkonsums.[148] Angesichts dessen verwundert es nicht, dass sich selbst das Mineralwasser zu einem Konsumprodukt mit Signalfunktion entwickelt hat. Die Gründe können aus den Ergebnissen der durchgeführten qualitativen Analyse abgeleitet werden:

Erstens ist der Wunsch nach Distinktion im heutigen Zeitgeist fest verankert. Der Konsum des Markenwassers kann ein Indiz dafür sein, dass der Konsument „Geschmack" hat, dass er sich das Premium-Wasser leisten kann und dass er sich gesundheitsbewusst ernährt. Die Auswahl eines Premium- oder Markenwassers vermittelt zweitens, dass sich dieser Konsument, bewusst oder unbewusst, von Konsumenten der Billig-Wässer und Discounter-Wässer abgrenzt. Er macht nach außen hin deutlich, dass er nicht zu dieser Konsumentengruppe und folglich zu der entsprechenden sozialen Gruppe zählt oder zählen möchte. Der Konsument orientiert sich am Image des „Wassers mit Stern" und seinem damit einhergehenden Prestige. Eine prestigebehaftete Mineralwassermarke vermittelt einem Konsumenten drittens auch die Chance, sich einer höher gestellten sozialen Gruppe subjektiv anzunähern. Das Markensymbol fungiert in diesem Sinne als Symbol der Gruppenzugehörigkeit, sowohl innerhalb der Gruppe als auch nach außen.

Tatsächlich geht es nicht nur um die nach außen sichtbare Symbolik und Funktion der Marke, sondern auch um die persönliche Identitätsbildung, die in hohem Maße durch Marken beeinflusst wird. Gerolsteiner kommuniziert die Botschaft, dass es sich um ein gesundes, hochwertiges und im symbolischen Sinne ausgezeichnetes Mineralwasser handelt. Das Werbekonzept orientiert sich offenbar an den Bedürfnissen und Lebensweisen einer spezifischen Zielgruppe. Gesundheit, Qualitätsbewusstsein und Natürlichkeit sind Produkteigenschaften, die ein hohes Identifikationspotenzial für die Marke bewirken können. Denn der heutige Zeitgeist ist in hohem Maße von einer gesundheitsbewussten, natürlichen Lebensgestaltung geprägt. Qualitätsbewusstsein hat in manchen (höher gestellten) sozialen Gruppen einen wesentlichen Stellenwert. Insofern harmoniert das Markenimage beziehungsweise die Markenidentität von Gerolsteiner mit der Identität vieler Verbraucher. Die Marke kann demnach soziale Identitäten repräsentieren, gleichzeitig trägt eine prestigebehaftete Marke wie Gerolsteiner positiv zum Selbstwertgefühl eines Konsumenten bei.

---

148 Deutlich wird dieser Umstand beispielsweise durch die große Beliebtheit von Samsung- und Apple-Produkten oder der Popularität bestimmter Bekleidungsmarken wie Adidas, Nike oder Levi's. Siehe: statista – Das Statistik-Portal. Ranking der bekanntesten Kleidungsmarken in Deutschland, unter: https://de.statista.com/statistik/daten/studie/294021/umfrage/umfrage-zu-den-bekanntesten-modemarken-in-deutschlan/ sowie: statista – Das Statistik-Portal: Umfrage unter Millennials zu den beliebtesten Smartphone- und Handymarken, unter: https://de.statista.com/statistik/daten/studie/290151/umfrage/umfrage-unter-millennials-zu-den-beliebtesten-smartphone-und-handymarken/, letzter Aufruf: 22.02.2017.

Nachdem die Funktion einer Marke und ihrer Markensymbolik am Beispiel der Printwerbung der Marke Gerolsteiner ausgeführt wurde, widmet sich der folgende Abschnitt dem Aspekt der Wasserwerbung in den sozialen Medien.

5.6 Mineralwasserwerbung in den sozialen Medien

Um erfolgreich zu sein, muss sich Werbung an den jeweils aktuell geltenden sozialen Normen und Werten orientieren.[149] Dabei sind nicht nur Inhalt und Gestaltung von dieser Anforderung betroffen, sondern auch die Auswahl des Werbemediums selbst. Neben Print, TV und Plakatkampagnen gewinnt das Social-Media-Marketing[150] zunehmend an Relevanz. Angesichts der Omnipräsenz von Facebook, Twitter und Instagram im Alltag vieler potenzieller Kunden verwundert es nicht, dass auch Mineralwassermarken in den sozialen Netzwerken vertreten sind.[151] Allerdings scheint das Potenzial werbestrategischer Maßnahmen in den Social-Media-Kanälen von einem großen Teil der Mineralwasserunternehmen noch nicht erkannt worden zu sein. Denn die durchgeführte Recherche verdeutlicht, dass sich viele Wassermarken nur auf einen oder maximal zwei Social-Media-Kanäle konzentrieren oder kaum im gesamten Bereich vertreten sind. Nichtsdestoweniger gibt es positive Beispiele, wie die bereits vorgestellten Social-Media-Kampagnen der stillen Mineralwässer evian und Volvic oder auch die Social-Media-Aktivitäten von Gerolsteiner.

Die durchgeführte Analyse der Social-Media-Kampagnen von evian und Volvic (in Kapitel 4.3) hatte zum Ergebnis, dass die Online-Motive und Inhalte in erster Linie emotionale Erlebnisse vermitteln. Dabei steht weniger das Produkt oder die Marke, sondern vielmehr ein spezifisches Lebensgefühl im Zentrum. Evian und Volvic inszenieren Erlebniswelten mittels ästhetischer Bildmotive. Diese Erlebnisbilder wirken auf zweierlei Art und Weise: Erstens wecken sie Aufmerksamkeit und heben sich von Konkurrenzmotiven ab. Zweitens wird mit der Marke ein spezifisches (Konsum-) Erlebnis verknüpft. Im Fall von evian und dem Markenslogan „Live Young" geht es in erster Linie um die Vermittlung eines jugendlichen Lebensgefühls, darum, dass ein aktives und aufregendes

---

149 Vgl. Rode 1994, S. 212.

150 Social-Media-Marketing kann definiert werden, als „eine Form des Marketings, das darauf abzielt, eigene Vermarktungsziele durch die Nutzung von und die Beteiligung an sozialen Kommunikations- und Austauschprozessen mittels einschlägiger (Web-2.0-)Applikationen und Technologien zu erreichen." Siehe: Hettler, Uwe (2010): Social Media Marketing: Marketing mit Blogs, sozialen Netzwerken und weiteren Anwendungen des Web 2.0. Oldenbourg-Verlag: München, S.38.

151 Vgl. Busemann, Katrin: Wer nutzt was im Social Web?. Ergebnisse der ARD/ZDF-Onlinestudie. In: Media Perspektiven 7-8/2013, unter: http://www.ard-zdf-onlinestudie.de/file-admin/Onlinestudie/PDF/Busemann.pdf, letzter Aufruf: 24.02.2017.

Leben jederzeit möglich ist, unabhängig vom Alter. Es wird impliziert, dass die innere Einstellung zum Leben – und das passende Mineralwasser – viel mehr zählen als das Alter. Die evian-Online-Kampagne richtet sich an eine Zielgruppe, die einen jungen, aktiven Lebensstil bevorzugt, unabhängig vom Alter oder gerade wegen des eigenen Alters. Denn gerade das Streben nach Jugendlichkeit und die damit verknüpften Dimensionen wie Attraktivität, Aktivität und Gesundheit nehmen, wie bereits erläutert, in der heutigen Zeit einen wesentlichen Stellenwert in der individuellen Lebensgestaltung ein. Dabei wirken die „Attribute der Jugendlichkeit", so Schulze, auf „Körperkultur, Bekleidungsstil, Jargon, Freizeitverhalten, milieuspezifische Vernetzung von Sozialbeziehungen"[152] ein.

Die milieuspezifische Vernetzung ist im Falle des Online-Marketings von zentraler Bedeutung, denn gerade Social-Media-Kanäle wie Facebook oder Instagram fungieren als ideale Plattformen der Kommunikation. So können Fans, Follower[153] und Interessierte miteinander in Kontakt treten und sich austauschen. Zugleich findet aber auch ein Austausch zwischen Konsumenten und Markenvertretern, meist dem Social-Media-Team, statt, wodurch die Anonymität zwischen Hersteller und Verbraucher aufgelöst wird. Somit werden wiederum, wie bereits erwähnt, Zugehörigkeitseffekte erzielt. Die Marke fungiert insofern als gemeinsames Erkennungszeichen einer sozialen Gruppe. Gleichzeitig identifiziert sich diese soziale Gruppe mit der Marke und ihrem Markenimage.

Den gleichen Effekt erzielt die Social-Media-Kampagne von Volvic. Unter dem Hashtag #BEUNSTOPPABLE versammelt die Kampagne mannigfaltige Werbemotive und Social-Media-Aktionen auf verschiedenen Kanälen. Wie auch evian inszeniert Volvic Erlebnismomente – sei es bei sportlichen Outdoor-Aktivitäten oder gemeinsam mit der Familie. Wiederum steht nicht das Produkt oder die Marke im Zentrum, sondern ein spezifisches Gefühl und Erlebnismomente. Inhaltsstoffe oder die Herkunft des Mineralwassers liegen ebenso nicht im Fokus der Online-Kampagne, vielmehr wird die Marke mittels ästhetischer Bildmotive, insbesondere mit jungen, sportlich-aktiven Werbefiguren, und mit bestimmten Eigenschaften verknüpft. Volvic inszeniert sich sozusagen als das Mineralwasser für den aktiven, jungen Lebensstil sowie als idealer Durstlöscher für aktionsreiche Sporterlebnisse oder für den aktiven Alltag – nach der Devise: #BEUNSTOPPABLE – sei nicht aufzuhalten.

Volvic orientiert sich mit seiner Online-Kampagne an den aktuell vorherrschenden Trends der Werteorientierung: erstens an der Erlebnis- und Genussori-

---

152 Schulze 2005, S. 369.

153 Follower (englisch: Anhänger): Im Kontext der sozialen Medien wird der Nutzer eines Social-Media-Kanals als Follower bezeichnet.

entierung, zweitens an der Gesundheits- und Umweltbewusstseinsorientierung sowie drittens der Betonung der Freizeit.[154] Der Hashtag #BEUNSTOPPABLE greift auf alle drei Wertorientierungen zurück, denn er vermittelt, dass der Konsument in jeder Situation und in jedem Bestreben stets sein Bestes geben kann, dass er nicht aufgeben oder sich durch störende Faktoren von seinem Weg abbringen lassen soll und dass er in seinem Wunsch nach Erlebnissen sowie einem gesunden Lebensstil keine Kompromisse eingehen soll. Dieses emotional aufgeladene werbestrategische Konzept zielt auf die Wünsche und Bedürfnisse einer wachsenden Konsumentengruppe ab.

Die Marke Volvic und ihr zelebriertes Image sind insofern mit Emotionen, aber auch mit einer sozialen Symbolik aufgeladen. Sie dient als Erkennungszeichen einer sozialen Gruppe. Diese Gruppe findet sich über die Social-Media-Kanäle zusammen und kommuniziert über diese Plattformen miteinander. Das Hashtag #BEUNSTOPPABLE fungiert dabei nicht nur als ein Kommunikationswerkzeug in den Social-Media-Kanälen, sondern hat zudem eine inhaltliche, emotionale Kraft. Derjenige, der seine Kommentare oder Bilder unter dem Hashtag #BEUNSTOPPABLE verbreitet, kommuniziert, dass er einen gewissen Lebensstil führt, dass er ein aktives, sportliches und modernes Leben lebt und damit dem aktuell geltenden Ideal entspricht. Die Marke und das #BEUNSTOPPABLE-Image wirken folglich identitätsstiftend und fördern das Gefühl der Zugehörigkeit, indem spezifische Werte und Normen, aber auch Wünsche repräsentiert werden. Das Werbekonzept produziert insofern ein kollektives Lebensgefühl. Dabei stellt der Aspekt der Kommunikation über die Social-Media-Kanäle eine relevante Dimension der Gruppenzugehörigkeit dar. Denn nur wer aktiv den Weg zur entsprechenden Plattform findet und sich demzufolge mit gesunder Ernährung, einem aktiven Lebensstil und dem Markenimage auseinandersetzt, ist Teil dieses ‚exklusiven' Netzwerks.

In Anbetracht dieser Tatsachen liegen die Vorteile des Online-Marketings für Mineralwassermarken auf der Hand: Erstens werden die Konsumenten aktiv in das Werbekonzept eingebunden, indem sie auf den Plattformen untereinander oder mit den Markenvertretern in einen Austausch treten. Die Marke wird damit greifbar und erlangt ein höheres Identifikationspotenzial. Zweitens ist es mithilfe von Online-Kampagnen möglich, Zielgruppen zu erreichen, die mit den klassischen Werbekanälen wie Printanzeigen, Plakat- oder Radiowerbung nur schwer zu erreichen sind. Abgesehen vom Werbeinhalt fungiert bereits die Markenpräsenz auf den Social-Media-Kanälen selbst als Imageaufwertung bei der anvisierten Zielgruppe. Denn anders als die zahlreichen Mineralwassermarken auf dem Markt und ihre (teilweise) schablonenhaften und sehr ähnlichen Werbekonzepte in den Zeitschriften, im Fernsehen oder auf Plakaten präsentieren

---

154 Vgl. Kroeber-Riel 1990, S. 27.

sich Marken wie Volvic und evian als moderne, trendige Mineralwassermarken, indem sie sich die gegenwärtig populären Kommunikationsplattformen zunutze machen.

Die bisherige Ergebnisdarstellung hat gezeigt, dass es Ähnlichkeiten und Parallelen bei der Inszenierung von Wässern in der Werbung gibt. Aus diesem Grund widmet sich das folgende Kapitel dem Problem der Austauschbarkeit in der Wasserwerbung.

5.7   Das Problem der Austauschbarkeit

„Die reine Kraft der Alpen" und „Das reine Wunder der Natur" – zwei Markenslogans, zwei Mineralwassermarken, und doch vermitteln sie die annähernd identische Botschaft vom reinen, natürlichen Mineralwasser. Doch nicht nur die Werbebotschaften ähneln sich in großem Maße, auch die jeweiligen Naturszenerien (Bachufer, Alpenpanorama) und die Farbgestaltung (blau, weiß) kommen sich bei vielen Mineralwassermarken ausgesprochen nahe. Eine klare Abgrenzung voneinander ist insofern nur schwer möglich, zumal die Produkteigenschaft des Wassers als solches keinen großen Spielraum für mögliche Alleinstellungsmerkmale für die Hersteller zulässt. Zwar unterscheiden sich die Bildmotive und Werbeslogans, doch die Werbebotschaften bleiben nahezu identisch.

Obwohl es Ziel der Werbung ist, eine Marke zu profilieren und deutlich von der Konkurrenz abzugrenzen, offenbarte sich in der Analyse von MineralwasserWerbung ein Problem: die Austauschbarkeit der Werbeanzeigen. Werner Kroeber-Riel definiert Werbung als austauschbar, „wenn sie in Form und/oder Inhalt der konkurrierenden Werbung so gleicht, dass die Empfänger der Werbung die verschiedenen Anbieter kaum noch auseinanderhalten können".[155]

Neben den nahezu identischen Werbeslogans von Adelholzener und VILSA zeigt sich beim Vergleich der Printanzeigen von Gerolsteiner und Staatl. Fachingen ein ähnlicher Sachverhalt. Denn sowohl Gerolsteiner als auch Staatl. Fachingen werben mit dem Attribut der Natürlichkeit. So wirbt Gerolsteiner mit dem Slogan „Erfrischend natürlich und neutral im Geschmack" und auch Staatl. Fachingen setzt mit dem Slogan „Natürlich besser leben" auf das Schlagwort „natürlich". Des Weiteren ähneln sich auch die Anzeigenmotive der beiden Mineralwassermarken. Beide zeigen hohe Wasserspritzer, die im Fall von Staatl. Fachingen um eine junge, hübsche Frau einen Kreis bilden und bei Gerolsteiner eine gefüllte Flasche Mineralwasser umspielen. Und wie bereits bei VILSA und Adelholzner gehören auch bei Gerolsteiner und Staatl. Fachingen die Farben Blau und Weiß in das Farbkonzept.

---

155   Ebd., S. 50.

In Anlehnung an Kroeber-Riels Differenzierung zwischen formaler und inhaltlicher Austauschbarkeit kann im Rahmen der untersuchten Wasserwerbung folgendes festgestellt werden:[156] Obwohl sich die Werbeanzeigen hinsichtlich Farbgestaltung und Motivauswahl ähneln, ist es dem Rezipienten dennoch möglich, die Werbeanzeigen der jeweiligen Marke zuzuordnen. Insbesondere das Markenlogo und seine mal mehr und mal weniger starke Symbolkraft (siehe Gerolsteiner) haben hier Einfluss auf den Grad der Erkennbarkeit und Austauschbarkeit. Denn wie bereits erläutert, haben Markenlogos und die mitgeführten Markenclaims wie „Wasser mit Stern" (Gerolsteiner) oder „Das Wasser. Seit 1742" (Staatl. Fachingen) eine nicht zu unterschätzende Aussagekraft für den Rezipienten. Insbesondere im Falle des Gerolsteiner-Markensterns konnte dargelegt werden, dass mit dem Logo beziehungsweise dem Symbol eine besondere kulturelle Bedeutung einhergeht, die das Markenimage auf besondere Art und Weise prägt. Insofern kann eine Markenpositionierung auch dann erfolgreich sein, wenn die Werbeanzeigen der konkurrierenden Mineralwassermarken auf formaler Ebene Parallelen aufzeigen.

Nichtsdestoweniger ist klar erkennbar, dass die untersuchten Mineralwasseranzeigen der Marken VILSA, Adelholzener, Gerolsteiner und Staatl. Fachingen inhaltliche Parallelen aufweisen. Jede der vier Mineralwassermarken weist das eigene Produkt ausdrücklich als „natürlich" aus. Ob nun in der Wortkonstellation „rein" und „Natur" oder „natürlich" und „Leben" oder „natürlich" und „erfrischend", die Kernbotschaft bleibt identisch. Lediglich zusätzliche inhaltliche Akzentuierungen hinsichtlich der Herkunft, der Tradition oder der Inhaltsstoffe verhindern die Austauschbarkeit mit der Konkurrenz. Gleichwohl sind auch diese werbestrategischen Konstruktionen keine Alleinstellungsmerkmale. Tatsächlich ist die Betonung der Tradition, der Herkunft und des gesundheitlichen Mehrwerts in der Mineralwasserwerbung eine branchenübliche Werbestrategie, wie die durchgeführte Materialrecherche zeigte.

Mitursächlich dafür ist die Orientierung der Werber an aktuell vorherrschenden Normen, Werten und kulturellen Codes in der Gesellschaft.[157] Die werbetechnische Umsetzung von gegenwärtigen Leitbildern wie Schlankheit, Attraktivität und einem aktiven, gesunden Leben sind Spiegelbilder massenmedial konstruierter und soziokulturell etablierter Idealbilder.

---

156   Vgl. ebd., S. 50.

157   Vgl. Siegert, Gabriele: Werbung und Konsum: Marken als zweiseitiger, zweidimensionaler Kommunikationsprozess. In: Jäckel, Michael (Hrsg.) (2007): Ambivalenzen des Konsums und der werblichen Kommunikation. Wiesbaden: VS Verlag für Sozialwissenschaften, S. 109-124.; Schmidt, Siegfried J./Spieß, Brigitte (Hrsg.) (1995): Werbung, Medien und Kultur. Opladen: Westdeutscher Verlag, S.41.; Schmidt, Siegfried J./Spieß, Brigitte (1997): Die Kommerzialisierung der Kommunikation. Fernsehwerbung und sozialer Wandel 1956-1989. Frankfurt am Main: Suhrkamp Verlag, S. 35.

Gerade die Bereiche Ernährung und Fitness stehen besonders im Fokus der Aufmerksamkeit. Insofern verwundert es nicht, dass die Werbekampagnen der Mineralwässer auf die Schwerpunkte Gesundheit und Sport ausgerichtet sind. Angesichts der Tatsache, dass es sich bei Mineralwasser um ein alltägliches, austauschbares Produkt handelt, das in erster Linie den Durst löschen soll, sind die Werbetreibenden gezwungen, sich an weitgehenderen Bedürfnissen und Wünschen der Zielgruppen zu orientieren, beispielsweise an der gesunden Ernährung oder einer sportlich-aktiven Lebensgestaltung. Dabei variieren die Bildmotive und Werbebotschaften sowie das Kommunikationsmedium selbst in Abhängigkeit von der Zielgruppe. Die vermittelten Kernbotschaften bleiben aber in der Mehrzahl der Fälle miteinander vergleichbar und können in vielen Fällen als stereotypische Werbeschablonen der Mineralwasserbranche bestimmt werden.

Dieses Kapitel hat verschiedene Inszenierungsschwerpunkte der untersuchten Wasserwerbung herausgearbeitet (Geschlecht und Alter, Tradition und Herkunft, Reinheit, Natürlichkeit und Hochwertigkeit sowie Gesundheit). Die Relevanz von Marken und den entsprechenden Markensymbolen wurde ebenfalls diskutiert. Es konnte deutlich gemacht werden, dass und wie sich die Inszenierungen der Printwerbung von den Werbemotiven auf den Social-Media-Kanälen unterscheiden. Zuletzt wurde die Problematik der Austauschbarkeit von Werbeinhalten und Motiven in der Wasserwerbung diskutiert.

Das nächste Kapitel widmet sich den Aspekten des durch die Werbung beeinflussten Stellenwerts von Wasser und Wassermarken in der Gesellschaft.

6　Mineralwasser – ein Produkt der Werbung

Mineralwasser ist „in". Angesichts der trendorientierten Werbebotschaften in den Zeitschriften und Social-Media-Kanälen wird eines deutlich: Die Rolle des schnöden Durstlöschers hat das Mineralwasser mittlerweile abgelegt. Doch welche Triebkräfte bewirkten diesen Wandel? Wenngleich für die Beantwortung dieser Frage eine Vielzahl von Faktoren berücksichtigt werden müssen, kann ein Umstand mit Sicherheit festgehalten werden: Die Werbung hat einen nicht zu unterschätzenden Einfluss auf das Image des Mineralwassers in der öffentlichen Wahrnehmung.

Gerade am Beispiel des Mineralwassers wird deutlich, dass sich mit der werblichen Rezeption von sozio-kulturellen Werten, Präferenzen und Vorstellungen von Ästhetik ein produktspezifischer Bedeutungswandel vollziehen kann. Dem Mineralwasser wird, anders ausgedrückt, eine weitaus größere Bedeutung als nur die eines Durstlöschers zugeschrieben, beispielsweise indem es mit diversen Produktmehrwerten beworben wird. So heißt es beispielsweise auf der Internetseite des Mineralwasserherstellers Teusser Mineralbrunnen:

> „Natürliches Mineralwasser ist heute mehr als nur ein einfacher Durstlöscher. Für bewusst genießende Menschen ist es vor allem ein Lifestyle- und Wellness-Getränk, bei dem es immer mehr auf Qualität, Herkunft und Image ankommt."[158]

Damit trifft Teusser Mineralbrunnen genau den Punkt: Mineralwasser wird zunehmend zu einem Lifestyle-Produkt. Dies wird unter anderem dadurch erreicht, dass in der Werbung zeitgemäße Leitbilder mittels ästhetischer Inszenierungen abgebildet werden – nach dem Motto: „Werbung kann nur wirken, wenn sie ‚den Zeitgeist' trifft."[159]

6.1   Leitbilder in der Mineralwasserwerbung

Mineralwasser zählt zu den wichtigsten Lebensmitteln überhaupt. Egal ob Arbeiter oder Professor – jeder konsumiert den gesunden Durstlöscher. Vor diesem Hintergrund könnte angenommen werden, dass sich die Werbemacher der Mineralwasserwerbung auf den heterogenen Verbrauchermarkt einstellen und die divergierenden Werte, Normen und Lebensweisen entsprechend in der Werbung reflektieren. Doch tatsächlich ist dies nicht der Fall. Im Rahmen der durchgeführten Analyse von Mineralwasseranzeigen offenbarte sich ein anderes Bild.

Die Werbekonzepte der Mineralwassermarken konstruieren ein jeweils idealisiertes männliches und weibliches Bild. Sowohl das männliche als auch das weibliche Werbebild repräsentiert die Merkmale Schlankheit, Gesundheit, Attraktivität und Aktivität. Diese im sozio-kulturellen Kontext erstrebenswerten Codes werden von den verschiedenen Mineralwassermarken auf unterschiedliche Art und Weise sowohl bildlich als auch textlich in Szene gesetzt. Es scheint fast so, als ob die Werbekonzepte der Mineralwassermarken nur eine klar umrissene Zielgruppe ins Visier genommen hätten. Dabei lassen sich sowohl die weiblichen als auch die männlichen Werbefiguren anhand spezifischer Merkmale, wie beispielsweise solche der Bekleidung oder des gepflegten äußeren Erscheinungsbilds, einer sozial höher gestellten Gruppe beziehungsweise Gesellschaftsschicht zuordnen. Des Weiteren ist festzustellen, dass Ältere (‚Best Ager') und auch körperfülligere Personen in den herangezogenen Werbeanzeigen als Werbefiguren außen vor bleiben.

---

158   Teusser Mineralbrunnen. Internetseite, unter: http://www.teusser.de/index.php?id=16, letzter Aufruf: 16.11.2016.

159   Schmidt/Spieß 1997, S. 43.

Natürlich muss eingeräumt werden, dass der Trend zu Schlankheit und Jugendlichkeit in der Werbung kein ausschließliches Phänomen der Mineralwasserwerbung ist, sondern einen generellen Trend in der Werbebranche beschreibt. Die Mineralwasserwerbung orientiert sich insofern an Leitbildern, die in der Werbebranche selbst, aber auch über das Werbemedium hinaus medial kommuniziert werden, beispielsweise im Fernsehen oder in Zeitschriften. Es werden demnach keine ‚neuen' Leitbilder erfunden, sondern vielmehr bestehende an das Produkt und die Marke adaptiert. Wichtig ist dabei, dass sich die inszenierten Figuren immer noch an der Realität orientieren - sowohl ein schlankes Körperbild als auch ein aktiver-sportlicher Lebensstil sind real erreichbare Ziele. Als Schlüsselelemente hierfür positionieren sich wiederum die Wassermarken, mit welchen die entsprechenden Zielvorstellungen greifbarer erscheinen.

Inwiefern sich Wassermarken positionieren, wurde bereits in Kapitel 5 dargestellt. Im nächsten Abschnitt soll ein Resultat der Markenpositionierung und Produktinszenierung näher untersucht werden: der Prestigecharakter eines Wassers.

6.2   Mineralwasser als Prestigeprodukt

Mineralwasser ist ein langweiliges Getränk. Weder schmeckt es süß wie eine Limonade, noch ist es edel wie ein Wein oder hat den Vitamingehalt eines frisch gepressten Saftes. Hinzu kommt, egal ob Premium-Wasser oder das Mineralwasser aus dem Discounter, große Geschmacksunterschiede lassen sich nicht ‚erschmecken'. Wenn sich nun Mineralwässer hinsichtlich des Geschmacks, der Konsistenz und des Produktnutzens kaum voneinander unterscheiden, wodurch begründet sich dann die Hypothese, dass ein Mineralwasser heute als prestigebehaftetes Produkt eingeordnet werden kann?

Eine wesentliche Voraussetzung ist offensichtlich die werbliche Positionierung und Inszenierung der Mineralwassermarken auf dem Markt. Jede Marke präsentiert sich mithilfe der Werbung und Verpackung individuell, wobei die Markenstrategien auf spezifische Zielgruppen ausgerichtet sind. Die Werbebotschaft, die Wertigkeit der Flasche sowie die Gestaltung der Werbeanzeige sind drei Faktoren, die ein aufeinander abgestimmtes Ensemble bilden, das für die Generierung eines spezifischen Markenimages verantwortlich ist. In der Wahrnehmung der Verbraucher werden die Mineralwassermarken auf der Basis dieser Faktoren in Prestigekategorien eingeordnet, was dazu führt, dass eine Mineralwassermarke wie Gerolsteiner für eine bestimmte soziale Gruppe einen höheren Prestigegrad besitzt als die Mineralwassermarke Volvic. Denn im Umfeld einer sozialen Gruppe oder eines Milieus mit spezifischen Werten und Normen zeugt es von gutem Geschmack und Kennerschaft, wenn sich das Individuum für eine bestimmte Marke entscheidet. Der Konsument zeichnet sich als Kenner und legitimes Mitglied einer Gruppe aus. Die Marke nimmt dabei eine Symbolfunktion des demonstrativen Konsums ein.

Am Beispiel der Premium-Wässer zeigt sich die Dynamik einer prestigebehafteten Marke besonders gut. Denn ungeachtet der Tatsache, dass es sich bei diesen Mineralwässern ‚nur' um schlichtes Wasser handelt, gelingt es den Werbestrategen, ein jeweils einzigartiges Produktimage zu kreieren, das über den eigentlichen Nutzen des Durstlöschens weit hinausgeht und den hohen Preis aus subjektiver Verbraucherperspektive zu rechtfertigen scheint. Beispiele hierfür sind das hawaiianische Premium-Wasser MaHaLo aus der Tiefsee für etwa 4 Euro pro Flasche, das laut Werbeaussage „natürlich sauber, rein, kalt und voller Mineralien" ist, das aus Südafrika stammende Wasser Carpo Karoo mit einem positiven pH-Level für bis zu 23 Euro pro Flasche oder das „reinste Wasser der Welt" der Marke 10 Thousand BC in der feinen Glasflasche für etwa 25 Euro.[160]

Diese und andere Premium-Wässer haben einen weiten Weg hinter sich: Finnland, Hawaii oder Tasmanien. Und auch die Glasflaschen zeugen von Hochwertigkeit und Stilbewusstsein. Die Werbebotschaft der einzigartigen, hochwertigen Mineralwässer, gepaart mit der Gestaltung und Wertigkeit der Wasserflaschen, führen dazu, dass diese Premium-Mineralwassermarken mit dem Status des Noblen verknüpft werden.[161]

Angesichts dessen kann angenommen werden, dass der Konsument eines solchen Premium-Wassers nicht nur Geschmack beweist, sondern auch über die finanziellen Mittel verfügt, die es ihm erlauben, ein Luxus-Wasser zu konsumieren. Der Konsum einer entsprechenden Mineralwassermarke verleiht dem Konsumenten also sozusagen doppeltes Ansehen und Prestige in seinem Umfeld. Gleichzeitig grenzt sich dieser Konsument deutlich von Konsumenten anderer Mineralwassermarken ab.

Selbst der Konsum von Wasser ist also, in Anlehnung an Max Weber, soziales Handeln. Ganz gleich, ob die Kaufentscheidung auf ein nobles Luxuswasser aus der hawaiianischen Tiefsee oder auf ein preisgünstiges No-Name-Mineralwasser fällt, in jedem Fall unterliegt der Konsum einem sozial determinierten System. Dieses System ist gerade in der modernen Konsumgesellschaft in großem Maße von medial konstruierten Normen und Werten beeinflusst und damit auch von der Werbung.[162]

---

160 Vgl. O. A. (2012): Die teuersten Mineralwasser der Welt. In: WirtschaftsWoche Online, unter: http://www.wiwo.de/unternehmen/dienstleister/luxus-die-teuersten-mineralwasser-derwelt/6680590.html#image, letzter Aufruf: 27.11.2016.

161 Vgl. Willems/Kautt 2003, S. 493.

162 Vgl. Rode, Friedrich A. (1994): Sozialisation durch Werbung? Die Vernachlässigung der soziologischen Aspekte in der Werbewirkungsforschung. Frankfurt am Main: Universität. (Diss.), S. 208ff.

Dabei muss berücksichtigt werden, dass Normen, Werte oder auch Ideal-vorstellungen in Anbetracht der unterschiedlichen sozialen Milieus und Gruppen variieren können. Aus dieser Tatsache lässt sich ableiten, dass sich das Prestige einer Mineralwassermarke mit den gruppeninhärenten Orientierungen und Idealen verändern kann. So hat eine Mineralwassermarke wie Adelholzener, die mit einem traditionsreichen, heimatnahen Image behaftet ist, in einem traditionsbewussten und heimatverbundenen Milieu möglicherweise einen höheren Prestigewert als das tasmanische Regenwasser der Marke Cape Grim. Das begründet, dass die von Adelholzener transportierte Markenidentität und die damit verknüpften Werte eher den Werten und Bedürfnissen eines heimatverbundenen Konsumenten entsprechen als ein Mineralwasser von einer australischen Insel.

Vor diesem Hintergrund kann Mineralwasser oder vielmehr ein Marken-Mineralwasser als Prestigeprodukt fungieren, wenngleich die symbolische Tragweite kaum mit der eines Produktes aus dem Elektro- oder Automobilbereich zu vergleichen ist.

Neben seiner Eigenschaft als prestigebehaftetes Produkt im Rahmen einer strategischen Werbeausrichtung kann Wasser auch ein Erlebnischarakter zugeschrieben werden. Diesem Aspekt widmet sich der folgende Abschnitt.

6.3 Mineralwasser als Erlebnisprodukt

Eine Flasche Wasser hat auf den ersten Blick nicht viel mit einem Erlebnisprodukt gemeinsam. Typische Erlebnisprodukte sind ja vielmehr schnelle Autos, spannende Reisen oder die neuesten elektronischen Spielzeuge für Jung und Alt – Produkte also, die einen erlebnisbezogenen Nutzen für den Konsumenten erzeugen, beispielsweise indem sie besonders schön, spannend oder stilvoll sind.[163] Und doch soll es in diesem Kapitel um die Inszenierung des Mineralwassers als Erlebnisprodukt gehen. Denn die zunehmende Erlebnisorientierung macht auch vor Lebensmitteln nicht halt. Auch wenn der Gedanke an so manches als erlebnishaft stilisierte Lebensmittel reichlich absurd wirkt – man denke an das von Gerhard Schulze angeführte „Erlebnismehl" – hat sich die Produktidentität des Mineralwassers vom Image des einfachen Durstlöschers deutlich wegbewegt.[164] Als eine treibende Kraft für diesen Imagewandel kann mit Sicherheit die Werbung angesehen werden.

Die Analyse der verschiedenen Print- und Onlineanzeigen unterschiedlicher Mineralwassermarken hat verdeutlicht, dass die Werbung spezifische Erlebniswelten für unterschiedliche Konsumentengruppen kreiert. Beispielsweise

---

163   Vgl. Schulze 2005, S. 422.

164   Vgl. ebd., S. 427.

orientieren sich die Werbeanzeigen des stillen Mineralwassers Volvic deutlich an einem aktionsgeladenen Erlebnisschema. Es werden diejenigen Verbraucher angesprochen, die eine aufregende, spannende Lebensgestaltung favorisieren. Im Fall der Quellwassermarke è Aqua zeigt sich ebenfalls eine deutlich erlebnisbetonte Markenprofilierung. Sowohl inhaltlich als auch gestalterisch orientiert sich das Werbekonzept am Genussschema. Geschmack, Kennerschaft sowie Kultiviertheit im Hinblick auf das Trinkverhalten stehen im Zentrum der Markenidentität. Das Werbekonzept suggeriert dem Verbraucher, das ideale Produkt für die Zubereitung seiner perfekten Tasse Kaffee oder Tee zu sein. Die Mineralwassermarke positioniert sich sozusagen als unabdingbar für das perfekte Trinkerlebnis. Sie wird zum Schlüssel für das herbeigesehnte Erlebnis eines Kaffee- oder Teeliebhabers und fungiert als Teil einer spezifischen Trinkkultur. In diesem Fall geht es dabei weniger um die demonstrative Distinktion von anderen Kaffee- oder Teetrinkern, sondern vielmehr um den eigenen Genuss, um die Zelebrierung der Zubereitung und die Zeit des Genießens des selbst zubereiteten Heißgetränks. Allerdings sind die sozio-kulturellen Prozesse der Distinktion und der Gruppenbildung auch hier nicht von der Hand zu weisen.

Eine weitere Erlebniswelt wird von der Mineralwassermarke VILSA anvisiert. Mit der ästhetischen Visualisierung eines natürlichen, reinen Mineralwassers orientiert sich VILSA an den Bedürfnissen einer naturverbundenen Erlebnissuche. Die Marke inszeniert sich selbst als Naturerlebnis, indem sie sich mit spezifischen Attributen (rein, unberührt) auszeichnet. Die Werbestrategie der Marke VILSA greift insofern die Wünsche und Bedürfnisse einer spezifischen Erlebnissuche auf. Vermittelt wird dabei unter anderem ein markenspezifisches Potenzial, das den Verbrauchern das erwünschte Gefühl eines besonders ‚guten‘ und ‚natürlichen‘ Trinkerlebnisses vermittelt. Anders formuliert: Der Genuss des VILSA Mineralwassers wird zu einem (Natur-)Erlebnis hochstilisiert.

Die drei vorangegangenen Beispiele haben verdeutlicht, dass ein Markenmineralwasser durchaus als Erlebnisprodukt verstanden werden kann. Voraussetzung hierfür ist die werbliche Einbettung der Marke in eine spezifische Erlebniswelt. Der Genuss des Mineralwassers wird dabei entweder selbst zum Trinkerlebnis oder unterstützt beziehungsweise optimiert das erwünschte Erlebnis. Die Werbung ist insofern fähig, den Erlebnisgehalt der Mineralwassermarken zu steigern und den Wünschen und Bedürfnissen der anvisierten Zielgruppen anzupassen.

7 Zusammenfassung und Ausblick

7.1 Zusammenfassung

Das Ziel dieser Arbeit war es, auf der Basis einer qualitativen Untersuchung von Wasserwerbung verschiedene werbliche Konstruktionen herauszuarbeiten. Diese sollten im Kontext ausgewählter soziologischer Lebensstilkonzepte diskutiert und eingeordnet werden. Insgesamt konnten acht unterschiedliche Konstruktionen festgestellt werden. Neben der spezifischen Darstellung des Alters und der geschlechtlichen Inszenierung der Werbefiguren sind die Dimensionen Herkunft, Tradition, Natürlichkeit sowie Hochwertigkeit zentrale Elemente in der Wasserwerbung. Des Weiteren zeigt die Untersuchung, dass der Gesundheitsaspekt von zentraler Bedeutung für die werbestrategische Inszenierung von Mineralwasser ist. Ebenso wird deutlich, dass Marken, insbesondere die Markenlogos der Mineralwässer, eine signifikante Funktion für das Image eines Produktes in der öffentlichen Wahrnehmung erfüllen. Neben den klassischen Printanzeigen wurden auch die Werbebilder auf den firmeneigenen Social-Media-Kanälen in die Untersuchung einbezogen.

Die qualitative Analyse der Social-Media-Aktivitäten von Volvic und evian auf der Kommunikationsplattform Facebook zeigt, dass hinsichtlich der geschlechtlichen und altersspezifischen Leitbildkonstruktion keine Unterschiede zu den Printanzeigen bestehen. Der Unterschied liegt vielmehr auf der inhaltlichen Ebene. Die Online-Werbekampagnen zielen weniger auf die gesundheitlichen oder qualitativen Aspekte der Wässer ab, sondern auf den Transport emotionaler Botschaften.

In dem Kapitel „Mineralwasser – ein Produkt der Werbung" galt es in einem weiteren Schritt, der Frage nachzugehen, welche sozio-kulturellen Mechanismen dazu führen, dass Mineralwasser aktuell den Status eines populären ‚In‘-Getränkes erreicht hat. Dazu wurde zum einen in Anlehnung an Gerhard Schulzes Konzept der Erlebnisgesellschaft die werbestrategische Inszenierung des Mineralwassers als Erlebnisprodukt näher untersucht. Der Bezug auf die ‚Erlebnisgesellschaft‘ ist insofern sinnvoll, als im Vergleich zu den anderen vorgestellten Lebensstilkonzepten mit diesem Konzept am ehesten die inszenatorischen Tendenzen in der Mineralwasserwerbung diskutiert werden können. Zum anderen galt es, die Funktion von Markenmineralwässern als Prestigeprodukte im Kontext soziologischer Betrachtungsebenen darzustellen. Vor dem Hintergrund der gewonnenen Ergebnisse der durchgeführten Untersuchung von Werbeanzeigen wurden zudem spezifische Leitbildkonstruktionen herausgearbeitet.

Im Hinblick auf die eingangs gestellten Fragen nach den Darstellungsinhalten und Inszenierungsschwerpunkten von Wasserwerbung kann Folgendes festgestellt werden: Wie die Untersuchung der Mineralwasserwerbung in Zeitschriften und Social-Media-Kanälen zeigt, geht die Inszenierung von Mineralwasser weit über den reinen Produktnutzen – das Durstlöschen – hinaus. Mineralwasser wird vielmehr mit verschiedenen Symboliken und Codes verknüpft. Diese Symboliken und Codes entsprechen aktuell geltenden sozio-kulturell verankerten Vorstellungen und Tendenzen, beispielsweise der Tendenz zur Schlankheit, zum teilweise dogmatisch veranlagten Gesundheitsbewusstsein oder zur Traditionsorientierung. Des Weiteren ist der Fokus der Werbung darauf ausgerichtet, Mineralwasser mit emotionalen Erlebnismomenten aufzuladen. Dies geschieht in der Regel mithilfe ästhetischer Bildmotive und den entsprechenden Werbeslogans. Maßgeblich ist dabei die Orientierung und Verknüpfung mit gängigen Lifestyle-Attributen.

Die Frage, ob Mineralwässer, beziehungsweise Markenmineralwässer, als Symbole und Distinktionsmittel unterschiedlicher Lebensstile fungieren, kann im Hinblick auf die gewonnenen Ergebnisse folgendermaßen beantwortet werden: Mineralwasser ist ein Konsumprodukt und die Preise unterscheiden sich deutlich. In Anbetracht dessen entscheidet sich der Konsument nach seinen individuellen Ansprüchen für oder gegen ein Mineralwasser. Dabei spielen nicht nur Preisniveaus, sondern auch Faktoren wie die Herkunft des Wassers oder die Verpackung (PET oder Glas) eine wesentliche Rolle. Ob und inwieweit eine Mineralwassermarke nun typisch für den einen oder anderen Lebensstil ist, kann in Anbetracht der gewonnenen Ergebnisse nicht hinreichend beantwortet werden. Hierzu wären zusätzliche Untersuchungen mit qualitativen und quantitativen Methoden notwendig.

Nichtsdestoweniger verdeutlicht die für diese Arbeit durchgeführte Recherche, dass Mineralwasserwerbung nicht in der Häufigkeit in Zeitschriften zu finden ist, wie zuvor von der Autorin angenommen, obwohl Mineralwasser zweifelsohne mittlerweile ein wesentliches Produkt in der Lebensmittel-, Gesundheits- und Wellnessbranche darstellt. Inwiefern eine Fortführung dieser Recherche und die weitere Bearbeitung des Forschungsgegenstandes sinnvoll sind, soll im nachstehenden Ausblick erläutert werden.

7.2 Ausblick

Im Hinblick auf eine perspektivische Fortführung dieser Arbeit, beziehungsweise die thematische Weiterführung des vorliegenden Forschungsgegenstandes, ist die Anwendung weiterer qualitativer und quantitativer Methoden der empirischen Sozialforschung empfehlenswert. Eine Möglichkeit stellt die Beobachtung von Kunden in Supermärkten, Discountern und Getränkemärkten dar. Womöglich würden sich bereits aufgrund der divergierenden Beobachtungsfelder aufschlussreiche Rückschlüsse hinsichtlich der Markenpräferenzen von Kunden ziehen lassen. Dabei sollten die Formen der Beobachtung – offen und verdeckt –

bedacht werden, denn in Anbetracht der distinktiven Funktion von Marken könnte eine offene Beobachtung der Kunden andere Ergebnisse liefern als eine verdeckte Beobachtung. Ebenfalls aufschlussreich dürften altersübergreifende Befragungen und Interviews mit Konsumenten sein. Auf diese Weise könnten Präferenzen, Meinungen und Wissensstände hinsichtlich der verschiedenen Wasserarten und Wassermarken identifiziert werden.

Darüber hinaus wäre eine ergänzende Analyse von Mineralwasseranzeigen aus dem In- und Ausland sinnvoll. Zudem könnte die Analyse auf einen größeren Erscheinungszeitraum ausgeweitet werden, beispielsweise von heute bis zurück in die 1950er Jahre. So wäre es möglich, Veränderungen, Trendverläufe bzw. sich wandelnde Werte und Ideale in der Mineralwasserwerbung herauszuarbeiten. Ebenso verspricht ein Vergleich der verschiedenen Kommunikationsmedien, über die das Mineralwasser jeweils beworben wird, eine Bereicherung für die Gegenstandsdiskussion zu sein.

Da die angeführten Werbekonstruktionen der Geschlechter- und Altersdarstellung, aber auch die werbliche Instrumentalisierung von Prominenten in der Mineralwasserwerbung, im Rahmen dieser Arbeit bewusst nicht näher diskutiert wurden, könnte eine diesbezüglich verstärkte Auseinandersetzung in Bezug auf neu gewonnene Analyseergebnisse von wissenschaftlichem Interesse sein.

Wie die qualitative Untersuchung zeigt, ermöglicht das Konsumprodukt Mineralwasser eine soziologische Auseinandersetzung auf vielfältige Art und Weise, sei es im Rahmen werbe- und mediensoziologischer, kultursoziologischer oder wirtschaftssoziologischer Diskurse. Selbstverständlich kann der Mineralwasserkonsum und das Wassertrinken an sich auch unter transnationalen Gesichtspunkten oder aus der Perspektive der Bildungs- und Ernährungssoziologie betrachtet und untersucht werden.

Neben dem vielfältigen wissenschaftlichen Potenzial des Mineralwassers und des Trinkwassers überhaupt kann eine vertiefte Auseinandersetzung mit der Thematik auch für die Getränke- und Marketingbranche von Vorteil sein. Wie die oben angeführten Absatzzahlen belegen, ist die positive Entwicklung des Mineralwasserkonsums für die kommenden Jahre realistisch. Aus diesem Grund wäre eine marketingspezifische Diversifizierung, gerade im Hinblick auf die Anzahl der heterogenen Konsumentengruppen von Mineralwasser, wünschenswert. Qualitative und quantitative Methoden der empirischen Sozialforschung könnten hier dazu beitragen, Impulse für zielgerichtete und auf die unterschiedlichen Zielgruppen abgestimmte Werbestrategien zu geben.

Literatur und Quellen

Auer-Srnka, Katharina J. et al. (2008): Ältere Menschen als Zielgruppe der Werbung: Eine explorative Studie zu Wahrnehmung und Selbstbild der „Best Ager" sowie stereotypen Vorstellungen vom Alt-sein in jüngeren Altersgruppen. In: *der markt*, 47 (3), S. 99-115.

Bleicher, Joan K./Hieckethier, Knut (Hrsg.) (2002): *Aufmerksamkeit, Medien und Ökonomie. Beiträge zur Medienästhetik und Mediengeschichte.* Band 13. Münster: LIT Verlag.

Böhringer, Joachim et al. (2011): *Kompendium der Mediengestaltung. Konzeption und Gestaltung für Digital- und Printmedien.* Berlin: Springer Verlag.

Bourdieu, Pierre (1991): *Die feinen Unterschiede: Kritik der gesellschaftlichen Urteilskraft.* Frankfurt am Main: Suhrkamp.

Bundesamt für Verbraucherschutz und Lebensmittelsicherheit (2017): *Wasser – Das Grundnahrungsmittel Nummer eins.* URL: https://www.bvl.bund.de/DE/01_Lebensmittel/03_Verbraucher/15_Wasser_Mineralwasser/01_Trinkwasser/Trinkwasser_node.html [Stand: 05.01.2017].

Bundesministerium für Gesundheit (2015): *Bericht des Bundesministeriums für Gesundheit und des Umweltbundesamtes an Verbraucherinnen und Verbraucher über die Qualität von Wasser für den menschlichen Gebrauch (Trinkwasser) in Deutschland.* URL: http://www.umwelt bunde-amt.de/sites/default/files/medien/378/publikationen/ug_02_2015_trinkwasserbericht _0.pdf [Stand: 02.06.2016].

Busemann, Katrin (2013): Wer nutzt was im Social Web? Ergebnisse der ARD/ZDF-Onlinestudie 2013. In: *Media Perspektiven* 7-8/2013, URL: http://www.ard-zdfonlinestudie.de /fileadmin/Onlinestudie/PDF/Busemann.pdf [Stand: 24.02.2017].

Cölfen,Hermann (2002): Semper idem oder Jeden Tag wie neu? Zum Wandel des Weltbildes in deutschen Werbeanzeigen zwischen 1960 und 1990. In: Willems, Herbert (Hrsg.): *Die Gesellschaft der Werbung. Kontexte und Texte. Produktionen und Rezeptionen. Entwicklungen und Perspektiven.* Wiesbaden: Westdeutscher Verlag, S. 657-673.

Dämon, Kerstin (2017): Gekommen um zu bleiben. So funktioniert der perfekte Werbeslogan. In: *WirtschaftsWoche Online.* URL: http://www.wiwo.de/erfolg/management/gekommen-um-zu-bleiben-so-funktioniert-derperfekte-werbeslogan/10127122.html [Stand: 11.10.2016].

Dangschat, Jens/Blasius, Jörg (Hrsg.) (1994): *Lebensstile in den Städten. Konzepte und Methoden.* Opladen: Leske + Budrich.

Despeghel, Michael (2007): *Lebe deinen Life-Code. Mühelos fit und gesund.* Frankfurt am Main: Campus Verlag.

Diaz-Bone, Rainer (2004): Milieumodell und Milieuinstrumente in der Marktforschung. In: *Forum: Qualitative Sozialforschung,* 5 (2), Art. 28.

Dreßler, Raphaela (2011): Vom Patriarchat zum androgynen Lustobjekt – 50 Jahre Männer im stern. In: Holtz-Bacha, Christina (Hrsg.): *Stereotype? Frauen und Männer in der Werbung.* Wiesbaden: VS Verlag für Sozialwissenschaften, S. 136-166.

Dürrschmid, Klaus (2006): Das essentielle Lebensmittel Wasser. In: *Internationaler Arbeitskreis für Kulturforschung des Essens.* Mitteilung 13, S. 2-11.

Eisenbach, Ulrich (2004): *Mineralwasser. Vom Ursprung rein bis heute. Kultur- und Wirtschaftsgeschichte der deutschen Mineralbrunnen.* Verband deutscher Mineralbrunnen e. V.: Bonn.

Esch, Franz-Rudolf (2014): *Strategie und Technik der Markenführung.* München: Verlag Franz Vahlen.

Gemring, Manuela (o. J.): Lebensstile, Marken, Werte – Zielmärkte lassen sich über verschiedene Ansätze bestimmen. In: *absatzwirtschaft*. URL: http://www.absatzwirtschaft.de/lebensstile-marken-werte-zielmaerkte-lassen-sich-ueberverschiedene-ansaetze-bestimmen-6783/ [Stand: 20.02.2017].

Georg, Werner (1998): *Soziale Lage und Lebensstil. Eine Typologie*. Opladen: Leske + Budrich.

Gerken, Gerd (1995): *Der magische Code: Marken-Tuning*. Düsseldorf: Econ.

Gerolsteiner (2017): *Internetauftritt*. URL: https://www.gerolsteiner.de/de/mineralstoffe/ [Stand: 05.01.2017].

Goffman, Erving (1994): *Interaktion und Geschlecht*. Frankfurt: Campus Verlag.

Heller, Eva (1991): *Wie Werbung wirkt: Theorien und Tatsachen*. Frankfurt am Main: Fischer Verlag.

Hellmann, Kai-Uwe (2003): *Soziologie der Marke*. Frankfurt am Main: Suhrkamp.

Hellmann, Kai-Uwe (o.J.): Zur Historie und Soziologie des Markenwesens. In: Hummel, Diana et al.: *Die globale Wasserkrise und der virtuelle Wasserhandel. Wie innovative Forschung zu einem besseren Ressourcen-Management beitragen kann*. URL: http://www.forschung-frankfurt.uni-frankfurt.de/36050668/virtueller_Wasserhandel__6064.pdf [Stand: 20.02.2017].

Hellmann, Kai-Uwe/Schrage Dominik (Hrsg.) (2004): *Konsum der Werbung. Zur Produktion und Rezeption von Sinn in der kommerziellen Kultur*. Wiesbaden: VS Verlag für Sozialwissenschaften.

Hellmann, Kai-Uwe/Schrage, Dominik (Hrsg.) (2015): *Jean Baudrillard: Die Konsumgesellschaft. Ihre Mythen, ihre Strukturen*. Wiesbaden: Springer VS.

Hettler, Uwe (2010): *Social Media Marketing: Marketing mit Blogs, sozialen Netzwerken und weiteren Anwendungen des Web 2.0*. München: Oldenbourg-Verlag.

Hillmann, Karl-Heinz (2007): *Wörterbuch der Soziologie*. Stuttgart: Kröner Verlag.

Hölscher, Barbara (1998*): Lebensstile durch Werbung?. Zur Soziologie der Life-Style Werbung*. Opladen/Wiesbaden: Westdeutscher Verlag.

Hradil, Stefan (2001): *Soziale Ungleichheit in Deutschland*. Opladen: Leske + Budrich.

Ingenkamp, Konstantin (1996): *Werbung und Gesellschaft*. Frankfurt: Lang.

Jäckel, Michael (Hrsg.) (2007): *Ambivalenzen des Konsums und der werblichen Kommunikation*. Wiesbaden: VS Verlag für Sozialwissenschaften, S. 53-72.

Janich, Nina (2002): Dahinter steckt immer in kluger Kopf. Das Bild der Wissenschaft in der Gesellschaft im Spiegel der Wirtschaftswerbung. In: Willems, Herbert (Hrsg.): *Die Gesellschaft der Werbung. Kontexte und Texte. Produktionen und Rezeptionen. Entwicklungen und Perspektiven*. Wiesbaden: Westdeutscher Verlag, S. 753-768.

Jötten, Frederik (2014): Schadstoffe – Wie belastet ist unser Mineralwasser?. In: *Spiegel Online* [30.07.2014], URL: http://www.spiegel.de/gesundheit/ernaehrung/plastikflaschen-undpestizide-welches-wasser-ist-gesund-a-983383.html [Stand: 19.10.2016].

Konietzka, Dirk (1995): *Lebensstile im sozialstrukturellen Kontext: Ein theoretischer und empirischer Beitrag zur Analyse soziokultureller Ungleichheiten*. Opladen: Westdeutscher Verlag.

Kroeber-Riel, Werner (1990): *Strategie und Technik der Werbung. Verhaltenswissenschaftliche Ansätze*. Stuttgart: Verlag W. Kohlhammer.

Lüdtke, Hartmut (1992): Der Wandel von Lebensstilen. In: Glatzer, Wolfgang (Hrsg.): *Entwicklungstendenzen der Sozialstruktur*. Frankfurt/New York: Campus Verlag, S. 36-59.

Lüdtke, Hartmut (1991): Kulturelle und soziale Dimensionen des modernen Lebensstils. In: Vetter, Hans-Rolf (Hrsg.): *Muster moderner Lebensführung: Ansätze und Perspektiven.* Weinheim: Juventa Verlag, S. 131-151.

Lüdtke, Hartmut (1994): Strukturelle Lagerung und Identität. Zum Zusammenhang von Ressourcen, Verhalten und Selbstbildern in Lebensstilen. In: Dangschat, Jens/Blasius, Jörg (Hrsg.): *Lebensstile in den Städten. Konzepte und Methoden.* Opladen: Leske + Budrich, S. 313-332.

Meffert, Heribert et al. (2008): *Marketing. Grundlagen marktorientierter Unternehmensführung. Konzepte – Instrumente – Praxisbeispiele.* Wiesbaden: GWV Fachverlage GmbH.

Millewski, Michael: Das Wasser mit Stern. In: *absatzwirtschaft* – Marken 2013, S. 58–60, URL: http://printarchiv.absatzwirtschaft.de/Content/k=UGu6CVw%252beU45VqRl3ToqVxFAZ FmJtUZE%252bI8%252bQ7b%252bqVSRRzAasI8PCPxYsw%252fuTDLZxp9fKihSv%252 b4%253d;showblobms [Stand: 11.11.2016].

Mödinger, Manfred (2015): Zur Lage des Wassers. Trinkwasser – das beste Lebensmittel? In: *GETRÄNKEFACHGROSSHANDEL*, 5, S. 43-45.

Muntschik, Verena (2016): *Der Health Look als Statussymbol.* URL: http://www.zukunftsinstitut.de/ artikel/tup-digital/07-status-reloaded/01longreads/der-health-look-als-statussymbol/ [Stand: 25.02.2017].

o.A. (2015): Nah an der Quelle. In: *Stiftung Warentest*, 6, S. 20-23.

o.A. (2016): Der große Wassercheck. In: *Stiftung Warentest*, 8, S. 20-23.

o. A. (2016*): Die Deutschen lieben ihr Leitungswasser – Laut aktueller forsa-Umfrage sprudelt jeder Zehnte sein Wasser inzwischen selbst.* URL: http://www.presseportal.de/pm/58603/3354744 [Stand: 18.10.2016].

o. A. (2016): *SodaStream zieht Rekordbilanz für das Geschäftsjahr 2015.* URL: http://www.about-drinks.com/sodastream-zieht-rekordbilanz-fuer-dasgeschaeftsjahr-2015/ [Stand: 18.10.2016].

o. A. (2012): Die teuersten Mineralwasser der Welt. In: *WirtschaftsWoche*, URL: http://www.wiwo. de/unternehmen/dienstleister/luxus-die-teuersten-mineralwasser-derwelt/6680590.html#image [Stand: 27.11.2016].

o. A. (2012): *Top 25 Global Research Organizations*, URL: http://www.planunganalyse.de/ news/pages/protected/pdfs/98_org.pd.] [Stand: 05.10.2016].

Og, Jens Holger (2005): *Lexikon der Symbolsprache und Zeichenkunde. Runen, Hieroglyphen, Zahlensymbole und Ornamentik.* Norderstedt: Books on Demand.

Prahl, Hans-Werner/Setzwein, Monika (1999): *Soziologie der Ernährung.* Opladen: Leske + Budrich.

Radtke, Bernd (2014): *Markenidentitätsmodelle. Analyse und Bewertung von Ansätzen zur Erfassung der Markenidentität.* Wiesbaden: Springer Gabler Verlag.

Reisch, Lucia A. (2002): Symbols for Sale: Funktionen des symbolischen Konsums. In: Deutschmann, Christoph (Hrsg.): *Die gesellschaftliche Macht des Geldes.* Wiesbaden: Westdeutscher Verlag, S. 226-250.

Rode, Friedrich A. (1989): *Der Weg zum neuen Konsumenten: Wertewandel in der Werbung.* Wiesbaden: Gabler.

Rode, Friedrich A. (1994): *Sozialisation durch Werbung? Die Vernachlässigung der soziologischen Aspekte in der Werbewirkungsforschung.* Frankfurt am Main: Universität (Diss.).

Rössel, Jörg (2010): Kapitalismus und Konsum. Determinanten und Relevanz des Konsumverhaltens in Max Webers Wirtschaftssoziologie. In: Maurer, Andrea (Hrsg.): *Wirtschaftssoziologie nach Max Weber.* Wiesbaden: VS Verlag für Sozialwissenschaften, S. 142-167.

Schäfer, Nikolaus (2016): Strategischen Nutzen finden: Rückblick: Der Werbedruck im AfG-Sektor 2015. In: *GETRÄNKEINDUSTRIE*, 3, S. 10-12.

Scherff, Victoria (2016): Wasser in Plastikflaschen: „Entwarnung zu geben ist verfrüht". URL: https://utopia.de/ratgeber/wasser-plastikflaschengesundheit/ [Stand: 19.10.2016].

Schierl, Thomas (1998): Über kommunikative Welt- und Geschlechterbilder. In: Göttlich, Udo et al. (Hrsg.): *Kommunikation im Wandel. Zur Theatralität der Medien.* Köln: Halem Verlag, S. 192-208.

Schmidt, Siegfried J./Spieß, Brigitte (1997): *Die Kommerzialisierung der Kommunikation. Fernsehwerbung und sozialer Wandel 1956–1989.* Frankfurt am Main: Suhrkamp Verlag.

Schmidt, Siegfried J./Spieß, Brigitte (Hrsg.) (1995): *Werbung, Medien und Kultur.* Opladen: Westdeutscher Verlag.

Schulze, Gerhard (2005): *Die Erlebnisgesellschaft. Kultursoziologie der Gegenwart.* Frankfurt am Main: Campus Verlag.

Siegert, Gabriele (2007): Werbung und Konsum: Marken als zweiseitiger, zweidimensionaler Kommunikationsprozess. In: Jäckel, Michael (Hrsg.): Ambivalenzen des Konsums und der werblichen Kommunikation. Wiesbaden: VS Verlag für Sozialwissenschaften, S. 109-124.

SINUS Markt- und Sozialforschung GmbH (2015): *Informationen zu den Sinus-Milieus® 2015, Stand 01/2015,* URL: http://www.sinus-institut.de/fileadmin/user_data/sinusinstitut/Downloadcenter/Informationen_zu_den_Sinus-Milieus.pdf [Stand: 30.11.2016].

Speck, Annette (2014): *Zehn Lebensstile, die Sie im Blick haben sollten.* URL: https://www.springer professional.de/marktforschung/marketingstrategie/zehn-lebensstiledie-sie-im-blick-haben-sollten/6597402 [Stand: 08.01.2017].

Springer Gabler Verlag (Hrsg.): *Gabler Wirtschaftslexikon, Stichwort: Marke.* URL: http://wirtschaftslexikon.gabler.de/Archiv/57328/marke-v13.html [Stand: 20.02.2017].

Statistisches Bundesamt (2015): *Strukturerhebung im Dienstleistungsbereich Werbung und Marktforschung.* URL: https://www.destatis.de/DE/Publikationen/Thematisch/DienstleistungenFinanzdienstleistungen/Branchenberichte/WerbungMarktforschung5474118137004.pdf?__blob =publicationFil e [Stand: 05.10.2016].

Steinle, Andreas (2015): *Die Zielgruppe ist tot, es lebe der Lebensstil.* URL: https://www.zukunftsinstitut.de/artikel/tup-digital/02the-end-of-marketing/die-zielgruppe-ist-tot-es-lebe-der-lebensstil/ [Stand: 10.10.2016].

Stumpf, Marcus (2009): Claims als Instrumente der Markenführung. In: Janich, Nina (Hrsg.): *Marke und Gesellschaft. Markenkommunikation im Spannungsfeld von Werbung und Public Relations.* Wiesbaden: VS Verlag für Sozialwissenschaften, S. 137-149.

Szallies, Rüdiger/Wiswede, Günter (Hrsg.) (1990): *Wertewandel und Konsum: Fakten, Perspektiven und Szenarien für Markt und Marketing.* Landsberg/Lech: Verlag Moderne Industrie.

Terpitz, Katrin (2014): In Zukunft designt jeder sein Wasser selbst. In: *Handelsblatt Online.* URL: http://www.handelsblatt.com/unternehmen/mittelstand/brita-chefmarkus-hankammer-in-zukunft-designt-jeder-sein-wasser-selbst/10667668.html [Stand: 18.10.2016].

Teusser Mineralbrunnen (2016): *Internetauftritt.* URL: http://www.teusser.de/index.php?id=16 [Stand: 20.11.2016].

Trommsdorff, Volker (1989): *Konsumentenverhalten.* Stuttgart: Verlag W. Kohlhammer.

Veblen, Thorstein (1958): *Theorie der feinen Leute: Eine ökonomische Untersuchung der Institutionen.* Köln: Kiepenheuer & Witsch.

Verband deutscher Mineralbrunnen (2017): *Mineralwasser-Absatz 2016: Rekordjahr für deutsche Mineralbrunnen.* Pressemitteilung vom 05.01.2017, URL: http://www.presseportal.de /pm/28275/3527677 [Stand: 07.01.2017].

Vetter, Hans-Rolf (1991): Lebensführung – Allerweltsbegriff mit Tiefgang; Lüdtke, Hartmut: Kulturelle und soziale Dimensionen des modernen Lebensstils. In: Ders. (Hrsg.): *Muster moderner Lebensführung: Ansätze und Perspektiven.* Weinheim: Juventa Verlag, S. 9-88.

Vetter, Hans-Rolf (1991): Lebensführung – Allerweltsbegriff mit Tiefgang. Eine Einführung. In: Ders. (Hrsg.): *Muster moderner Lebensführung.* Weinheim/München: Juventa Verlag.

Weber, Max (2002): *Wirtschaft und Gesellschaft: Grundriss der verstehenden Soziologie.* Tübingen: Mohr Siebeck.

Wilk, Nicole M. (2002*): Körpercodes. Die vielen Gesichter der Weiblichkeit in der Werbung.* Frankfurt am Main: Campus Verlag.

Willems, Herbert/Jurga, Martin (1998): Inszenierungsaspekte der Werbung. Empirische Ergebnisse der Erforschung von Glaubwürdigkeitsgenerierungen. In: Jäckel, Michael (Hrsg.): *Die umworbene Gesellschaft: Analysen zur Entwicklung der Werbekommunikation.* Opladen: Westdeutscher Verlag, S. 209-230.

Willems, Herbert/Kautt, York (2003): *Theatralität der Werbung. Theorie und Analyse massenmedialer Wirklichkeit: Zur kulturellen Konstruktion von Identitäten.* Berlin: de Gruyter.

Winter, Jörn (2008): Auf dem Weg zur einfachen Sprache. In: Winter, Jörn (Hrsg.): *Handbuch Werbetext. Von guten Ideen, erfolgreichen Strategien und treffenden Worten.* Frankfurt am Main: Deutscher Fachverlag, S. 45-52.

Winterberg, Lars (2007): *Wasser – Alltagsgetränk, Prestigeprodukt, Mangelware. Zur kulturellen Bedeutung des Wasserkonsums in der Region Bonn im 19. und 20. Jahrhundert.* Münster: Waxmann Verlag.

Wöhler, Karlheinz (2008): Raumkonsum als Produktion von Orten. In: Hellmann, Kai-Uwe/Zurstiege, Guido (Hrsg.): *Räume des Konsums. Über den Funktionswandel von Räumlichkeit im Zeitalter des Konsumismus.* Wiesbaden: VS Verlag für Sozialwissenschaften, S. 69-86.

YouGov-Markenmonitor BrandIndex (2017): *Alkoholfreie Getränke.* URL: https://yougov.de/news /2015/10/22/kategoriealkoholfreie-getranke/ [Stand: 05.01.2017].

Zurstiege, Guido (2005): *Zwischen Kritik und Faszination. Was wir beobachten, wenn wir die Werbung beobachten, wie sie die Gesellschaft beobachtet.* Köln: Herbert von Halem Verlag.

Trinkwasser als Lifestyleprodukt – Images von Trinkwasser in Werbung und Gesellschaft

Elisabeth Heinz

Abstract

Die vorliegende Arbeit befasst sich mit den Images von Trinkwasser. Ziel ist eine Gegenüberstellung der Images, die von den Trinkwassermarken vermittelt werden, und denjenigen, die die Konsumenten den jeweiligen Marken zuschreiben. Dies geschieht besonders in Hinblick auf die Frage, ob Trinkwasser als Lifestyleprodukt einzuordnen ist. Die Arbeit integriert dabei zwei Methoden: Im Rahmen einer qualitativen Inhaltsanalyse der Webseiten der Trinkwassermarken wird untersucht, welche Images auf den Webseiten vermittelt werden. In einer anschließenden Onlinebefragung werden diese vermittelten Images der Trinkwassermarken mit den Images der Konsumenten abgeglichen. Die Analyse zeigt, dass die Werbung der Trinkwassermarken nur geringfügig mit den Erwartungen und der empfundenen Relevanz der Konsumenten übereinstimmt. Die Trinkwassermarken werben vor allem mit Markenattributen und symbolischem Nutzen. Der funktionale Nutzen der Trinkwassermarken bleibt hingegen bei den meisten Webseiten unerwähnt. Trinkwasser wird demnach als Lifestyleprodukt beworben, die Konsumenten legen jedoch größeren Wert auf Qualität, Geschmack und Pragmatismus.

© Springer Fachmedien Wiesbaden GmbH, ein Teil von Springer Nature 2019
H. Willems, *Wissen vom Wasser*, https://doi.org/10.1007/978-3-658-23948-0_4

1   Einleitung

Bei Trinkwasserwerbung geht es nicht nur um Geschmack, Qualität oder Mineralisierung des Produkts. Dies wird beispielsweise deutlich, wenn man sich die Werbevideos der französischen Wassermarke Evian anschaut (s. Abbildung 1). Seit 1999 wirbt die Marke mit niedlichen Babies in Erwachsenenmanier – immer in Zusammenhang mit dem unternehmenseigenen Claim „live young" (vgl. Theobald 2016). Wer Evian trinkt, bleibt also jung wie die (Erwachsene nachahmenden) Babies am Baby Bay. Dabei erwähnt die Werbung nicht, wie das Wasser schmeckt. Es geht auch nicht darum, wie viel es kostet oder welche Mineralien es enthält. Es geht nicht um Funktion, sondern um Image.

Abb. 1:   Evian Werbung Baby Bay (Quelle: Evian 2016, Videoausschnitt, online unter: https://www.youtube.com/watch?v=ixeOj-NDZYU, letzter Abruf: 25.07.2018)

Auch in der soziologischen Literatur wird dieser Aspekt aufgegriffen, wenn auch nicht umfassend behandelt. Winterberg etwa befasst sich mit der Entwicklung der Trinkwasserkultur im 19. und 20. Jahrhundert (vgl. Winterberg 2007). Und Peter diagnostiziert in seinem Beitrag „Vom Krankentrunk zum Lifestylesprudel. Die mediale Aufwertung des Mineralwassers" eine Imageveränderung des Mineralwassers. Beim Vergleich verschiedener Mineralwassermarken stellt er fest, dass Mineralwasser zunehmend zum Lifestyle-Produkt avanciert (vgl. Peter 2009: 283ff.).

Doch es mangelt an Literatur, die die Rolle von Trinkwasser in der Werbung und in der Gesellschaft der Gegenwart betrachtet. An diesem Punkt wird die folgende Arbeit ansetzen, um die Images von Trinkwasser zu untersuchen und die Intentionen der Marken mit den Wahrnehmungen und Einstellungen der Konsumenten zu vergleichen. Dabei soll zunächst untersucht werden, welche Images die Trinkwassermarken zu vermitteln versuchen und welche Images die Konsumenten ihnen tatsächlich zuschreiben. Anschließend soll daraus abgeleitet werden, ob man Trinkwasser als Lifestyle-Produkt betrachten kann.

Der Aufbau dieser Arbeit orientiert sich an zwei Methoden, um beiden Perspektiven (Unternehmen und Konsument) gerecht zu werden. Nachdem in Kapitel 2 die theoretischen Grundlagen für die Arbeit geschaffen wurden, enthält

Kapitel 3 eine Inhaltsanalyse, bei der die Webseiten verschiedener Trinkwassermarken auf vermittelte Images untersucht werden. Kapitel 4 beinhaltet den zweiten methodischen Ansatz, bei dem die Konsumenten den Marken im Rahmen einer Onlinebefragung Images zuweisen sollen. In Kapitel 5 werden die Ergebnisse der Kapitel 3 und 4 diskutiert. Ein Fazit bildet Kapitel 6, in dem die gewonnenen Erkenntnisse resümiert und offene Fragen präsentiert werden.

2   Zentrale Begriffe und Konzepte

2.1   Trinkwasser

Trinkwasser ist der zentrale Gegenstand der vorliegenden Arbeit und das wichtigste Nahrungsmittel in unserer täglichen Ernährung. In der aktuell geltenden Trinkwasserverordnung wird der Begriff Trinkwasser zu Beginn definiert als

> „alles Wasser, im ursprünglichen Zustand oder nach Aufbereitung, das zum Trinken, zum Kochen, zur Zubereitung von Speisen und Getränken oder insbesondere zu den folgenden anderen häuslichen Zwecken bestimmt ist: Körperpflege und -reinigung, Reinigung von Gegenständen, die bestimmungsgemäß mit Lebensmitteln in Berührung kommen, Reinigung von Gegenständen, die bestimmungsgemäß nicht nur vorübergehend mit dem menschlichen Körper in Kontakt kommen, alles Wasser, das in einem Lebensmittelbetrieb verwendet wird für die Herstellung, Behandlung, Konservierung oder zum Inverkehrbringen von Erzeugnissen oder Substanzen, die für den menschlichen Gebrauch bestimmt sind […]" (Trinkwv 2001: § 3).

Trinkwasser ist nach dem Gesetz also sehr breit definiert. Zentral ist dabei der Zweck des Wassers: das Trinken, die Zubereitung von Speisen sowie die Körperpflege. Diese gesetzliche Definition gilt damit vor allem für Leitungswasser. Neben Leitungswasser verzehren wir jedoch auch regelmäßig Wasser, das in Flaschen abgefüllt ist. Meist fällt dieses Wasser in die Kategorie Mineralwasser. Wird ein Flaschenwasser als Mineralwasser bezeichnet, so muss es zunächst amtlich als solches anerkannt werden. Mineralwasser zeichnet sich durch einen hohen Mineralgehalt und einen unterirdischen Ursprung aus.

Wird in dieser Arbeit der Begriff Trinkwasser verwendet, so bezieht er sich auf die folgende Arbeitsdefinition: Trinkwasser ist ohne Beeinträchtigungen für die Gesundheit zum täglichen Verzehr geeignet, ist in Form von Leitungswasser oder Flaschenwasser zugänglich und kann sowohl still als auch mit Kohlensäure versetzt sein.

2.2 Trinkwasser aus soziologischer Perspektive

Der Mensch muss trinken, um zu überleben. Das Trinken ist jedoch längst nicht mehr nur auf seine lebenserhaltende Funktion zu reduzieren. Der Mensch trinkt, um zu genießen, fit zu sein, oder auch um gesund zu bleiben (vgl. Willems 2017: 20). Obwohl der Mensch dazu schon seit tausenden Jahren nicht mehr ausschließlich auf Trinkwasser zurückgreift, bleibt es dennoch essentiell für die menschliche Ernährung.

Die zentrale Rolle des Trinkwassers im Leben der Menschen macht es folglich zu einem Objekt der Sozialisation. Willems bezeichnet diesen Aspekt der Sozialisation als „(Trink-) Wasser-Sozialisation, ein Bündel von sozial bestimmten Lernprozessen, die individuelle und kollektive Verhältnisse zu Aspekten des Wassers und Formen von Wasser-Verhalten und Wasser-Handeln bedingen und bestimmen" (ebd.: 21). Die Sozialisation bestimmt somit grundlegend, wie wir mit Trinkwasser umgehen (z. B. welche Trinkgewohnheiten wir haben) und welche Haltung wir gegenüber Trinkwasser einnehmen. Vor allem letzteres wird für diese Arbeit relevant sein, bedeutet es doch, dass der Mensch sich seine Einstellung gegenüber Trinkwasser in einem langfristigen Sozialisationsprozess aneignet.

Antrieb dieser Sozialisation sind vielseitige Formen des Lernens, von der eigenen Erfahrung über Formen der Konditionierung bis hin zum Modell-Lernen. Die involvierten Akteure sind vor allem die Herkunftsfamilie („primäre Sozialisation"), aber auch Bildungsinstitutionen und das größere soziale Umfeld (vgl. ebd.). Die Soziologie liefert damit eine wichtige Grundannahme für diese Arbeit: Die Einstellung gegenüber Trinkwasser wird im Rahmen der Sozialisation langfristig durch verschiedenste Lernformen und unterschiedlichste Umwelteinflüsse erlernt. Diese Betrachtungsweise legt bereits nahe, dass das Verhältnis zum Trinkwasser sozialen Unterschieden unterliegt. Man könnte auch sagen: Trinkwasser distinguiert (vgl. ebd.: 27). Das Verhältnis zum Trinkwasser unterscheidet sich in den verschiedenen Kulturen, Subkulturen und Schichten. Beispielsweise konsumieren besser gestellte Bevölkerungsschichten typischerweise lieber teure und erlesene Mineralwässer, während viele weniger begüterte Haushalte kostengünstiges Mineralwasser aus dem Discounter vorziehen oder sich mit dem noch günstigeren Leitungswasser begnügen. Natürlich ist diese Darstellung einseitig und überspitzt, jedoch zeigt sie auf, in welcher Art der Trinkwasserkonsum distinguiert ist und distinguieren kann.

Tatsache ist, dass es beim Trinkwasser in Deutschland große Preisunterschiede gibt. Und das, obwohl es durch die strenge gesetzliche Trinkwasserverordnung in Deutschland gar kein „schlechtes" Wasser geben kann. Dennoch variiert der Preis von rund 0,2 Cent pro Liter für Leitungswasser (vgl. Statistisches Bundesamt 2014) bis hin zu über 120 Euro pro Flasche für die teuersten

Mineralwässer („Rokko No Mizu" und „bling h2o") (vgl. Wirtschaftswoche 2012: online). Was rechtfertigt diese immensen Preisunterschiede? Ist das teure Wasser gesünder? Schmeckt es besser? Oder ist es einfach nur prestigeträchtiger?

Mit dieser Frage hat sich auch Willems in „Die Wasser der Gesellschaft" befasst und kommt zu dem Schluss, dass sich das Wasser auf der Sachebene (Geschmack, Inhaltsstoffe etc.) nur geringfügig unterscheidet, sich aber umso besser dazu eignet, sozial zu differenzieren, indem man mit dem Konsum teuren Wassers „Geschmack" beweist (vgl. Willems 2017: 28). Willems bezeichnet das Mineralwasser gar als „zugleich besonders teures und symbolisch-semantisch aufgeladenes Lifestyle-Produkt, das offen oder verdeckt/latent als (Oberschicht-)Statussymbol fungiert" (ebd.). Trinkwasser unterscheidet sich also kaum auf sachlicher, dafür umso mehr auf symbolischer Ebene. Es ist somit davon auszugehen, dass das Image eine außergewöhnlich wichtige Rolle beim Trinkwasser(ver)kauf spielt.

Dieses Image sowie die gesamte Haltung zum Trinkwasser ist Produkt der (Trink-)Wasser-Sozialisation, die durch verschiedene Lernformen geprägt ist. Neben dem Modell-Lernen und eigenen Erfahrungen mit dem Produkt selbst spielt auch die Werbung eine Rolle in diesem Prozess – vor allem wenn es darum geht, eine Haltung zu unterschiedlichen Trinkwassermarken zu entwickeln oder als Faktor in der sozialen „Klassendifferenzierung" der Trinkwässer zu wirken (vgl. ebd.: 39).

Wenn man Trinkwasser in Klassen einteilen würde, entstünden die ersten Unterschiede schon dadurch, ob eine Wassermarke aktiv wirbt oder nicht. Bei Leitungswasser sowie Mineralwasser aus dem Discounter ist dies beispielsweise nicht der Fall. Auch die teuersten Mineralwässer werben nicht aktiv für ihr Produkt, da sie ohnehin nicht die breite Masse ansprechen wollen. Das gewünschte Prestige entsteht hier unter anderem durch die Platzierung in den Getränkekarten teurer Restaurants. Aktives Werben findet man vor allem in der „Mittelklasse" der Mineralwässer (z. B. Gerolsteiner, Volvic, Evian), die zwar deutlich teurer als Leitungswasser sind, deren Zielgruppe aber dennoch die meisten Gesellschaftsschichten umfasst.

2.3 Lifestyle

Im Gegensatz zu dem recht plastischen Begriff Trinkwasser ist der Begriff Lifestyle deutlich vielschichtiger und unterschiedlich definiert. Zur Beantwortung der Frage, ob Trinkwasser ein Lifestyle-Produkt ist, muss also zunächst definiert werden, was man unter Lifestyle versteht. Dabei soll vor allem betrachtet werden, in welcher Verbindung Trinkwasser und Lifestyle zueinander stehen.

Übersetzt man den englischen Begriff Lifestyle ins Deutsche, bedeutet er zunächst nichts anderes als „Lebensstil". Das Konzept der Lebensstile ist ein in der Soziologie etabliertes Konzept, das dazu dient, die Gesellschaft nach bestimmten wissenschaftlichen Kriterien zu gruppieren. Es hat den Anspruch, ein allgemeines sozialstrukturelles Ordnungsschema zu sein und ist damit streng wissenschaftlich orientiert (vgl. Hölscher 1998: 172ff.).

An diesem Punkt unterscheiden sich Lebensstil und Lifestyle. Obwohl die jeweilige Definition kontextabhängig ist, kann man Lebensstil eher in der Soziologie verorten, Lifestyle hingegen in der Marketingpraxis. Lifestyle-Typologien werden nach absatz- und werbestrategischen Prinzipien gebildet und sollen in Lifestyle-Typen münden. Der Anspruch liegt hier nicht in einer wissenschaftlichen, allgemein gültigen Typologie, sondern einzig darin, die Zielgruppen für den Absatz zu strukturieren (vgl. ebd.: 171ff.).

Ziel dieser Arbeit ist jedoch nicht, eine umfassende wissenschaftliche Lebensstil-Typologie zu erstellen. Stattdessen soll anhand der durch die Marken angestrebten Images sowie der von den Konsumenten wahrgenommen Images untersucht werden, ob Lifestyle in der Trinkwasser-Werbung eine Rolle spielt. Relevant ist daher eine dritte Herangehensweise an den Begriff Lifestyle: ein eher diffuses, alltagsweltliches Verständnis von Lifestyle. Lifestyle als hohe Lebensqualität, als individuelle Lebensgestaltung (vgl. ebd.: 172). Im Prinzip kann Lifestyle im Rahmen dieser Fragestellung also gar nicht konkret definiert werden. Vielmehr ist die Definition von Lifestyle Teil der Fragestellung selbst.

2.4 Images

Der Begriff Image tauchte erstmals in den 1950er Jahren auf und hat seitdem zunehmend Eingang in unsere Alltagssprache gefunden (vgl. Kautt 2008: 9). Auf Seiten wissenschaftlicher Diskurse findet man den Begriff Image in einer Vielzahl von Disziplinen, vor allem in den Wirtschaftswissenschaften und in der Soziologie. Dabei ist der Begriff in keiner der beiden Disziplinen eindeutig definiert. Obwohl der Begriff in beiden Disziplinen etwas unterschiedlich konnotiert ist, finden sich einige Überschneidungen, deren Darstellung im Folgenden zu einer interdisziplinären Definition für diese Arbeit führen soll.

2.4.1 Images in der Soziologie

Eine ältere Definition des Imagebegriffs stammt von Kleining. Er definiert Image als „die Gesamtheit aller Wahrnehmungen, Vorstellungen, Ideen und Bewertungen, die ein Subjekt von einem Objekt besitzt [...]" (Kleining 1961: 146). Dieses Objekt kann ebenso ein Gegenstand sein, wie auch eine Person oder eine Verhaltensweise – quasi alles, was real ist. Kleining beschreibt Images als eingespannt zwischen der Realität und der Persönlichkeit (vgl. ebd.). Wie im Laufe des Kapitels deutlich werden wird, ist diese Definition aus den frühen Jahren des Imagebegriffs im Kern noch immer aktuell.

Kleining beschreibt die Entstehung von Images einerseits in Form von individuellen, einmaligen, unverwechselbaren Images als Produkt des Einzelnen und andererseits in Form von kollektiven, allgemein typisierten Images als Produkt Vieler – quasi als Produkt der Gesellschaft. Damit ordnet er die Imageforschung sowohl der Psychologie mit der Untersuchung der individuellen Images als auch der Soziologie mit der Erforschung kollektiver Images zu. Diese kollektiven (Gruppen-)Images stellen den gemeinsamen Nenner aller Einzelimages dar (vgl. ebd.: 147f.).

Der Self-Image-Ansatz schlägt im Rahmen der Konsumforschung eine Brücke zwischen Soziologie und Wirtschaftswissenschaft. Er wurde vielfach aufgegriffen und besagt im Kern, dass das Selbstbild des Konsumenten (Self-Image) mit dem Image des Produkts (Public Image) übereinstimmen muss, um eine Präferenz für das Produkt auszulösen (vgl. Kautt 2008: 16). Dieser Ansatz geht auf Levy zurück, der 1959 festhielt: „A symbol is appropriate (and the product will be used and enjoyed) when it joins with, meshes with, adds to, or reinforces the way the consumer thinks about himself" (Levy 1959: 119). Dieses Selbstkonzept wird vor allem sozial geformt. Obwohl es prinzipiell ein individuelles Konzept des Einzelnen von sich selbst darstellt, passt es sich in extremem Maße an die aktuelle Kultur und die sozialen Strukturen an. Der Self-Image-Ansatz ist daher durchaus in der Soziologie zu verorten (vgl. Schnierer 1999: 94f.).

Neben den vorgestellten Ansätzen gibt es weitere Definitionen von Image innerhalb der Soziologie, die das Image weniger objektbezogen und stärker in einem Kontext sozialer Interaktion sehen (vgl. Goffman 1971) oder als „Pseudoereignis" interpretieren (vgl. Boorstin 1962). Diese Ansätze werden aufgrund ihrer thematischen Entfernung von der Fragestellung hier nicht vertieft.

2.4.2 Images in der Wirtschaftswissenschaft

In den Wirtschaftswissenschaften befasst sich vor allem der Teilbereich Marketing mit dem Thema Images. Doch auch hier findet man keine eindeutige Erklärung, geschweige denn eine einheitliche Definition. Häufig wird der Begriff Image mit dem Begriff Einstellung nahezu gleichgesetzt (vgl. Kroeber-Riel/Gröppel-Klein 2013: 233). Folgt man dieser Gleichsetzung, so nimmt das Image bzw. Einstellung eine zentrale Rolle im Kaufverhalten ein.

Begleitet von den Konstrukten Emotion und Motivation stellt die Einstellung eine zentrale Variable in der Erklärung von Kaufhandlungen dar. Diese drei

Konstrukte werden auch als die psychischen Determinanten des Konsumenten-
verhaltens bezeichnet und bauen aufeinander auf.

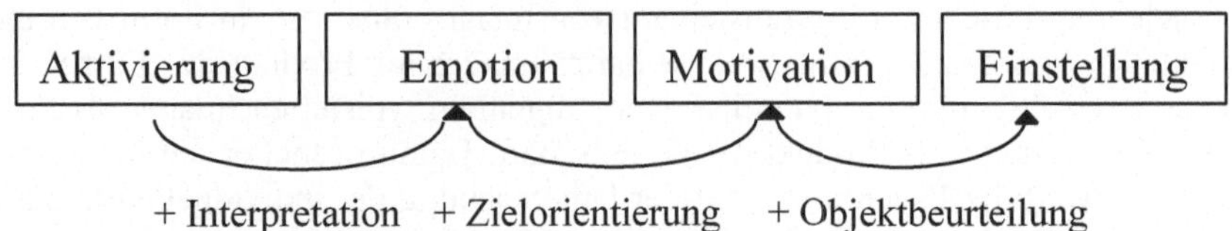

Abb. 2:   Zusammenhang zwischen Aktivierung, Emotion, Motivation und Einstellung
(Quelle: eigene Darstellung nach Foscht & Swoboda 2011: 49)

Die Basis dieser Konstrukte ist die Aktivierung. Durch sie wird der Mensch in
einen Zustand versetzt, in dem er Reize aufnehmen kann. Wird sie durch eine
Interpretation ergänzt, so spricht man von Emotionen. Man kann Emotionen
kurz umreißen als das angenehme oder unangenehme Empfinden der Aktivierung. Erwächst aus der Emotion eine bestimmte Zielorientierung, so spricht man
von Motivation. Motivation ist der Antrieb für Handlungen. Sie setzt sich aus
den oben erläuterten Emotionen und Bedürfnissen bzw. Trieben (z.B. Durst,
Sicherheit) zusammen. Auf der letzten Stufe des Kaufprozesses steht die Einstellung. Sie ist auf einen bestimmten Gegenstand gerichtet und ergibt sich aus
einer zusätzlichen Beurteilung des Objekts. Die Einstellung ist somit die wahr-
genommene Eignung der Gegenstände, bestimmte Motive zu befriedigen (vgl.
Foscht/Swoboda 2011: 37ff.).

In diesem Modell ist die Einstellung die letzte psychische Determinante vor
dem Kauf. Der Einstellung – und demzufolge auch dem Image – wird also ein
großer Einfluss auf den Kaufprozess unterstellt. Auch Heidel beschreibt den
Begriff Image in diesem Sinne als quasisynonym zur Einstellung. Er definiert
Einstellung als eine „auf Basis vergangener Erfahrungen entstandene, relativ
konstante – positive oder negative – Bewertung eines Merkmalsträgers" (Heidel
et al. 2008: 85), wobei dieser Merkmalsträger eine Person, ein Objekt oder auch
eine Marke sein kann (vgl. 85).

Raab et al. bieten eine Definition von Image, die die Einstellung in einen
soziologischen Kontext setzt. Sie definieren Image als „die Einstellungen vieler
Personen bezogen auf ein bestimmtes Objekt" (Raab et al. 2010: 20). Diese
Definition unterscheidet sich dadurch von der simplen Gleichsetzung mit der
Einstellung, da sie nicht auf das Individuum fokussiert ist, sondern eine Gruppe
von Personen zu Akteuren macht. Es liegt nach dieser Definition also nicht an
einer einzigen Person, das Image einer Marke zu bestimmen. Das Image entsteht
nicht durch die individuelle Bewertung, sondern durch ein kollektives Bild von
der Marke. Somit wäre das Image etwas, das der Marke anhaftet und nicht erst

durch die Interpretation des Einzelnen entsteht. Den Aspekt der Kollektivität von Images greifen auch Schmidt und Gizinski in ihrer Definition auf:

> „Im Image verdichten sich die subjektiven, aber sozial vermittelten Ansichten und Vorstellungen, die ein Individuum gegenüber einem Gegenstand, einer Person oder einem abstrakten Sachverhalt haben kann, zu einem Vorstellungsbild." (Schmidt/Gizinski 2004: 51)

Sie sagen damit einerseits, dass Images subjektiv und also individuell sind. Andererseits betonen sie, dass es sich im Ursprung um sozial vermittelte Ansichten und Vorstellungen handelt, diese also nicht allein durch das Individuum entstehen. Sie erklären außerdem, dass sich dieses Vorstellungsbild mit der Zeit entwickelt und festigt. Dabei spielen sowohl eigene Erfahrungen als auch Kommunikation eine Rolle (vgl. ebd.).

Im Bereich der Marketingforschung ist der Imagebegriff häufig auch mit dem Begriff der Marke verbunden. Da sich auch die vorliegende Arbeit nicht mit einzelnen Produkten, sondern mit Trinkwassermarken und deren Images befassen wird, ist diese Definition hier zentral.

Meffert definiert das Markenimage als „das Ergebnis der individuellen, subjektiven Wahrnehmung und Dekodierung aller von der Marke ausgesendeten Signale" (Meffert et al. 2014: 332). Es setzt sich somit zusammen aus den Signalen der Marke (siehe Kapitel 3) und der individuellen Interpretation des Konsumenten (siehe Kapitel 4). An dieser Stelle erkennt man Parallelen zu der aus der Soziologie stammenden Definition von Kleining.

Grundlage für die Bildung eines Markenimages ist die Markenbekanntheit – nur wenn der Konsument die Marke kennt, ist er in der Lage, sich ein bestimmtes Bild von ihr zu machen. Auf dieser Grundlage baut das Markenimage auf. Nach Meffert besteht es aus drei Komponenten (vgl. ebd.: 333):

1. Markenattribute: Sie charakterisieren die Marke durch beschreibende Merkmale und verleihen ihr beispielsweise Herkunft, Werte oder ‚Persönlichkeit'. Beispiel: Ein Mineralwasser stammt aus der Vulkaneifel.

2. Funktionaler Nutzen: Der funktionale Nutzen ergibt sich aus den physikalisch-funktionellen Merkmalen der Marke. Beispiel: Ein Mineralwasser leistet einen hohen Beitrag zum Tagesbedarf an Magnesium.

3. Symbolischer Nutzen: Die Marke befriedigt symbolhaft Bedürfnisse des Konsumenten, die über den funktionalen Nutzen hinausgehen. Beispiel: Das teure Mineralwasser verleiht dem Konsumenten Prestige.

Schmidt und Gizinski unterteilen das Markenimage in Markenbild und Markenguthaben, wobei das Markenbild die Merkmale der Marke umfasst, während das

Markenguthaben die langfristigen Einstellungen gegenüber der Marke bewertet (vgl. Schmidt/Gizinski 2004: 50f.).

2.4.3   Fazit

Die vorangegangene Darstellung verschiedener Ansätze und Definitionen zeigt, dass es keine einheitliche Definition von Images gibt. Es liegt daher an dem jeweils Forschenden, die für die Fragestellung relevanten Aspekte zu ermitteln und eine Definition zu schaffen, die der Fragestellung angemessen ist.

Die Relevanz des Images liegt hier darin begründet, dass das Image eine zentrale Rolle bei der Kaufentscheidung spielt. Für die Zwecke dieser Untersuchung gilt ein Image als eine subjektive, aber sozial geprägte Vorstellung einer Person von einem Objekt. Im Rahmen dieser Untersuchung wird das Objekt einerseits das Trinkwasser selbst und andererseits die jeweilige Trinkwassermarke sein.

Es wird davon ausgegangen, dass das Image durch die individuelle Interpretation der durch die Marke ausgesandten Signale entsteht. Dabei ist es langfristig und relativ stabil. Das Markenimage setzt sich zusammen aus Markenattributen, funktionalem Nutzen und symbolischem Nutzen. Dabei kann eine Vielzahl individueller Images durch die Analyse ihres kleinsten gemeinsamen Nenners zu einem kollektiven Gruppenimage vereint werden.

2.5   Werbung zwischen Marketing und Soziologie

Die vorliegende Arbeit hat einen interdisziplinären Anspruch, bei dem der Übergang zwischen der Soziologie und den Wirtschaftswissenschaften (insbesondere dem Marketing) fließend ist. Einerseits wird untersucht, welche Images Trinkwasserwerbung zu vermitteln versucht. Dieses Vorgehen ist vor allem durch eine wirtschaftswissenschaftliche, marketingnahe Herangehensweise geprägt. Andererseits befasst sich diese Arbeit aus soziologischer Perspektive mit den Images, die das Individuum und die Gesellschaft dem Trinkwasser und den einzelnen Trinkwassermarken zuschreiben. Ziel der Arbeit ist also, die Erkenntnisse der Untersuchungen aus diesen beiden wissenschaftlichen Perspektiven zu einer gemeinsamen Erkenntnis zu vereinen. Die Werbung ist dabei der vermittelnde Faktor zwischen den beiden Disziplinen.

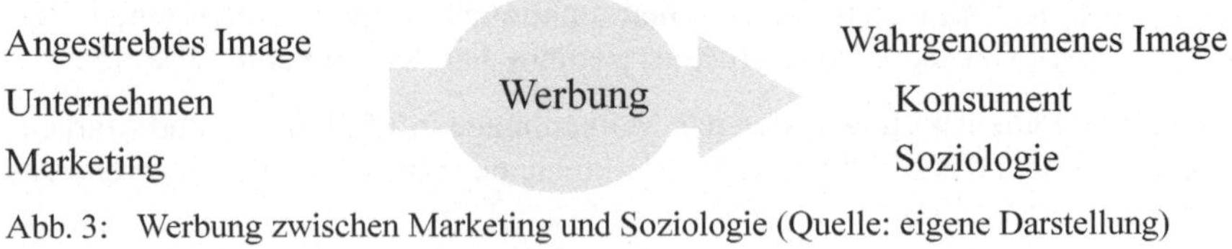

Abb. 3:   Werbung zwischen Marketing und Soziologie (Quelle: eigene Darstellung)

Die Arbeit präsentiert zwei Seiten einer Medaille. Auf der einen Seite steht der Versuch des Unternehmens, ein Image aufzubauen und zu vermitteln. Auf der anderen Seite steht die Wahrnehmung des Konsumenten, dessen individuelles Image der Marke im besten Falle durch diesen Versuch des Unternehmens beeinflusst wird. Als Treiber dieser Beeinflussung wirkt die Werbung des Unternehmens.

Doch was ist Werbung überhaupt? Auf jeden Fall ist Werbung ein vielfach definierter Begriff. Kroeber-Riel und Weinberg präsentieren eine kompakte, aber umfassende Definition: „Werbung wird definiert als versuchte Meinungsbeeinflussung mittels besonderer Kommunikationsmittel." (Kroeber-Riel/ Weinberg 1996: 580) Beweggrund der Werbung ist also immer, die Meinung der Konsumenten zu beeinflussen. Es ist naheliegend, dass diese Beeinflussung positiver Natur sein soll und den Konsumenten letzten Endes zum Kauf bewegen soll. Als Mittel der Werbung definieren Kroeber-Riel und Weinberg besondere Kommunikationsmittel.

Obwohl diese Definition überaus breit ist, macht sie deutlich, dass es sich bei dieser Kommunikation nicht um alltägliche Kommunikation handelt, sondern um jene, die für genau diesen Zweck durchgeführt wird. Damit spiegelt diese Definition auch die Vielfalt heutiger Werbung. Sie reicht von Plakatwerbung über Fernsehwerbung, Influencer-Marketing und PR bis hin zu Product Placement. Es steht also eine riesige Palette unterschiedlicher Werbekommunikation zur Auswahl, anhand derer die angestrebten Images von Trinkwasser untersucht werden könnten. Da sich in Zeiten integrierter Kommunikation und zentraler Markensteuerung die gesendeten Botschaften jedoch nicht wirklich gravierend unterscheiden, beschränkt sich diese Arbeit auf die Untersuchung nur eines sehr zentralen Werbekanals.

Die Gliederung dieser Arbeit ist durch die oben dargestellte Dichotomie (Unternehmen – Konsument) geprägt. Das folgende Kapitel wird sich mit der linken Seite der Abbildung 3 befassen, indem anhand einer qualitativen Inhaltsanalyse untersucht wird, welche Images die Unternehmen mit ihren Marken zu vermitteln versuchen. An dieser Stelle muss jedoch darauf hingewiesen werden, dass die tatsächlichen Imageziele der Unternehmen anhand einer qualitativen Untersuchung nur eines Werbekanals nicht ermittelt werden können. Die Imageziele der Unternehmen sind nicht transparent und müssten direkt bei den Unternehmen erfragt werden. Die Inhaltsanalyse ermöglicht es dem Forscher jedoch, auf Basis der Werbung Annahmen zu den möglichen Imagezielen des Unternehmens zu treffen.

Kapitel 5 befasst sich darauf aufbauend mit der rechten Seite der Abbildung. Die Untersuchung der Images, die die Konsumenten der Marke zuordnen, entspricht dem eher soziologischen Teil der Arbeit. Es gilt allerdings zu beachten, dass diese erhobenen Images nicht unbedingt durch Werbung entstanden oder beeinflusst sein müssen. Es kann ebenso sein, dass eine befragte Person nie mit Werbung der Marke konfrontiert wurde. Vor allem trifft dies auf die Webseite des Unternehmens zu, die Grundlage für die vorangegangene Inhaltsanalyse ist.

Es ist wahrscheinlich, dass die wenigsten Befragten jemals eine der Webseiten der Trinkwassermarken besucht haben. Es ist jedoch auch davon auszugehen, dass die Webseiten der jeweiligen Marken repräsentative Eindrücke der Marken insgesamt vermitteln und mit den Ergebnissen der Onlinebefragung verglichen werden können.

2.6 Implikationen

Die gesamte Arbeit wird das Thema Images von Trinkwassermarken aus zwei Perspektiven betrachten. Einerseits wird die Selbstdarstellung der Marke untersucht und andererseits die Wahrnehmung der Konsumenten. Dabei wird die Arbeit folgende Forschungsfragen untersuchen:

1. Markenimage
   a) Liegt der Fokus der Marken bei der Imagewerbung auf Markenattributen, funktionalem oder symbolischem Nutzen?
   b) Legen die Konsumenten beim Trinkwasserkauf am meisten Wert auf Markenattribute, funktionalen oder symbolischen Nutzen?

2. Image
   a) Welche Images versuchen die Trinkwassermarken von sich zu vermitteln?
   b) Welche Images schreiben die Konsumenten den Trinkwassermarken zu?
   c) Gibt es neben den Einzelimages der Marken auch kollektive Gruppenimages?

3. Lifestyle
   a) Inwiefern versuchen die Trinkwassermarken Lifestyle zu vermitteln?
   b) Sehen die Konsumenten die Trinkwassermarken als Lifestyle-Produkte?

Jede thematische Gruppierung von Forschungsfragen (1 bis 3) repräsentiert einen relevanten Aspekt für die Untersuchung. Die jeweils untergeordneten Fragen a bis c umfassen die unterschiedlichen Perspektiven. Die Fragen a untersuchen die Unternehmensperspektive, also die Darstellung der Marken. Die Fragen b betrachten die Konsumentenperspektive, also die individuellen Wahrnehmungen der Marken. Diese Forschungsfragen spiegeln somit die Dichotomie der Arbeit wider. Dem Themenblock Image ist noch eine dritte Forschungsfrage c zugeordnet. Diese betrifft ebenfalls die Konsumentenperspektive, allerdings bezieht sie sich nicht auf die individuellen Wahrnehmungen, sondern untersucht, ob es eine kollektive Übereinstimmung der Wahrnehmungen gibt.

Die Arbeit basiert also auf zwei unterschiedlichen Perspektiven (Unternehmen – Konsument), die mit zwei unterschiedlichen Methoden untersucht und am Ende verglichen werden sollen. Zunächst werden die Forschungsfragen 1a, 2a und 3a anhand einer Inhaltsanalyse behandelt (Kapitel 3). Kapitel 4 befasst sich im Rahmen einer Onlinebefragung der Konsumenten mit den Forschungsfragen 1b, 2b und 3b. Dabei werden die Forschungsfragen 3a und 3b nicht direkt untersucht, sondern aus den Ergebnissen für die Forschungsfragen 1 und 2 abgeleitet.

3   Inhaltsanalyse: Webseiten von Trinkwassermarken

3.1   Konzeption und Methode

3.1.1 Qualitative Inhaltsanalyse nach Mayring

Diese Analyse wird in Form einer qualitativen Inhaltsanalyse durchgeführt. Das Vorgehen ist an Mayring (2015) orientiert. Dabei wird die Inhaltsanalyse nicht als Form der Datenerhebung betrachtet, sondern als Methode der Datenanalyse, die verschiedene Arten von Kommunikation zum Gegenstand haben kann (vgl. Mayring 2015: 11ff.). Mayring hat mit seiner Auffassung der qualitativen Inhaltsanalyse einen Rahmen geschaffen, der sowohl der Vorgehensweise qualitativer Forschung entspricht als auch durch ein regelgeleitetes Vorgehen eine gewisse Vergleichbarkeit und Intersubjektivität garantiert. Inhaltsanalysen zeichnen sich demnach durch folgende Charakteristika aus (vgl. ebd.: 12f.):

- Sie analysieren fixierte Kommunikation.

- Sie gehen systematisch, also regelgeleitet, vor.

- Sie basieren auf Theorien, die die Analyse leiten.

- Sie zielen auf Rückschlüsse auf bestimmte Aspekte der Kommunikation ab.

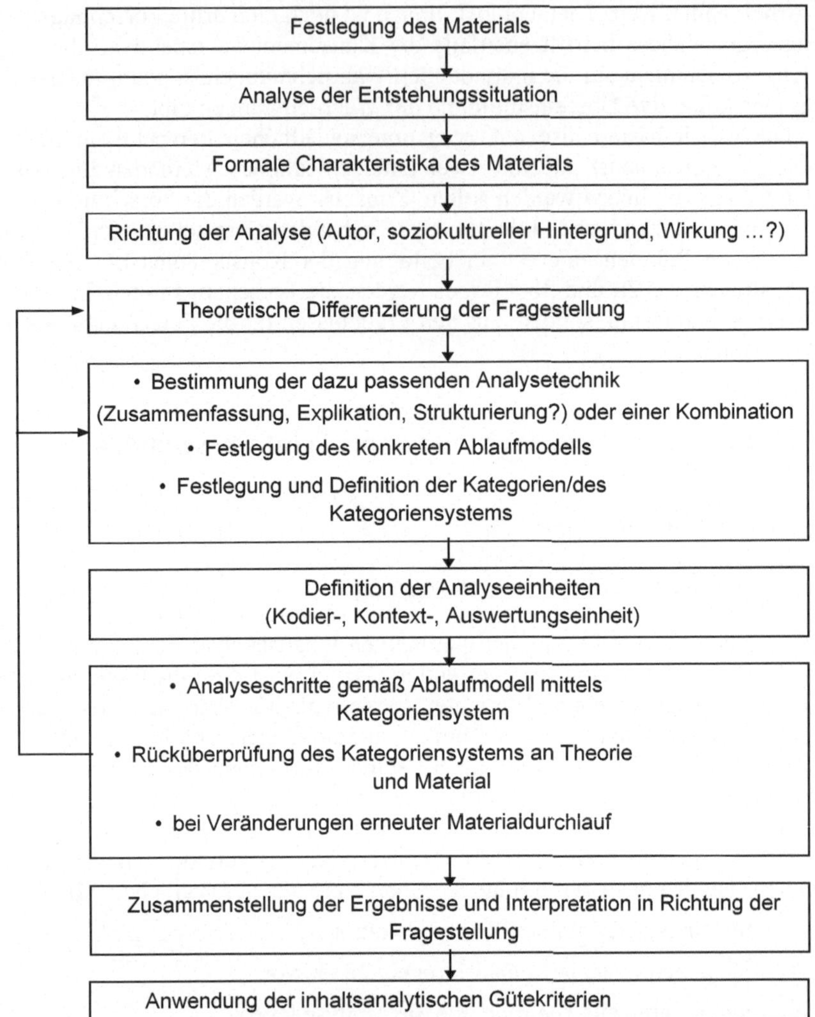

Abb. 4:   Ablaufmodell der qualitativen Inhaltsanalyse nach Mayring (Quelle: Mayring
          2015: 62)

Zentral ist bei dieser Form der Inhaltsanalyse die Kategorienbildung. Durch systematisches Bilden von Kategorien kann die Inhaltsanalyse trotz ihrer qualitativen Ausrichtung ein hohes Maß an Vergleichbarkeit gewährleisten (vgl. ebd.: 51f.).

Die qualitative Inhaltsanalyse nach Mayring ist durchgehend stark strukturiert. Das Vorgehen sowie die Regeln der Analyse werden zu Beginn der Analyse festgelegt und durchgängig befolgt. Mayring schlägt hierfür ein zunächst sehr allgemeines Vorgehensmodell einer qualitativen Inhaltsanalyse vor. Dieses allgemeine Modell wird anschließend dem Forschungsgegenstand entsprechend durch ausgewählte Analysetechniken ergänzt.

An diesem grundlegenden Ablaufmodell werden sich die nächsten Kapitel orientieren. Zunächst wird festgelegt, welches Material analysiert wird. Im Zuge dessen wird die Grundgesamtheit definiert und die Stichprobenziehung erläutert.

Anschließend wird die Entstehungssituation analysiert. Dies ist die Grundlage für eine gegenstandsnahe Analyse. Kapitel 3.1.4 betrachtet die formalen Charakteristika des Materials. Darauffolgend werden die Richtung der Analyse und die Fragestellungen dargestellt. Vor diesem Hintergrund werden anschließend angemessene Analysetechniken ausgewählt und ein spezielles Ablaufmodell für die Inhaltsanalyse entwickelt. Die ausgewählte Methodik wird dann anhand von Gütekriterien kritisch hinterfragt.

3.1.2   Festlegung des Materials

Die Grundgesamtheit für diese Analyse ergibt sich aus der Definition von Trinkwasser in Kapitel 2.2. Sie umfasst alle in Deutschland erwerbbaren Trinkwassermarken, wobei diese Trinkwassermarken ebenso Flaschenwasser wie Produkte zur Trinkwasseraufbereitung umfassen. Heilwassermarken sind entsprechend der Arbeitsdefinition ausgeschlossen. Die Grundgesamtheit ist damit sehr groß und wenig übersichtlich. Deshalb soll für diese Inhaltsanalyse eine Stichprobe gezogen werden. Durch den qualitativen Forschungsanspruch wäre eine Analyse der gesamten Grundgesamtheit mit den zur Verfügung stehenden Ressourcen nicht möglich. Entgegen dem Anspruch quantitativer Forschung, eine möglichst repräsentative Stichprobe zu bilden, liegt der Fokus bei der qualitativen Inhaltsanalyse auf typischen Fällen. Die Stichprobe wird daher nicht zufällig gezogen, sondern theoretisch begründet. Dabei werden die Trinkwassermarken in drei Kategorien aufgeteilt:

1.   Beliebteste Trinkwassermarken

2.   Luxusmarken

3.   Marken der Trinkwasseraufbereitung

Grundlage der Stichprobe bilden die beliebtesten Trinkwassermarken. Hierfür wurden Daten aus dem Jahr 2016 herangezogen (vgl. Arbeitsgemeinschaft Verbrauchs- und Medienanalyse 2017). Die Beliebtheit der Marken wurde ermittelt, indem nach dem Konsum innerhalb der letzten vier Wochen gefragt wurde.

Somit stellen die Anführer dieser Statistik die meistkonsumierten Trinkwassermarken dar. An erster Stelle dieser Statistik steht mit 15,9% die Marke Gerolsteiner. Darauf folgen Volvic mit 12,4% und Apollinaris mit 8,5%. Den vierten
Platz belegt Vittel mit 8,3%. An fünfter Stelle steht Bonaqua mit 6,8%. Aufgrund des hohen Analyseaufwands wurde die Stichprobe in dieser Kategorie auf
fünf Trinkwassermarken beschränkt.

Wie in Kapitel 2 dargestellt, gibt es im Bereich Trinkwasser ein großes
Preisgefälle. Die oben genannten beliebtesten Trinkwassermarken bilden in etwa
den mittleren Bereich dieser Preisspanne ab. Interessant sind jedoch auch die
Trinkwassermarken der oberen und unteren Preissegmente. Im oberen Preissegment – hier als Luxusmarken bezeichnet – gibt es leider keine aussagekräftigen Statistiken zur Beliebtheit der verschiedenen Marken. Es musste daher zufällig aus den in Deutschland eher gängigen Luxusmarken ausgewählt werden.
Hierfür wurden einige Onlineshops für Luxustrinkwasser durchsucht (vgl. Was-
serdepot; Five Bottles; Trink Gesundes; Bottle World). Mit Voss und Fiji Water
wurden zwei eher günstige Luxusmarken mit einem Literpreis von 4 bis 6 Euro
ausgewählt. Teurere Luxusmarken wie beispielsweise bling mit einem Literpreis
von rund 57 Euro sind bei der Zielgruppe einer Online-Befragung tendenziell
weniger bekannt, weshalb in der Befragung auf diese Marken verzichtet wurde.

Am anderen Ende der Preisspanne war es schwieriger, entsprechende Marken zu finden. Für Wasser aus Discountern wird nicht aktiv geworben und es
gibt auch keinen entsprechenden Webauftritt. Stattdessen wurde die Aufbereitung von Leitungswasser betrachtet. Leitungswasser selbst ist das wohl güns-
tigste Trinkwasser – allerdings ist es „markenlos". Jedoch gibt es mittlerweile
einige Marken, die auf die Aufbereitung von Leitungswasser spezialisiert sind.
Für diese Kategorie wurden eine Marke für Wassersprudler und eine Marke für
Wasserfilter ausgewählt: SodaStream und BRITA.

Die vollständige Stichprobe umfasst damit die folgenden neun Marken:

1. Gerolsteiner

2. Volvic

3. Apollinaris

4. Vittel

5. Bonaqa

6. Voss

7. Fiji Water

8. SodaStream

9. BRITA

Die Stichprobenbildung unter den Marken beschreibt jedoch noch nicht die Auswahl des Materials. Prinzipiell gibt es extrem viel Material, aus dem man die gewünschten Informationen erheben könnte: TV-Werbung, Plakatwerbung, Social Media Auftritte, Produktetiketten, Webseiten und vieles mehr. Jedoch muss der Umfang der Analyse im Rahmen bleiben. Daher wurden die Startseiten der Webauftritte der jeweiligen Trinkwassermarken als Material ausgewählt.

Grundlage dieser Entscheidung sind mehrere Annahmen. Zunächst ist davon auszugehen, dass jede der Trinkwassermarken in der Stichprobe eine eigene Webseite besitzt. Des Weiteren wird angenommen, dass die Trinkwassermarken versuchen, ihr Image direkt mit dem ersten Eindruck zu vermitteln – dieser erste Eindruck entsteht innerhalb eines Webauftritts auf der Startseite. Damit kann das Material auf die Startseiten der jeweiligen Webauftritte reduziert werden. Weiterführende Links, Unterseiten oder Menüpunkte werden nicht analysiert. Jedoch fließen alle auf der Startseite vorhandenen Kommunikationsmittel in die Analyse ein, seien es Texte, Bilder oder Videos.

3.1.3   Analyse der Entstehungssituation

Ein Merkmal der qualitativen Inhaltsanalyse ist ihre Nähe zum Gegenstand. Um dem qualitativen Anspruch zu genügen, muss die Inhaltsanalyse den Kontext der analysierten Kommunikation mit einbeziehen. Es gilt vor allem zu beachten, wer der Verfasser des Materials ist und welche emotionalen und kognitiven Handlungshintergründe dieser hat (vgl. Mayring 2015: 55). Schließlich findet Kommunikation nicht durch neutrale Botschaften im leeren Raum statt, sondern zwischen zwei oder mehr Personen, die alle ihre persönlichen Beweggründe für diese Kommunikation haben.

Das Material dieser Inhaltsanalyse besteht aus den Startseiten der Webauftritte von Trinkwassermarken. Verfasser der Kommunikation sind also die Unternehmen bzw. deren Marketingverantwortliche. Die Beweggründe hinter dieser Kommunikation sind somit offensichtlich: Die Unternehmen versuchen mit ihrer Internetpräsenz ihre Marke möglichst gut darzustellen, um so die Konsumenten zum Kauf anzuregen. Von dieser allgemeinen Vermutung wird zunächst ausgegangen, bevor die Darstellung in der Analyse genauer betrachtet wird.

Ein weiterer wichtiger Aspekt ist die Zielgruppe der Kommunikation. Es ist davon auszugehen, dass die Webseiten der Trinkwassermarken die potenziellen Käufer ansprechen sollen, also Privatpersonen, die zur speziellen Zielgruppe des Unternehmens bzw. des Produkts gehören. Wahrscheinlich unterscheidet sich die Zielgruppe zwischen den unterschiedlichen Kategorien der Stichprobe – die Luxusmarken sprechen vermutlich eine spezifischere Zielgruppe an als die Gruppe der beliebtesten Trinkwassermarken. Mehr als Vermutungen kann man hier jedoch nicht anstellen, da keine Daten aus den jeweiligen Unternehmen vorliegen. Prinzipiell sprechen die Materialien jedoch eine Zielgruppe potenzieller Trinkwasserkäufer an. Zuletzt sollte die konkrete Entstehungssituation des Materials berücksichtigt werden (vgl. ebd.). Bei dieser Inhaltsanalyse handelt es sich um eine Situation, in der das Unternehmen für seine Produkte bzw. für seine Marke wirbt.

3.1.4 Formale Charakteristika des Materials

Neben Informationen zur Entstehungssituation des Materials sind auch Informationen zu den formalen Charakteristika wichtig, um die Analyse möglichst gegenstandsnah durchzuführen. Meist ist die Basis für eine Inhaltsanalyse ein (transkribierter) Text (vgl. ebd.). Diese Inhaltsanalyse befasst sich jedoch mit Webseiten, weshalb Textelemente eine eher untergeordnete Rolle spielen. Vielmehr bestehen die Webseiten aus einer Mischung von kurzen Textelementen, Bildern, Überschriften, Videos und Grafikelementen. All diese Elemente tragen zur Imagebildung bei. Daher kann die Analyse nicht ausschließlich auf den Text reduziert werden, sondern muss die anderen Elemente einschließen.

3.1.5 Datenerhebung

Die Datenerhebung der Inhaltsanalyse besteht vorrangig aus der Dokumentation der Webseiten. Da diese keine langen Texte enthalten, ist es nicht sinnvoll, die vorhandenen Textelemente zu extrahieren. Grundlage für die Analyse sind daher Screenshots der jeweiligen Startseiten. Im Falle von Bildergalerien werden alle durchlaufenden Bilder einzeln erfasst. Videos werden durch Transkription der Tonspur sowie Screenshots der einzelnen Szenen erfasst.

3.1.6 Richtung der Analyse und Fragestellungen

Wie in Kapitel 2.6 erläutert, liegt bei dieser Arbeit eine dichotome Struktur der Forschungsfragen vor. Diese Inhaltsanalyse zielt darauf ab, die folgenden Forschungsfragen zu beantworten:

> 1a: Liegt der Fokus der Marken bei der Imagewerbung auf Markenattributen, funktionalem oder symbolischem Nutzen?
>
> 2a: Welche Images versuchen die Trinkwassermarken von sich zu vermitteln?
>
> 3a: Inwiefern versuchen die Trinkwassermarken Lifestyle zu vermitteln?

Die erste Forschungsfrage befasst sich mit der Relevanz des symbolischen Nutzens für die Trinkwassermarken. Aufgrund der Erkenntnisse aus Kapitel 2.2 ist davon auszugehen, dass der symbolische Nutzen für den Trinkwasserkauf am entscheidendsten ist, da sich der funktionale Nutzen zwischen den Marken (und Nicht-Marken wie dem Leitungswasser) kaum unterscheidet. Die Forschungsfrage lässt daher relativ wenig interpretativen Spielraum. Es soll nur ermittelt werden, auf welchen Bestandteil des Markenimages die jeweiligen Wassermarken in der Selbstdarstellung den Fokus legen.

Forschungsfrage 2a befasst sich schließlich mit den Images selbst. Diese Frage ist deutlich interpretativer als die erste Forschungsfrage. Es ist nicht davon auszugehen, dass die Trinkwassermarken ihre Images in verwertbaren, kategorisierenden Stichworten auf ihre Webseite schreiben. Daher müssen Texte, Bilder, Videos und Kombinationen dieser Medien untersucht werden, um dem Image der Marke auf den Grund zu gehen.

Die letzte Forschungsfrage zielt darauf ab, ob sich Trinkwasser als Lifestyle-Produkt beschreiben lässt, und wie die Trinkwassermarken diesen Lifestyle ggf. definieren. Dabei lässt die Forschungsfrage viel Spielraum für Interpretationen, da es anhand des theoretischen Hintergrundes nicht möglich ist, Lifestyle zu definieren. Lifestyle ist, was als Lifestyle definiert wird. Dies wird mit der dritten Forschungsfrage versucht. Allerdings soll diese Forschungsfrage nicht in einem eigenen Analyseteil untersucht werden, sondern aus den Ergebnissen der Forschungsfragen 1a und 2a abgeleitet werden. Nachdem bereits die verschiedenen Images aus dem Material extrahiert wurden, kann auf Basis dieser Images untersucht werden, ob die Marken in irgendeiner Form Lifestyle zu vermitteln versuchen.

3.1.7   Ablaufmodell der Analyse und Durchführung

Im sechsten Schritt des allgemeinen Ablaufmodells nach Mayring müssen die konkreten Analysetechniken ausgewählt und in das Ablaufmodell integriert werden (vgl. ebd.: 62). Die qualitative Inhaltsanalyse bietet ein breites Spektrum möglicher Analysetechniken. Welche Technik die richtige ist, hängt dabei von der Fragestellung sowie dem Material ab. Diese Inhaltsanalyse bearbeitet zwei verschiedene Forschungsfragen. Daher wird im Folgenden für jede Forschungsfrage eine eigene Vorgehensweise erarbeitet.

Forschungsfrage 1a

Bei der ersten Forschungsfrage („Liegt der Fokus der Marken bei der Imagewerbung auf Markenattributen, funktionalem oder symbolischem Nutzen?") handelt es sich im Prinzip um eine geschlossene Frage. Es soll jedoch nicht nur beantwortet werden, auf welchem Aspekt des Markenimages der Fokus liegt, sondern auch, welche Stellen des Materials darauf hinweisen. Dies soll mit Hilfe einer strukturierenden Technik beantwortet werden. Da die Kategorien für die

Analyse durch die drei theoretisch hergeleiteten Aspekte Markenattribute, funktionaler Nutzen und symbolischer Nutzen bereits gegeben sind, handelt es sich um eine deduktive Kategorienbildung.

Mayring beschreibt als Ziel der deduktiven Kategorienanwendung bzw. Strukturierung „eine bestimmte Struktur aus dem Material herauszufiltern" (ebd.: 97). Diese Struktur ist durch die deduktiven Kategorien vorgegeben. Diese Kategorien wiederum werden aus der Theorie bzw. der Fragestellung hergeleitet. Für diese Inhaltsanalyse ist die theoriegeleitete Kategorienbildung unkompliziert, daher kann eine umfassende Ableitung und Strukturierung wie Mayring sie vorschlägt (vgl. 98) umgangen werden. Stattdessen können die drei Ausprägungen des Markenimages direkt als Kategorien übernommen werden. Mayring unterscheidet des Weiteren verschiedene Formen der Strukturierung (vgl. ebd.: 103). Relevant für diesen Teil der Analyse ist eine inhaltliche Strukturierung. Bei dieser wird das Material inhaltlich zusammengefasst und den deduktiv gebildeten Kategorien zugeordnet. Besonders wichtig für eine stringente, regelgeleitete Analyse ist eine einheitliche Kodierung. Dies erfordert eine präzise Beschreibung der einzelnen Kategorien und die Erstellung eines eindeutigen Codierleitfadens. Im besten Fall wird dieser Codierleitfaden noch durch sogenannte Ankerbeispiele für die jeweiligen Kategorien ergänzt, um die Kodierung zu illustrieren (vgl. ebd.: 93). Das Kategorienschema dieses Teils der Inhaltsanalyse konnte aus dem theoretischen Teil der Arbeit hergeleitet werden. Grundlage bilden die drei Komponenten des Markenimages nach Meffert et al. (2014). Diese drei Komponenten wurden als Kategorien übernommen und gemäß der Definition von Meffert im Codierleitfaden beschrieben. Ergänzend wurden jeweils drei Ankerbeispiele aus dem Bereich Trinkwasser hinzugefügt.

Die Analyse wurde schließlich in tabellarischer Form durchgeführt (s. Abbildung 5). In der linken Spalte wurden die Namen der jeweiligen Trinkwassermarken als Fälle aufgeführt. Die zweite Spalte beschreibt den relevanten Inhalt. Bei Textelementen wurde der Inhalt wörtlich zitiert. Bilder wurden grundlegend beschrieben. Das Video der Webseite von Volvic wurde vollständig transkribiert und die einzelnen Sequenzen kurz beschrieben. Für die Analyse relevante Aspekte wurden schließlich aus dieser Transkription in die zweite Spalte der Tabelle übertragen. Die dritte Spalte bildet die Verbindung zwischen dem Inhalt und der Kategorie (Spalte 4), indem sie eine Begründung für die jeweilige Zuordnung bietet. In der vierten Spalte ganz rechts ist schließlich die jeweilige Kategorienzuordnung aufgeführt.

Marke	Beschreibung	Begründung	Kategorie
Gerolsteiner	Durchlaufendes Banner: „Ausgezeichnet: Gerolsteiner gewinnt den Nachhaltigkeits-Preis 2017"	Nachhaltigkeit scheint einen Wert der Marke darzustellen	1
	Durchlaufendes Banner: „Jetzt herunterladen: Die Gerolsteiner Wasserwoche-App. Entdecke die Wasserwoche-App für dein persönliches Projekt Wasserwoche"; Auf dem Bild: Zeichnungen von Stopp-Uhr, Kopfhörern, „Iss mich" sowie ein Apfel und ein Smartphone mit der App auf dem Display	Impliziert: Mit Hilfe von Gerolsteiner kannst du deine persönlichen Projekte durchführen und Ziele wie Fitness und Gesundheit erreichen	3
	Durchlaufendes Banner: „Die neue 1-Liter-PET-Flasche im 6er Kasten. Schön in schön leicht: der neue 6er Kasten. Beste Erfrischung kann so leicht sein. [...]"	Schöne Flaschen	3
		Besonders leichte Flaschen bzw. Kasten	2
	Text: „In Gerolstein kommt der Erfolg aus bis zu 250 Metern Tiefe: Das kohlensäurehaltige Gerolsteiner Mineralwasser, das der Gerolsteiner Brunnen in der Eifel zu Tage fördert und abfüllt, ist die führende Qualitätsmarke in Deutschland."	Betonung der Herkunft des Wassers	1
	Text: „Es dauert 50 bis 100 Jahre, bis das Gerolsteiner Mineral- und Heilwasser gefördert wird."	Wert durch Zeitdauer	1
	Text: „Eine umfassende Qualitätssicherung von der Quelle bis in die Flasche sorgt dafür, dass das Wasser ursprünglich rein vom Ursprung bis zum Verbraucher gelangt."	Vermittelt Wert des Wassers durch Reinheit, Ursprünglichkeit, Qualität	1

Marke	Beschreibung	Begründung	Kategorie
	Text: „Seinen besonderen Geschmack verdankt das Gerolsteiner Mineralwasser seiner Geologie, den geologischen Gegebenheiten am Quellort Gerolstein in der Vulkaneifel."	Besonderer Geschmack ist wichtiger funktionaler Bestandteil für Trinkwasser	2
		Betonung der Herkunft des Wassers	1

Abb. 5: Auszug aus der Tabelle zur Inhaltsanalyse 1a (Quelle: eigene Darstellung)

Forschungsfrage 2a

Die zweite Forschungsfrage („Welche Images versuchen die Trinkwassermarken von sich zu vermitteln?") ist explorativer als die erste. Da Images ganz unterschiedliche Ausprägungen haben können, ist es nicht möglich, das Kategoriensystem deduktiv aus der Theorie abzuleiten. Ziel ist also nicht, das Material anhand eines bestehenden Kategoriensystems zu untersuchen, sondern herauszufinden, welche Kategorien sich in dem Material verbergen. Die Kategorien entsprechen somit den verschiedenen Images, die über die Webseiten transportiert werden.

Dies entspricht dem von Mayring vorgeschlagenen Vorgehen zur induktiven Kategorienbildung: „Eine induktive Kategoriendefinition [...] leitet die Kategorien direkt aus dem Material in einem Verallgemeinerungsprozess ab, ohne sich auf vorab formulierte Theorienkonzepte zu beziehen" (Mayring 2015: 85). Dieser Prozess ist insofern regelgeleitet, als er sich einzig auf die Forschungsfrage bezieht. Gleichzeitig ist das Vorgehen noch immer offen und gegenstandsnah, da keine theoretischen Vorannahmen die Kategorien beeinflussen, sondern diese nur aus dem Material heraus entstehen. Mayring schlägt für diesen Aspekt der Analyse das in Abbildung 6 dargestellte Ablaufmodell vor.

Im Rahmen dieser Inhaltsanalyse kann dieser Prozess vereinfacht werden. Der erste Schritt des Prozessmodells wurde bereits mit der Formulierung der Forschungsfrage abgeschlossen und fällt daher weg. Die Schritte 4 und 5 (Revision und endgültiger Materialdurchgang) werden aufgrund der Stichprobengröße weggelassen. Durch die kleine Stichprobe ist es durchaus möglich, dass für jeden Fall eine eigene Kategorie entwickelt wird. Daher ist es sinnvoller, das Material komplett durchzuarbeiten und parallel die Kategorien zu entwickeln, als nach einem Teil der Analyse die Kategorien zu revidieren.

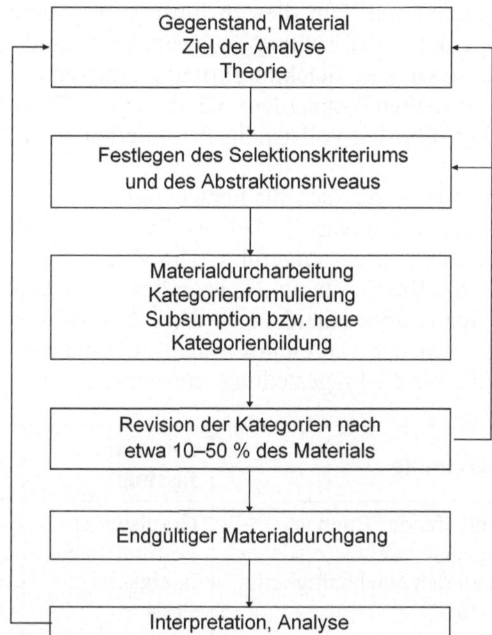

Abb. 6:   Prozessmodell induktiver Kategorienbildung (Quelle: nach Mayring 2015: 86)

Wichtig für eine sinnvolle, überschneidungsfreie Kategorienbildung während der Analyse ist es, zunächst das Abstraktionsniveau der Kategorienbildung festzulegen. Dabei sollten die Kategorien so konkret wie möglich festgelegt werden (vgl. ebd.: 87). Außerdem muss aus der Fragestellung ein klares Selektionskriterium festgelegt werden. Anhand dieses Selektionskriteriums wird beim Durchsehen des Materials entschieden, ob ein Aspekt Teil der Analyse sein soll oder nicht. Falls das Selektionskriterium auf diesen Aspekt zutrifft, wird eine Kategorie gebildet, die sich möglichst nah am Material orientiert. So wird das Material der Reihe nach durchgearbeitet. Bei den folgenden Stellen im Material, auf die das Selektionskriterium zutrifft, muss entschieden werden, ob sie unter die bereits gebildeten Kategorien fallen, oder ob anhand dieser Stelle eine neue Kategorie gebildet werden soll (vgl. ebd.). Da diese Analyse Images erfassen soll, entspricht das Selektionskriterium der in Kapitel 2.4.3 festgelegten Definition von Images. Wörtlich lautet es: „Der Versuch, ein Image (= eine subjektive, aber sozial geprägte Vorstellung einer Person von einem Objekt) zu generieren."

Das Abstraktionsniveau dieses Analyseteils ist als ein charakterisierendes Nomen festgelegt. Das bedeutet, dass die Kategorie das Image anhand eines

Nomens charakterisieren soll. Um dies zu illustrieren, wurden zusätzlich drei Ankerbeispiele angefügt: „Erfrischung", „Gesundheit" und „Vitalität". Das Abstraktionsniveau sowie das Selektionskriterium dieser Analyse werden im Codierleitfaden festgehalten. Außerdem werden zur Illustration einige Ankerbeispiele angefügt. Für den vollständigen Codierleitfaden wird auf den Anhang verwiesen.

Die Analyse wurde – wie auch für Forschungsfrage 1a – in tabellarischer Form durchgeführt (s. Abbildung 7). Auf der linken Seite wurden wieder die Namen der Trinkwassermarken aufgeführt. Die zweite Spalte enthält wie bei Forschungsfrage 1a die Beschreibung des jeweiligen Inhalts bzw. das Zitat daraus. In der dritten Spalte unterscheidet sich diese Analyse von der vorangegangenen. In Spalte 3 wird der aufgeführte Inhalt zusammengefasst und auf die Aspekte reduziert, die für die Fragestellung relevant sind.

Marke	Beschreibung	Zusammen-fassung	Kategorie
Gerolsteiner	Durchlaufendes Banner: „Ausgezeichnet: Gerolsteiner gewinnt den Nachhaltigkeits-Preis 2017"	Gerolsteiner gewinnt Nach-haltigkeits-Preis	Nachhaltigkeit
	Durchlaufendes Banner: „Jetzt herunterladen: Die Gerolsteiner Wasserwoche-App. Entdecke die Wasserwoche-App für dein persönliches Projekt Wasserwoche"; Auf dem Bild: Zeichnungen von Stopp-Uhr, Kopfhörern, „Iss mich" sowie ein Apfel und ein Smartphone mit der App auf dem Display	Erreiche mit Gerolsteiner dein persönli-ches Gesund-heits-Projekt	Gesundheit
	Durchlaufendes Banner: „Die neue 1-Liter-PET-Flasche im 6er Kasten. Schön in schön leicht: der neue 6er Kasten. Beste Erfrischung kann so leicht sein. [...]"	Die neuen Flaschen sind leicht	Einfachheit
	Text: „In Gerolstein kommt der Erfolg aus bis zu 250 Metern Tiefe: Das kohlen-	Qualität durch Förderung und Abfüllung in	Ursprünglich-keit

Marke	Beschreibung	Zusammen-fassung	Kategorie
	säurehaltige Gerolsteiner Mineralwasser, das der Gerolsteiner Brunnen in der Eifel zu Tage fördert und abfüllt, ist die führende Qualitätsmarke in Deutschland."	der Eifel	

Abb. 7: Auszug aus der Tabelle zur Inhaltsanalyse 2a (Quelle: eigene Darstellung)

Da die Inhalte teilweise sehr kurz waren (z.B. nur Überschriften oder kurze Texte auf Bildern), wurden Paraphrasierung, Zusammenfassung und Reduktion in dieser Spalte in einem Schritt vereint. Die vierte Spalte auf der rechten Seite stellt wieder die zugeordneten Kategorien dar. Da diese jedoch nicht wie bei Forschungsfrage 1a vorgegeben waren, wurden sie aus den Informationen aus Spalte 3 induktiv abgeleitet. Um möglichst überschneidungsfreie Kategorien zu bilden, wurden die bereits gebildeten Kategorien des vorangegangenen Materials immer wieder überarbeitet, vereinheitlicht oder differenziert. Aufgrund der geringen Materialmenge war es möglich, während der Analyse zwischen den Fällen zu springen, ohne den Überblick zu verlieren. Eine getrennte zweite Runde der Analyse war somit nicht nötig. Bei beiden Forschungsfragen wurde explizit auf eine quantitative Häufigkeitsauszählung verzichtet. Grund dafür ist, dass nicht allein die Häufigkeit eines Images für seine Relevanz entscheidend ist, sondern auch Aspekte wie Platzierung, Größe, Auffälligkeit etc. eine Rolle spielen, die bei der Kategorienbildung mit eingeflossen sind.

3.1.8   Kritische Betrachtung der Methode

Für die kritische Betrachtung sozialwissenschaftlicher Methoden spielen Gütekriterien eine wichtige Rolle. Lüders definiert Gütekriterien als „Maßstäbe für die Bewertung von Forschung" (Lüders 2010: 80). Die Gütekriterien der empirischen Sozialforschung haben ihren Ursprung in der quantitativen Forschung. Dennoch sind Gütekriterien auch in der qualitativen Forschung unabdingbar, um die Qualität der Methode und damit der Ergebnisse zu bewerten. Lamnek erläutert, dass generelle Kriterien nötig sind, um die „Qualität des Weges zur wissenschaftlichen Erkenntnisgewinnung" festzustellen (Lamnek 2010: 127). Zudem dienen die Gütekriterien auch der Vergleichbarkeit verschiedener Forschungen.

Die klassischen Gütekriterien quantitativer Sozialforschung lauten Objektivität, Reliabilität und Validität (vgl. Steinke 2007: 264). Bei genauer Betrachtung zeigt sich, dass sie nicht ohne weiteres auf qualitative Forschung übertragbar sind. Dies trifft vor allem auf das Kriterium Objektivität zu. Objektivität bedeutet, dass die Ergebnisse der Untersuchung unabhängig vom Untersuchenden sind. Jeder Untersuchende müsste somit die gleichen Ergebnisse erzielen. Um Objektivität zu gewährleisten und Einflüsse des Untersuchenden auszuschließen, muss die Untersuchung standardisiert werden. Dies widerspricht der Vorgehensweise qualitativer Forschung, die anstelle von Standardisierung zu Offenheit tendiert (vgl. ebd.: 264f.).

An den Gütekriterien der quantitativen Forschung gemessen, wäre somit jede qualitative Untersuchung per se defizitär. Möchte man qualitative Forschung trotzdem als legitimes Mittel der Erkenntnisgewinnung annehmen, so muss man von der Objektivität als Kriterium teilweise absehen. Anstelle von Objektivität sollte der korrekte Umgang mit Subjektivität im Fokus stehen (vgl. Helfferich 2011: 155). Nach Kruse ist diese Subjektivität sogar ein Grund für die Notwendigkeit von Gütekriterien (vgl. Kruse 2015: 54).

Ausgehend von der Annahme, dass auch die qualitative Forschung auf Gütekriterien angewiesen ist, herrschen in der Literatur zwei Möglichkeiten vor (vgl. Flick 2014: 413):

1. die Konzepte quantitativer Gütekriterien an qualitative Forschung anpassen,

2. anstelle klassischer Gütekriterien neue Kriterien für qualitative Forschung entwickeln.

Seit einiger Zeit haben sich unterschiedlich klassifizierte Gütekriterien für qualitative Forschung entwickelt (vgl. Kruse 2015: 54). Jedoch besteht in der wissenschaftlichen Methodendiskussion kaum Einigkeit zu diesem Thema (vgl. Lüders 2010: 80). Es gibt also keine richtigen oder falschen Gütekriterien für die qualitative Forschung. Stattdessen sollte man einbeziehen, um welche Art qualitativer Forschung es sich handelt. Das Feld qualitativer Forschung ist breit und die Methoden recht unterschiedlich. Daher macht es einen Unterschied, ob die Gütekriterien auf ethnografische Feldstudien, narrative Interviews oder qualitative Inhaltsanalysen angewendet werden (vgl. ebd.: 81f.). Im Folgenden werden daher fünf Gütekriterien dargestellt und angewendet, die aus meiner Sicht die größte Relevanz haben.

Das erste Gütekriterium der qualitativen Forschung ist die intersubjektive Nachvollziehbarkeit. Sie ist der Gegenspieler zum quantitativen Gütekriterium Objektivität, das die Basis aller klassischen Gütekriterien darstellt (vgl. Lamnek 2010: 154). Da qualitative Forschung jedoch auf die Subjektivität des Forschers setzt, kann qualitative Forschung diesem klassischen Gütekriterium per se nicht entsprechen. Stattdessen interpretieren qualitative Forscher die Objektivität im Sinne von Intersubjektivität (vgl. ebd.). Intersubjektive Nachvollziehbarkeit ist die Grundlage für die Bewertung der Ergebnisse der Forschung durch Dritte. Nur wenn das Vorgehen der Forscher intersubjektiv (von den Forschern sowie Dritten) nachvollzogen werden kann, kann man die Ergebnisse der Forschung bezüglich ihrer Qualität bewerten. Basis für die intersubjektive Nachvollziehbarkeit ist eine lückenlose Dokumentation. Diese dient auch der Selbstdisziplinierung. Außerdem können die gründlich dokumentierten Daten später genutzt werden, um die Ergebnisse zu illustrieren und zu belegen (vgl. Steinke 2007: 277).

Mayring führt die Verfahrensdokumentation als eigenständiges Gütekriterium qualitativer Forschung auf. Er argumentiert, dass die exakte Dokumentation bei qualitativer Forschung besonders wichtig ist, da sie sich nicht wie quantitative Forschung auf standardisierte Verfahren stützen kann (vgl. Mayring 2016: 144f.). Geringere Standardisierung muss durch ein Mehr an Dokumentation ausgeglichen werden, um die intersubjektive Nachvollziehbarkeit zu gewährleisten. Das Prinzip der Verfahrensdokumentation findet sich in dieser Arbeit vor allem in der Dokumentation der gesamten Inhaltsanalyse in tabellarischer Form wieder (s. Anhang). Zuvor wurden alle Materialien gründlich dokumentiert (per Transkription und Screenshots der Webseiten). Außerdem wurde die Inhaltsanalyse anhand festgeschriebener Codierleitfäden durchgeführt, die ebenfalls im Anhang dieser Arbeit zu finden sind. Unter Einbezug der Erklärungen in den Methodenkapiteln sollte diese Arbeit somit intersubjektiv nachvollziehbar sein.

Das zweite Gütekriterium der qualitativen Forschung ist nach Mayring die Regelgeleitetheit. Dieses Kriterium meint, dass qualitative Forschung sich trotz ihrer Offenheit immer nach Regeln richten muss. Die qualitative Forschung muss einerseits offen sein und das geplante Vorgehen dem zirkulären Forschungsprozess entsprechend immer wieder anpassen können. Andererseits muss sich auch die qualitativ ausgerichtete Forschung an Verfahrensregeln halten. Zur Sicherung der Datenqualität ist ein systematisches, schrittweises Vorgehen notwendig (vgl. ebd.: 145f.) Es ist also wichtig, ein Gleichgewicht zwischen der Offenheit und der Reflexivität auf der einen Seite und der Regelgeleitetheit und der Systematisierung auf der anderen Seite zu bewahren. Das Prinzip der Regelgeleitetheit wurde in dieser Inhaltsanalyse vor allem dadurch umgesetzt, dass das Vorgehen von Mayring übernommen wurde. Wo Anpassungen nötig waren, wurden diese gemäß dem Prinzip der Offenheit durch andere Regeln ersetzt und begründet. Die Durchführung der Inhaltsanalyse wurde nah an den zuvor festgeschriebenen Codierleitfäden durchgeführt.

Ein weiteres wichtiges Gütekriterium der qualitativen Forschung ist die argumentative Interpretationsabsicherung nach Mayring. Verglichen mit quantitativer Forschung ist qualitative Forschung sehr wenig standardisiert und eher subjektiv, da sie sich aus den Interpretationen der Forscher speist. Um dennoch qualitativ hochwertige Ergebnisse zu erzielen, nutzt die qualitative Forschung die argumentative Interpretationsabsicherung, in der Interpretationen ausführlich argumentativ begründet werden. Voraussetzung hierfür ist ein adäquates Vorverständnis der Interpretationen. Des Weiteren muss die gesamte Interpretation schlüssig sein. Ist sie es an einigen Stellen nicht, so müssen diese Stellen explizit erläutert werden. Wichtig ist ebenfalls Alternativdeutungen darzustellen (vgl. ebd.). Für die qualitative Inhaltsanalyse bedeutet dies, dass Kategorienbildung und Zuordnung zu den Kategorien immer begründet werden müssen. Darüber hinaus müssen alternative Interpretationen aufgezeigt werden. In dieser Arbeit wurde versucht, die argumentative Interpretationsabsicherung umzusetzen, indem die Kategorienbildung bei jeder Zuordnung einzeln begründet wurde. Dies soll den Gang der Interpretation durchsichtiger gestalten.

Das vierte Gütekriterium qualitativer Forschung ist die Verallgemeinerbarkeit. Dies bedeutet, dass die Ergebnisse einer Forschung auf andere Kontexte übertragen werden können (vgl. Steinke 2007: 275). Die qualitative Forschung legt ihren Fokus nicht auf die Repräsentativität von Daten durch Größe der Stichprobe. Stattdessen soll Repräsentativität durch theoretisches Sampling erreicht werden. Dabei ist nicht wichtig, möglichst viele Fälle zu untersuchen, sondern verschiedene, typische Fälle zu betrachten, ihre Eigenschaften herauszuarbeiten und gegenüberzustellen (vgl. Lamnek 2010: 163). Bei der qualitativen Inhaltsanalyse gilt es demnach, eine solide theoretische Fallauswahl zu treffen, damit die Verallgemeinerbarkeit gewährleistet ist. Welche Kriterien der Fallauswahl zugrunde liegen, ist vom konkreten Forschungsvorhaben abhängig.

In dieser Arbeit soll Verallgemeinerbarkeit dadurch erreicht werden, dass Marken aus drei verschiedenen Preissegmenten ausgewählt und betrachtet werden. Dabei ist die Mehrzahl der betrachteten (fünf) Marken dem mittleren Preissegment zuzuordnen. Dennoch ist davon auszugehen, dass die Marken des oberen und unteren Preissegments (jeweils zwei Marken) überrepräsentiert sind. Gleichwohl war es wichtig, sie in die Untersuchung einzubeziehen, um Vergleiche zwischen den Preissegmenten zu ermöglichen. Obwohl die qualitative Forschung keine Repräsentativität durch möglichst große Stichproben anstrebt, hätte man im Sinne größerer Vielfalt mehr Marken untersuchen können. Eine höhere Fallzahl hätte die Qualität der Ergebnisse aber vermutlich nur marginal verbessert. Der Aufwand der Analyse hätte sich dadurch jedoch erheblich erhöht, was mit den vorhandenen Ressourcen nicht möglich war.

Das fünfte Gütekriterium der qualitativen Forschung ist die Gültigkeit bzw. Validität. Sie ist eines der Hauptgütekriterien quantitativer Forschung. Validität bezeichnet den „Grad der Genauigkeit, mit dem eine bestimmte Methode dasjenige Merkmal erfasst, das sie zu erfassen beansprucht" (ebd.: 134). In der qualitativen Forschung kann man dies beispielsweise durch kommunikative Validierung erreichen. Das Prinzip der kommunikativen Validierung besteht darin, Befragten die Ergebnisse vorzulegen und diese mit ihnen zu diskutieren. Für die Gültigkeit der Untersuchung spricht, wenn die Befragten die Interpretationen als passend empfinden (vgl. Mayring 2016: 147). Da es sich bei dieser Inhaltsanalyse nicht um die Analyse transkribierter Interviews mit Personen handelt, sondern um Internetpräsenzen von Marken, war es nicht möglich, das Prinzip der kommunikativen Validierung anzuwenden. Dies hätte erfordert, dass die Ergebnisse denjenigen Personen vorgelegt werden, die für den Inhalt der Webseiten verantwortlich sind (z.B. Marketingverantwortliche). Wäre der Zugang zu diesen Personen möglich gewesen, so hätte man direkt ein Interview mit den Personen führen können und hätte nicht den Umweg über die Webseiten nehmen müssen.

3.2   Ergebnisse

3.2.1 Forschungsfrage 1a

Gerolsteiner

Die Startseite des Webauftritts von Gerolsteiner (vgl. Gerolsteiner Brunnen GmbH & Co. KG 2017) stellte von allen untersuchten Webseiten die meisten Inhalte zur Verfügung. Dementsprechend wurde von dieser Webseite mit deutlichem Abstand die größte Anzahl relevanter Inhalte für die Analyse übernommen. Durch die breite Aufstellung der Webseite spricht das Unternehmen viele verschiedene Themen an, die dann unter weiterführenden Links vertieft werden.

Häufig greift das Unternehmen auf die Charakterisierung durch Markenattribute zurück. Besonders im Vordergrund steht dabei der Ursprung des Mineralwassers, der immer wieder – auch im Detail – ausgeführt wird: „In Gerolstein kommt der Erfolg aus bis zu 250 Metern Tiefe: Das kohlensäurehaltige Gerolsteiner Mineralwasser, das der Gerolsteiner Brunnen in der Eifel zu Tage fördert und abfüllt, ist die führende Qualitätsmarke in Deutschland." Weitere wichtige Markenattribute in der Darstellung sind verbunden mit Qualität, Tradition und Erfolg.

Was Gerolsteiner von den anderen Mineralwassermarken unterscheidet, ist nicht nur die Fülle und der Detailgrad der Informationen, sondern auch ein nicht geringer Anteil an Informationen bezüglich des funktionalen Nutzens der Marke. Das Unternehmen geht mehrfach auf den hohen Mineralgehalt des Wassers ein, der einen zentralen funktionalen Nutzen des Mineralwassers ausmacht.

Schließlich ist davon auszugehen, dass Konsumenten, die Mineralwasser statt Tafel- oder Leitungswasser trinken, einen erhöhten Mineralgehalt wünschen. Ein Beispiel für die Darstellung dieses funktionellen Nutzens:

> „Typisch für Gerolsteiner Mineralwasser ist der natürliche Calcium-, Magnesium- und Hydrogencarbonatgehalt. Gerolsteiner Sprudel und Medium enthalten 2.500 mg Mineralstoffe pro Liter, das entspricht 1/3 des Tagesbedarfs an Calcium und 1/4 des Tagesbedarfs an Magnesium. Gerolsteiner Naturell ist mit 885 mg Mineralstoffen pro Liter höher mineralisiert als viele andere stille Mineralwässer."

Deutlich geringer als bei anderen Mineralwassermarken fällt der Anteil an Darstellungen des symbolischen Nutzens aus. Soweit vorhanden zeigt er sich in den Aussagen zu regionalem Engagement: „Der Gerolsteiner Brunnen ist fest mit dem Standort verwurzelt, dem er sein Mineralwasser und Heilwasser verdankt. Gerolsteiner fühlt sich dabei mit der Region und den Menschen tief verbunden." Auch die Ästhetik der Flaschen und der Erfolg des Unternehmens werden erwähnt, wenn auch eher beiläufig.

Die Marke Gerolsteiner legt den Fokus in der Darstellung ihrer Marke auf Markenattribute. Vor allem Ursprung, Tradition, Regionalität und Qualität spielen dabei eine wichtige Rolle. Ebenfalls wichtig ist der funktionale Nutzen, vor allem in Form des Mineralgehalts. Weniger präsent ist der symbolische Nutzen der Marke.

Volvic

Der Aufbau der Startseite von Volvic (2017) unterscheidet sich stark vom Aufbau der Gerolsteiner-Startseite. Statt einer Kombination aus Text, Bild und Links setzt Volvic für die Startseite auf ein einzelnes Video. Dieses scheint weniger der Vermittlung von Information und mehr dem Aufbau eines Markenimages zu dienen. Dementsprechend setzt der Inhalt des Videos vor allem auf den symbolischen Nutzen der Marke. So spricht beispielsweise die Erzählerstimme aus Perspektive des Protagonisten: „Heute ist ein großer Tag.", „Es wird nicht leicht sein, mich all ihren Blicken zu stellen.", „Aber jetzt…", „… bin ich entschlossen."

Die Identifikation und Zuordnung der relevanten Aspekte war bei dieser Webseite deutlich schwieriger, da alle Informationen auf der Ebene der Erzählung vermittelt wurden. Dies ist auch der Grund, warum der funktionale Nutzen der Marke bei dieser Darstellung des Markenimages überhaupt keine Rolle spielt. Neben dem symbolischen Nutzen gibt es auch Aspekte, die auf bestimmte Markenattribute hinweisen. Ein Beispiel aus der Handlung des Videos: Ein alter Mann wagt „seinen Neuanfang", indem er zur Universität geht, unterstützt durch den Genuss von Volvic. Dieser Aspekt der Handlung weist auf Werte wie Jugend, Chancen und Vitalität hin.

Apollinaris

Der Aufbau der Apollinaris-Startseite (vgl. Apollinaris Brands GmbH 2017) ist wiederum anders als der der beiden vorangegangenen Marken. Die Startseite selbst stellt kaum Informationen zur Verfügung, sondern fungiert als Ausgangspunkt mit Menüpunkten im Zentrum. Dennoch leistet sie einen Beitrag zum Markenimage in Form symbolischen Nutzens und Markenattributen. Markenattribute wie Klasse, Stil und Qualität werden vor allem über das klare, helle und klassische Design der Bilder und der Aufmachung vermittelt.

Der symbolische Nutzen zeigt sich einerseits in den Hintergrundbildern, die Apollinaris-Wasser in der gehobenen Gastronomie zeigt. Das Prestige überträgt sich dabei als symbolischer Nutzen auf den Konsumenten. Andererseits zeigt sich symbolischer Nutzen im Claim der Marke: „The Queen of Table Waters". Funktionaler Nutzen wird auf dieser Startseite nicht vermittelt.

Vittel

Auch auf der Startseite von Vittel (2017) wird kein funktionaler Nutzen vermittelt. Die Startseite betont vor allem den symbolischen Nutzen der Marke. Insbesondere impliziert die Startseite, dass der Konsument durch Vittel aktiver, vitaler und fitter wird. Ein Beispiel dafür ist folgender Text: „Fit durch den Alltag. Einfach gesund leben. Ideen gibt es hier." Der symbolische Nutzen wird durch die Darstellung von Markenattributen ergänzt. Diese beinhalten unter anderem Fitness, Gesundheit, Einfachheit, Alltäglichkeit und Geschmack: „Lecker essen, fit bleiben! Inspirationen & Tipps für eine gesunde Ernährung. Hier gibt's die Infos."

Bonaqa

Die Startseite von Bonaqa (2017) zeigt eine recht ausgewogene Mischung aus Markenattributen, funktionalem und symbolischem Nutzen. Das wichtigste Markenattribut ist Qualität. Dies wird durch folgenden Text vermittelt: „Premium Qualität. Garantiert. Erfahre mehr über die geprüfte, gleichbleibend hohe Qualität von Bonaqa." Aber auch Spaß, Spannung und Erlebnis sind Werte, die durch ein Bild auf der Webseite vermittelt werden. Symbolischen Nutzen findet man in folgendem Text: „Hoch hinaus aus dem Nachmittags-Tief. Ob Spiel, Spaß oder Spannung, ihr entscheidet ob euer Nachmittag zum Erlebnis wird! Überrascht euch selbst - mit Bonaqa." Der Text suggeriert, dass der Konsument mit Bonaqa dem Nachmittags-Tief trotzen und etwas erleben kann.

Der funktionale Nutzen der Marke bezieht sich darauf, dass Bonaqa gut schmeckt, erfrischt und ausgewogen mineralisiert ist: „Schmeckt gut - tut gut. Ausgewogene Mineralisierung und Erfrischung pur! Das ist Bonaqa [...]".

Voss

Die Marke Voss präsentiert sich auf ihrer Startseite (2017) vor allem über Markenattribute. Der Fokus liegt dabei ganz deutlich auf dem Ursprung des Wassers und charakterisiert es damit als ursprünglich, rein und natürlich: „artesian water from norway" und „Purity: VOSS is bottled at an artesian source in Southern Norway producing a naturally pure water."

Symbolischer Nutzen entsteht für die Konsumenten von Voss laut der Webseite unter anderem durch das ikonische Design von Voss, das von Stil und Einzigartigkeit des Kunden zeugt: „Distinction: VOSS, with its iconic design, is served on the tables, in the homes and in the rooms of the most distinctive places worldwide." Symbolischer Nutzen entsteht dem Konsumenten von Voss auch durch die Natürlichkeit und Umweltverträglichkeit der Marke: „Responsibility: VOSS is proud of its ongoing commitment to the Voss Foundation and maintaining 100% carbon neutrality."

Eher am Rande – im Rahmen eines Gewinnspiels – wird Erlebnis als Markenattribut und symbolischer Nutzen für den Konsumenten erwähnt: „You could WIN an unforgettable experience for you and 3 friends at Fontainebleau, Miami's most legendary retreat [...]". Die Luxusmarke Voss setzt also vor allem auf Markenattribute und symbolischen Nutzen. Funktionaler Nutzen findet keine Erwähnung.

Fiji Water

Bei der Webseite von Fiji Water (2017) liegt der Fokus ähnlich wie bei Apollinaris eher auf dem Design als auf Informationen. Damit einhergehend wird kein funktionaler Nutzen vermittelt, sondern nur symbolischer Nutzen und Markenattribute. Bei den Markenattributen liegt der Fokus auf Unberührtheit, Reinheit, Natürlichkeit und Perfektion: „BOTTLED AT THE SOURCE, UNTOUCHED BY MAN". Der symbolische Nutzen ergibt sich vor allem aus dem stilvollen, zurückhaltenden und modernen Design (dunkelblau, klar, zurückhaltend, Tropfen auf blauem Hintergrund, große Fiji Water Flasche in der Mitte abgebildet). Es vermittelt dem Konsumenten, mit der Marke gleichsam den persönlichen Stil verbessern zu können. Wie bei Voss liegt auch bei Fiji Water der Fokus auf Markenattributen und symbolischem Nutzen, vor allem bestehend aus Design und Herkunft des Wassers.

SodaStream

Die Startseite von SodaStream (2017) ist deutlich informativer aufgebaut als die Webseiten der Luxusmarken. Dementsprechend vermittelt sie neben Markenattributen und symbolischem Nutzen auch funktionalen Nutzen. Tatsächlich steht der funktionale Nutzen bei SodaStream sogar im Vordergrund. Zentral ist die Überschrift: „Einfach sprudeln statt schwer schleppen." Mit SodaStream muss der Konsument also keine Wasserflaschen und -kisten mehr tragen, sondern kann sein Wasser komfortabel selbst sprudeln. An diesem Punkt knüpfen auch die wichtigsten Markenattribute von SodaStream an: SodaStream steht für Einfachheit und Pragmatismus.

Dennoch wird auch das Thema Eleganz aufgegriffen. Das auf der Startseite vorgestellte Produkt „Crystal" unterscheidet sich in der Darstellung von den anderen SodaStream-Produkten, indem es Eleganz und Einfachheit als Markenattribute vereint: „Crystal. Wasser sprudeln in eleganten Glaskaraffen". Diese Eleganz dient gleichzeitig als symbolischer Nutzen. Denn trotz der Einfachheit kann der Konsument beim Konsum des SodaStream-Wassers Stil beweisen.

BRITA

Wie SodaStream ist auch BRITA (vgl. BRITA GmbH 2017) eine Marke der Trinkwasseraufbereitung, kann also nicht mit dem Ursprung des Wassers oder dessen Mineralgehalt werben. Stattdessen setzt auch BRITA auf das Markenattribut Einfachheit und funktionalen Nutzen. Die Überschrift „Warum Wasser schleppen, wenn es fließen kann?" folgt der gleichen Logik wie die der Marke SodaStream. Damit geht auch der funktionale Nutzen einher, dass der Kunde keine Wasserflaschen und -kisten mehr schleppen muss.

Die Darstellung der bunt designten Wasserfilter für zu Hause und unterwegs lassen darauf schließen, dass auch BRITA dem Kunden den symbolischen Nutzen stilvollen Wasserkonsums bieten will.

Ein funktionaler Nutzen, der BRITA von SodaStream unterscheidet, ist das Preisargument. Mit der Überschrift „Warum ist Wasser so viel teurer, wenn wir unterwegs sind?" setzt BRITA neben den Markenattributen Einfachheit und Stil auch auf Preisbewusstsein. Außerdem stellt dies einen weiteren funktionalen Nutzen für den Konsumenten dar, der durch die Verwendung der BRITA Produkte unterwegs günstiger trinken kann.

3.2.2   Forschungsfrage 2a

Gerolsteiner

Durch seine breit aufgestellte, informative Webseite zeichnet Gerolsteiner ein abwechslungsreiches Selbstbild. Die Inhaltsanalyse zu der Frage „Welche Images versuchen die Trinkwassermarken von sich zu vermitteln?" brachte daher eine große Anzahl verschiedener Images zutage: elf verschiedene Images wurden aus der Startseite des Unternehmens abgeleitet. Daher werden im Folgenden nur die zentralen Images beschrieben, die einen großen Anteil des Inhalts der Startseite ausmachen.

Wie im vorangegangenen Kapitel erläutert, spielt der Mineralgehalt des Wassers eine entscheidende Rolle in der Onlinepräsenz der Marke. In der Analyse wird der wiederkehrende Verweis auf die Mineralisierung des Wassers als der Versuch interpretiert, ein Image der Gesundheit zu kreieren.

Ein weiteres zentrales Thema kann man unter den Kategorien Ursprünglichkeit und Regionalität zusammenfassen. So betont die Marke immer wieder, durch den natürlichen Ursprung des Wassers eng mit der Region verbunden zu sein. Diese Aspekte gehen auch mit Tradition, Nachhaltigkeit und Engagement einher: „Der Gerolsteiner Brunnen ist fest mit dem Standort verwurzelt, dem er sein Mineralwasser und Heilwasser verdankt. Gerolsteiner fühlt sich dabei mit der Region und den Menschen tief verbunden."

Das dritte zentrale Thema auf dieser Startseite sind Qualität und Geschmack des Wassers: „Seinen besonderen Geschmack verdankt das Gerolsteiner Mineralwasser seiner Geologie, den geologischen Gegebenheiten am Quellort Gerolstein in der Vulkaneifel."

Volvic

Die Startseite von Volvic besteht aus einem Video, bei dem Storytelling eine zentrale Rolle spielt. Es sind – im Vergleich zu Gerolsteiner – kaum konkrete Informationen gegeben. Aus diesem Grund spielen Images wie Qualität oder Gesundheit hier keine Rolle. Stattdessen lässt sich die im Video erzählte Geschichte vor allem auf Natürlichkeit zurückführen: Die Geschichte wird durch zwei Stimmen erzählt, die Bilder wechseln zwischen dem alten Mann und Bildern eines Vulkans, die schließlich „eins werden" durch gemeinsames Sprechen und Überblendung des Vulkanbilds in die Pupille des Mannes.

Apollinaris

Apollinaris legt den Fokus der Selbstpräsentation vor allem auf die Themen Qualität, Eleganz und Stil. Durchlaufende Bilder von Appollinaris-Glasflaschen in der Gastronomie; edel anmutend; klares, helles, klassisches Design der Bilder und des Webseitendesigns. Im Claim „The Queen of Table Waters" spiegelt sich außerdem Überlegenheit wider.

Vittel

Einen ganz anderen Fokus hat die Marke Vittel. Statt Eleganz spielen hier vor allem Vitalität, Aktivität, Fitness, und Gesundheit eine wichtige Rolle. Dabei ist der Übergang zwischen diesen Images fließend. Häufig werden sie auch mit einem Image der Alltäglichkeit verbunden: „Vittel hat's in sich. Den Alltag aktiver gestalten. So einfach geht's." (Bild dazu: Mann und Frau in Sportkleidung trinken Vittel.) Auch die Themen Natürlichkeit und Geschmack werden angesprochen.

Bonaqa

Die Marke Bonaqa ist die einzige Tafelwassermarke dieses Vergleichs und fokussiert auf ihrer Startseite vor allem die Aspekte Erfrischung in Kombination mit Aktivität, Spaß und Erlebnis. Dies wird unter anderem durch Bilder ausgedrückt, die Kinder und Erwachsene beim Spielen mit Wasser zeigen. Aber auch der zugehörige Text spiegelt den Fokus der Startseite deutlich wider („Hoch hinaus aus dem Nachmittags-Tief. Ob Spiel, Spaß oder Spannung, ihr entscheidet ob euer Nachmittag zum Erlebnis wird! Überrascht euch selbst – mit Bonaqa."). Außerdem werden die Themen Geschmack, Gesundheit und Qualität angesprochen: „Schmeckt gut – tut gut. Ausgewogene Mineralisierung und Erfrischung pur! Das ist Bonaqa [...]" und „Premium Qualität. Garantiert. Erfahre mehr über die geprüfte, gleichbleibend hohe Qualität von Bonaqa."

Voss

Die Luxusmarke Voss legt ihren Fokus deutlich auf die verwandten Images Ursprünglichkeit, Regionalität, Natürlichkeit und Reinheit. Dies spiegelt sich vor allem in einem der genannten Werte der Marke wider: „Purity: VOSS is bottled at an artesian source in Southern Norway producing a naturally pure water." Ein zweites wichtiges Thema ist die Distinktion der Marke, die sich in den Images Stil, Einzigartigkeit und Weltgewandtheit zeigt: „Distinction: VOSS, with its iconic design, is served on the tables, in the homes and in the rooms of the most distinctive places worldwide."

Fiji Water

Einen ganz ähnlichen Ansatz verfolgt auch die Luxusmarke Fiji Water. Die wohl wichtigste Aussage der Startseite versucht ein Image von Unberührtheit und

Ursprünglichkeit zu kreieren: „BOTTLED AT THE SOURCE, UNTOUCHED BY MAN". Diesen Eindruck verstärkt auch das Design der Webseite, das die Aussage um das Image der Natürlichkeit ergänzt: auf der Startseite ist u.a. ein Bild von grün bewachsenen, unberührten Hügeln mit blauem Himmel zu sehen; man assoziiert damit einen unberührten Urwald. Dieses Design drückt darüber hinaus einen besonderen Stil aus.

SodaStream

Einen ganz anderen Ansatz verfolgt die Marke SodaStream. Als Marke für Wassersprudler kann sie kein Image der Natürlichkeit oder Unberührtheit des Wassers aufbauen. Stattdessen wird die Einfachheit hervorgehoben: „Einfach sprudeln statt schwer schleppen." Einfachheit und Pragmatismus spielen aufgrund der Produkteigenschaften eine entscheidende Rolle beim Webauftritt der Marke. Dennoch wird auch versucht, ein Image von Eleganz – oder zumindest der Möglichkeit von Eleganz – zu kreieren: „Crystal. Wasser sprudeln in eleganten Glaskaraffen", mit der Abbildung des silbernen Sprudlers mit Glaskaraffe und spritzendem Wasser vor simplem weißen Hintergrund.

BRITA

Auch die Wasserfilter-Marke BRITA setzt an diesem Punkt an und macht die Einfachheit zum Hauptthema der Webseite. An dieses zentrale Image schließen sich die Images Preisbewusstsein und Pragmatismus an. Das Thema Stil wird auf der Webseite zwar auch angesprochen, spielt aber eine untergeordnete Rolle.

3.2.3   Forschungsfrage 3a

Anhand der Ergebnisse der vorangegangenen Inhaltsanalyse 1a soll nun die dritte Forschungsfrage untersucht werden: Inwiefern versuchen die Trinkwassermarken, Lifestyle zu vermitteln?

In der Unterscheidung zwischen funktionalem Nutzen, symbolischem Nutzen und Markenattributen lässt sich Lifestyle in den Bereich des symbolischen Nutzens einordnen. Entsprechend der Definition von Lifestyle aus Kapitel 2.3 sind Lifestyle-Produkte solche, die für eine bestimmte Art zu leben stehen. Sie unterscheiden sich also insofern von anderen Produkten, als dass ihr primärer Nutzen nicht im Funktionalen liegt. Stattdessen stehen sie symbolisch für Attribute wie z.B. Ästhetik, Erfolg oder Eleganz und ermöglichen es dem Konsumenten, durch ihre Verwendung sich selbst diese Art zu leben zuzuschreiben.

Beim Großteil der betrachteten Trinkwassermarken überwiegen die Markenattribute und der symbolische Nutzen den funktionalen Nutzen. Unter den Marken, die ihren funktionalen Nutzen bewerben, stechen Gerolsteiner, SodaStream und BRITA hervor. Diese drei Marken präsentieren ein ausgewogenes Gleichgewicht der drei Bestandteile eines Markenimages. Bei Gerolsteiner ergibt sich der funktionale Nutzen vor allem aus der Mineralisierung, die mehrfach hervorgehoben wird. Bei SodaStream und BRITA ist es die Einfachheit der Leitungswasseraufbereitung, die im Gegensatz zum Schleppen von Wasserflaschen steht.

Markenattribute stellen bei allen betrachteten Marken einen ähnlich wichtigen Bestandteil der Selbstpräsentation dar. Jede Marke versucht anhand dieser Markenattribute, ihrer Marke eine Persönlichkeit zuzuweisen. Obwohl auch diese Markenattribute das Lifestyle-Image der Marken beeinflussen kann, steht der symbolische Nutzen im Vordergrund der Analyse.

Der symbolische Nutzen der Marke wird besonders bei den Marken betont, die wenig oder keinen funktionalen Nutzen präsentieren. Dies ist vor allem bei Volvic, Apollinaris, Vittel, Voss und Fiji der Fall. Beispielsweise basiert das Video auf der Startseite von Volvic ausschließlich auf einer Kombination aus Markenattributen und symbolischem Nutzen.

3.2.4   Zusammenfassung

Betrachtet man die Ergebnisse der Forschungsfrage 1a („Liegt der Fokus der Marken bei der Imagewerbung auf Markenattributen, funktionalem oder symbolischem Nutzen?"), so zeichnet sich ein sehr abwechslungsreiches Bild ab.

Wie erwartet werben nur wenige Marken hauptsächlich mit ihrem funktionalen Nutzen. Bei drei Marken nimmt der funktionale Nutzen eine ähnliche Position ein wie Markenattribute und symbolischer Nutzen. Die Marke Gerolsteiner betont ihren funktionalen Nutzen, indem sie die Mineralisierung des Wassers in den Vordergrund stellt und präzise beschreibt. Die beiden Marken der Trinkwasseraufbereitung, SodaStream und BRITA, heben die Einfachheit der Leitungswasseraufbereitung im Vergleich zum Kauf von Flaschenwasser hervor.

Markenattribute stellen bei allen Trinkwassermarken jedoch den überwiegenden Teil der Selbstpräsentation dar. Häufig sollen diese Markenattribute der Marke eine Herkunft (z.B. aus den Tiefen der Vulkaneifel) oder einen Charakter (z.B. jung, frisch, erlebnisreich) zuweisen. Dabei ist der Übergang von Markenattributen zu symbolischem Nutzen jedoch fließend. Symbolischer Nutzen findet sich vor allem bei denjenigen Wassermarken wieder, die weniger den funktionalen Nutzen betonen. Dies ist vor allem bei Volvic, Apollinaris, Vittel, Voss und Fiji der Fall. Zum Beispiel setzt Volvic mit seinem Video unter dem Motto „Finde deinen Vulkan" ausschließlich auf Markenattribute und symbolischen Nutzen, die der Konsument der Marke beim Anschauen (und unbewussten Interpretieren) zuschreibt.

Thematisch handelt es sich beim symbolischen Nutzen häufig um das Themenfeld Gesundheit/Fitness/Vitalität, das suggeriert, dass der Konsument der Marken durch das Trinken fit und aktiv wird oder bleibt. Auch in Bezug auf die Themen Stil und Eleganz ist der symbolische Nutzen erkennbar. Dem Konsumenten wird suggeriert, dass er sich durch den Konsum der Marken, die sich als elegant, stilvoll oder überlegen darstellen, diese Attribute selbst zuschreiben kann. Der symbolische Nutzen liegt für den Konsumenten also darin, dass er durch den Konsum der Marke eleganter, stilvoller oder erfolgreicher wirkt. Auch der Preis der Marke kann dabei eine Rolle spielen und dem Konsumenten ein Prestigegefühl bescheren.

Die Ergebnisse der Analyse für die Forschungsfrage 2a („Welche Images versuchen die Trinkwassermarken von sich zu vermitteln?") zeigen 33 verschiedene Images der Trinkwassermarken auf. Dabei treten diese Images häufig gruppiert auf und lassen sich inhaltlich in größere Themenbereiche zusammenfassen. Ein Thema, das vor allem die Gruppe der meistkonsumierten Trinkwassermarken aufführt, ist der Bereich Gesundheit/Vitalität/Fitness. Dies reicht von konkreten Angaben zur Mineralisierung und deren positiven Auswirkungen auf die Gesundheit, über eher unspezifische Formulierungen, wie die, dass eine Marke „fit" mache, bis hin zu Gesundheits- und Fitnesstipps, die nicht direkt mit dem Wasserkonsum zusammenhängen.

Ein weiterer Bereich sind die Themen Nachhaltigkeit, Natürlichkeit, Ursprünglichkeit und Regionalität. Verbunden mit dem Gesundheits-Image werden diese Aspekte unter anderem bei Gerolsteiner thematisiert. Die Marke Volvic legt mit ihrem Werbevideo den Fokus auf das Thema Natürlichkeit. Für die Luxusmarken Voss und Fiji Water steht dieser Themenbereich ebenfalls im Fokus. Bei den Marken zur Wasseraufbereitung, SodaStream und BRITA, ist dieser Themenbereich hingegen überhaupt nicht relevant. Auch die Marken Apollinaris, Vittel und Bonaqa im mittleren Preissegment werben nicht mit diesen Images.

Bei SodaStream und BRITA überwiegen die Images Einfachheit und Pragmatismus. Bei anderen Marken wird dieser Themenbereich hingegen nicht angesprochen. Die Images Stil und Eleganz werden vor allem von Apollinaris angesprochen, doch auch bei den Luxusmarken Fiji Water und Voss sind sie zu finden. Lifestyle-Images findet man vor allem bei den Marken, die nicht mit funktionalem Nutzen werben, sondern mit Attributen wie Stil, Eleganz, Natürlichkeit, Vitalität, Fitness und Weltgewandtheit. Marken, die man somit als Lifestyle-Trinkwassermarken bezeichnen könnte, sind Volvic, Apollinaris, Vittel, Voss und Fiji.

4   Onlinebefragung

4.1   Konzeption und Methode

4.1.1 Fragestellungen

Nachdem analysiert wurde, welche Images sich die Marken selbst zuzuordnen versuchen, soll nun im Rahmen einer Onlinebefragung untersucht werden, welche Images die Konsumenten ihnen zuschreiben. Die Forschungsfragen 1a, 2a und 3a wurden bereits in der vorangegangenen Inhaltsanalyse bearbeitet. Offen sind nun noch die folgenden Forschungsfragen:

- 1b: Legen die Konsumenten beim Trinkwasserkauf am meisten Wert auf Markenattribute, funktionalen oder symbolischen Nutzen?

- 2b: Welche Images schreiben die Konsumenten den Trinkwassermarken zu?

- 2c: Gibt es neben den Einzelimages der Marken auch kollektive Gruppenimages?

- 3b: Sehen die Konsumenten die Trinkwassermarken als Lifestyle-Produkte?

Die erste Forschungsfrage bezieht sich wieder auf die Aspekte des Markenimages nach Meffert (2014), die in Kapitel 2.4 erläutert wurden. Nun ist jedoch nicht gefragt, auf welche Aspekte die Marken in der Selbstdarstellung den Fokus legen, sondern welche Aspekte den Konsumenten am wichtigsten sind. Die Frage 2b betrachtet die Images, die die einzelnen Konsumenten den Marken zuschreiben. Darüber hinaus soll mit Frage 2c untersucht werden, ob es auf der überindividuellen Ebene kollektive Images für die Trinkwassermarken gibt. Während die Fragen 1b und 2b direkt mit einem Onlinefragebogen abgefragt werden, wird die Frage 2c aus den Ergebnissen der beiden vorangegangenen Fragestellungen abgeleitet. Die Frage 3b soll untersuchen, inwiefern Lifestyle beim Konsum von Trinkwasser eine Rolle spielt. Diese Forschungsfrage wird jedoch – ähnlich wie Frage 2c – nicht im Fragebogen abgefragt, sondern im Ergebniskapitel aus den Ergebnissen der vorangegangenen Forschungsfragen abgeleitet.

4.1.2   Forschungsdesign

Aus den Fragestellungen wird deutlich, dass nun die potenziellen Konsumenten gefragt sind. Da es um das Bild der Menschen von einer Marke geht, können diese direkt danach befragt werden. Hierfür wurde die Methode der Onlinebefragung gewählt. Die Basis der Umfrage bilden die Erkenntnisse aus der Inhaltsanalyse im vorangegangenen Kapitel. Während die Inhaltsanalyse durch ein exploratives Vorgehen geprägt war, ist die Onlinebefragung eher deskriptiv angelegt. Es soll untersucht werden, inwiefern die Selbstdarstellung von Images durch die Marken mit den Images der Befragten übereinstimmen. Daher werden die Images aus der Inhaltsanalyse übernommen und für die jeweiligen Marken abgefragt. Die Umfrage wird somit in standardisierter Form durchgeführt.

Möglich wäre auch eine mündliche oder schriftliche Befragung anhand eines Fragebogens gewesen. Die Onlinebefragung hat jedoch den Vorteil, dass sie deutlich weniger Ressourcen benötigt, da weder Fragebögen gedruckt, versandt und übertragen werden müssen noch zeitintensive persönliche Interviews zu führen sind. Stattdessen ist es einer großen Anzahl von Personen möglich, die Umfrage unkompliziert am PC, Tablet oder Handy durchzuführen (vgl. Weischer 2007: 216ff.). Da die Umfrage in hohem Maße standardisiert ist, reicht ein einfach konzipierter Online-Fragebogen aus. Auch die Funktion eines automatischen Filters ist für diese Umfrage nützlich. Es wird kein Interviewer benötigt, der offene Fragen oder eventuelle Nachfragen stellt. Dadurch können auch die Nachteile von persönlichen bzw. telefonischen Interviews wie Interviewer-Bias und Beantwortung der Fragen nach sozialer Erwünschtheit vermieden werden.

Die Grundgesamtheit für diese Umfrage umfasst die gesamte deutsche Bevölkerung aller Altersklassen, da die Trinkwassermarken für alle erwerbbar sind. Auch minderjährige Personen können bereits Trinkwasser kaufen und haben Kontakt mit den Werbemaßnahmen der Trinkwassermarken. Die Grundgesamtheit ist daher nicht durch das Alter beschränkt. Da die Befragung online durchgeführt wird, ist die Grundgesamtheit jedoch auf Personen mit Zugang zum Internet beschränkt. Es ist davon auszugehen, dass dies auf die große Mehrheit der Bevölkerung zutrifft. Es kann jedoch auch dazu führen, dass die Gruppe älterer Personen unterrepräsentiert ist. Daher entspricht die Grundgesamtheit nicht exakt der deutschen Bevölkerung.

Aufgrund der großen Grundgesamtheit ist es im Rahmen dieser Arbeit nicht möglich, repräsentative Ergebnisse zu erhalten. Um trotzdem eine aussagekräftige Stichprobe zu erreichen, wurde eine Stichprobengröße von mindestens 100 abgeschlossenen Befragungen zum Ziel gesetzt. Die Stichprobenauswahl erfolgte passiv über soziale Netzwerke. Für die Onlineumfrage wurde der Anbieter umfrageonline.de gewählt. Die Onlineumfrage wurde am 9. Juni 2017 freigegeben und lief bis zum 27. Juni 2017, an dem mit 104 abgeschlossenen Fällen die gewünschte Stichprobengröße erreicht wurde.

4.1.3 Operationalisierung und Fragebogenaufbau

Der Fragebogen beginnt mit einem Einleitungstext, der Informationen zu Thema und Ziel der Umfrage enthält sowie die voraussichtliche Dauer der Umfrage und die Kontaktdaten der Forscherin.

Der erste Teil des Fragebogens bezieht sich auf die Forschungsfrage 1b („Legen die Konsumenten beim Trinkwasserkauf am meisten Wert auf Markenattribute, funktionalen oder symbolischen Nutzen?"). Dieser Teil basiert daher auf den drei Aspekten des Markenimages nach Meffert (2014). Aus diesen Aspekten wurden im Rahmen der Operationalisierung verschiedene Dimensionen abgeleitet (z.B. Werte, Persönlichkeit und Herkunft als Dimensionen der Markenattribute). Zur Ableitung dieser Dimensionen wurde noch einmal betrachtet, in welchen Kontexten die jeweiligen Aspekte des Markenimages während der Inhaltsanalyse standen. Aus den so erarbeiteten Dimensionen wurden schließlich die Items für den Fragebogen abgeleitet.

Dabei ist die Frage nicht als klassische Frage formuliert, sondern in Form einer Aussage, die durch die Items vervollständigt wird („Beim Kauf von Trinkwasser ist mir wichtig, dass…"). Die jeweiligen Items schließen somit an die Frage an (z.B. „… die Marke die richtigen Werte vermittelt."). Anhand einer Likert-Skala können die Befragten ihre Zustimmung zu den jeweiligen Aussagen ausdrücken. Die Skala umfasst sechs Ausprägungen und eine zusätzliche „weiß nicht"-Ausprägung. Dies entspricht der Empfehlung von Menold und Bogner, die basierend auf ihrer Literaturrecherche zu Ratingskalen fünf bis sieben Ausprägungen empfehlen (vgl. Menold & Bogner 2014: 2). Die Skala drückt von links nach rechts (entsprechend dem deutschen Lesefluss) eine zunehmende Zustimmung aus. Die beiden Endpunkte sind mit „stimme gar nicht zu" und „stimme voll und ganz zu" bezeichnet. Die Verwendung einer endverbalisierten Likert-Skala hat den Vorteil, dass sie forschungspraktisch als quasimetrisch angenommen werden kann, was eine größere Anzahl an Auswertungsoperationen zulässt als eine ordinale Skala (vgl. Porst 2008: 73).

Der zweite Teil der Onlinebefragung behandelt die Forschungsfrage 2b: „Welche Images schreiben die Konsumenten den Trinkwassermarken zu?" Da die Befragten jedoch nur einen Eindruck von Marken haben können, die sie kennen, steht einleitend vor jeder Marke die Frage „Kennen Sie die Marke XY?". Diese geschlossene Frage kann durch Ankreuzen von „ja" oder „nein" beantwortet werden. Nur Befragte, die diese Frage mit „ja" beantworten, werden auf die darauffolgende Frage zum Image der Marke weitergeleitet. Befragte, die mit „nein" antworten, werden mit Hilfe eines automatischen Filters direkt zur nächsten Marke weitergeleitet.

Die Imageabfrage erfolgt für alle Marken einzeln. Frage und Items bleiben dabei stets gleich. Wie im ersten Teil der Umfrage ist die Frage keine Frage im klassischen Sinne, sondern ein Satz, der durch die Items vervollständigt wird: „Die Marke XY...".

Im Rahmen der Operationalisierung wurden die Images aus den Ergebnissen der Inhaltsanalyse 2a als Kategorien übernommen (z.B. Nachhaltigkeit) und in Items abgeleitet (z.B. „ist nachhaltig."). Es handelt sich daher um eine geschlossene Frage, bei der die Befragten ihre Zustimmung auf einer Likert-Skala mit sechs Ausprägungen sowie einer „weiß nicht" Ausprägung ausdrücken können. Die Skala geht entsprechend dem deutschen Lesefluss von links „stimme gar nicht zu" nach rechts „stimme voll und ganz zu". Diese Frage wurde für alle neun Trinkwassermarken gestellt, die auch in der Inhaltsanalyse behandelt wurden. Der vollständige Strukturbaum der Operationalisierung befindet sich im Anhang dieser Arbeit.

Zuletzt werden die demografischen Daten der Befragten abgefragt. Sie umfassen Angaben zum Geschlecht und zum Alter. Das Geschlecht wurde als geschlossene Frage mit den drei Antwortmöglichkeiten „männlich", „weiblich" und „keine Angabe" gestellt. Das Alter wurde in Form einer offenen Frage mit Textfeld zur numerischen Eingabe abgefragt. Keine der beiden Fragen war eine Pflichtfrage. Die Befragten konnten diese Fragen also überspringen, wenn sie keine Angaben machen wollten. Auf weitere demografische Daten und insbesondere sensible Daten (z.B. Einkommen) wurde hier verzichtet, da sie für die Beantwortung der Forschungsfragen nicht notwendig sind. Nach Beendigung der Umfrage wurden die Befragten auf die Schlussseite des Anbieters umfrage-online.de weitergeleitet.

4.1.4 Pretest

Ein Pretest des Fragebogens ist bei Onlineumfragen ein wichtiger Schritt, um die Qualität des Fragebogens zu gewährleisten (vgl. Thielsch/Weltzin 2012: 81). Hierzu wurde der Fragebogen vor Veröffentlichung von zwei weiteren Forschern getestet. Diese wurden im Anschluss an die Onlinebefragung mündlich zu ihren Erfahrungen mit dem Fragebogen befragt.

In der ursprünglichen Version sollte die Imageabfrage für alle Marken erfolgen, unabhängig davon, ob der Befragte angibt, die Marke zu kennen. Da die beiden Forscher zurückmeldeten, dass die Fragen ohne Vorwissen nicht zu beantworten seien, wurde hier eine Änderung vorgenommen. In der endgültigen Fassung wurden (wie im vorherigen Kapitel erläutert) die Images nur bei den Befragten abgefragt, die angaben, die Marke zu kennen.

4.1.5 Kritische Betrachtung der Methode

Prinzipiell greift die Onlinebefragung größtenteils auf sehr gängige Methoden zurück. Likert-Skalen werden sowohl in der empirischen Sozialforschung als auch in der Marktforschung regelmäßig verwendet, um Einstellungen zu erheben. Die Skala ist somit sehr erprobt und man kann mit validen Ergebnissen rechnen. Die Verwendung der Likert-Skalen hat außerdem den Vorteil, dass diese im Rahmen der Datenauswertung als quasimetrisch betrachtet werden können und somit eine größere Anzahl an Operationen möglich ist (vgl. Porst 2008: 73).

Kritisch betrachten kann man die Größe der Stichprobe. Diese ist nicht repräsentativ für die Grundgesamtheit. Da die Grundgesamtheit jedoch die gesamte deutsche Bevölkerung umfasst und damit sehr groß ist, wäre eine repräsentative Stichprobe mit den für diese Arbeit zur Verfügung stehenden Ressourcen nicht erreichbar gewesen. Die Stichprobengröße von 104 abgeschlossenen Fällen ermöglicht zumindest die Ermittlung einer Tendenz ohne extreme Verzerrungen.

Ebenfalls kritisch zu betrachten ist die passive Stichprobenziehung. Eine aktive, zufällige Stichprobenziehung wäre eine bessere Option gewesen. Aus forschungspragmatischen Gründen wurde dennoch eine passive Stichprobenziehung gewählt, da nur begrenzte Ressourcen für diese Arbeit zur Verfügung standen (vgl. Hollenberg 2016: 25).

Des Weiteren hätte man eine größere Vielfalt demografischer Daten, zum Beispiel zum Einkommen, erheben können, um individuellere Erkenntnisse zu erlangen. Ich habe mich jedoch aus mehreren Gründen dagegen entschieden. So erhöhen sensible Fragen (z.B. zum Einkommen der Befragten) die Abbruchquote. Außerdem hätten weitere Fragen den Zeitaufwand für die Beantwortung des Fragebogens auf über 10 Minuten ansteigen lassen. Die Bearbeitungszeit von 10 Minuten sollte jedoch nicht überschritten werden, um die Abbruchquote nicht zu erhöhen. Zuletzt wurde geprüft, inwiefern weiterführende demografische Daten den Informationsgehalt der Befragung verbessert hätten. Die Prüfung ergab, dass sich die Ergebnisqualität nicht deutlich erhöht hätte, da die Informationen für die Beantwortung der Forschungsfragen nicht relevant sind. Daher wurde beschlossen, keine zusätzlichen demografischen Daten abzufragen.

4.1.6   Datenauswertung

Nachdem die gewünschte Stichprobengröße von über 100 abgeschlossenen Befragungen erreicht war, wurden die Daten heruntergeladen und in das Programm SPSS importiert. Um die Daten übersichtlicher zu gestalten, wurden die Variablen systematisch umbenannt und beschriftet. Die Ausprägungen der nominalen Variablen wurden von Textform in numerische Form umcodiert. Anschließend wurden die Ausprägungen beschriftet sowie fehlende Werte definiert. Am Ende der Datenaufbereitung stand das Herausfiltern der nicht beendeten Befragungen.

Vor der Analyse der Befragungsergebnisse wurde zunächst die Stichprobe anhand der abgefragten demografischen Daten untersucht. Dabei wurde deutlich, dass die Stichprobe nicht gleichmäßig verteilt ist. Es stellte sich die Frage, ob diese ungleiche Verteilung die Ergebnisse verzerrt. Um dies zu untersuchen, wurde mittels Cramer's V die Abhängigkeit aller Variablen von Geschlecht und Alter ermittelt.

Um die Fragestellung 1b („Legen die Konsumenten beim Trinkwasserkauf am meisten Wert auf Markenattribute, funktionalen oder symbolischen Nutzen?") zu beantworten, wurde zunächst der allgemeine erste Teil der Befragung analysiert. Dieser Teil der Befragung war als endverbalisierte Likert-Skala formuliert. So konnten diese eigentlich ordinalskalierten Variablen als quasimetrisch angenommen werden (vgl. Porst 2008: 73). Auf Basis dieser Annahme wurden die arithmetischen Mittelwerte der Variablen V1.1 bis V1.18 ermittelt. Zur übersichtlichen Darstellung der Ergebnisse wurde anschließend ein Balkendiagramm erstellt, das die Mittelwerte der Variablen in absteigender Sortierung darstellt. Dieses Diagramm gibt in übersichtlicher Form Aufschluss darüber, welche Eigenschaften den Konsumenten beim Kauf von Trinkwasser am wichtigsten sind.

Um die Forschungsfrage 1b. zu beantworten, wurden anschließend entsprechend der Operationalisierung dieser Fragestellung (s. Anhang) drei gewichtete Indizes (V1_index1 bis V1_index3) gebildet. Auch diese drei Indizes wurden anhand ihrer Mittelwerte in einem Balkendiagramm in absteigender Reihenfolge gegenübergestellt. An diesem Balkendiagramm lässt sich ablesen, welchen Aspekt des Markenimages nach Meffert (2014) die Konsumenten am wichtigsten finden.

Die Analyse von Teil 2 der Onlinebefragung beginnt mit der Untersuchung der Bekanntheit der einzelnen Marken. Dies ist notwendig, um einzuschätzen, inwiefern die späteren Ergebnisse für die Images der einzelnen Marken aussagekräftig sind. Es ist durchaus möglich, dass die Fragen zu den Images der Marken teilweise von einer zu kleinen Anzahl an Befragten beantwortet wurden, da für die Beantwortung dieser Fragen vorausgesetzt wurde, dass die Befragten sie kennen. Daher wurden Häufigkeitsauszählungen für diese Variablen (V2, V4, V6, V8, V10, V12, V14, V16 und V18) durchgeführt. Um die Ergebnisse zu veranschaulichen, wurden außerdem Kreisdiagramme erstellt. Im Anschluss daran wurden die Images der Marken analysiert. Hierfür wurden für alle Variablen (V3.1-V3.24, V5.1-V5.24, V7.1-V7.24, V9.1-V9.24, V11.1-V11.24, V13.1.-V13.24, V15.1-V15.24, V17.1-V17.24 und V19.1-V19.24) die Mittelwerte berechnet.

Anschließend wurden für jede Marke Balkendiagramme erstellt, die die Mittelwerte der entsprechenden Variablen in absteigender Reihenfolge darstellen. Die Analyse dieser Forschungsfrage wurde noch durch eine weitere Betrachtungsweise ergänzt. Hierfür wurden die Images als Ausgangspunkt gewählt und analysiert, inwiefern diese Images auf die unterschiedlichen Marken zutreffen. Es wurden wieder Balkendiagramme erstellt, diesmal jedoch einzelne Balkendiagramme für die verschiedenen Images. In diesen Balkendiagrammen wurden die Marken nach ihrem Mittelwert in absteigender Reihenfolge dargestellt. Dadurch kann man erkennen, auf welche Marken die einzelnen Images mehr oder weniger zutreffen.

Etwas komplexer war die Analyse zur Forschungsfrage 2c („Gibt es neben den Einzelimages der Marken auch kollektive Gruppenimages?"). Grundlage für die Analyse ist die Annahme, dass Gruppenimages solche sind, die ein großer Anteil der Befragten einer Marke zuordnet, anderen Marken jedoch nicht. Dies impliziert, dass die Marke einerseits für ein Image höhere Zustimmungswerte erhalten müsste als für andere Images. Andererseits müsste die Marke für dieses Image auch höhere Werte erzielen als die anderen Marken. Auf Basis der Ergebnisse zu Forschungsfrage 2.b. wurden nochmals die Imagezuweisungen für die einzelnen Marken betrachtet. Dabei wurden zunächst für die einzelnen Marken die Images mit den höchsten Werten identifiziert. Anschließend wurden sie mit den Ergebnissen der markenübergreifenden Auswertung für diese Images abgeglichen. Ein Gruppenimage liegt vor, wenn das Image, für das die Marke die höchste Zustimmung hat, im Vergleich mit den anderen Marken für dieses Image ebenfalls führend ist.

4.2 Ergebnisse

4.2.1 Beschreibung der Stichprobe

Die Stichprobe umfasst 148 Befragte, von denen 104 Befragte den Onlinefragebogen abgeschlossen haben. Die Dropout-Quote beträgt damit 30%. Von den 104 Befragten, die den Fragebogen abgeschlossen haben, sind 73,5% weiblich und nur 26,5% männlich (s. Abbildung 7). Die Verteilung ist damit nicht repräsentativ für die deutsche Bevölkerung, bei der die beiden Geschlechter annähernd gleich häufig vertreten sind. Auch die Altersverteilung zeigt Schwächen bezüglich der Repräsentativität. Der Mittelwert liegt bei rund 32 Jahren, das Minimum bei 12 Jahren und das Maximum bei 63 Jahren. Ältere Personen sind somit nicht in der Befragung berücksichtigt. Die Verteilung des Alters zeigt eine Spitze bei 22 und 23 Jahren (s. Abbildung 8). Diese Altersgruppe ist somit deutlich überrepräsentiert.

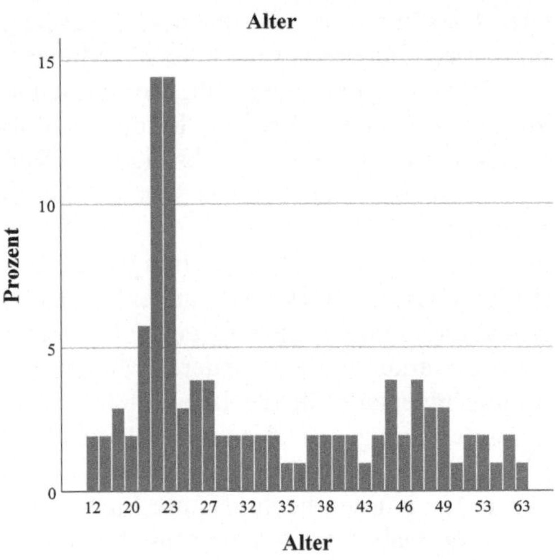

Abb. 8:   Alter der Befragten (Quelle: eigene Darstellung)

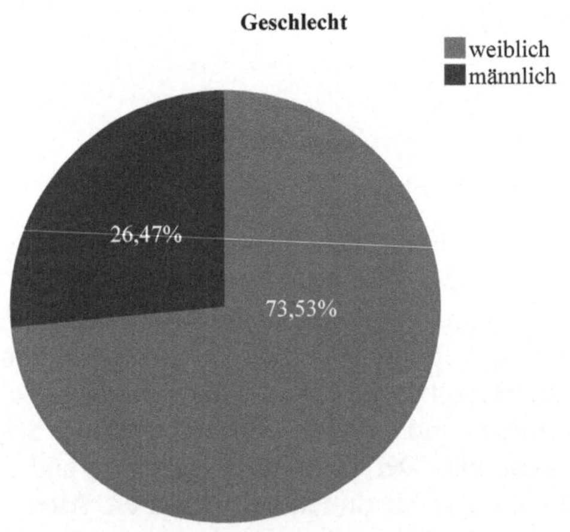

Abb. 9: Geschlecht der Befragten (Quelle: eigene Darstellung)

Aufgrund der ungleichmäßigen Verteilung von Geschlecht und Alter wurde
untersucht, ob diese Verzerrungen Einfluss auf die Ergebnisse der Stichprobe
haben. Dies ergab, dass die Ergebnisse durchaus von Geschlecht und Alter ab-

hängig sind. Bei den Ergebnissen des ersten, allgemeinen Teils der Befragung zu Fragestellung 1b wurde ein geringer bis mittlerer Zusammenhang zum Geschlecht festgestellt. Beim Alter liegt sogar meist ein hoher Zusammenhang mit den Ergebnissen vor.

Noch deutlicher wird der Zusammenhang zwischen den Ergebnissen und dem Alter bei der Betrachtung der Ergebnisse für die einzelnen Marken. Hier liegen meist Werte für Cramer's V von 0,5 bis 0,7 vor, was auf einen starken Zusammenhang hinweist. Für das Geschlecht besteht ein geringerer Zusammenhang zu den Ergebnissen von rund 0,2 bis 0,3. Allerdings sind diese Werte mit Vorsicht zu betrachten, da die relativ kleine Stichprobe die Ergebnisse verzerren kann. Man kann festhalten, dass durchaus ein Zusammenhang zwischen Geschlecht und Alter und den Ergebnissen besteht und dass die Stichprobe daher nicht optimal aufgebaut ist. Da jedoch schon zu Beginn der Untersuchung klar war, dass keine repräsentative Stichprobe erreichbar sein würde, steht dies nicht dem Ziel entgegen, eine Tendenz zu ermitteln.

4.2.2　Forschungsfrage 1b

Die Forschungsfrage 1b untersucht, auf welchen Aspekt des Markenimages die Konsumenten beim Kauf von Trinkwasser am meisten Wert legen (Markenattribute, funktionalen oder symbolischen Nutzen). Ein Vergleich der Mittelwerte der entsprechenden Indizes (V1_index1 bis V1_index3) (s. Abbildung 10) ergibt, dass die Befragten am meisten Wert auf den funktionalen Nutzen legen. Der Mittelwert von 4,77 zeigt, dass die Befragten diesem Aspekt große Bedeutung zuweisen. An zweiter Stelle folgen die Markenattribute mit einem Mittelwert von 3,5. Am wenigsten wichtig finden die Befragten den symbolischen Nutzen einer Marke mit einem Mittelwert von 2,5.

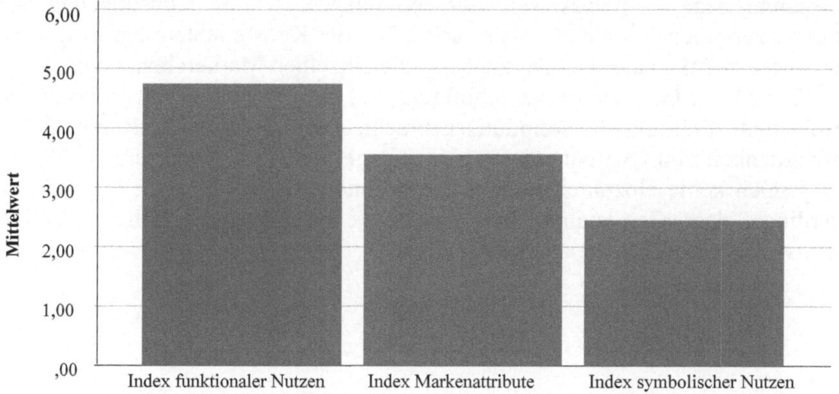

Abb. 10: Aspekte des Markenimages (Quelle: eigene Darstellung)

Neben der Rangfolge dieser drei Aspekte könnte interessant sein, welche Dimensionen der drei Aspekte den Befragten mehr oder weniger wichtig erscheinen. Der Vergleich dieser Dimensionen (s. Abbildung 11) zeigt, dass den Befragten vor allem der Geschmack wichtig ist. Außerdem soll das Trinkwasser einfach zu kaufen und zu konsumieren und qualitativ hochwertig sein. Als weniger wichtig empfinden die Befragten den Erfolg der Marke, Ansehen und Stil.

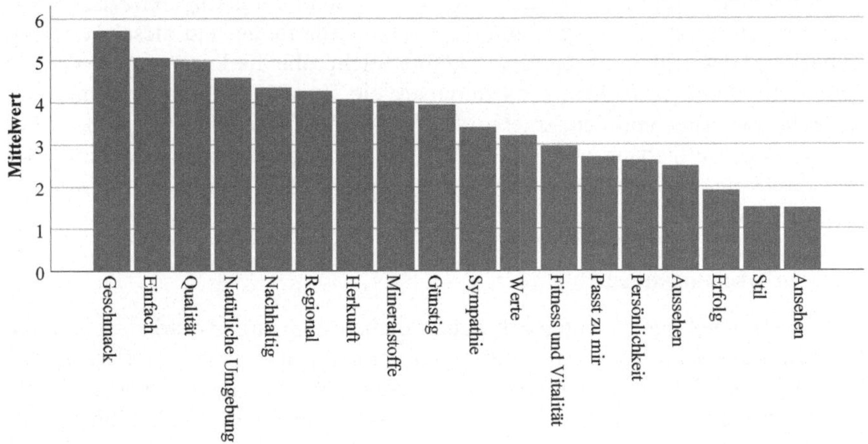

Abb. 11: Dimensionen des Markenimages (Quelle: eigene Darstellung)

4.2.3 Forschungsfrage 2b

Forschungsfrage 2b befasst sich mit den Images, die die Konsumenten den Marken zuordnen („Welche Images schreiben die Konsumenten den Trinkwassermarken zu?"). Daher werden zunächst die einzelnen Marken betrachtet.

Die Marke Gerolsteiner (s. Abbildung 12) wird vor allem mit Erfrischung, Erfolg und Tradition in Verbindung gebracht. Auch Geschmack, Reinheit, Ursprünglichkeit und Qualität spielen beim Image von Gerolsteiner eine Rolle. Es gibt jedoch keine einzelnen Images, die besonders hervorstechen. Auffällig ist allerdings, dass Gerolsteiner in allen Bereichen insgesamt höhere Zustimmungswerte erzielt als die anderen Marken.

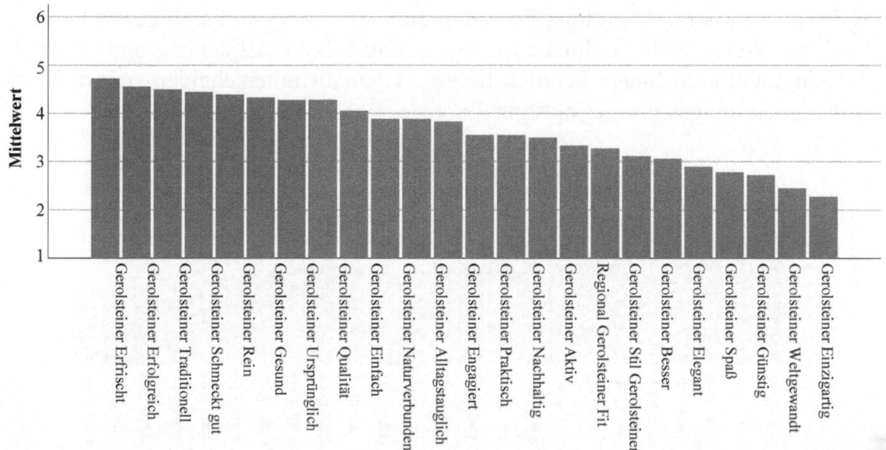

Abb. 12: Images Gerolsteiner - Zusammenhang zwischen Aktivierung, Emotion, Motivation und Einstellung (Quelle: eigene Darstellung)

Das Image von Volvic (s. Abbildung 13) ist vor allem durch Erfolg geprägt. Darauf folgen Geschmack und Erfrischung. Auch Gesundheit, Qualität und Reinheit werden der Marke zugeschrieben. Man erkennt jedoch, dass das Image Erfolg leicht hervorsticht.

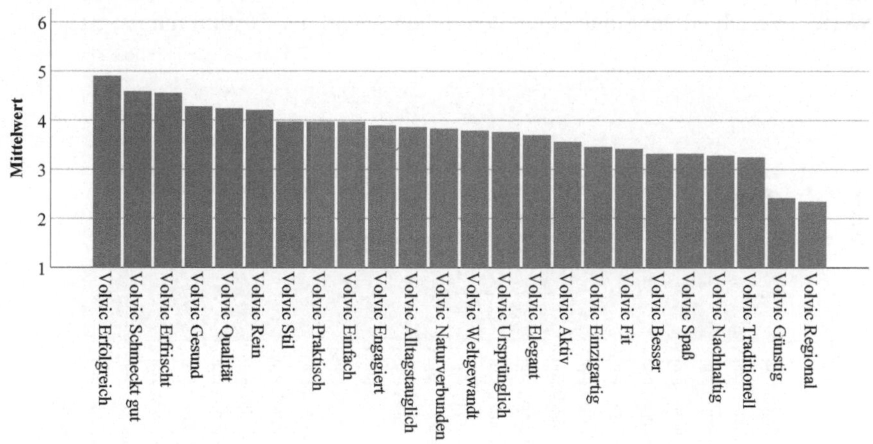

Abb. 13: Images Volvic (Quelle: eigene Darstellung)

Bei Apollinaris (s. Abbildung 14) zeigt sich ein sehr gleichmäßiges Bild. Den höchsten Wert erzielt das Image Erfolg. Darauf folgen Erfrischung und Qualität. Jedoch sticht kein Image deutlich hervor. Vielmehr unterscheiden sich die verschiedenen Images nur geringfügig.

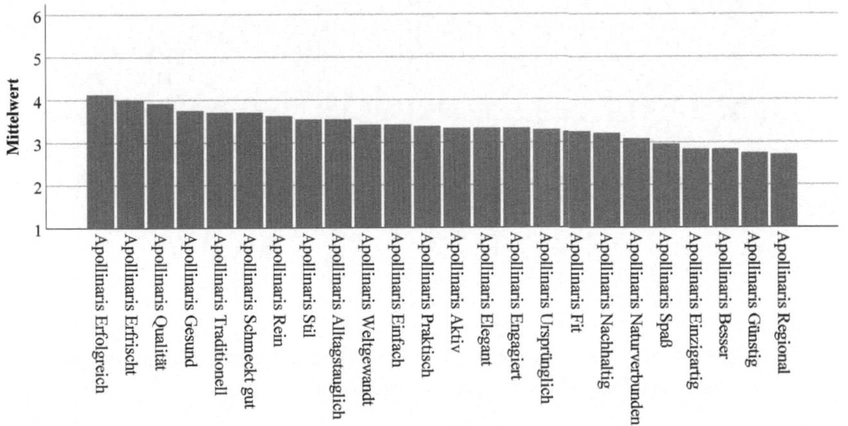

Abb. 14: Images Apollinaris (Quelle: eigene Darstellung)

Bei Vittel (s. Abbildung 15) ist die Verteilung unterschiedlicher. Erfolg, Alltäglichkeit und Erfrischung führen die Verteilung an. Auch Gesundheit, Pragmatismus, Qualität, Reinheit und Einfachheit erhalten relativ hohe Zustimmungswerte. Danach erkennt man einen deutlichen Abfall der Zustimmungswerte.

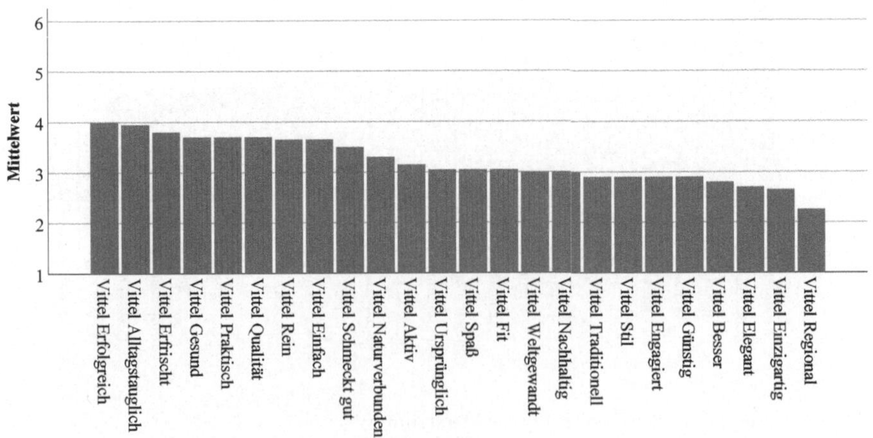

Abb. 15: Images Vittel (Quelle: eigene Darstellung)

Bei Bonaqa (s. Abbildung 16) stechen Erfolg und Erfrischung hervor, jedoch nicht weil sie besonders hohe Werte erzielen. Vielmehr sind die Zustimmungswerte in der gesamten Verteilung eher niedrig. Mittlere Zustimmungswerte erhalten noch die Images Einfachheit, Alltäglichkeit, Preisbewusstsein und Pragmatismus.

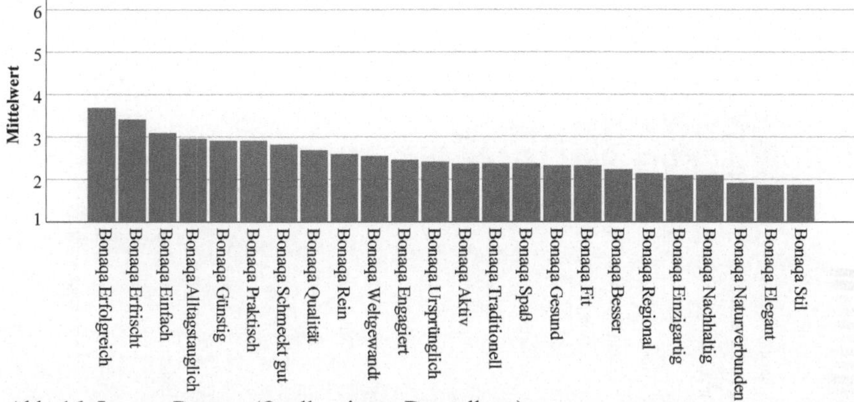

Abb. 16: Images Bonaqa (Quelle: eigene Darstellung)

Die Images von Voss (s. Abbildung 16) unterscheiden sich deutlich von denen der vorangegangenen Marken. Voss wird vor allem mit Stil und Eleganz charakterisiert. Ebenfalls hohe Werte erzielen die Images Gesundheit und Erfrischung. Allerdings muss man beachten, dass nur 34 Befragte diese Marke kannten und die Ergebnisse daher weniger aussagekräftig sind.

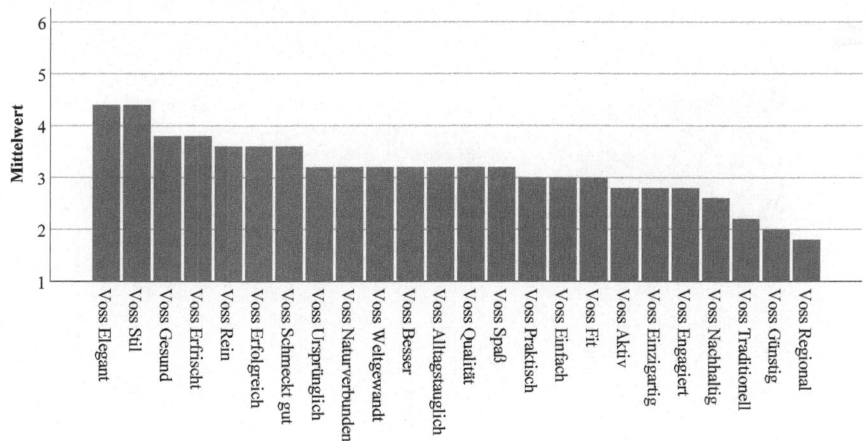

Abb. 17: Images Voss (Quelle: eigene Darstellung)

Das gleiche Problem findet sich bei Fiji Water (s. Abbildung 18). Nur 24 Befragte gaben an, diese Marke zu kennen. Die stärksten Zustimmungswerte erzielten die Images Erfolg und Geschmack. Darauf folgen Weltgewandtheit, Stil, Pragmatismus und Qualität. Deutlich sind auch die sehr geringen Werte für Tradition und Regionalität.

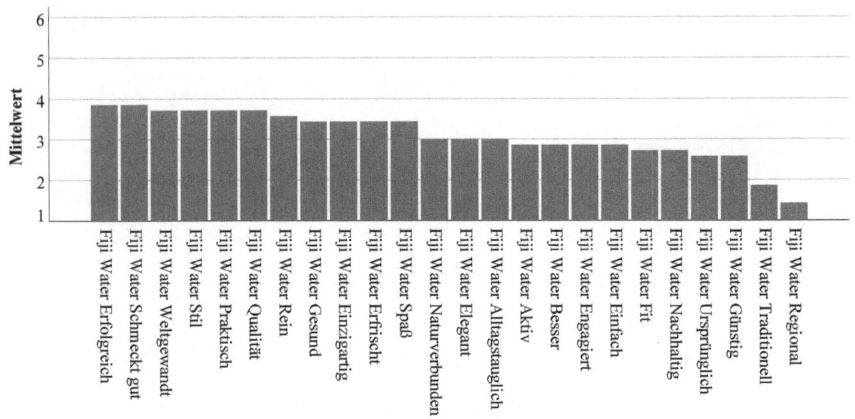

Abb. 18: Images Fiji Water (Quelle: eigene Darstellung)

SodaStream (s. Abbildung 19) wird vor allem mit Pragmatismus und Alltäglichkeit verbunden. Darauf folgen Erfolg, Einfachheit und Preisbewusstsein. Deutlich niedrigere Werte erzielt die Marke für die Images Tradition, Stil und Eleganz.

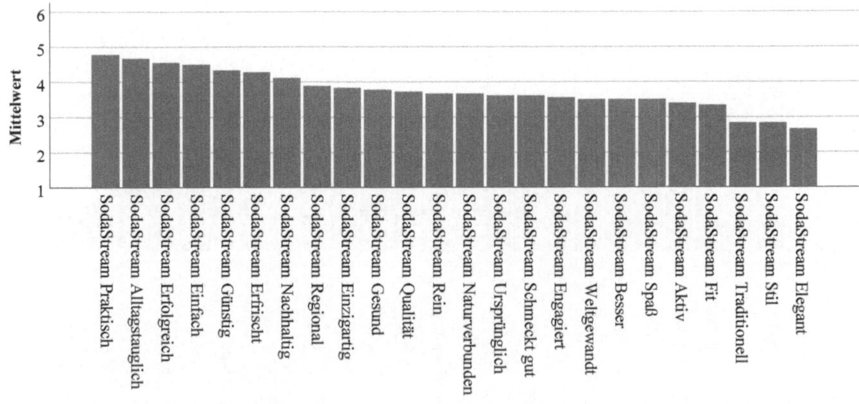

Abb. 19: Images SodaStream (Quelle: eigene Darstellung)

Die Marke BRITA (s. Abbildung 20) ist mit 35 Befragten, die die Marke kennen, wieder relativ unbekannt, weswegen die Ergebnisse mit Vorsicht betrachtet werden müssen. BRITA wird vor allem mit Erfolg und Alltäglichkeit verbunden. Außerdem wird es als regional, praktisch und einfach empfunden.

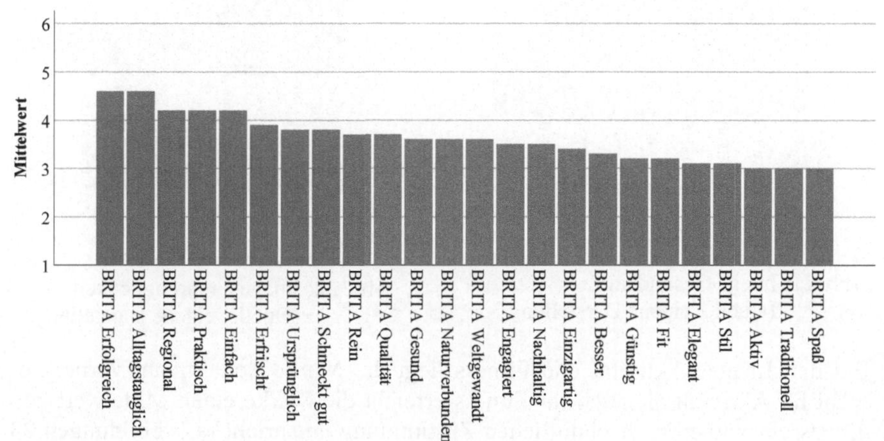

Abb. 20: Images BRITA (Quelle: eigene Darstellung)

Betrachtet man den Vergleich der Marken für die einzelnen Images, so stechen manche Ergebnisse hervor. Gerolsteiner belegt häufig den ersten Platz, weil die Marke insgesamt hohe Zustimmungswerte erhalten hat. Bei vielen Images liegt Gerolsteiner daher vor den anderen Marken, obwohl das Image im Vergleich zu den anderen Images von Gerolsteiner eher schlechter abgeschnitten hat. Gerolsteiner belegt daher den ersten Platz bei den Images Nachhaltigkeit, Engagement, Tradition, Natürlichkeit, Ursprünglichkeit, Reinheit, Gesundheit, Qualität, Erfrischung und Alltäglichkeit. Dabei sticht es beim Image Gesundheit besonders hervor (s. Abbildung 21). Auch beim Image Ursprünglichkeit liegt Gerolsteiner klar vorne (s. Abbildung 22).

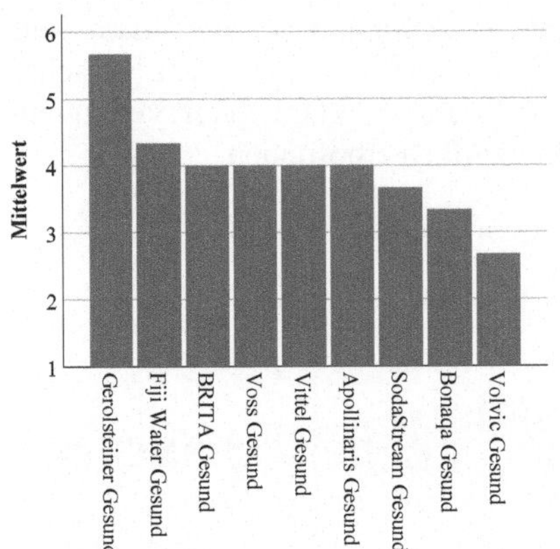

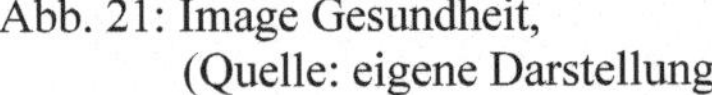

Abb. 21: Image Gesundheit,
        (Quelle: eigene Darstellung

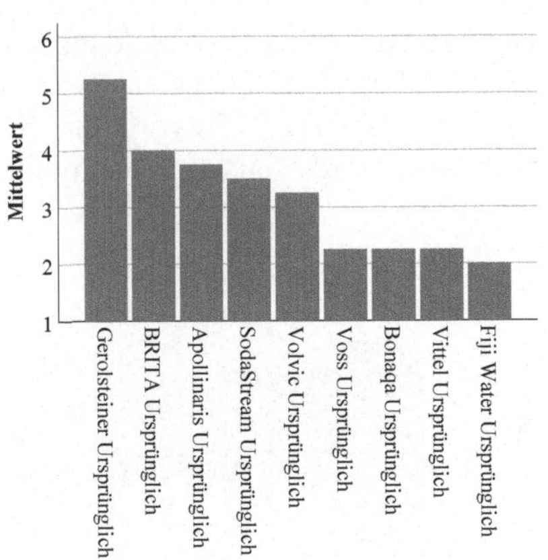

Abb. 22: Image Ursprünglichkeit
        (Quelle: eigene Darstellung

Bei den Images Aktivität und Fitness liegt die Marke SodaStream vorne. Sowohl für Aktivität als auch für Fitness erreicht die Marke einen Mittelwert von
4, was einer überdurchschnittlichen Zustimmung entspricht (s. Abbildungen 23
und 24). Außerdem erhielt SodaStream die größte Zustimmung für Einfachheit
und Pragmatismus (s. Abbildungen 25 und 26). Auch beim Image Preisbewusstsein liegt SodaStream klar in Führung (s. Abbildung 27).

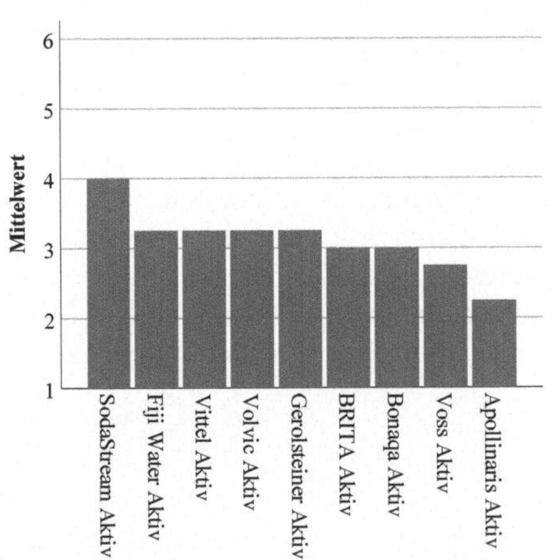

Abb. 23: Image Aktivität
        (Quelle: eigene Darstellung)

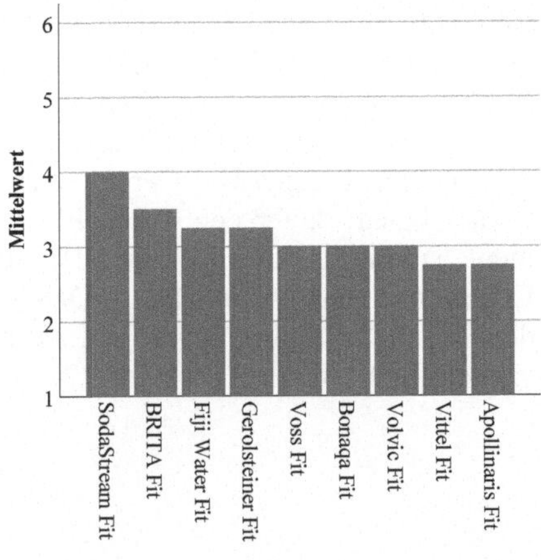

Abb. 24: Image Fitness
        (Quelle: eigene Darstellung)

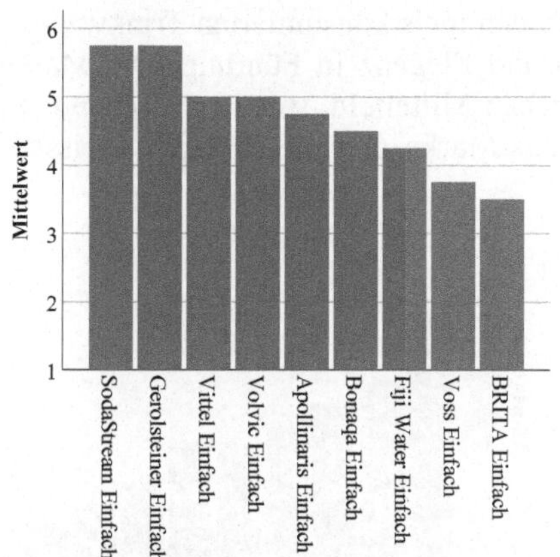

Abb. 25: Image Einfachheit
(Quelle: eigene Darstellung)

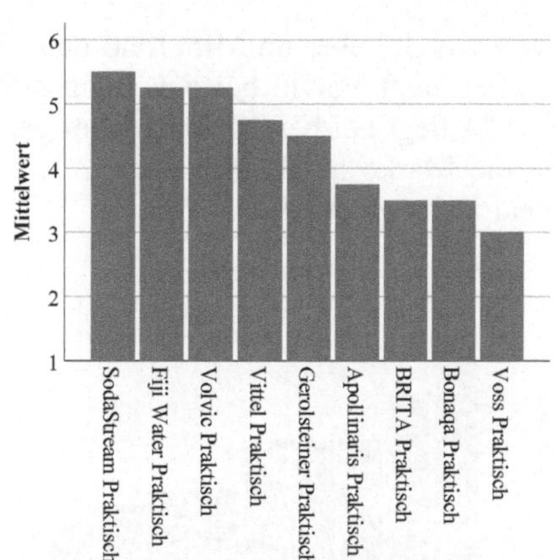

Abb. 26: Image Pragmatismus
(Quelle: eigene Darstellung

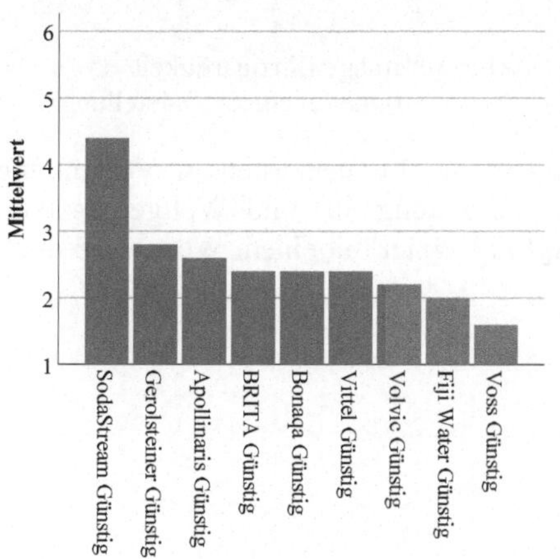

Abb. 27: Image Preisbewusstsein
(Quelle: eigene Darstellung)

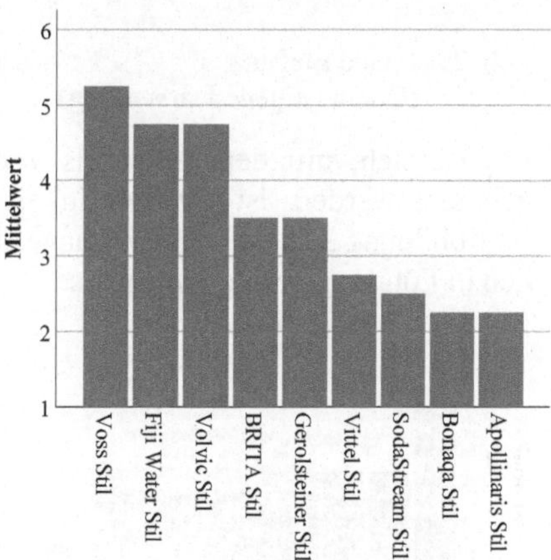

Abb. 28: Image Stil
(Quelle: eigene Darstellung)

Beim Image Stil (s. Abbildung 28) liegen die beiden Luxusmarken Voss und Fiji Water sowie die Marke Volvic in Führung. Voss erreicht sowohl für das Image Stil als auch für Eleganz (s. Abbildung 29) Werte rund um 5, was einer starken Zustimmung entspricht. Interessant ist, dass Fiji Water zwar beim Image Stil ebenfalls fast einen Wert von 5 erreicht, beim Image Eleganz jedoch mit einem

Wert von 3,5 eher im Mittelfeld liegt. Von den meistkonsumierten Trinkwassermarken liegt Volvic bei den Images Stil und Eleganz in Führung. Die Marke
BRITA liegt bei beiden Images im gehobenen Mittelfeld, was überraschend ist,
da die Marke als Trinkwasseraufbereitungs-Marke dem günstigeren Preissegment zugeordnet wird.

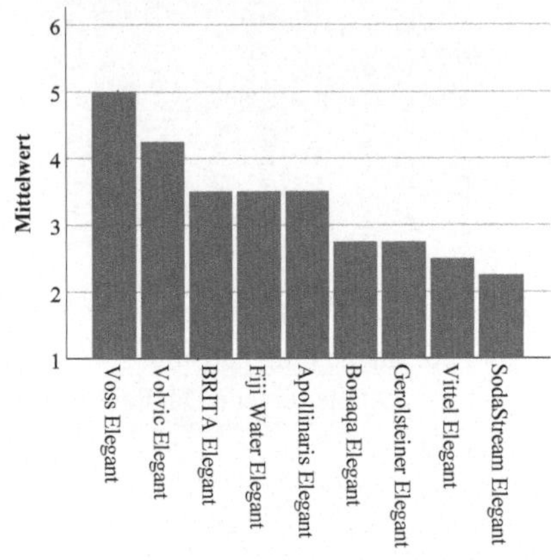

Abb. 29: Image Eleganz
         (Quelle: eigene Darstellung)

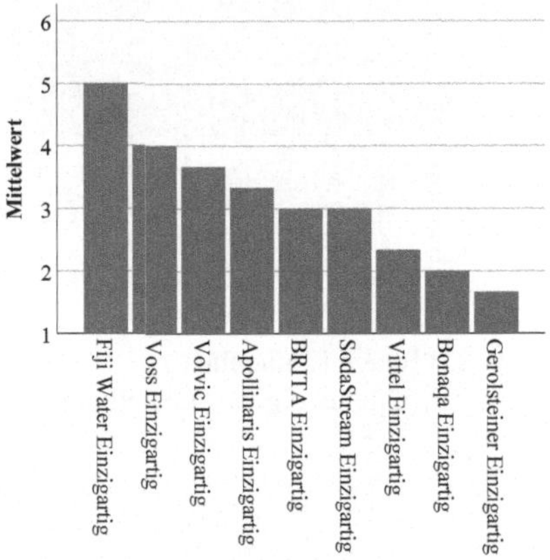

Abb. 30: Image Einzigartigkeit
         (Quelle: eigene Darstellung)

Ein Bereich, mit dem ebenfalls vor allem die Luxusmarken in Verbindung
gebracht werden, ist Einzigartigkeit (s. Abbildung 30) und Weltgewandtheit
(s. Abbildung 31). Bei beiden Images liegt Fiji Water mit einem Wert von 5 deutlich in Führung, gefolgt von Voss.

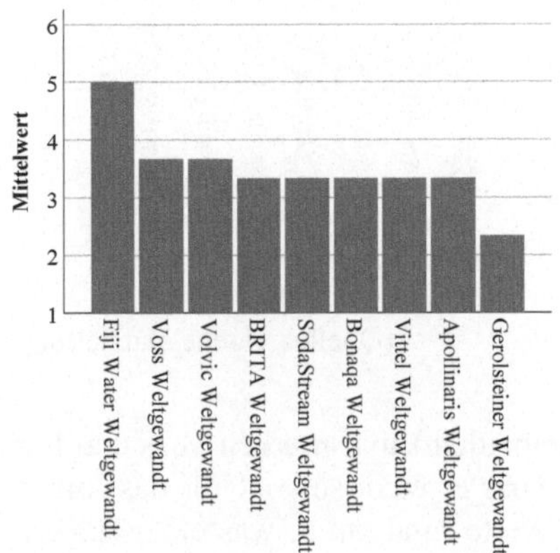

Abb. 31: Image Weltgewandtheit
         (Quelle: eigene Darstellung)

4.2.3 Forschungsfrage 2c

Zur Beantwortung der Forschungsfrage 2c („Gibt es neben den Einzelimages der Marken auch kollektive Gruppenimages?") sollen nun die Ergebnisse der Forschungsfrage 2b noch einmal betrachtet werden. Ziel ist es, herauszufinden, ob es für einige Marken kollektive Gruppenimages von der jeweiligen Marke gibt. Voraussetzung für die Existenz von solchen Gruppenimages ist, dass einerseits das Image aus allen Images der Marke durch besonders hohe Zustimmung hervorsticht. Andererseits soll sich die Marke auch bei Betrachtung desjenigen Images im Vergleich mit anderen Marken hervorheben. Ein kollektives Gruppenimage liegt demnach vor, wenn eine Marke für ein Image außergewöhnlich hohe Zustimmungswerte vorweist.

Dabei ist nicht davon auszugehen, dass jede Marke ein solches kollektives Gruppenimage hat. Die Marke Apollinaris hat zum Beispiel kein Image, das sich besonders von den anderen Images absetzt. Die Marke hat für alle Images nur mäßige Zustimmung erhalten (s. Abbildung 13). Kollektive Gruppenimages konnten nur bei zwei Marken eindeutig identifiziert werden. Besonders sticht dabei die Marke Voss hervor. Bei der Image-Abfrage für die Marke Voss erreichten die Images Stil und Eleganz mit Werten von über 4 die höchste Zustimmung. Auch im Vergleich der verschiedenen Marken liegt Voss bei diesen beiden Images deutlich vorne.

Ebenfalls auffällig ist die Marke SodaStream, bei der man Pragmatismus, Einfachheit und Preisbewusstsein als kollektive Gruppenimages identifizieren kann. Für diese doch recht ähnlichen Images erreicht SodaStream verglichen mit den anderen Images die höchsten Werte. Besonders auffällig wird dies jedoch im Vergleich mit den anderen Marken. Dabei erzielt SodaStream mit Werten zwischen 5 und 6 für Pragmatismus und Einfachheit sehr hohe Werte. Beim Image Preisbewusstsein liegt der Zustimmungswert zwar nur bei ca. 4,5, dies reicht aber aus, um die Marke deutlich vor den anderen Marken zu platzieren.

4.2.4   Forschungsfrage 3b

Für die Forschungsfrage 3b („Sehen die Konsumenten die Trinkwassermarken als Lifestyle-Produkte?") werden noch einmal die Ergebnisse aus der Analyse für Forschungsfrage 1b betrachtet. Wie bereits erläutert, zeigt sich eine Lifestyle-Orientierung vor allem daran, dass die Marken vorwiegend mit symbolischem Nutzen, aber auch mit Markenattributen werben. Bei der Werbung für Lifestyle-Produkte steht der funktionale Nutzen eher im Hintergrund.

Bei der Frage, welche Aspekte den Konsumenten am wichtigsten sind, stand der funktionale Nutzen jedoch im Vordergrund. Darauf folgten die Markenattribute, die aber auch Aspekte wie die Qualität beinhalten können und damit nicht gänzlich der Lifestyle-Werbung zugeschrieben werden können. Der

Fokus auf dem symbolischen Nutzen ist das deutlichste Anzeichen dafür, dass es sich um ein Lifestyle-Produkt handelt.

Aus den Erkenntnissen für die Forschungsfrage 1b lässt sich schließen, dass die Konsumenten beim Wasserkauf wenig Wert auf Lifestyle legen, da der symbolische Nutzen von allen drei Aspekten des Markenimages die geringsten Zustimmungswerte erhalten hat. Betrachtet man in diesem Kontext die Ergebnisse für Forschungsfrage 2b, so wird deutlich, dass die Befragten nur wenigen Marken Images zuordnen, die man als Lifestyle-Images betrachten kann. Lediglich bei der Marke Voss, die vor allem durch die Images Stil und Eleganz charakterisiert wird, steht der Lifestyle-Aspekt im Vordergrund.

Ebenfalls interessant für die Einschätzung des Lifestyle-Aspekts sind die Images Fitness und Aktivität. Diese Images findet man nach Meinung der Befragten vor allem bei SodaStream. Auch SodaStream kann man daher zumindest teilweise in den Bereich der Lifestyle-Produkte einordnen.

Das Image Spaß könnte man ebenfalls der Werbung von Lifestyle-Produkten zuordnen. Allerdings hat dieses Image für keine Marke wirklich hohe Zustimmungswerte erhalten. Den höchsten Wert kann noch die Marke Fiji Water mit einem Wert von ca. 4 vorweisen. Da Fiji Water auch für die Images Weltgewandtheit und Stil recht hohe Zustimmungswerte erreichte, kann man diese Marke ebenfalls den Lifestyle-Produkten zuordnen.

4.3   Zusammenfassung

Bezüglich der Zusammensetzung der Stichprobe lässt sich festhalten, dass diese nicht repräsentativ für die Grundgesamtheit (deutsche Bevölkerung) ist, da die Gruppe der 22- und 23-jährigen sowie die Frauen deutlich überrepräsentiert sind. Vor allem bei den Fragen zu den einzelnen Marken haben Geschlecht und Alter durchaus einen Einfluss auf die Ergebnisse.

Insgesamt legen die Befragten beim Kauf von Trinkwasser am meisten Wert auf den funktionalen Nutzen, dabei vor allem auf den Geschmack, den einfachen Kauf und Konsum sowie die Qualität des Wassers. An zweiter Stelle stehen die Markenattribute wie die natürliche Umgebung des Wassers, Nachhaltigkeit und Regionalität. Symbolischer Nutzen wie Stil, Erfolg und Aussehen des Wassers ist den Befragten weniger wichtig.

Gerolsteiner hat zu vielen Images hohe Zustimmungswerte erhalten, vor allem wird es charakterisiert durch Erfrischung, Erfolg und Tradition. Volvic wird vor allem durch das Image Erfolg charakterisiert, aber auch Geschmack und Erfrischung werden der Marke zugeschrieben. Insofern ähnelt die Marke der Marke Gerolsteiner. Apollinaris erhielt sehr gleichmäßige Zustimmungswerte, wobei Erfolg, Erfrischung und Qualität die Verteilung anführen. Vittel ist ebenfalls sehr ähnlich mit hohen Zustimmungswerten für Erfolg und Erfrischung, erhält jedoch auch hohe Werte für Alltäglichkeit. Neben den gängigen Images Erfolg und Erfrischung wird die Marke Bonaqa auch durch Einfachheit und Alltäglichkeit charakterisiert.

Voss hebt sich von den anderen Marken ab und erzielt hohe Zustimmungswerte für die Images Stil und Eleganz sowie für Gesundheit. Die zweite Luxusmarke Fiji Water ist den vorangegangenen Marken wieder ähnlicher und wird vor allem durch Erfolg, Geschmack und Weltgewandtheit charakterisiert. Im preisgünstigeren Bereich der Trinkwasseraufbereitung weist SodaStream hohe Werte für Pragmatismus, Alltäglichkeit und Erfolg auf. BRITA wird durch Erfolg, Alltäglichkeit und Regionalität beschrieben.

Die Marke Gerolsteiner führt besonders in den Bereichen Gesundheit und Ursprünglichkeit das Feld an, weist jedoch bei sehr vielen Images die höchsten Werte auf. SodaStream steht für die Images Aktivität und Fitness, aber auch für Einfachheit, Pragmatismus und Preisbewusstsein. Im Bereich Stil und Eleganz liegt ganz deutlich die Marke Voss vorne. Die zweite Luxusmarke Fiji Water führt das Feld für die Images Einzigartigkeit und Weltgewandtheit an. Kollektive Gruppenimages lassen sich für Stil und Eleganz bei Voss und bei SodaStream für Einfachheit, Pragmatismus und Preisbewusstsein erkennen.

Bei der Frage zur Lifestyle-Orientierung kann man resümieren, dass die Konsumenten beim Kauf wenig Wert auf Lifestyle legen, einigen Marken (z.B. Voss, Fiji Water, SodaStream) jedoch Lifestyle-Images zuschreiben.

5   Diskussion

5.1   Kritische Reflexion

Obwohl die Inhaltsanalyse (s. Kapitel 3) durchaus interessante Erkenntnisse geliefert hat, hätte man an dieser Stelle mit größerem Ressourceneinsatz noch mehr Erkenntnisse gewinnen können. Die Betrachtung weiterer Medien hätte bspw. zu valideren Ergebnissen geführt und damit die Analyseergebnisse bekräftigt. Durch den Einsatz mehrerer Forscher zur Codierung der Webseiten hätte man zudem überprüfen können, inwiefern die Ergebnisse von der Person der Forscherin abhängig sind.

Ein ganz anderer Ansatz, der wohl zu präziseren Ergebnissen geführt hätte, ist die direkte Befragung der Marketingverantwortlichen der jeweiligen Marken. Da man nicht den Umweg über die Inhaltsanalyse hätte gehen müssen, hätte man wahrscheinlich treffendere Ergebnisse erhalten. Da jedoch der Zugang zu den Informationen über diesen Kanal fehlte, war die Inhaltsanalyse der sinnvollste umsetzbare Weg zu Erkenntnissen über die Selbstdarstellung der Marken.

Auch die Onlinebefragung hätte mit zusätzlichen Ressourcen umfassender gestaltet werden können. Eine Grenze der Ergebnisse dieser Befragung liegt in der Größe der Stichprobe. Mit 104 Befragten ist diese nicht repräsentativ für die deutsche Bevölkerung. Durch die passive Auswahl sind außerdem Frauen und junge Menschen (22 bzw. 23 Jahre) stark überrepräsentiert. Da diese demografischen Daten durchaus Einfluss auf die Ergebnisse haben, ist dieser Aspekt kritisch zu betrachten. Da nur diejenigen Befragten die Image-Fragen vorgelegt bekamen, die die jeweiligen Marken kannten, wurde die Stichprobe für manche Marken (z.B. BRITA) zudem sehr klein.

Ein letzter Aspekt, der zu beachten ist, ist eine mögliche Diskrepanz zwischen den Angaben in der Befragung und dem tatsächlichen Kaufverhalten. So könnte es z.B. sein, dass die Konsumenten zwar angeben, dass ihnen das Aussehen des Trinkwassers beim Kauf nicht wichtig ist, sie das Wasser beim tatsächlichen Kauf jedoch unbewusst trotzdem danach bewerten und auswählen. Auch die soziale Erwünschtheit könnte in diesem Kontext eine Rolle spielen. Beispielsweise könnten die Befragten davon ausgehen, dass man seinen Trinkwasserkauf sinnvollerweise am funktionalen Nutzen (z.B. Mineralgehalt) ausrichten sollte, und dies auch angeben, jedoch tatsächlich Aspekte wie das Aussehen des Trinkwassers mit einbeziehen. Dies verdeutlicht, dass man von den Ergebnissen der Umfrage nicht unbedingt auf das tatsächliche Kaufverhalten schließen kann.

5.2 Integration der Ergebnisse

5.2.1 Fragestellungen 1a und 1b

Die Fragestellungen 1a und 1b befassen sich mit den Aspekten des Markenimages nach Meffert (s. Kapitel 2.4.2). Dabei wurde sowohl im Rahmen der Inhaltsanalyse als auch bei der Onlinebefragung zwischen funktionalem Nutzen, Markenattributen und symbolischem Nutzen unterschieden. Die Inhaltsanalyse ergab, dass die Trinkwassermarken bei der Selbstdarstellung auf ihren Webseiten den Fokus auf die Markenattribute legen. Dabei wird der Marke meist ein Ursprung oder ein Charakter zugeschrieben.

Die Aspekte symbolischer Nutzen und funktionaler Nutzen stehen in einer annähernd antagonistischen Beziehung zueinander. Marken, die den funktionalen Nutzen betonen (z.B. Gerolsteiner), implizieren auf ihren Webseiten kaum oder keinen symbolischen Nutzen. Ebenso umgekehrt: Marken mit Fokus auf dem symbolischen Nutzen (z.B. Aussehen, Stil, Fitness) beschreiben auf ihren Webseiten kaum bzw. keinen funktionalen Nutzen.

Dabei erkennt man Unterschiede zwischen den verschiedenen Marken und auch zwischen den verschiedenen Preissegmenten. Die Luxusmarken Voss und Fiji Water betonen den symbolischen Nutzen und die Markenattribute, wobei der Übergang zwischen beiden Aspekten fließend ist, jedoch kaum funktionalen Nutzen. BRITA und SodaStream, die Marken der Trinkwasseraufbereitung, betonen hingegen den funktionalen Nutzen, der durch den Wegfall des Transports von Wasserflaschen entsteht. Im mittleren Preissegment ist die Verteilung der drei Aspekte eher heterogen. Volvic legt mit seinem Imagefilm auf der Startseite den Fokus auf Markenattribute und symbolischen Nutzen. Gerolsteiner hingegen betont mit seiner sehr informativen Startseite den funktionalen Nutzen der Marke.

Interessant ist, dass die von den Konsumenten empfundene Relevanz dieser Aspekte konträr ist. Während die Inhaltsanalyse zeigte, dass die Marken kaum mit dem funktionalen Nutzen werben, scheinen die Befragten auf diesen Aspekt beim Kauf am meisten Wert zu legen. Den symbolischen Nutzen, mit dem vor allem die Luxusmarken und Volvic werben, bewerten sie als am wenigsten wichtig. Es besteht also eine Diskrepanz zwischen der Selbstdarstellung der Marken und den Erwartungen der Konsumenten. Nur wenige Marken werben mit dem Aspekt, der den Befragten am wichtigsten ist: dem funktionalen Nutzen.

5.2.2   Fragestellungen 2a und 2b

Die Fragestellungen 2a und 2b behandeln die dargestellten und wahrgenommenen Images der Trinkwassermarken. Um die Ergebnisse für beide Teilfragen zu vereinen, werden die einzelnen Marken im direkten Vergleich der dargestellten und wahrgenommenen Images betrachtet.

Die Marke Gerolsteiner wirbt auf ihrer sehr informativen Startseite mit vielen verschiedenen Images. Dabei scheint der Schwerpunkt jedoch auf Gesundheit, Geschmack, Regionalität, Ursprünglichkeit und Qualität zu liegen. Diesen Images haben die Befragten in der Onlinebefragung größtenteils zugestimmt. Sie schrieben der Marke auch Images wie Erfrischung, Erfolg und Reinheit zu, die auf der Webseite der Marke durchaus vorkommen, aber eine eher untergeordnete Rolle spielen. Insgesamt kann man für die Marke Gerolsteiner jedoch festhalten, dass es eine starke Übereinstimmung zwischen den dargestellten und den wahrgenommenen Images der Marke gibt.

Bei Volvic ist dies nicht der Fall. Da die Marke auf ihrer Startseite mit einem Imagefilm wirbt, der eine Geschichte erzählt, finden sich dort nicht viele Images. Das Hauptimage des Films ist die Natürlichkeit der Marke. Dieses Image erreicht bei der Onlinebefragung nur einen Wert von knapp 4, was einer leichten Zustimmung entspricht. Verglichen mit den anderen Images liegt die

Natürlichkeit damit nur im Mittelfeld. Stattdessen schreiben die Befragten der Marke Images wie Erfolg, Geschmack und Erfrischung zu, die zwar nicht im Gegensatz zum Webauftritt der Marke stehen, allerdings auch nicht direkt kommuniziert werden.

Auch die Webseite von Apollinaris enthielt wenige konkrete Informationen. Stattdessen hat sie die Images Stil und Eleganz, Qualität und Überlegenheit vermittelt. Dem Image Qualität stimmen die Befragten mit einem Wert von knapp 4 halbwegs zu. Stil und Eleganz erreichen jedoch nur Werte zwischen 3 und 4, womit sie zwischen Zustimmung und Ablehnung liegen. Werte von 4 und höher erreichen nur die Images Erfolg und Erfrischung, die durchaus mit den Images aus der Inhaltsanalyse einhergehen. Allerdings erzielte die Marke für alle Images recht homogen niedrige Zustimmungswerte.

Vittel wirbt auf der Startseite vor allem mit den Images Vitalität, Aktivität, Fitness und Gesundheit. Bei den Ergebnissen der Onlinebefragung liegen diese Images für Vittel jedoch eher im Mittelfeld, während die Befragten Erfolg, Alltäglichkeit und Erfrischung hervorheben. Auch im Vergleich zwischen den Marken liegt Vittel für diese Images eher im Mittelfeld.

Bonaqa hebt sich in der Inhaltsanalyse durch die Images Spaß und Erlebnis von den anderen Marken ab. Die Marke kombiniert diese beiden Images mit Aktivität, Gesundheit, Erfrischung und Qualität. Die Ergebnisse der Onlinebefragung zeichnen hingegen ein anderes Bild. Insgesamt erhält die Marke sehr niedrige Zustimmungswerte. Einzig das Image Erfolg erreicht einen Wert, der leicht über der Mitte der Skala liegt. Die darauf folgenden Images sind Erfrischung, Einfachheit, Alltäglichkeit, Preisbewusstsein und Pragmatismus. Die dargestellten Images stimmen somit nicht mit den wahrgenommen Images überein, stehen diesen jedoch auch nicht entgegen. Im Vergleich mit anderen Marken bewegt sich Bonaqa für die selbst dargestellten Images jedoch im mittleren bis unteren Bereich, bedingt durch die insgesamt niedrigen Zustimmungswerte.

Die Marke Voss hat ein klares Image von Stil und Eleganz, das sowohl in der Inhaltsanalyse der Webseite als auch in der Befragung deutlich wird. Die weiteren zentralen Images der Webseite sind Natürlichkeit, Reinheit und Ursprünglichkeit. Sie erzielen bei der Befragung ebenfalls zumindest durchschnittliche Zustimmungswerte.

Fiji Water betont auf der Startseite vor allem die Images Unberührtheit, Ursprünglichkeit, Natürlichkeit, Weltgewandtheit und Stil. Die Images Weltgewandtheit und Stil erreichen auch in der Onlinebefragung überdurchschnittliche Zustimmungswerte, obwohl sie sich nur wenig von den anderen Images abheben. Insgesamt erhält Fiji Water eher niedrige Zustimmungswerte, daher liegt auch das Image Natürlichkeit im Mittelfeld der Images, obwohl es nur einen Wert von 3 erhält, was bedeutet, dass die Befragten eher nicht zustimmen.

SodaStream wirbt auf der Webseite vor allem mit den Images Einfachheit und Pragmatismus. Auch Regionalität und Stil spielen eine Rolle. Mit einem Zustimmungswert von fast 5 stimmen die Befragten dem Image Pragmatismus zu. Außerdem charakterisieren sie die Marke mit Alltäglichkeit und Erfolg. An vierter und fünfter Stelle folgen Einfachheit und Preisbewusstsein. Das Image Stil halten die Befragten für eher nicht zutreffend.

Ähnlich wie SodaStream wirbt BRITA auf der Webseite mit den Images Einfachheit und Pragmatismus. Diese Images werden der Marke mit Werten von über 4 auch von den Befragten zugeschrieben. Dem Image Preisbewusstsein, das auf der Webseite ebenfalls eine zentrale Rolle spielt, stimmen die Befragten tendenziell weniger zu. Stattdessen ordnen sie der Marke die Images Erfolg, Alltäglichkeit und Regionalität zu. Die Images Stil und Vitalität, die auf der Webseite ebenfalls erwähnt werden, werden der Marke von den Befragten nicht zugeschrieben.

5.2.3   Fragestellung 3a und 3b

Mit den Fragestellungen 3a und 3b sollte untersucht werden, inwiefern sich die Marken als Lifestyle-Produkte bewerben und wie die Befragten dies wahrnehmen. Dabei wurde deutlich, dass die Marken in ihrer Selbstdarstellung durchaus auf Lifestyle-Aspekte wie Stil, Eleganz oder auch Fitness zurückgreifen. Vor allem findet man diese Lifestyle-Images bei den Luxusmarken Voss und Fiji Water sowie bei Volvic. (Fast) keine Lifestyle-Aspekte findet man bei den Marken, die mit ihrem funktionalen Nutzen werben. Dies sind vor allem die Trinkwasseraufbereitungs-Marken BRITA und SodaStream sowie Gerolsteiner.

Im Gegensatz dazu steht die empfundene Relevanz der Befragten beim Kauf von Trinkwasser. Sie bewerten die Lifestyle-Aspekte als am wenigsten wichtig. Gleichzeitig sprechen die Befragten einigen Marken Images zu, die dem Lifestyle-Bereich zuzuordnen sind. Dies ist vor allem bei Voss, Fiji Water und SodaStream der Fall. Übereinstimmungen zum Thema Lifestyle findet man also vor allem im Bereich der Luxusmarken: Diese Marken werben mit Lifestyle-Aspekten und ihnen werden die entsprechenden Images von den Befragten zugeordnet.

5.3   Interpretation der Ergebnisse

Bevor die Images der Trinkwassermarken ermittelt wurden, wurde zunächst die Relevanz der verschiedenen Aspekte des Markenimages betrachtet. Dabei zeigten die Befragten bei der Beantwortung des Onlinefragebogens eine sehr pragmatische Tendenz. So bewerteten sie den funktionalen Nutzen als mit Abstand wichtigsten Aspekt des Markenimages beim Kauf von Trinkwasser. Das Wasser soll vor allem gut schmecken, einfach zu kaufen und zu konsumieren sein und eine gute Qualität haben. Dies sind naheliegende Beweggründe für den Kauf von Trinkwasser. Allerdings stellt sich die Frage: Wie bewertet der Konsument die Qualität des Trinkwassers, wenn er vor dem Regal mit Wasserflaschen steht? Ob das Wasser gut schmeckt, weiß der Konsument erst, wenn er das Wasser mindestens einmal gekauft und getestet hat. Nur wenn er alle Trinkwassermarken kaufen und testen würde, könnte der Konsument behaupten, sein Trinkwasser nach Geschmack auszuwählen. Da Trinkwasser ein Produkt ist, das regelmäßig, ja wahrscheinlich wöchentlich gekauft wird, wäre dies durchaus möglich, ist aber eher unwahrscheinlich. Wahrscheinlicher ist, dass der Konsument sich aufgrund anderer Motive für eine Marke entscheidet, diese testet und seine Wahl beibehält, wenn er mit dem Geschmack zufrieden ist.

Obwohl die Befragten also angaben, dass ihnen der Geschmack des Wassers beim Kauf am wichtigsten sei, kann dies nicht das primäre Kriterium beim Erstkauf sein. Viele der Dimensionen des funktionalen Nutzens sind ohne Erfahrungen mit dem Produkt kaum zu beurteilen. Dies trifft teilweise auch auf den Mineralgehalt des Wassers zu. Um diesen korrekt zu beurteilen, müsste der Konsument wissen, welche Mineralien wichtig sind und welche Werte für die Inhaltsstoffe hoch oder niedrig, gut oder schlecht sind.

Obwohl die Befragten den funktionalen Nutzen also als wichtigsten Aspekt beim Kauf angegeben haben, ist zweifelhaft, inwiefern dieser beim tatsächlichen Kauf eine Rolle spielt. Zudem wurde in Kapitel 2 dieser Arbeit bereits festgestellt, dass sich die in Deutschland erhältlichen Trinkwässer nur geringfügig unterscheiden. Qualitativ schlechtes Wasser kann es aufgrund zahlreicher Gesetze, Verordnungen und Kontrollen in Deutschland gar nicht geben. Der größte Unterschied zwischen Leitungswasser und Luxus-Mineralwasser ist wohl der Preis. Die Unterschiede im funktionalen Nutzen sind also marginal und für den Laien schwer feststellbar. Dies könnte der Grund sein, warum viele Trinkwassermarken nicht mit diesem funktionalen Nutzen werben, sondern sich auf Markenattribute und symbolischen Nutzen der Marke konzentrieren. Vor allem die Luxusmarken legen ihren Fokus auf den symbolischen Nutzen, hauptsächlich auf Stil und Eleganz. Dies soll dem Kunden einen Mehrwert bieten, der über den standardmäßigen funktionalen Nutzen hinausgeht.

Man sollte außerdem nicht vergessen, dass die Aspekte des Markenimages nicht voneinander isoliert sind. So kann eine stilvoll designte Flasche durchaus einen Eindruck von Qualität entstehen lassen. Der Einfluss von symbolischem Nutzen und Markenattributen auf die Kaufentscheidung sollte also trotz allem nicht unterschätzt werden.

Bei der Untersuchung der Images der Trinkwassermarken traten einige recht unterschiedliche Images zutage. Prominent ist beispielsweise der Bereich Gesundheit/Vitalität/Fitness, der von vielen Marken des mittleren Preissegments angesprochen wird. Ein weiterer Bereich enthält die Images Nachhaltigkeit, Natürlichkeit, Ursprünglichkeit und Regionalität. Diese Images werden von fast allen Marken in irgendeiner Form erwähnt, manchmal in Form von luxuriöser Natürlichkeit bei Fiji Water, manchmal ganz bodenständig als regionaler Ursprung des Trinkwassers bei Gerolsteiner. Die Marken der Trinkwasseraufbereitung, SodaStream und BRITA, fokussieren die Images Einfachheit und Pragmatismus. Die Luxusmarken Voss und Fiji Water hingegen betonen die Images Stil und Eleganz. Damit ist die Selbstdarstellung der Trinkwassermarken auf den Webseiten sehr heterogen, obwohl sich innerhalb der oberen und unteren Preissegmente durchaus Gemeinsamkeiten ausmachen lassen.

Beim Vergleich zwischen dargestellten und wahrgenommenen Images kann man bei vier Marken annähernd von einer Übereinstimmung sprechen. Besonders ausgeprägt ist diese Übereinstimmung bei Voss. Aber auch die zweite Luxusmarke Fiji Water erzielt eine hohe Übereinstimmung der Selbstdarstellung auf der Webseite mit dem wahrgenommenen Image. Beide Luxusmarken fokussieren den Aspekt Stil, den die Befragten den Marken ebenfalls zuweisen. An dieser Stelle kann man die These wagen, dass Luxusmarken nur erfolgreich sein können, wenn sie ein klares Image aufbauen, das den Konsumenten über Basisfunktionen wie Geschmack und Qualität hinaus einen Mehrwert liefert. Würden die Luxuswässer die gleichen grundlegenden Funktionen erfüllen wie die günstigeren Wässer, gäbe es keinen Grund, den höheren Preis zu zahlen. Ein Image, das dem Konsumenten einen weitergehenden Mehrwert verspricht, wäre damit Voraussetzung für das obere Preissegment.

Im unteren Preissegment kann SodaStream mit einer klaren Positionierung überzeugen. Das Image Einfachheit nimmt eine zentrale Position in der Selbstdarstellung der Marke ein und wird der Marke ebenso von den Konsumenten zugeschrieben. Dies kann man ebenfalls als Mehrwert betrachten, der über die grundlegenden Funktionen des Trinkwassers hinausgeht. Der Vorteil, keine Wasserflaschen tragen zu müssen, hebt die Marke von anderen Marken ab – sowohl in der Selbstdarstellung als auch in der Wahrnehmung der Konsumenten.

Im mittleren Preissegment kann nur eine Marke eine näherungsweise Übereinstimmung zwischen Selbstdarstellung und Wahrnehmung der Konsumenten vorweisen. Die Marke Gerolsteiner zeichnet auf ihrer Startseite ein recht umfassendes Selbstbild, das von den Konsumenten weitestgehend bestätigt wird. Andere Marken des mittleren Preissegments wie Vittel oder Bonaqa, die vor allem mit Vitalität, Aktivität, Spaß und Erlebnis werben, finden bei den Befragten für diese Images nur wenig Zustimmung. Sie scheinen damit nicht in der Lage zu sein, die Marke von anderen Marken abzuheben und den Konsumenten ein konsistentes Bild zu vermitteln.

Die Luxusmarken Voss und Fiji waren außerdem in der Lage, kollektive Gruppenimages von Stil zu etablieren, die mit der Selbstdarstellung auf der

Webseite übereinstimmen. Dabei ist es durchaus interessant, dass diese klare Positionierung gerade den beiden Luxusmarken gelingt. Ebenfalls gelungen ist dies der Marke SodaStream mit dem Image Einfachheit, das sich sowohl auf der Webseite als auch im Image der Befragten eindeutig identifizieren lässt. Bei keiner der Marken des mittleren Preissegments konnten so deutlich kollektive Gruppenimages ausgemacht werden.

Zuletzt soll die These betrachtet werden, dass Trinkwasser ein Lifestyle-Produkt ist. Lifestyle ist bei jenen Trinkwassermarken zu finden, die nicht mit funktionalem Nutzen werben. Besonders erfolgreich haben die Luxusmarken Voss und Fiji Lifestyle-Images um das Image Stil herum aufgebaut. Andere Images, die man dem Bereich Lifestyle zuordnen könnte, sind Fitness, Aktivität oder auch Nachhaltigkeit. Marken, die mit diesen Images werben, waren jedoch nicht in der Lage, die Images in den Köpfen der Konsumenten zu verankern. Für den alltäglichen Kauf von Trinkwasser scheint der Lifestyle-Aspekt noch immer eine untergeordnete Rolle zu spielen.

6   Fazit

6.1   Zusammenfassung der Arbeit

Die Trinkwassermarken werben vor allem mit Markenattributen und symbolischem Nutzen. Der funktionale Nutzen der Trinkwassermarken bleibt hingegen bei den meisten Webseiten unerwähnt. Ein Großteil der Werbung der Trinkwassermarken steht damit im Gegensatz zu den Erwartungen und der empfundenen Relevanz der Konsumenten. Diese empfinden es als besonders wichtig, dass das Trinkwasser gut schmeckt, qualitativ hochwertig ist und einfach zu kaufen und zu konsumieren ist.

Die Trinkwassermarken werben mit unterschiedlichen Images, die sich jedoch thematisch gruppieren lassen. Vor allem im mittleren Preissegment haben viele Marken mit den Images Gesundheit, Vitalität und Fitness geworben. Auch der Bereich Natürlichkeit, Ursprünglichkeit und Regionalität spielte bei der Selbstdarstellung der Marken des mittleren Preissegments eine Rolle. Diese Images erhielten meist durchschnittliche Zustimmungswerte, waren jedoch nicht in der Lage, den Marken zu einem konsistenten und einzigartigen kollektiven Gruppenimage zu verhelfen. Die Images Aktivität, Spaß und Erlebnis, die vor allem bei Vittel und Bonaqa eine Rolle spielten, erhielten kaum Zustimmung und sind damit nicht geeignet, das Image der Marken zu bestimmen.

Nur vier der betrachteten Marken konnten ihre Images erfolgreich vermitteln. Gerolsteiner erhielt für die meisten dargestellten Images starke Zustimmung. SodaStream war in der Lage, ein Image von Einfachheit und Pragmatismus aufzubauen, das man gar als kollektives Gruppenimage betrachten kann. Ebenfalls gelungen ist dies den Luxusmarken Voss und Fiji Water, die mit den Images Stil und Eleganz auch am stärksten als Lifestyle-Marken betrachtet werden können. Vermutlich ist dieser Lifestyle ein notwendiger Mehrwert, der über den standardmäßigen funktionalen Nutzen hinausgeht und den Konsumenten einen zusätzlichen Kaufgrund liefert, um den erhöhten Preis zu rechtfertigen.

Nach den Erkenntnissen der Onlinebefragung ist Trinkwasser – abgesehen von den Luxusmarken – dennoch nicht als Lifestyle-Produkt zu betrachten. Obwohl viele Marken ihre Produkte wie Lifestyle-Produkte bewerben, legen die Konsumenten den Fokus beim Kauf auf den funktionalen Nutzen. Jedoch könnten auch Markenattribute und symbolischer Nutzen dazu führen, dass die Konsumenten auf Aspekte des funktionalen Nutzens schließen, da dieser beim Kauf schwer festzustellen ist.

6.2   Ausblick

Es gibt nicht viel Literatur, die sich mit dem Trinkwasser als Lifestyle-Produkt auseinandersetzt. Der These von Peter (2009) kann nach den Erkenntnissen dieser Arbeit jedoch insofern zugestimmt werden, als die meisten Trinkwassermarken mit Lifestyle-Aspekten werben. Dennoch ist das Trinkwasser als Produkt in den Augen der Konsumenten (noch) kein Lifestyle-Produkt. Am wichtigsten sind den Konsumenten noch immer die grundlegenden Funktionen des Trinkwassers: Geschmack, Qualität und einfacher Kauf und Konsum. Ob man Trinkwasser als Lifestyle-Produkt betrachten kann, kommt also auf die Perspektive an: Beschreibt man Trinkwasser aus Sicht der Unternehmen oder aus Sicht der Konsumenten?

In diesem Kontext ist eine wichtige Frage offen geblieben. Die Konsumenten gaben in der Befragung an, wenig Wert auf den symbolischen Nutzen (z.B. Aussehen, Stil, Überlegenheit) der Trinkwassermarken zu legen. Fraglich ist jedoch, inwiefern sie beim tatsächlichen (nicht geringfügig unterbewussten) Kauf diese Einstellung auch an den Tag legen. Interessant wäre daher, diese Arbeit durch eine Beobachtung oder ein Experiment zu ergänzen, in dem die tatsächliche Kaufentscheidung untersucht wird.

Ebenfalls interessant wäre es, von dieser Thematik nicht nur eine Momentaufnahme zu erstellen, sondern auch die Entwicklung der Images von Trinkwasser und die Rolle des Trinkwassers als Lifestyle-Produkt zu untersuchen.

In jedem Fall birgt das Themenfeld Images von Trinkwasser noch viel Potential. Durch weitergehende soziologische Forschung zu den Images der Trinkwassermarken und des Trinkwassers allgemein können Erkenntnisse gewonnen werden, die über die wirtschaftspraktische Marktforschung hinausgehen. Die Images von Trinkwasser sind daher ein interessanter Zugangspunkt zur Erforschung der Rolle des Trinkwassers in der Gesellschaft.

Literatur- und Quellen

Apollinaris Brands GmbH (2017): *Startseite.* URL: http://www.apollinaris.de/de_de/ [Stand: 2017-05-31].

Arbeitsgemeinschaft Verbrauchs- und Medienanalyse (VuMA) (2017): *Beliebteste Mineralwasser- und Tafelwassermarken (Konsum in den letzten 4 Wochen) in Deutschland in den Jahren 2014 bis 2016.* URL: https://de.statista.com/statistik/daten/ studie/ 171516/ umfrage/konsum-mineralwassermarken-im-letzten-monat/ [Stand: 2017-05-29].

Bonaqa (2017): *Startseite.* URL: http://bonaqa.de/ [Stand: 2017-05-31].

Boorstin, Daniel J. (1962): *The image: or, What happened to the American dream.* London: Weidenfeld & Nicolson.

Bottle World. (2017): *Onlineshop.* URL: https://www.bottleworld.de/alkoholfrei/ premium-wasser [Stand: 2017-05-29].

BRITA GmbH (2017): *Startseite.* URL: http://www.brita.de/ [Stand: 2017-05-31].

Bundesamt für Verbraucherschutz und Lebensmittelsicherheit (2016): *Wasser – Ein besonders streng kontrolliertes Lebensmittel.* URL: http://www.bvl.bund.de/DE/01_Lebensmittel/ 04_AntragstellerUnternehmen/12_Wasser_Mineralwasser/lm_wasser_node.html [Stand 2017-05-26].

Flick, Uwe (2014): Gütekriterien qualitativer Sozialforschung. In: Baur, Nina/Blasius, Jörg (Hrsg.): *Handbuch Methoden der empirischen Sozialforschung.* Wiesbaden: Springer Fachmedien, S. 411-423.

Fiji Water (2017*): Startseite.* URL: https://www.fijiwater.com/ [Stand: 2017-05-31].

Foscht, Thomas/Swoboda, Bernhard (2011): *Käuferverhalten: Grundlagen - Perspektiven - Anwendungen.* Wiesbaden: Betriebswirtschaftlicher Verlag Gabler.

Gerolsteiner Brunnen GmbH & Co. KG (2017): *Startseite.* URL: https://www.gerolsteiner.de/ [Stand: 2017-05-31].

Goffman, Erving (1971): *Verhalten in sozialen Situationen: Strukturen und Regeln der Interaktion im öffentlichen Raum.* Gütersloh: Bertelsmann.

Heidel, Bernhard (2008): *Lexikon Konsumentenverhalten und Marktforschung..* Frankfurt am Main: Deutscher Fachverlag.

Helfferich, Cornelia (2011): *Die Qualität qualitativer Daten: Manual für die Durchführung qualitativer Interviews.* Wiesbaden: VS Verlag.

Hollenberg, Stefan (2016): *Fragebögen: Fundierte Konstruktion, sachgerechte Anwendung und aussagekräftige Auswertung.* Wiesbaden: Springer VS.

Hölscher, Barbara (1998): *Lebensstile durch Werbung?: Zur Soziologie der Life-Style-Werbung.* Wiesbaden: VS Verlag.

Kautt, York (2008): *Image: Zur Genealogie eines Kommunikationscodes der Massenmedien.* Bielefeld: Transcript.

Kleining, Gerhard (1961): Über soziale Images. *Kölner Zeitschrift für Soziologie und Sozialpsychologie* (5), S. 145-170.

Kroeber-Riel, Werner/Gröppel-Klein, Andrea (2013): *Konsumentenverhalten*. München: Franz Vahlen Verlag.

Kroeber-Riel, Werner/Weinberg, Peter (1996): *Konsumentenverhalten*. München: Franz Vahlen Verlag.

Kruse, Jan (2015): *Qualitative Interviewforschung: Ein integrativer Ansatz*. Weinheim: Beltz Juventa.

Lamnek, Siegfried (2010): *Qualitative Sozialforschung: Lehrbuch*. Weinheim: Beltz.

Levy, Sidney J. (1959): Symbols for Sale. *Harvard Business Review* 37(4), S. 117-124.

Lüders, Christian (2010): Gütekriterien. In: Bohnsack, Ralf,/Marotzki, Winfried/Meuser, Michael (Hrsg.): *Hauptbegriffe Qualitativer Sozialforschung*. Stuttgart: UTB, S. 80-83.

Mayring, Philipp (2015): *Qualitative Inhaltsanalyse: Grundlagen und Techniken*. Weinheim: Beltz.

Mayring, Philipp (2016): *Einführung in die qualitative Sozialforschung*. Weinheim: Beltz.

Meffert, Heribert/Burmann, Christoph/Kirchgeorg, Manfred (2014): *Marketing*. Wiesbaden: Gabler.

Menold, Natalja/Bogner, Kathrin (2014): Gestaltung von Ratingskalen in Fragebögen. URL: https://www.gesis.org/fileadmin/upload/SDMwiki/Archiv/Ratingskalen_MenoldBogner_0120 15_1.0.pdf [Stand: 2017-05-31].

Mineral- und Tafelwasser-Verordnung vom 1. August 1984 (BGBl. I S. 1036).

Peter, Peter (2009): Vom Krankentrunk zum Lifestylesprudel: Die mediale Aufwertung des Mineralwassers. In: Hirschfelder, Gunther (Hrsg.): *Purer Genuss?: Wasser als Getränk, Ware und Kulturgut*. Frankfurt a.M.: Campus, S. 283-288.

Porst, Rolf (2008): *Fragebogen: Ein Arbeitsbuch*. Wiesbaden: VS Verlag.

Raab, Gerhard/Unger, Alexander/Unger, Fritz (2010): *Marktpsychologie: Grundlagen und Anwendung*. Wiesbaden: Gabler.

Schmidt, Siegfried J./Gizinski, Maik(2004): *Handbuch Werbung*. Münster: LIT.

Schnierer, Thomas (1999): *Soziologie der Werbung: Ein Überblick zum Forschungsstand einschließlich zentraler Aspekte der Werbepsychologie*. Opladen: Leske + Budrich.

SodaStream (2017). *Startseite*. URL: https://www.sodastream.de/ [Stand: 2017-05-31].

Statistisches Bundesamt (2014): *1 000 Liter Trinkwasser kosteten 2013 im Durchschnitt 1,69 Euro*. URL: https://www.destatis.de/DE/PresseService/Presse/Pressemitteilungen/ 2014/03/PD14 _110_322.html [Stand: 2017-05-25].

Steinke, Ines (2007): Die Güte qualitativer Marktforschung,. In: Buber, Renate (Hrsg.): *Qualitative Marktforschung: Konzepte, Methoden, Analysen*. Wiesbaden: Gabler, S. 261-283.

Theobald, Tim (2016): *Die Evian-Babys sind zurück - und relaxen am Strand*. URL: http://www.horizont.net/agenturen/auftritte-des-tages/BETC-Paris-Die-EvianBabys-sind-zurueck---und-relaxen-am-Strand-139890 [Stand: 2017-07-05].

Thielsch, Meinald T./Weltzin, Simone (2012): *Online-Umfragen und Online- Mitarbeiterbefragungen*. URL: www.thielsch.org/download/ wirtschaftspsychologie/Thielsch_2012.pdf [Stand: 2017-07-05].

Trinkwasserverordnung 2001 (TrinkwV 2001) in der Fassung der Bekanntmachung vom 10. März 2016 (BGBl. I S. 459).

Vittel (Nestlé Deutschland AG) (2017): *Startseite*. URL: https://www.vittel.de/ [Stand: 2017-05-31].

Volvic (Danone Waters Deutschland GmbH) (2017): *Startseite*. URL: http://www.volvic.de/ [Stand: 2017-05-31].

Voss Water (2017): Startseite. URL: https://www.vosswater.com/ [Stand: 2017-05-31].

Weischer, Christoph (2007): *Sozialforschung*. Konstanz: UVK.

Willems, Herbert (2017): Einleitung: Auf dem Weg zu einem soziologischen Verständnis der Realitäten des Trinkwassers. In: Willems, Herbert (Hrsg.): *Die Wasser der Gesellschaft: Zur Einführung in eine Soziologie des Trinkwassers*. Wiesbaden: Springer VS, S. 13-65.

Winterberg, Lars (2007): *Wasser - Alltagsgetränk, Prestigeprodukt, Mangelware: Zur kulturellen Bedeutung des Wasserkonsums in der Region Bonn im 19. und 20. Jahrhundert*. Münster, München: Waxmann.

Wirtschaftswoche (2012): *Die teuersten Mineralwasser der Welt*. URL: http://www.wiwo.de/ unternehmen/dienstleister/luxus-die-teuersten-mineralwasser-der-welt/ 6680590.html?p=9&a=false&slp=false#image [Stand: 2017-05-25].

Anhang 1: Codierleitfaden Forschungsfrage 1a

Liegt der Fokus der Marken bei der Imagewerbung auf Markenattributen, funktionalem oder symbolischem Nutzen?

1. Markenattribute

Sie charakterisieren die Marke durch beschreibende Merkmale und verleihen ihr beispielsweise Herkunft, Werte oder Persönlichkeit.

Ankerbeispiele:

- ☐ „Das Mineralwasser aus der Vulkaneifel"

- ☐ „Natürlich reines Wasser"

- ☐ „Artesian water from Norway"

2. Funktionaler Nutzen

Der funktionale Nutzen ergibt sich aus den physikalisch-funktionellen Merkmalen der Marke.

Ankerbeispiele:

- ☐ Ein Mineralwasser leistet einen hohen Beitrag zum Tagesbedarf an Magnesium.

- ☐ Ein Wasser ist frei von Zusatzstoff XY

- ☐ Ein Wasser hat besonders viel Kohlensäure

3. Symbolischer Nutzen

Die Marke befriedigt symbolhaft Bedürfnisse des Konsumenten, die über den funktionalen Nutzen hinausgehen.

Ankerbeispiele:

- ☐ Das teure Mineralwasser verleiht dem Konsumenten Prestige

- ☐ Das Mineralwasser ist besonders gut für Sport geeignet

- ☐ Das Wasser fördert die Vitalität

Anhang 2: Codierleitfaden Forschungsfrage 2a

Welche Images versuchen die Trinkwassermarken von sich zu vermitteln?

Induktive Kategorienbildung

Selektionskriterium: Der Versuch, ein Image (= eine subjektive, aber sozial geprägte Vorstellung einer Person von einem Objekt) zu generieren.

Abstraktionsniveau: Ein charakterisierendes Nomen

Ankerbeispiele:

      ☐ Erfrischung

      ☐ Gesundheit

      ☐ Vitalität

Anhang 3: Operationalisierung für Onlinefragebogen

Forschungsfrage 1b: Legen die Konsumenten beim Trinkwasserkauf am meisten Wert auf Markenattribute, funktionalen oder symbolischen Nutzen?		
Beim Kauf von Trinkwasser ist mir wichtig, dass…		
Aspekte d. Markenimages	Dimensionen	Items
Markenattribute	Werte	… die Marke die richtigen Werte vermittelt.
	Persönlichkeit	… die Marke mir sympathisch ist.
		… die Marke zu mir passt.
		… die Marke die richtige Persönlichkeit hat.
	Herkunft	… die Marke Wert auf ihre Herkunft legt.
		… die Marke regional ist.
		… die Marke aus natürlicher Umgebung stammt.
Funktionaler Nutzen	Geschmack	… es gut schmeckt.
	Einfachheit	… es einfach zu kaufen und zu konsumieren ist.
	Mineralstoffgehalt	… es eine bestimmte Menge an Mineralstoffen enthält.
	Gute Qualität	… es von guter Qualität ist.
	Preis	… es günstig ist.
Symbolischer Nutzen	Nachhaltigkeit	… es nachhaltig ist.
	Fitness und Vitalität	… es Fitness und Vitalität fördert.
	Ästhetik	… es schön aussieht.
	Erfolg und Überlegenheit	… die Marke erfolgreich und besser als andere Marken ist.
	Prestige	… die Marke mein Ansehen stärkt.
	Stil	… die Marke zeigt, dass ich Stil habe.

Forschungsfrage 2b: Legen die Konsumenten beim Trinkwasserkauf am meisten Wert auf Markenattribute, funktionalen oder symbolischen Nutzen?	
Die Marke X…	
Kategorien	Items
Nachhaltigkeit	ist nachhaltig.
Engagement	ist engagiert.
Regionalität	ist regional.
Tradition	ist traditionell.
Natürlichkeit	ist naturverbunden.
Ursprünglichkeit	ist ursprünglich.
Reinheit	ist rein.
Gesundheit	ist gesund.
Vitalität / Aktivität	macht aktiv.
Fitness	macht fit.
Spaß und Erlebnis	macht Spaß.
Qualität	ist von guter Qualität.
Geschmack	schmeckt gut.
Erfrischung	erfrischt.
Einfachheit	ist einfach.
Pragmatismus	ist praktisch.
Preisbewusstsein	ist günstig.
Alltäglichkeit	ist alltagstauglich.
Erfolg	ist erfolgreich.
Überlegenheit	ist besser als andere Marken.
Stil	hat Stil.
Eleganz	ist elegant.
Einzigartigkeit	ist einzigartig.
Weltgewandtheit	ist weltgewandt.
Nachhaltigkeit	… ist nachhaltig.
Engagement	… ist engagiert.

Anhang 4: Fragebogen

Images von Trinkwassermarken

Seite 1

Vielen Dank für Ihr Interesse an dieser Umfrage!

Im Rahmen meiner Bachelorarbeit im Studiengang Social Sciences an der Justus-Liebig-Universität Gießen untersuche ich die Images verschiedener Trinkwassermarken. Ziel ist, die Darstellung der Marken selbst mit der Wahrnehmung der Marken in der Gesellschaft zu vergleichen.

Die Umfrage wird etwa 10 Minuten in Anspruch nehmen.

Ich freue mich, dass Sie mich bei meiner Bachelorarbeit unterstützen möchten!

Kontakt:
Elisabeth Heinz
elisabeth.heinz@sowi.uni-giessen.de

Seite 2

Beim Kauf von Trinkwasser ist mir wichtig, dass...

	stimme gar nicht zu					stimme voll und ganz zu	weiß nicht
die Marke die richtigen Werte vermittelt.	○	○	○	○	○	○	○
die Marke mir sympathisch ist.	○	○	○	○	○	○	○
die Marke zu mir passt.	○	○	○	○	○	○	○
die Marke die richtige Persönlichkeit hat.	○	○	○	○	○	○	○
die Marke Wert auf ihre Herkunft legt.	○	○	○	○	○	○	○
die Marke regional ist.	○	○	○	○	○	○	○
die Marke aus natürlicher Umgebung stammt.	○	○	○	○	○	○	○

Seite 3

Beim Kauf von Trinkwasser ist mir wichtig, dass...

	stimme gar nicht zu					stimme voll und ganz zu	weiß nicht
es gut schmeckt.	◯	◯	◯	◯	◯	◯	◯
es einfach zu kaufen und zu konsumieren ist.	◯	◯	◯	◯	◯	◯	◯
es eine bestimmte Menge an Mineralstoffen enthält.	◯	◯	◯	◯	◯	◯	◯
es von guter Qualität ist.	◯	◯	◯	◯	◯	◯	◯
es günstig ist.	◯	◯	◯	◯	◯	◯	◯
es nachhaltig ist.	◯	◯	◯	◯	◯	◯	◯
es Fitness und Vitalität fördert.	◯	◯	◯	◯	◯	◯	◯
es schön aussieht.	◯	◯	◯	◯	◯	◯	◯
die Marke erfolgreich und besser als andere Marken ist.	◯	◯	◯	◯	◯	◯	◯
die Marke mein Ansehen stärkt.	◯	◯	◯	◯	◯	◯	◯
die Marke zeigt, dass ich Stil habe.	◯	◯	◯	◯	◯	◯	◯

Seite 4

Kennen Sie die Marke Gerolsteiner?

◯ ja

◯ nein

Seite 5

Die Marke Gerolsteiner...

	stimme gar nicht zu					stimme voll und ganz zu	weiß nicht
ist nachhaltig.	○	○	○	○	○	○	○
ist engagiert.	○	○	○	○	○	○	○
ist regional.	○	○	○	○	○	○	○
ist traditionell.	○	○	○	○	○	○	○
ist naturverbunden.	○	○	○	○	○	○	○
ist ursprünglich.	○	○	○	○	○	○	○
ist rein.	○	○	○	○	○	○	○
ist gesund.	○	○	○	○	○	○	○
macht aktiv.	○	○	○	○	○	○	○
macht fit.	○	○	○	○	○	○	○
macht Spaß.	○	○	○	○	○	○	○
ist von guter Qualität.	○	○	○	○	○	○	○
schmeckt gut.	○	○	○	○	○	○	○
erfrischt.	○	○	○	○	○	○	○
ist einfach.	○	○	○	○	○	○	○
ist praktisch.	○	○	○	○	○	○	○
ist günstig.	○	○	○	○	○	○	○
ist alltagstauglich.	○	○	○	○	○	○	○
ist erfolgreich.	○	○	○	○	○	○	○
ist besser als andere Marken.	○	○	○	○	○	○	○
hat Stil.	○	○	○	○	○	○	○
ist elegant.	○	○	○	○	○	○	○
ist einzigartig.	○	○	○	○	○	○	○
ist weltgewandt.	○	○	○	○	○	○	○

Seite 22

Fast geschafft!

Nun bitte ich Sie noch um ein paar einfache Informationen über Sie.

Geschlecht

◯ männlich

◯ keine Angabe

◯ weiblich

Alter

[   ]

Seite 23

Bitte klicken Sie auf 'Fertig' um die Umfrage zu beenden.

Vielen Dank für ihre Teilnahme!

Für Nutzer von SurveyCircle (www.surveycircle.com): Der Survey Code dieser Studie lautet: XNAJ-546Y-8P8Z-RX35

» Umleitung auf Schlussseite von Umfrage Online (ändern)

Wasser – zwischen Alltagsgetränk und Lifestyle-Produkt

Stefanie Alexandra Esch

Abstract

Während Mineralwasser generell positiv bewertet und mit Qualität, Sauberkeit und Gesundheit verbunden wird, leidet das Wasser aus der Leitung unter seinem Imageproblem. Die Präsenz der Mineralwässer – vor allem bedingt durch die Werbung – macht das Alltagsgetränk immer mehr zu einem Lifestyle-Produkt. Für Trinkwasser hingegen wird kaum geworben. Die vorliegende Arbeit widmet sich daher der Image- und Öffentlichkeitsarbeit sowie der Werbung für Trinkwasser und untersucht, vor welchen Problemen und Herausforderungen sowie Aufgaben und Chancen die Image- und Öffentlichkeitsarbeit für Trinkwasser steht.

Neben einigen theoretischen Überlegungen wird auch ein Blick auf die Trinkwasser- und Mineralwasserbranche in Deutschland geworfen. Als Probleme und Herausforderungen für die Öffentlichkeitsarbeit für Trinkwasser können vor allem die negative Berichterstattung in den Medien, das Imageproblem des Trinkwassers sowie die negative Haltung der Konsumenten gegenüber Leitungswasser als Getränk gesehen werden. Letztlich liegt es an den Verbrauchern, für welches Wasser sie sich im Alltag entscheiden. Eine verstärkte Öffentlichkeitsarbeit für Trinkwasser kann jedoch ein Ansatz sein, um das Bewusstsein für den Wert von Trinkwasser zu stärken.

© Springer Fachmedien Wiesbaden GmbH, ein Teil von Springer Nature 2019
H. Willems, *Wissen vom Wasser*, https://doi.org/10.1007/978-3-658-23948-0_5

1   Einleitung

> „Es ist gewiß viel Schönes dran
> am Element, dem nassen,
> weil man das Wasser trinken kann!
> Mann kann's aber auch lassen." (Heinz Erhardt)[1]

Wie Heinz Erhardt sind viele Leute skeptisch gegenüber dem (Leitungs-) Wasser zum Trinken, und bevorzugte eher andere Durstlöscher. Das Umweltbundesamt empfiehlt Erwachsenen jedoch, am Tag im Durchschnitt zwei Liter Wasser zu trinken (vgl. Umweltbundesamt 2016). Ob Mineralwasser oder das Wasser aus der Leitung ist im Grunde nebensächlich. Wasser ist lebensnotwendig für das menschliche Leben und sollte daher sauber, qualitativ gut und gesundheitlich unbedenklich sein.

Während Verbraucher Mineralwässer generell positiv bewerten und mit guter Qualität und Sauberkeit in Verbindung bringen, sind sie beim Konsum von Trinkwasser eher skeptisch und vorsichtig (vgl. Winterberg 2007: 171). Ausgefallene Werbeideen, Angebote von exotischen Wässern (wie Gletscherwasser aus Island, vgl. Schießl 2016) bis hin zu Luxuswässern sowie ausgebildete Wasser-Sommeliers, die die Restaurantgäste hinsichtlich des passenden Mineralwassers zum Essen beraten – das Image des Mineralwassers ist positiv in den Köpfen der Menschen verankert (vgl. Winterberg 2007: 171). Trinkwasser hingegen wird immer noch eher mit dem Gebrauch als Nutzwasser (zum Duschen, Waschen, Blumen gießen, usw.) verbunden (vgl. Pudel 2009: 209f.). Zwar steigt der Konsum von Trinkwasser, auch dank Angeboten zur Aufbereitung wie Wassersprudlern oder Wasserfiltern, doch Trinkwasser auch wirklich als solches zu nutzen wird von vielen noch skeptisch betrachtet (vgl. Schönberger 2009: 24f.). Verunreinigungen durch Schadstoffe jedweder Art im Grund- und/oder Trinkwasser und mögliche Gesundheitsgefährdungen führen immer noch zu Verunsicherungen seitens der Verbraucher (vgl. Winterberg 2007: 171).

Themen wie Wasser und Wassertrinken finden sich heute zunehmend im Alltagsgeschehen wieder (vgl. Willems 2017: 57). Dabei geht es jedoch nicht nur um das in Deutschland reichlich vorhandene Wasser zum Trinken. Das stets verfügbare und im Vergleich zu anderen Wasserarten (wie Mineralwasser) günstige Wasser aus der Leitung steht dabei zunehmend im Kontrast mit der vielerorts immer knapper werdenden Ressource Wasser. Die unbegrenzte Verfügbarkeit des Trinkwassers in nördlichen und westlichen Industrienationen ist zu einer Selbstverständlichkeit geworden, während südlichere Länder zunehmend unter Wasserknappheit leiden (vgl. Kröning 2015; Willems 2017: 27).

---

1   Das Zitat stammt von der Internetseite http://www.heinz-erhardt.de [Stand 12.02.2018].

Ob aus der Plastik- oder der Glasflasche – die Mineralwässer in Deutschland sind beliebt. Die Mineralwasserhersteller lassen sich immer neue Ideen einfallen, für ihr Mineralwasser zu werben und die Einzigartigkeit ihres Produkts hervorzuheben. Slogans wie „Premiummineralwasser" (vgl. Rosbacher 2017a) und „Das Wasser mit Stern" (vgl. Gerolsteiner 2017) versprechen eine Einzigartigkeit und Hochwertigkeit des Produkts.

Während Mineralwasser noch vor ein paar Jahrzehnten eher als Nischenprodukt galt und nur während Kuren getrunken wurde, hat es sich in den letzten Jahren von einem einfachen Alltagsgetränk hin zu einem Lifestyle-Produkt entwickelt (vgl. Winterberg 2007: 21; Peter 2009: 284). Die Mineralwasserhersteller werben mit tollen Versprechen, und die Marken suggerieren durch Flaschendesigns, Preise und Besonderheiten des Wassers (wie den Geschmack oder die optimale Zusammensetzung der Mineralstoffe) einen besonderen Lifestyle. Für Trinkwasser hingegen wird kaum geworben (vgl. Willems 2017: 39). Oft wird Trinkwasser bei Verbrauchern nicht einmal als ein (alltägliches) Getränk gesehen. Außerdem hat es (im Gegensatz zum Mineralwasser) ein schlechtes bzw. gar kein Image (vgl. Willems 2017: 55ff.).

Daher widmet sich die vorliegende Arbeit der Image-Arbeit, Öffentlichkeitsarbeit und Werbung für Trinkwasser und geht der Frage nach, vor welchen Problemen, Herausforderungen, Aufgaben und Chancen die Image- und Öffentlichkeitsarbeit für Trinkwasser steht. Hierbei soll auch aufgezeigt werden, warum das Trinkwasser als Leitungswasser in Deutschland so unterbewertet ist und von vielen kaum als Wasser zum Trinken wertgeschätzt wird, während das Mineralwasser eine starke Präsenz im Alltag der Verbraucher hat.

In Kapitel 2 folgt zunächst eine kurze Betrachtung der Trinkwasserbranche und des Mineralwassermarkts in Deutschland. In Kapitel 3 werden ausgewählte Marketing- und Werbestrategien vorgestellt, immer im Zusammenhang mit dem Thema Trinkwasser, Image, Prestige und Lifestyle. Kapitel 4 geht auf die Bedeutung von Trinkwasser und Mineralwasser in der Gesellschaft ein. Werbung für Trinkwasser und Mineralwasser wird in Kapitel 5 betrachtet. Kapitel 6 widmet sich der spezifischen Image- und Öffentlichkeitsarbeit für Trinkwasser und geht zunächst auf die Probleme und Herausforderungen der Image- und Öffentlichkeitsarbeit für Trinkwasser ein (Kapitel 6.1). Darauffolgend werden Aufgaben der Image- und Öffentlichkeitsarbeit für Trinkwasser aufgezeigt (Kapitel 6.2) und letztlich Chancen für dieselbe bewertet – vor allem anhand aktueller Konzepte und Kampagnen (Kapitel 6.3). Schließlich folgt in Kapitel 7 ein Fazit.

2   Mineralwasserbranche in Deutschland

Im Jahr 2015 konsumierte die deutsche Bevölkerung im Durchschnitt rund 147 Liter Mineralwasser pro Kopf, was einem Rekordwert entspricht. Im Jahr 2000 wurden durchschnittlich knapp 100 Liter Mineralwasser getrunken. Anfang der 1970er Jahre lag der durchschnittliche Pro-Kopf-Verbrauch von Mineralwasser bei nur 12,5 Liter. Damals galt Mineralwasser offensichtlich noch als Nischenprodukt (vgl. Schießl 2016).

Auf diesen Anstieg des Mineralswasserkonsums hat die Branche natürlich entsprechend reagiert. In Deutschland gibt es rund 200 Mineralbrunnen, die jährlich über 14 Milliarden Liter Mineralwasser abfüllen. Die Mineralwasserbranche gilt mit einem Umsatz von rund 3,4 Milliarden Euro und knapp 12.500 Beschäftigten als eine der größten Sektoren der Getränkeindustrie und bietet über 500 unterschiedliche Mineralwässer und knapp 35 Heilwässer an (vgl. ebd.).

Die deutschen Verbraucher bevorzugen eher Mineralwasser aus regionalen Mineralbrunnen und sind skeptisch gegenüber großen Mineralwassermarken und exotischen Wässern (z. B. Gletscherwasser aus Island oder Wasser aus der Südsee). Zwar sind die Importe von Mineralwasser nach Deutschland eher gering, aber vor allem für stille Wässer wurde der Markt in den letzten Jahren stark durch französische Marken beeinflusst.

Während die jungen Generationen (bis 35 Jahre) eher stilles Wasser trinken, bevorzugen ältere Generationen Mineralwasser mit wenig Kohlensäure. Dennoch trinkt der Großteil der Verbraucher das sogenannte „Mediumwasser". Die Nachfrage nach stillem Wasser steigt jedoch. Außerdem zeigt sich beim Kauf von eher teuren Mineralwässern (ab Preisen von ca. 40 Cent pro Liter) ein Trend in Richtung Glasflaschen, wohingegen günstigere Mineralwässer meistens in Kunststoffflaschen gekauft werden. Vor allem trendbewusste Verbraucher greifen häufig zu teuren Mineralwässern in Glasflaschen. Hierbei sollen Flaschendesigns für ein Gefühl der Einzigartigkeit sorgen (vgl. ebd.).

Die Arbeitsgemeinschaft Verbrauchs- und Medienanalyse (VuMA) hat im Jahr 2016 eine Umfrage durchgeführt, um die beliebtesten bzw. am meisten gekauften Mineral- und Tafelwässer in Deutschland zu erfassen. Die beliebtesten bzw. meist gekauften Mineral- und Tafelwässer der über 23.000 Befragten waren die Marken Gerolsteiner mit 15,9%, Volvic mit 12,4%, Apollinaris mit 8,5% und Vittel mit 8,3% (vgl. VuMA 2016).

3 Werbung und Werbestrategien

Werbung zielt generell auf die Beeinflussung des Verhaltens bestimmter Verbrauchergruppen ab. Durch den Einsatz strategisch gewählter Kommunikationsmittel und -stile soll der Absatz von Produkten gesteigert werden (vgl. Hölscher 1998: 175).

Werbung schafft Aufmerksamkeit, leistet Imagearbeit, versucht eine gewisse Glaubwürdigkeit und Überzeugung für ein Produkt herzustellen und bringt die Konsumenten letztlich dazu, die Informationen aus der Werbung dauerhaft zu speichern, zu lernen, und das eigene Handeln daraufhin zu verändern. Je höher die Aufmerksamkeit für ein Produkt ist, desto eher werden die vermittelten Inhalte vom Werbepublikum aufgenommen und verarbeitet (vgl. Willems/Kautt 2003). Dabei steckt die Werbewirtschaft jedoch in einem Zielkonflikt: Sie versucht durch verstärkte Medienpräsenz Aufmerksamkeit zu schaffen, scheitert aber daran, dass zu viele Medienangebote die Aufmerksamkeit auf ein bestimmtes Produkt schmälern und Hersteller dazu animiert werden, noch mehr und noch vielfältiger zu produzieren (vgl. Schmidt 1995: 31).

Sehr konsequent versucht Werbung, bestimmte Images zu konstruieren. „Diese Images fallen je nach Bedarf und Kalkül inhaltlich ganz unterschiedlich aus, immer aber handelt es sich um Inszenierungen, die einen Zweck verfolgen und von diesem Zweck bestimmt sind." (Willems/Kautt 2003: 102). Werbung versucht auch, das Publikum von einem Produkt zu überzeugen und es glaubwürdig erscheinen zu lassen. Problematisch ist, dass die Werbung selbst neben einem Aufmerksamkeitsdefizit auch ein Glaubwürdigkeitsdefizit hat. Im Gegensatz zu Nachrichten ist das Publikum bei der Werbung und ihrer Glaubwürdigkeit zunächst vorsichtig (vgl. ebd.: 103f.). „Das heißt jedoch nicht, daß Werbung in jeder Hinsicht und von jedem Publikum gleichermaßen und konstant relativiert oder gar vollständig entwertet würde. Vielmehr sind sozial und historisch differentielle (Un-) Glaubwürdigkeitsattributionen der Fall." (ebd.: 104)

Je moralischer der Werbungsgegenstand (z. B. bei Themen wie AIDS oder der Sicherheit beim Autofahren), desto eher verringert sich die Glaubwürdigkeitsproblematik der Werbung. In den meisten Fällen lässt sich das Publikum weniger von Werbeaussagen als von Emotionen (wie Bilder von Landschaften oder Musik) überzeugen. Vor allem bei Themen, die die Gesundheit und Schönheit betreffen, fordern Verbraucher korrekte Informationen über Produkte und deren Eigenschaften. Das heißt, es geht den den Konsumenten bei einem Urteil über ein Produkt insbesondere um Wahrheit, Vertrauenswürdigkeit und Ehrlichkeit (vgl. ebd.: 104f.).

Glaubwürdigkeit lässt sich unter anderem durch wissenschaftliche Experten und/oder Einrichtungen, durch Auszeichnungen und Gütesiegel, durch die Verbreitung von Produkten und durch praktische Experten verstärken. Außerdem können sich Produktvorführungen, bestimmte Altersklassen (wie Kinder oder ältere Personen), selbstkritisches Verhalten und Product Placement positiv auf die Glaubwürdigkeit eines Produkts auswirken.

Um besonders glaubwürdig zu erscheinen bzw. die Unglaubwürdigkeit der Werbung zu schmälern, wird oftmals die Wissenschaft genutzt, bspw. indem die Kompetenz eines Produkts durch eine neutrale und objektive Prüfstelle aufgezeigt wird (z. B. durch die Nutzung von Fachbegriffen, Verweise auf wissenschaftliche Einrichtungen, Experten und/oder Methoden; vgl. ebd.: 106ff.).

Häufig wird auch auf Qualifikationen (z. B. Preise, Auszeichnungen, Siegel) verwiesen, die meist durch „als neutral und kompetent geltende Instanzen oder Institutionen" bestätigt werden, welche die „[…] in Konkurrenz erwiesene Überlegenheit und objektive Geprüftheit belegen [sollen]" (ebd.: 106f.). Praktische Experten sind neben Prominenten häufig auch Alltagspersonen (z. B. Hausfrauen) oder berufliche, nicht prominente Experten (z. B. Zahnärzte), die mit „realen Akteuren" interagieren (vgl. ebd.: 107) Dies soll bei Werbezuschauern im besten Fall dazu führen, dass sie sich mit den Protagonisten in der Werbung identifizieren.

Product Placement wird oft genutzt, indem die Werbung bzw. die Werbespots mit dem (Fernseh-) Programm verschwimmen, und der Werberahmen nicht mehr klar zu erkennen ist (vgl. ebd.: 115). Neben der Generierung von Aufmerksamkeit, Images sowie Glaubwürdigkeit und Überzeugung sollen die Informationen, die die Werbezuschauer erhalten haben, im Gedächtnis des Werbepublikums, also der potentiellen Konsumenten, gespeichert werden: „Im Sinne dieser Informationen soll das Publikum lernen, d.h. sein Erleben und Handeln mehr oder weniger dauerhaft (um-)organisieren." (ebd.: 116).

3.1 (Lifestyle-)Werbung und Marketing

Die Konsumentenwerbung soll eine bestimmte Gruppe von Verbrauchern in bestimmten Medien ansprechen. Die Lifestyle-Werbung ist hierbei eine spezielle Variante der Konsumentenwerbung. Sie soll bei den Verbrauchern bestimmte Gefühle hervorrufen und diese dazu animieren, ein Produkt zu kaufen, weil es einen bestimmten Lifestyle[2] suggeriert (vgl. Hölscher 2002: 483f.). Im Grunde zielt jedoch jede Art von Werbung darauf, „eine definierte (Lifestyle-)Zielgruppe, also eine begrenzte Population gewinnbringend an[zu]sprechen." (Hölscher 2002: 483). Hierbei geht es immer öfter nicht nur um das Produkt selbst, sondern auch um „soziokulturelle Zeichen/Symbole" (Hölscher 1998: 177), die

---

2 Ausführliche Begriffsdefinitionen dazu finden sich in den Beiträgen von Elisabeth Heinz und Tanja Heckmann in diesem Band.

hierbei vermittelt werden. Dadurch sollen die Produkte von der Lifestyle-Zielgruppe „als lebensstiltypisch sinnstiftend" und als „erstrebenswerte[s] Attribut" (ebd.) gesehen werden. Lifestyle-Werbung dient daher der Realisierung von Marketingstrategien, die auf das Hervorrufen von Emotionen zielen. Daher kann Werbung genutzt werden, um herrschende Lebensstile zu vermitteln.

Heutzutage wird kaum noch zwischen Marketing und Werbung unterschieden. Dabei erfüllen Marketing und Werbung ursprünglich verschiedene Funktionen: Während Marketing „eher organisierend, koordinierend, verwaltend und bestimmend im Hintergrund abläuft, also weitgehend eine Regiefunktion übernimmt" (Hölscher 2002: 481), findet Werbung eher in der Öffentlichkeit statt – im Fernsehen, auf Plakaten oder im Internet. Zentrale Gesichtspunkte im Marketing sind das Produkt, der Preis des Produkts, die Positionierung des Produkts und der Produktvertrieb, die „durch strategische Planung und optimale Umsetzung so aufeinander abgestimmt sein [sollen], daß mit möglichst geringen Kosten ein möglichst großer Absatz, Umsatz und Profit erzielt wird" (Hölscher 1998: 176). Marketing ist dabei eng verbunden mit Strategien (Marketingstrategien). Vor allem Unternehmen in relativ gesättigten Märkten bedienen sich Marketingstrategien, die sich an Images orientieren und durch Lifestyle-Werbung generiert werden sollen (vgl. ebd.). Außerdem unterscheidet sich die Lifestyle-Werbung von der klassischen Produktwerbung:

> „Reine Produktwerbung stellt die Funktionalität von Produkten, Gütern und Dienstleistungen in den Vordergrund und vermittelt eher informative Aussagen. Hingegen versucht Life-Style-Werbung vor allem latente Bedürfnisse, die Wünsche und Träume von Verbrauchergruppen ziel-/zweckorientiert anzusprechen." (Hölscher 1998: 182)

3.2   Sozial und kulturell bedingtes Konsumverhalten des Menschen

Zu den physiologischen Notwendigkeiten gehören, „dass der Mensch (wie die Tiere) essen und trinken muss, um am Leben zu bleiben" (Willems 2017: 17). In Industriegesellschaften gibt es neben dem Wasser immer vielfältigere Möglichkeiten, seinen Durst zu stillen. Trinkwasser eignet sich jedoch am besten, um seinen Durst zu löschen (vgl. ebd.: 19). „Bis heute können Menschen jedenfalls ausschließlich Wasser trinken und brauchen eben auch dann, wenn sie kein reines (‚Nur-')Wasser trinken, eine gewisse Flüssigkeitsmenge, die Wasser enthält." (ebd.) Wassertrinken ist daher zunächst „ein biochemisches Diktat, dem sich der Mensch vielleicht kurzfristig verweigern, keinesfalls aber dauerhaft entziehen kann" (Winterberg 2007: 17f.).

Der Mensch konsumiert im Gegensatz zum Tier – das, wenn es Hunger oder Durst hat, die nächstgelegene Möglichkeit nutzt, diesen zu stillen – jedoch nicht instinktgesteuert, sondern isst und trinkt „kulturell geformt – immer in direkter räumlicher, zeitlicher und sozialer Abhängigkeit" (Winterberg 2007: 7). Die Ernährung ist nicht nur physiologisch notwendig, sondern stellt das gesamtgesellschaftliche Leben des Menschen dar. Der Mensch versteht Nahrung als Kulturgut. Die Ernährung unterscheidet sich daher hinsichtlich regionaler, zeitlicher und sozialer Aspekte (vgl. ebd.: 13). Die Nahrungsaufnahme wird von vielen Faktoren beeinflusst, die „bestimmen, was, wie, wann und wo verzehrt wird" (ebd.: 7). Schließlich geht es beim Wassertrinken heute immer öfter auch um den Geschmack, den Genuss sowie um Aspekte der Gesundheit und Fitness. Auch Bereiche wie Reinigung, Sauberkeit und Entspannung werden immer wichtiger (vgl. Willems 2017: 19f.).

4 Die gesellschaftliche Bedeutung von Trink- und Mineralwasser

Trinkwasser ist, vor allem in Bezug auf Herstellung, Verbreitung und Konsum, zunächst ökonomisch bedeutsam. Die Entgelte für einen Kubikmeter Trinkwasser sind in Deutschland unterschiedlich. Im Durchschnitt kostete ein Kubikmeter Trinkwasser im Jahr 2013 1,69 Euro (vgl. Statistisches Bundesamt 2014). Im Durchschnitt liegt der Wasserpreis pro Kubikmeter in Deutschland im Vergleich zu anderen Ländern weltweit im oberen Bereich, wie Abbildung 1 zeigt.

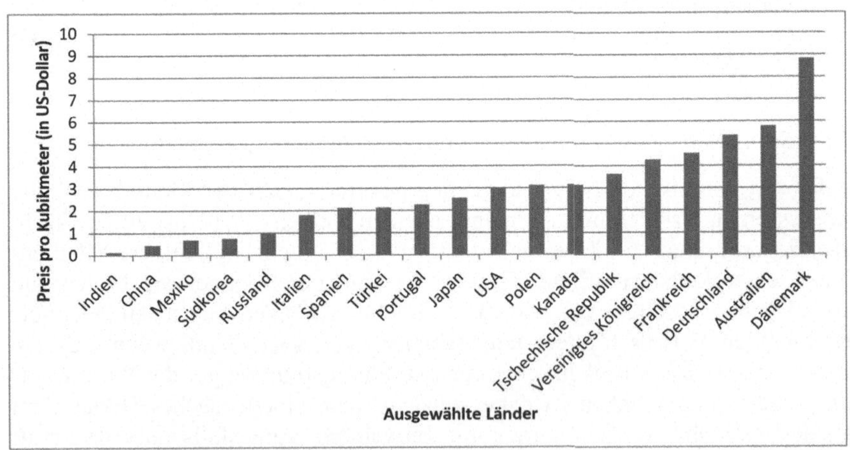

Abb. 1:   Preis für Wasser (Trinkwasser und Abwasser) in US-Dollar pro Kubikmeter im weltweiten Vergleich im Jahr 2011 (Quelle: eigene Darstellung in Anlehnung an GWI 2013)

(Mineral-) Wässer hingegen verweisen neben ökonomischen auch noch auf kulturelle und symbolische Aspekte. Kulturelle Aspekte treten in Form von Informationen und Kenntnissen über Wasser auf und symbolische Aspekte in Form von Prestige, Image und Lifestyle (vgl. Willems 2017: 34). Der Geschmack und das Konsumerlebnis werden beim Kauf und bei der Nutzung von Wasser immer entscheidender (vgl. Kaiser 2017: 162): „Getreu dem Motto ‚Zeige mir, welches Wasser du trinkst, und ich sage dir, wer du bist‘ hat sich Wasser zu einem Identifikationsanker und einem sozialen Differenzierungsmerkmal unserer Gesellschaft entwickelt." (ebd.: 170)

Während Mineralwasser früher häufig nur während Kuren konsumiert wurde und eher ein Nischenprodukt war, ist es heute ein alltägliches Konsumgut (vgl. Winterberg 2007: 21; Peter 2009: 284). Neben dem alltäglichen Getränk ist Mineralwasser aber auch ein Lifestyle-Produkt und Statussymbol für die Oberschicht (vgl. Willems 2017: 28). Es gilt „als ein potentiell prestigesymbolisches Konsumobjekt, das sich [...] spezifisch dazu eignet, guten Geschmack und einen Sinn für feine Geschmacksunterschiede zum Ausdruck zu bringen oder zu demonstrieren." (Willems 2017: 28) Vor allem Marken und Images tragen als Symbole einer bestimmten Lebensart und Zugehörigkeit zu einer bestimmten Schicht dazu bei (vgl. ebd.).

In Deutschland ist Mineralwasser schon lange ein angesehenes Alltagsgetränk, und der Trend geht immer mehr in Richtung kohlensäurefreie (stille) Mineralwässer (vgl. Schönberger 2009: 17). Auch wenn die Mineralstoffmengen im Mineralwasser gering sind, werben die Mineralwasserhersteller mit den Mineralstoffen im Wasser. Und weil die Konsumenten oft nicht zwischen Mineral-, Quell- und Tafelwasser unterscheiden, ziehen Quell- und Tafelwässer ihre Vorteile aus dem positiven Bild über Mineralwässer (vgl. ebd.: 23). Trinkwasser hingegen wird von Verbrauchern weniger wertgeschätzt (vgl. Winterberg 2007: 11). Das Wasser aus der Leitung wird „heute als scheinbar selbstverständliches, kostenloses und prestigeloses [...]" Produkt gesehen (Willems 2017: 27).

Trinkwasser gilt in Deutschland als ein „low interest product" (Schönberger 2009: 22). Es ist immer verfügbar, sobald man den Wasserhahn aufdreht. Außerdem liefert Trinkwasser keine Energie oder Nährstoffe, sodass es oft nicht als Lebensmittel angesehen wird, und damit nicht in Lebensmittelstudien berücksichtigt wird. Weil viele Menschen das Wasser aus der Leitung nur trinken, wenn sie z. B. Medikamente einnehmen, wird die Entnahme bzw. Aufnahme des Trinkwassers nicht direkt wahrgenommen. Schließlich ist das Trinkwasser in Deutschland – im Gegensatz zum Mineralwasser – recht günstig, weshalb eine Wasserentnahme nicht bewusst wahrgenommen wird (vgl. ebd.). Dies schmälert den Wert des Wassers.

Mit Trinkwasser verbinden die Menschen weniger Positives als mit Mineralwasser. Früher wurde der Konsum von Trinkwasser oft mit Armut verbunden und galt als Prestigeverlust. Trinkwasser ist das einzige Lebensmittel, das in der Gesellschaft heute so wenig positiv bewertet wird. Denn mit Wasser werden andere Funktionen als die Lebensnotwendigkeit verbunden. Trinkwasser wird größtenteils zur Reinigung genutzt: zum Duschen, Spülen, Autowaschen, aber auch für die Blumen und die Haustiere. Zwar sind in der Öffentlichkeit viele Funktionen des Trinkwassers bekannt, nur die Funktion des Wassers zum Trinken spielt kaum eine Rolle (vgl. Pudel 2009: 209f.) „Es mag daran liegen, dass eine Flüssigkeit, die literweise durch Waschmaschinen oder Toiletten fließt, seine Wertschätzung als Getränk für die Deutschen eingebüßt hat." (ebd.: 210)

> „Die Verknappung eines Lebensmittels zum Beispiel durch seinen Preis erhöht die Attraktivität und steigert die Motivation, es zu konsumieren. Ist es dagegen – wie Leitungswasser – ständig verfügbar und nahezu kostenlos, sinken Präferenz und Verzehrmotivation." (ebd.: 211)

Das Image von Mineralwasser hat hingegen einen höheren Prestigewert als das von Trinkwasser, wobei verschiedene Mineralwässer unterschiedliche Prestigewerte aufweisen können. Trotz wissenschaftlicher Belege über die gute Qualität des (deutschen) Trinkwassers ist ihm Mineralwasser in der Gesellschaft überlegen (vgl. Willems 2017: 55ff.). Während Mineralwässer stets positiv bewertet und mit Sauberkeit und guter Qualität verbunden werden, wird das Trinkwasser seit jeher mit möglichen Belastungen in Verbindung gebracht, und hat dementsprechend ein schlechtes Image (vgl. Winterberg 2007: 171). Viele Menschen sind beim Konsum von Trinkwasser verunsichert. Das Image des Mineralwassers in Bezug auf Sauberkeit und Makellosigkeit steht potentiellen Verunreinigungen im Trinkwasser entgegen. Hinzu kommt, dass private Aufbereitungsanlagen (z. B. Wasserfilter), Trinkwasseranalysen und eine fachgerechte Wartung der Hausinstallation die negative Haltung gegenüber dem Trinkwasser nicht schmälern, sondern verstärken (vgl. Schönberger 2009: 24f.).

Dabei sind die Verhaltensweisen gegenüber Mineralwasser und Trinkwasser tendenziell unbewusst. Doch auch wenn das Mineralwasser immer noch einen besseren Ruf hat als das Wasser aus der Leitung, findet derzeit ein Wandel zugunsten des Trinkwassers statt. Neben der Mineralwasserwerbung, in der es oft um qualitative Aspekte geht, erhebt auch das Trinkwasser zunehmend qualitative Ansprüche (vgl. Willems 2017: 29).

5   Wasser in der Werbung

Für Trinkwasser aus der Leitung wird im Grunde keine Werbung gemacht. Für Mineralwasser wird umso mehr geworben, aber auch dort gibt es Unterschiede in der medialen Inszenierung. Während für günstiges Mineralwasser von Discountern so gut wie nicht geworben wird, ist die Werbung für teurere Mineralwassermarken umso stärker. Der Trend geht klar in Richtung Differenzierung von anderen Marken (vgl. ebd.: 39):

> „Während sich die Trinkwässer als solche [...] nicht allzu sehr oder nicht nennenswert unterscheiden, machen Marketing und Werbung jedenfalls große Unterschiede im Symbolischen, im Imaginären, im Produkt-Image und damit auch im – strategisch entscheidenden – Produkt-Erleben der potentiellen und faktischen Konsumenten/Kunden." (ebd.: 40)

Werbung für Mineralwasser und Trinkwasser hat unterschiedliche Aufgaben: Während mit der Werbung für Mineralwasser versucht wird, das vorhandene Image des Mineralwassers zu erhöhen und andere Konkurrenten zu überbieten, müsste die Werbung für Trinkwasser darauf abzielen, „überhaupt ein Image [...] zu generieren oder/und negativen Attributionen und Mythologien entgegenzuwirken" (ebd.). Im Folgenden soll die Werbung für Mineralwasser näher beleuchtet werden.

Die Mineralwasserbranche bedient sich bei der Bewerbung ihrer Mineralwässer einigen Werbestrategien. Zunächst schaffen diese verstärkt Aufmerksamkeit, indem sie überhaupt für Mineralwasser werben (im Gegensatz zum Trinkwasser), und zwar auf Plakaten, in Fernsehwerbespots und/oder durch die eigene Internetpräsenz. Aber auch Flasche, Etikett, Preis und Marke des Mineralwassers können für Aufmerksamkeit sorgen (vgl. Pudel 2009: 213).

Da viele Mineralwässer auf dem Markt angeboten werden, müssen sich die Mineralwasserhersteller, wie oben bereits beschrieben, von Konkurrenten abgrenzen, indem sie den (potentiellen) Verbrauchern die jeweiligen Vorteile und Eigenschaften ihrer Mineralwässer mithilfe von Werbung demonstrieren, und die Einzigartigkeit ihres Mineralwassers herausstellen. Das Mineralwasser bekommt dadurch ein Image. Außerdem versuchen Mineralwasserhersteller die Glaubwürdigkeit ihrer Versprechen zu beweisen und gegenüber den Verbrauchern eine Art Überzeugungsarbeit zu leisten. Vor allem wenn es um Aspekte wie Gesundheit geht, fordern Verbraucher wahrheitsgemäße Informationen (vgl. Willems/Kautt 2003: 105).

Die Mineralwasserhersteller bedienen sich dabei, wie bereits erwähnt, vor allem Auszeichnungen, Gütesiegeln und praktischen Experten. So wirbt der Mineralwasserhersteller „Rosbacher" mit seinem Mineralwasser (klassisch, medium, naturell) als „Premiummineralwasser", welches durch das SGS Institut Fresenius regelmäßig kontrolliert wird (vgl. Rosbacher 2017a). Außerdem warb „Rosbacher" in den vergangenen Jahren mit dem ehemaligen Formel-1-Rennfahrer Michael Schuhmacher, der als Sportler ein Experte für gesunde

Ernährung und Fitness ist und dementsprechend Vertrauenswürdigkeit verspricht.

Auch Prominente, die nicht direkt als Experten einzuordnen sind, werben für Mineralwasser. So wirbt der vor allem für seine stillen Mineralwässer bekannte Mineralwasserhersteller „ViO" mit einer „ViO Familie", in der die Fernsehmoderatorin Barbara Schöneberger der Rolle der Mutter in der ViO Familie ihre Stimme gibt (vgl. ViO 2017). Ebenso spielen Emotionen bei der Werbung für Mineralwasser eine große Rolle. So werben viele Mineralwasserhersteller mit satten, grünen Landschaften oder klarem, blauem Himmel, häufig auch mit regionalen Besonderheiten (Alpen o.ä.), was die Verbundenheit mit dem Wasser betonen soll.

Mineralwasserhersteller versuchen durch Werbung, eine bestimmte Lifestyle-Zielgruppe anzusprechen. „Rosbacher" versucht durch sein „Premiummineralwasser" Konsumenten anzusprechen, die ein „gehobenes Wasser" trinken möchten. Das „2:1-Ideal" (vgl. Rosbacher 2017b), das heißt das optimale Verhältnis von Calcium und Magnesium, soll hingegen gesundheitsbewusste Menschen und Sportler ansprechen.

Zwar informiert die Werbung für Mineralwasser auch über die Funktionalität des Mineralwassers (Qualität, Mineralstoffmengen, usw.), aber sie wird zunehmend zur Lifestyle-Werbung, indem sie versucht, durch Bilder (von Landschaften), Versprechen und Personen (Sportler, Prominente) bestimmte Emotionen bei den Verbrauchern auszulösen und die Zielgruppe dadurch zu beeinflussen. Die Beispiele zeigen, dass Mineralwasserhersteller sich vieler Werbestrategien widmen, um Aufmerksamkeit für ihr Mineralwasser zu schaffen, ihrem Mineralwasser ein Image zu geben, die Glaubwürdigkeit des Produkts und dessen Aussagen zu stärken und die Verbraucher von ihrem Produkt zu überzeugen.

6   Image- und Öffentlichkeitsarbeit für Trinkwasser

Anders als für Mineralwasser wird für Trinkwasser kaum bis gar nicht geworben. Im Folgenden soll gezeigt werden, vor welchen Problemen bzw. Herausforderungen die Trinkwasserbranche in Bezug auf Werbung, Image- und Öffentlichkeitsarbeit steht und welche Aufgaben, aber auch welche Chancen die Trinkwasserbranche hinsichtlich einer öffentlichkeitswirksamen Wahrnehmung des Trinkwassers hat. Dabei sollen auch Konzepte und Kampagnen vorgestellt und bewertet werden, die bereits für Trinkwasser werben und die versuchen, das Image des Wassers aus der Leitung zu verbessern.

6.1 Probleme und Herausforderungen der Image- und Öffentlichkeitsarbeit für Trinkwasser

Das Imageproblem des Trinkwassers ist ein entscheidender Aspekt bei dessen Öffentlichkeitsarbeit. Auch wenn viele Studien und Untersuchungen zeigen, dass das Trinkwasser qualitativ genauso gut ist wie Mineralwasser, sind doch viele Verbraucher skeptisch gegenüber der Sauberkeit und Qualität ihres Trinkwassers. Trinkwasser wird daher vorrangig zum Waschen, Blumengießen, Spülen, usw. genutzt. Wiederkehrende Medienberichte über Verunreinigungen des Grund- und/oder Trinkwassers, aber auch die wachsende Zahl von Angeboten für private Aufbereitungsmöglichkeiten (z. B. Wasserfilter) können die Skepsis bezüglich des Trinkwassers verstärken. Außerdem wird stets verfügbares, sauberes und sehr günstiges Wasser von vielen Verbrauchern als Selbstverständlichkeit gesehen und im Alltag vorausgesetzt.

Auch die Haltung der Gastronomie kann als Hinweis auf das schlechte Image von Trinkwasser betrachtet werden: Viele Gastronomen bieten eher (stille) Mineralwässer statt (kostenloses) Trinkwasser an. „Mittlerweile ist es fast zur Mutprobe geworden, in einem deutschen Restaurant um einen Krug Leitungswasser zu bitten", so Peter (2009: 283). Anders als bspw. in den USA, wo eine Karaffe Wasser zu jedem Essen dazugehört, ist Trinkwasser in deutschen Gastronomiebetrieben keine Selbstverständlichkeit (vgl. Pudel 2009: 210).

Auch die negative Berichterstattung über Trinkwasser in den Medien stellt die Image- und Öffentlichkeitsarbeit für Trinkwasser vor Herausforderungen. Bedenklich hohe Nitratwerte im Grundwasser, die vor allem für Schwangere und Kinder eine Gefährdung darstellen (vgl. Schultz/Merlot 2017), die Verunreinigung des Grund- und Trinkwassers durch zu hohe Nitratwerte, verursacht vor allem durch die Düngung in der Landwirtschaft (vgl. ZEIT 2016) und Verunreinigungen des Trinkwassers durch E-Coli-Bakterien (vgl. Bächstädt 2016) sind nur einige von vielen Beispielen einer negativen Berichterstattung in den Medien. Je mehr negative Nachrichten über Verunreinigungen, mögliche Gesundheitsgefährdungen und Belastungen des Grund- und/oder Trinkwassers es gibt, desto schlechter ist das Image des Trinkwassers und desto höher ist die Skepsis der Verbraucher gegenüber Wasser aus der Leitung.

Neben der Problematik der hohen Nitratwerte im Grund- und/oder Trinkwasser aufgrund der intensiven Düngung durch die Landwirtschaft finden sich häufig auch noch andere Schadstoffe im Grund- und/oder Trinkwasser, die ein Problem für die Image- und Öffentlichkeitsarbeit für Trinkwasser darstellen. Von 2002 bis 2012 ist der Verbrauch von Arzneimitteln von 6.200 auf 8.120 Tonnen gestiegen. Die Wirkstoffe in den Arzneimitteln gelangen oftmals vollständig ins Abwasser. Außerdem werfen viele Verbraucher abgelaufene oder ungebrauchte Medikamente in den Abfluss, anstatt sie in der Apotheke zurückzugeben. Dies wird noch verstärkt, weil Apotheken seit 2009 nicht mehr dazu verpflichtet sind, unbenutzte Medikamente zurückzunehmen (vgl. Schwinghammer 2014: online). Die gefundenen Spuren von Röntgenkontrastmitteln, Antibiotika und Schmerzmitteln im Grund-, Oberflächen- und Trinkwasser sind, so schätzen einige Experten, nur die „Spitze des Eisbergs" [...], denn gefunden wird nur, wonach auch gesucht wird" (Schwinghammer 2014: online).

Ein weiteres Problem der Image- und Öffentlichkeitsarbeit für Trinkwasser ist die Tatsache, dass Trinkwasser ein ambivalentes Gut in modernen Gesellschaften ist. Einerseits ist (sauberes) Trinkwasser ein Menschenrecht, das jedem Menschen auf der Welt zustehen sollte. Andererseits ist Trinkwasser ein Handelsgut. Der Staat schützt und fördert das Gemeinschaftsgut Wasser, während die Wirtschaftsunternehmen mit dem Handelsgut Wasser Geld verdienen wollen (vgl. Willems 2017: 37).

Auch der Klimawandel stellt die Image- und Öffentlichkeitsarbeit für Trinkwasser vor Herausforderungen. Er führt zu Gegensätzen im (Extrem-) Wetter: Während einige Länder gegen Dürre und Trockenheit kämpfen und unter Wasserknappheit leiden, haben andere Länder Probleme mit Starkregen, Hochwasser und Überschwemmungen. Hinzu kommt der zunehmend verschwenderische Umgang mit (Süß-) Wasser durch die nördlichen Industrienationen, während die Bevölkerung in südlichen Ländern von Wasserknappheit betroffen ist und oft nicht einmal (sauberes) Wasser zum Trinken hat (vgl. Kröning 2015).

Wasser ist auf der Welt generell sehr ungleich verteilt: Während vor allem die ärmeren, südlichen Länder kaum Wasser zum Trinken haben, verschwenden es die nördlichen Industrienationen (z. B. zum Autowaschen; vgl. ebd.). Vor allem bei der Produktion von Fleisch und Kleidung wird viel Wasser benötigt. Der sogenannte Wasser-Fußabdruck umfasst den gesamten Konsum von exportiertem und importiertem (Süß-) Wasser eines Landes. Der deutsche Wasser-Fußabdruck ist sehr groß, vor allem weil für die Produktion von Tierfutter, Kaffee, Tee und Obst viel „virtuelles Wasser" importiert wird (Kröning 2015: online). Außerdem ist der hohe Fleischkonsum der Deutschen problematisch, weil für die Produktion von Fleisch große Mengen an Wasser gebraucht werden, und das Futter für die Tiere aus entfernten Ländern importiert wird. Daher ist in erster Linie weniger der direkte Wasserverbrauch (durch Trinken, Duschen, usw.) problematisch, sondern der indirekte Verbrauch (durch die Produktion von Kleidung, den hohen Fleischkonsum und den Konsum von exotischen, nicht saisonalen Lebensmitteln; vgl. ebd.).

Auch der demografische Wandel stellt die Image- und Öffentlichkeitsarbeit für Trinkwasser vor eine Herausforderung. In der Zukunft wird es immer weniger Menschen geben, auf die sich die Kosten für die gestiegenen Anforderungen der Wasseraufbereitung und Wasserversorgung verteilen lassen. Während

Kommunen immer kleiner werden und ländliche Regionen am stärksten die Folgen des demografischen Wandels spüren, nimmt das Bevölkerungswachstum in vielen Städten zu. Die Wasserversorgungsunternehmen müssen sich dieser Herausforderung annehmen, und die Wasserversorgung muss (trotz gestiegener Anforderungen) in gewohnter Qualität gewährleistet sein (vgl. Wasser-Info-Team Bayern e. V. o. J.). Der demografische Wandel führt aber auch zu einer immer älter werdenden Bevölkerung, die einen steigenden Verbrauch von Medikamenten zur Folge hat (vgl. Ollenschläger 2014).

Auch die steigenden Umweltverschmutzungen durch die zunehmende Nitratbelastung des Grundwassers aufgrund von Düngung in der Landwirtschaft haben eine erhöhte Umweltvorsorge durch die Wasserversorgungsunternehmen zur Folge. Daher warnt das Umweltbundesamt in den kommenden Jahren vor einem Preisanstieg des Trinkwassers um bis zu 45 Prozent, wenn sich an der derzeitigen Situation in der Landwirtschaft nichts ändert. Die Wasserversorgungsunternehmen müssen teurere Aufbereitungsmethoden nutzen, wenn sich die Lage nicht verbessert. Vor allem Gebiete mit hoher landwirtschaftlicher Nutzung, in denen Gülle und Mist aus der Tierhaltung als Dünger für Felder und Mineraldünger für den Anbau von Obst und Gemüse verwendet werden, sind von der steigenden Nitratbelastung des Grundwassers betroffen (vgl. ZEIT 2017).

Außerdem ist der Konflikt zwischen urbanen und ländlichen Räumen, das heißt zwischen Bedarfsräumen und Ressourcenräumen ein Problem bzw. eine Herausforderung für die Image- und Öffentlichkeitsarbeit für Trinkwasser. Ein Beispiel dieses Konflikts ist der Bedarfsraum Frankfurt am Main und der Ressourcenraum Vogelsberg. Die Stadt Frankfurt bezieht ein Drittel ihres Trinkwassers aus dem Vogelsberg. Der Vogelsberg gilt damit als einer der größten Wasserlieferanten Frankfurts und des Rhein-Main-Gebietes. Politiker aus dem Vogelsbergkreis warnen davor, dass aufgrund des rasanten Wachstums Frankfurts die Lasten für den Vogelsberg steigen. Die steigende Bevölkerungszahl im Raum Frankfurt erfordert unter anderem neue Gewerbegebiete und neue Verkehrswege, deren Bau dort geplant ist, wo sich Brunnen und Trinkwasserschutzgebiete befinden. Außerdem ist das Trinkwasser für die Einwohner im Vogelsbergkreis teurer als in Frankfurt – in Schotten zahlen die Einwohner sogar doppelt so viel für den Kubikmeter Trinkwasser als in Frankfurt. Die Politiker fordern daher einen finanziellen Ausgleich für die Wasserlieferungen aus dem Vogelsberg nach Frankfurt. Außerdem sollen die Frankfurter im Umgang mit der Ressource Wasser nachhaltiger werden, und z. B. ihre Autos statt mit Trinkwasser mit Brauchwasser waschen (vgl. Harting 2016).

Eine weitere Herausforderung für das Trinkwasser-Image ist, dass den Verbrauchern viele Leistungen der Wasserversorgungsunternehmen nicht bewusst sind. Die Wasserversorgungsunternehmen übernehmen neben der Aufbereitung und Versorgung der Bevölkerung mit Trinkwasser auch noch Aufgaben des Grundwasserschutzes und sind zuständig für die Abwasserentsorgung (vgl. Regierungspräsidium Gießen o. J. a). Zur Sicherung des Grundwassers zählt ein bewusster Umgang mit Wasser sowie eine nachhaltige Nutzung von Flächen in Wasser- und Heilquelleschutzgebieten durch den „Verzicht auf bodenzerstörende oder abflusswirksame Maßnahmen, Verzicht auf Verwendung wassergefährdender Stoffe und nur die bedarfsgerechte Aufbringung von Nährstoffen und Pflanzenschutzmitteln für das Pflanzenwachstum" (ebd.).

Außerdem sollen landwirtschaftliche Kooperationen zwischen Wasserversorgungsträgern und Landwirten geschlossen werden, mit der Verpflichtung seitens der Landwirte, Flächen in Schutzgebieten grundwasserschützend zu bewirtschaften und eines finanziellen Ausgleichs seitens der Wasserversorgungsunternehmen gegenüber den Landwirten (vgl. Regierungspräsidium Gießen o. J. a). Ziel der landwirtschaftlichen Kooperationen ist die Verringerung von Nitratwerten und/oder Pflanzenschutzmitteln im Rohwasser (vgl. ebd. o. J. b).

Außerdem stellen kriminelle, terroristische und/oder kriegerische Konflikte die Wasserversorgungsunternehmen zunehmend vor Herausforderungen. Dass Einrichtungen der Infrastruktur durch kriegerische Konflikte angegriffen werden, ist zwar in Europa unwahrscheinlich. Dennoch gibt es vermehrt Gefahren für infrastrukturelle Einrichtungen, die immer mehr in den Vordergrund rücken: Naturereignisse, technisches oder menschliches Versagen und terroristische oder andere kriminelle Handlungen. Diese drei Gefahrengruppen können sinkende Wasserressourcen, eine mangelnde Qualität des Roh- und/oder Trinkwassers, die Behinderung von betrieblichen Abläufen und sogar den vollkommenen Ausfall von Anlagen bedeuten. Durch Extremereignisse sind sowohl einzelne Teile als auch das gesamte System der Wasserversorgung gefährdet. Vor allem eine funktionierende Versorgung mit Strom ist unabdingbar für die Wasserversorgung und die Abwasserentsorgung.

Der Klimawandel zeigt sich bereits in Temperaturveränderungen, Veränderungen des Regens und der Verdunstung. Hochwasserereignisse gefährden die Anlagen der Wasserversorgung vor allem aufgrund möglicher Ausfälle bzw. Zerstörungen des Rohrleitungsnetzes, der Aufbereitungsanlagen und der Pumpen. Aber auch längere Trockenzeiten bieten Gefährdungspotenzial für die Verfügbarkeit von Wasserressourcen. Des Weiteren können sich Unfälle durch den Betrieb und Transport von wassergefährdenden Stoffen, Unfälle in der Industrie, Großbrände, nukleare Unfälle oder Schäden an Staumauern auf die Wasserversorgung auswirken. Zuletzt können kriminelle, terroristische Handlungen große Schäden an Wasserversorgungsanlagen anrichten – durch Sachbeschädigung wie Vandalismus, Einbruch oder Diebstahl oder Angriffe mit giftigen Stoffen. Auch Sprengstoffanschläge auf Wasserversorgungsanlagen können infrastrukturelle

Einrichtungen (Pumpen, Leitungsnetze) zerstören. Neben Sachbeschädigungen und Angriffen mit toxischen Stoffen stellen daher auch die steigende Zahl von Cyber-Angriffen auf Produktionsanlagen und Netzwerke, das heißt Angriffe auf Einrichtungen der Daseinsvorsorge, die Wasserversorgungsunternehmen zunehmend vor Herausforderungen (vgl. Wienand/Hasch 2016: 28). Vor allem die Energie- und Wasserversorgung sowie die Verkehrsregelung sind sensible infrastrukturelle Stellen und werden dabei immer öfter Ziel von Angreifern. Durch die fortschreitende Vernetzung gibt es für Angreifer – dazu zählen ausländische Dienste oder extremistische Gruppen – immer mehr Angriffsmöglichkeiten. (vgl. Wolf 2016)

Für solche Angriffe sind besonders Institutionen und Einrichtungen gefährdet, die für das Gemeinwesen wichtig sind, die dazu beitragen, dass die öffentliche Sicherheit funktioniert, die für die Gesundheit der Menschen zuständig sind und die die Bevölkerung nachhaltig versorgen. Hierbei spielen neben der Gesundheitsbranche, der Transport- und Verkehrsbranche und der Telekommunikationsbranche auch die Energieversorgung und die Wasserwirtschaft (Trinkwasserversorgung und Abwasserentsorgung) eine wichtige Rolle. Ziel der Cyber-Angriffe ist es, möglichst unerkannt, mit wenig Aufwand und, ohne sich selbst zu gefährden, einen größtmöglichen Schaden anzurichten.

Im Moment bestehe aber nur ein geringes Gefährdungspotential, weil die Wasserwirtschaft in Deutschland dezentral und ortsnah organisiert ist. Die Wasserversorgung und die Abwasserentsorgung sind kommunale Aufgaben – das Wasser wird regional gewonnen und verteilt. Außerdem funktionieren die Anlagen der Wasserwirtschaft bei einem möglichen Ausfall von Steuerungen auch manuell, das heißt ohne IT-Systeme. Zudem vermeiden Wasserversorgungsunternehmen Verbindungen zu externen Netzen und nutzen eher lokale Steuerungssysteme (vgl. Knackfuß 2013). Dennoch stellt die Öffentlichkeitsarbeit für Trinkwasser vor allem Wasserversorgungsunternehmen vor Herausforderungen. Denn je transparenter Wasserversorgungsunternehmen sind und je mehr Einblicke sie interessierten Menschen in ihr Unternehmen, ihre Aufgaben und ihre Strukturen geben, desto angreifbarer machen sie sich gegenüber Kriminellen.

6.2 Aufgaben der Image- und Öffentlichkeitsarbeit für Trinkwasser

Zunächst kann es Aufgabe der Image- und Öffentlichkeitsarbeit für Trinkwasser sein, das Image des Trinkwassers in der Bevölkerung zu stärken. Dazu gehört es, unter den Verbrauchern ein Bewusstsein zu schaffen, Trinkwasser als ein kostbares (weil stets verfügbares und günstiges) Gut und sauberes Lebensmittel wahrzunehmen, welches nicht nur als Brauchwasser, sondern auch als Wasser zum Trinken genutzt werden kann. Bezüglich der Imageverbesserung können möglicherweise die Werbestrategien der Mineralwasserbranche genutzt werden – Werbung mit Regionalität, mit wissenschaftlichen Institutionen und praktischen Experten. Zwar existieren viele negative Berichte über Trinkwasser in den Medien, dennoch gibt es auch zahlreiche positive Berichte über das Wasser aus der Leitung, auf die man zurückgreifen könnte bzw. mit denen man werben könnte. Auch bei Gastronomen könnte man ein Bewusstsein dafür schaffen, den Gästen verstärkt Wasser aus der Leitung zu einem günstigeren Preis als Mineralwasser anzubieten. Dies könnte dazu führen, dass Verbraucher auch zu Hause öfter zum Trinkwasser als Durstlöscher greifen.

Bei der Imageverbesserung des Trinkwassers sollte es jedoch nur um das Wasser zum Trinken gehen. Denn der Verbrauch von Leitungswasser als Brauchwasser und „virtuelles Wasser" ist, wie in Kapitel 6.1 beschrieben, in Deutschland bereits hoch. Aufgabe der Image- und Öffentlichkeitsarbeit für Trinkwasser sollte es daher sein, der Bevölkerung bewusst zu machen, dass Trinkwasser einerseits ein trinkbares Lebensmittel ist, das reichlich getrunken werden kann und soll und andererseits ein kostbares Gut ist, das weltweit immer knapper wird und in Deutschland verstärkt verschwendet wird.

Damit das Trinkwasser in Deutschland trinkbar bleibt, sollte es auch Aufgabe der Image- und Öffentlichkeitsarbeit für Trinkwasser sein, in der Bevölkerung ein Bewusstsein im Umgang mit Medikamenten und eine bessere Aufklärung über die Vermeidung bzw. Reduzierung des Verbrauchs von Arzneimitteln zu schaffen bzw. zu stärken. Denn der hohe Verbrauch von Arzneimitteln ist, wie in Kapitel 6.1 beschrieben, eine der vielen Ursachen für die hohe Schadstoffbelastung im Grund- und/oder Trinkwasser.
Doch nicht nur die Verbraucher sind für die mancherorts hohen Schadstoffbelastungen im Wasser verantwortlich. Auch die Landwirtschaft trägt durch die verstärkte Düngung der Felder und die Nitratbelastung des Grundwassers zu möglichen Verunreinigungen des Trinkwassers bei. Daher sollte bei den Landwirten ein größeres Bewusstsein geschaffen werden im Umgang mit dem Einsatz von Dünger in der Landwirtschaft.

Vor allem durch die zunehmenden Umweltverschmutzungen, aber auch durch den hohen Verbrauch von Arzneimitteln sollten VerbraucherInnen auch über die Erforderlichkeit neuer Technologien und die damit verbundenen Kosten, die die Bevölkerung durch den Preis für Trinkwasser zahlen muss, informiert werden. Wie bereits in Kapitel 6.1 gezeigt, warnt das Umweltbundesamt schon jetzt vor einem Preisanstieg des Trinkwassers um bis zu 45 Prozent.

Mehr als 80 Prozent der Wasserversorgung in Deutschland wird durch öffentlich-rechtliche Wasserversorgungsunternehmen übernommen. Damit ist die Zahl privater Wasserversorgungsunternehmen gering. Eine Ausnahme stellt Nordrhein-Westfalen dar, wo das private Wasserversorgungsunternehmen „Gelsenwasser" die Einwohner von 32 Kommunen mit Wasser versorgt (vgl. Wahl 2014). Dabei unterscheiden sich öffentlich-rechtliche und privatrechtliche Unternehmen vor allem hinsichtlich ihrer Aufgaben und Zielsetzungen. Während Privatunternehmen, das heißt wirtschaftliche Betriebe, nach Gewinnerzielung streben, zählen kommunalen Unternehmen zu den nicht-wirtschaftliche Betriebe, die sich um ihre Pflichtaufgaben kümmern (darunter fallen die Versorgungsbetriebe wie Wasserwerke) und nicht gewinnbringend betrieben werden. Wirtschaftliche Betriebe dürfen von den Gemeinden nur errichtet oder übernommen werden, wenn sie den öffentlichen Zweck erfüllen (vgl. Proeller und Krause o. J.). Während Mineralwasserhersteller ausschließlich für das Wasser zum Trinken werben, betrachten Wasserversorgungsunternehmen nicht nur das Wasser zum Trinken, sondern auch das Wasser als Nutzwasser sowie Aspekte des Abwassers und Grundwassers. Deshalb wird es den Wasserversorgungsunternehmen nicht nur darum gehen, das Image des Trinkwassers als Wasser zum Trinken zu verbessern, sondern auch das Wasser als Ressource zu betrachten, die in Deutschland zwar stets verfügbar ist, jedoch in einigen Regionen auf der Welt immer knapper wird. Neben der Werbung für Trinkwasser kann es auch sinnvoll sein, die Bevölkerung über die verschiedenen Aufgaben von Wasserversorgungsunternehmen zu informieren. Denn neben der Bereitstellung von (sauberem) Trinkwasser sind sie auch für die Abwasserentsorgung und den Schutz des Grundwassers zuständig.

Zwar wird Trinkwasser bereits in der Werbung durch Angebote wie Wassersprudler und Wasserfilter thematisiert. Doch die Anbieter wie z. B. „SodaStream" werben weniger mit der Sauberkeit des Trinkwassers als vielmehr mit den Vorteilen des gesparten Wassertransportwegs. Hier besteht durchaus Potenzial für mehr Werbung für Leitungswasser. Und bei Anbietern von Wasserfiltern entsteht erst recht der Eindruck, dass unser Leitungswasser nicht sauber genug ist, um es unbehandelt trinken zu können. Auch hier könnte man differenzierter vorgehen.

6.3 Chancen der Image- und Öffentlichkeitsarbeit für Trinkwasser

Schönberger hat drei Ziele entwickelt, das Image des Wassertrinkens in der Gesellschaft zu verbessern: Erstens muss die Akzeptanz für Trinkwasser in der Bevölkerung erhöht werden. Wasser und besonders Trinkwasser müssen von den Verbrauchern positiv bewertet werden und akzeptiert sein. Dies kann durch glaubwürdige und neutrale Berichte über Wasser jeder Art kommuniziert werden, bspw. der Fakt, dass Trinkwasser in Deutschland strenger kontrolliert wird als Mineralwasser und damit als das am strengsten kontrollierte Lebensmittel in Deutschland gilt (vgl. Stiftung Warentest 2016: 22). Aber auch die Verbindung des Wassers mit bestimmten Themen wie Sport, Gesundheit, Luxus und Geschmack können eine Rolle spielen.

Zweitens muss die Verfügbarkeit von Trinkwasser verbessert werden. Der Konsum von Trinkwasser soll im öffentlichen Raum möglich sein, indem z. B.

Getränkeautomaten aufgestellt werden oder Wasser in Kiosken und Bäckereien angeboten wird. Meist wird Wasser bereits überall in Städten angeboten, aber es muss gekauft werden.

Drittens muss eine Zugänglichkeit geschaffen werden. Dies kann durch kostenlose Angebote wie Trinkwasserbrunnen im öffentlichen Raum erfüllt werden. Auch die Bereitstellung von Trinkwasseranlagen in Schulen und Unternehmen ist eine Möglichkeit, das Image von Trinkwasser zu verbessern und eine bessere Zugänglichkeit zu (kostenlosem) Trinkwasser zu schaffen (vgl. Schönberger 2009: 27ff.).

Eine Werbestrategie ist die Schaffung von Aufmerksamkeit für ein Produkt. Da für Trinkwasser kaum geworben wird, entsteht nicht die in Kapitel 3.2 beschriebene Problematik der übersteigerten Medienangebote durch (zu) viele Konkurrenten, die die Aufmerksamkeit auf ein einzelnes Produkt begrenzen. Im Folgenden sollen vier Kampagnen bzw. Aktionen vorgestellt und bewertet werden, die versuchen, Aufmerksamkeit für Trinkwasser zu schaffen.

In Frankfurt am Main wurden öffentlich zugängliche, festinstallierte Trinkbrunnen durch die Mainova AG errichtet, die in den Sommermonaten eine kostenlose Erfrischung für Passanten bieten. Die festinstallierten Trinkbrunnen nutzen Trinkwasser aus dem städtischen Trinkwassernetz und lassen sich per Knopfdruck bedienen. Für die Frische und Reinheit des Wassers sorgen eine automatische Spülung, die die Wasserleitungen regelmäßig durchspült, sowie eine Hygieneprobe, die monatlich entnommen wird (vgl. o. V. 2017).
Mit dem Projekt „Refill Hamburg" soll das kostenlose Abfüllen von Trinkwasser in Hamburg ermöglicht werden. Betriebe, die an der Aktion teilnehmen, bieten Passanten ihr Leitungswasser kostenlos an. Der „Refill"-Aufkleber und eine visuelle Stadtkarte zeigen den Passanten Geschäfte und Gastronomiebetriebe, die kostenlos Trinkwasser anbieten und in mitgebrachte Flaschen abfüllen. Neben Gastronomiebetrieben bieten mittlerweile auch Hostels, eine Apotheke, Kosmetikläden und der Hamburger Flughafen kostenloses Trinkwasser an (vgl. Adams 2017).

Gastronomen im Heidekreis zeigen ihren Gästen mit dem Aufkleber „trink'Wasser – frisch gezapft", dass sie Trinkwasser servieren. Sie bieten ihren Gästen in den Sommermonaten Wasser aus der Leitung zu individuell festgelegten Preisen pro Glas oder Karaffe an. Die Motivation für die Kampagne ist neben dem geringeren Aufwand für die Gastronomen auch der Umweltaspekt. Denn durch den Wegfall des Transports von Wasser mit LKWs und den Konsum des Trinkwassers – einem regionalen Naturprodukt – wird die Umwelt geschont (vgl. Forum Trinkwasser e.V. o. J.).

Die Berliner Wasserbetriebe haben mithilfe einer Werbekampagne versucht, das Image des Berliner Trinkwassers zu stärken. Mit Plakaten und dem Slogan „Ich werde strenger kontrolliert als Du vor Berliner Clubs" soll auf die strenge Qualitätskontrolle des Trinkwassers aufmerksam gemacht werden (vgl. Spitzmüller 2016).

Die drei ersten Beispiele zeigen, dass es der aktuellen Öffentlichkeitsarbeit von Trinkwasser vor allem um die Verbesserung des Images von Trinkwasser durch eine bessere Verfügbarkeit von Trinkwasser geht.
Das letzte Beispiel legt den Fokus eher darauf, Trinkwasser mit positiven Eigenschaften (wie die strenge Qualitätskontrolle) zu verknüpfen und zu transportieren.

Weitestgehend unberücksichtigt bleiben die steigenden Anforderungen für die Wasserversorgungsunternehmen. Vor allem der steigende Verbrauch von Arzneimitteln und die verstärkte Düngung in der Landwirtschaft finden kaum Wege in das Bewusstsein der Menschen. Außerdem ist weniger der tägliche Wasserverbrauch der Menschen problematisch. Weitaus gravierender ist der indirekte Wasserverbrauch – durch Fleischkonsum, Konsum von exotischem Essen und Kleidung – aber auch der verschwenderische Umgang mit Wasser, z. B. durch Autowaschen (vgl. Kröning 2015). Dieses Problem des virtuellen Wassers wird weitgehend aus der öffentlichen Diskussion ausgeblendet.

Dafür treten Trinkflaschen (aus Kunststoff oder Glas) verstärkt in der Öffentlichkeit auf. Die vor allem aus Umweltgründen verstärkte Nutzung von Trinkflaschen macht die Trinkflasche neuerdings zu einem Lifestyle-Produkt. So wird die Trinkflasche bereits als „It-Bag" bezeichnet, deren Nutzer dadurch nicht nur die Umwelt schonen, sondern auch etwas für ihre Gesundheit tun, indem sie Wasser trinken. Ob Leitungswasser oder Mineralwasser, das bleibt jedoch offen. Sogar Prominente (wie der Schauspieler Matt Damon) werben für Trinkflaschen. Er hat für ein Wohltätigkeitsprojekt einer Wasserschutzorganisation sogar eine eigene Trinkflasche entworfen (vgl. Slavik 2017).

Die vorgestellten Projekte und Entwicklungen versuchen, das Image des Trinkwassers zu verbessern, indem sie für eine bessere Verfügbarkeit und Zugänglichkeit von sauberem und qualitativ gutem Trinkwasser sorgen (Trinkwasserbrunnen, kostenloses Abfüllen von Leitungswasser, Anbieten von Leitungswasser in Geschäften), die positiven Eigenschaften des Trinkwassers (strenge Qualitätskontrolle) und den Umweltgedanken in den Vordergrund stellen (Trinkflaschen, Servieren von Leitungswasser). Das vielfältige Angebot von Trinkflaschen (Glas oder Kunststoff, verschiedene Farben, für Sportler, Kinder, usw.) macht die Trinkflasche zunehmend zu einem Lifestyle-Produkt. Es scheint aber, dass eher die Flasche und weniger der Inhalt wichtig ist. Die Verbindung zwischen stylischen Trinkflaschen und dem kostenlosen Abfüllen von Trinkwasser unterwegs könnte hier aber ein erster Ansatz in Richtung Trinkwasser als Lifestyle-Produkt sein.

7   Fazit

Wasser ist nicht gleich Wasser. Wenn es um das kühle Nass geht, stechen vor allem Mineralwasser und Trinkwasser heraus, die gesellschaftlich betrachtet unterschiedlicher nicht sein könnten. Während die Mineralwasserbranche boomt und die Werbetreibenden auf immer neue Ideen kommen, ihr Mineralwasser als etwas Einzigartiges und Besonderes hervorzuheben, leidet die Trinkwasserbranche unter dem schlechten Image des Trinkwassers.

Zwar steigt der Konsum von Trinkwasser, doch ist es heutzutage ein selbstverständliches, stets verfügbares Gut – unabhängig seiner Nutzung als Wasser zum Trinken oder als Brauchwasser. Vor allem durch seinen im Vergleich zum Mineralwasser geringen Preis und seine permanente Verfügbarkeit wird Trinkwasser von Verbrauchern als Alltagsgetränk kaum wahrgenommen bzw. wertgeschätzt. Aber auch die nur geringe mediale Aufmerksamkeit, die das Trinkwasser genießt, fördert nicht gerade seine Wertschätzung. Schlagzeilen über Schadstoffe im Trinkwasser, mögliche Gesundheitsgefährdungen oder der hohe Nitratverbrauch in der Landwirtschaft führen zu Verunsicherungen bei den Verbrauchern und bleiben – wie die meisten Negativschlagzeilen – einfach länger im Gedächtnis als Positivbeispiele.

Mineralwasser hingegen hat sich von einem Nischenprodukt in den 1970er Jahren, als es vorwiegend in Kurbetrieben angeboten wurde, zu mehr als einem Alltagsgetränk entwickelt. Es ist heute ein Lifestyle-Produkt, hat ein positives Image und verfügt über einen gewissen Prestigewert. Vor allem die verstärkte Werbung der Mineralwasserhersteller scheint für die Einzigartigkeit und den hohen Wert der Mineralwässer, den sie in den Augen der Verbraucher haben, zu sorgen. Während Mineralwasser heutzutage weit mehr als ein alltägliches Getränk ist, scheint das Trinkwasser trotz steigendem Konsum für viele Deutsche noch nicht einmal ein Alltagsgetränk zu sein.

Dies könnte vor allem daran liegen, dass für Trinkwasser kaum geworben wird. Daher hat sich die vorliegende Arbeit der Werbung, Image- und Öffentlichkeitsarbeit für Trinkwasser gewidmet und ist den Fragen nachgegangen, vor welchen Problemen und Herausforderungen die Image- und Öffentlichkeitsarbeit für Trinkwasser steht, aber auch welche Aufgaben und welche Chancen sich der Image- und Öffentlichkeitsarbeit für Trinkwasser bieten.

Während einige Probleme bzw. Herausforderungen der Image- und Öffentlichkeitsarbeit für Trinkwasser eher offensichtlich sind, sind andere nicht auf den ersten Blick zu erkennen. So sind sich viele Verbraucher nicht bewusst, welch belastende Auswirkungen der Konsum und (unsachgemäße) Umgang mit Arzneimitteln und Medikamenten sowie der hohe Fleischkonsum auf das Trinkwasser haben.

Außerdem konnte gezeigt werden, dass bei der Werbung für Mineralwasser meist die Mineralwasserhersteller die Werbetreibenden sind, während sich dies bei Trinkwasser schwieriger gestaltet, da es in Deutschland zum größten Teil von kommunalen Wasserversorgern aufbereitet und verteilt wird.

Die Aufgaben der Image- und Öffentlichkeitsarbeit für Trinkwasser umfassen zunächst eine generelle Imageverbesserung des Trinkwassers. So kann in der Bevölkerung ein Bewusstsein geschaffen werden, dass das Trinkwasser nicht nur als Brauchwasser genutzt, sondern auch als Getränk konsumiert werden kann. Hierbei kann auf die zahlreichen positiven Berichte in den Medien zurückgegriffen werden, die das Konsumieren von Trinkwasser empfehlen. Schaut man sich die die Werbestrategien der Mineralwasserbranche an, so lässt sich erkennen, dass oftmals mit der Regionalität des Wassers, aber auch mit wissenschaftlichen Experten und/oder Einrichtungen und mit Auszeichnungen und Siegeln geworben wird. Diese Werbestrategien zeigen, dass sich die Werbetreibenden neben dem Ansprechen eines bestimmten Lifestyles und einer bestimmten Lifestyle-Gruppe auch an Glaubwürdigkeitsaspekten bedienen. Da das Image des Trinkwassers eng mit der negativen Berichterstattung in den Medien zusammenhängt, und diese vor allem durch Schadstoffe im Wasser geprägt sind, sollten die Verbraucher besonders über den Konsum und Umgang mit Arzneimitteln und Medikamenten aufgeklärt werden; ebenso über den gesteigerten Fleischkonsum oder den Konsum exotischer Lebensmittel.

Neben den Konzepten der Werbeindustrie für Mineralwasser können auch die verstärkte Verfügbarkeit und Zugänglichkeit von Trinkwasser im öffentlichen Raum eine Chance für die Image- und Öffentlichkeitsarbeit für Trinkwasser sein. Die ersten drei Kampagnen zeigen die verstärkte Verfügbarkeit von (kostenlosem) Trinkwasser im öffentlichen Raum und machen Trinkwasser damit zu einem selbstverständlichen Alltagsgetränk, das immer und überall getrunken werden kann. Die Kampagne des Wasserversorgungsbetriebs zeigt, dass sich auch Werbetreibende für Trinkwasser den Werbestrategien für Mineralwasser bedienen können.

Und letztlich zeigt zwar die Entwicklung der Trinkflasche zum neuen „It-Bag" vorerst nur die Trinkflasche selbst als Lifestyle-Produkt, und beschäftigt sich weniger mit Trinkwasser als Inhalt. Doch vielleicht ist die Strategie an sich trotzdem erfolgversprechend. Da Trinkwasser an sich keine besonders werbewirksamen Eigenschaften besitzt, könnte man die Konsumenten über einen solchen Umweg der „stylischen Trinkflaschen" womöglich mehr für Trinkwasser aus der Leitung interessieren und sensibilisieren.

Literatur- und Quellen

Adams, Mona (2017): *„Refill Hamburg": Hier gibt es Leitungswasser zum Nachfüllen.* URL: https://www.shz.de/regionales/hamburg/refill-hamburg-hier-gibt-es-leitungswasserzum-nachfuellen-id16577726.html [Stand: 14.06.2017].

Bächstädt, Conny (2016): *Noch keine Wasser-Entwarnung in Mittelhessen.* URL: http://hessenschau.de/panorama/e-coli-bakterien-leitungswasser-inmittelhessen-verunreinigt,leitungswasser-in-mittelhessen-verunreinigt-100.html [Stand: 21.06.2017].

BDEW (2017): *Entwicklung des Wasserverbrauchs pro Kopf und Tag in Deutschland in den Jahren 1990 bis 2016 (in Litern).* URL: https://de.statista.com/statistik/daten/studie/12353/umfrage/wasserverbrauch-proeinwohner-und-tag-seit-1990/ [Stand: 04.07.2017].

Forum Trinkwasser e.V. (o. J.): *Im Heidekreis wird frisch gezapft!* URL: http://www.forumtrinkwasser.de/service/aktuelles/artikel/233/im-heidekreiswird-frisch-gezapft.html [Stand: 14.06.2017].

Gerolsteiner (2017): Gerolsteiner Mineralwasser: Das Wasser mit Stern, URL: https://www.gerolsteiner.de/ [Stand: 10.07.2017].

GWI (2013): Wasserpreis nach ausgewählten Ländern weltweit im Jahr 2011 (in US-Dollar pro Kubikmeter). URL: https://de.statista.com/statistik/daten/studie/1538/umfrage/wasserpreiseweltweit/ [Stand: 04.07.2017].

Handelsverband für Heil- und Mineralwasser e.V. (o. J.): *Wasser ist nicht gleich Wasser.* URL: http://handelsverbandmineralwasser.de/wasserarten/ [Stand: 12.06.2017].

Harting, Mechthild (2016): *Wasser – Protest – Marsch.* URL: http://www.faz.net/aktuell/rheinmain/kritik-an-wasserversorgungfuer-frankfurt-14141029.html [Stand: 19.06.2017].

ZEIT ONLINE (2016): *Ein Drittel des Grundwassers ist verschmutzt.* URL: http://www.zeit.de/wissen/umwelt/2016-09/nitratgrundwasser-trinkwasser-belastung-massentierhaltung [Stand: 21.06.2017].

Hölscher, Barbara (1998): *Lebensstile durch Werbung? Zur Soziologie der Life-StyleWerbung.* Opladen und Wiesbaden: Westdeutscher Verlag.

Hölscher, Barbara (2002): Das Denken in Zielgruppen. Über die Beziehungen zwischen Marketing, Werbung und Lebensstilforschung. In: Willems, Herbert (Hrsg.): *Die Gesellschaft der Werbung. Kontexte und Texte. Produktionen und Rezeptionen. Entwicklungen und Perspektiven,* Wiesbaden: Westdeutscher Verlag, S. 481-496.

Hradil, Stefan (2001): *Soziale Ungleichheit in Deutschland.* Opladen: Leske + Budrich.

Kaiser, Tara (2017): Trinkwasser als Lifestyle-Produkt: Wie Wasser zum Luxusartikel wurde. In: Willems, Herbert (Hrsg.): *Die Wasser der Gesellschaft. Zur Einführung in eine Soziologie des Trinkwassers.* Wiesbaden: Springer Fachmedien, S. 157-172.

Karger, Rosemarie/Hoffmann, Frank (2013): *Wasserversorgung. Gewinnung – Aufbereitung – Speicherung – Verteilung.* Wiesbaden: Springer Fachmedien.

Knackfuß, Günter (2013): *Cyber-Angriffe in der Wasserwirtschaft, Ein Interview mit Norbert Engelhardt.* URL: https://www.springerprofessional.de/wasserwirtschaft/cyber-angriffe-in-der-wasserwirtschaft/6596170 [Stand: 19.06.2017].

Kröning, Anna (2015): *Warum die Deutschen im Wasser schwimmen.* URL: https://www.welt.de/wissenschaft/article149751758/Warum-die-Deutschen-im-Wasser-schwimmen.html [Stand: 19.06.2017].

o. V. (2017): Frankfurt: Zweiter öffentlicher Trinkbrunnen in der Frankfurter Innenstadt. URL: http://www.metropolnews.info/mp247897/frankfurtzweiter-oeffentlicher-trinkbrunnen-in-der-frankfurter-innenstadt [Stand: 14.06.2017].

Ollenschläger, Philipp (2014): *Arzneimittelentsorgung: Spurenstoffe im Wasser.* URL: https://www.aerzteblatt.de/archiv/159952/Arzneimittelentsorgung-Spurenstoffe-im-Wasser [Stand: 19.06.2017].

Peter, Peter (2009): Vom Krankentrunk zum Lifestylesprudel. Die mediale Aufwertung des Mineralwassers. In: Hirschfelder, Gunther/Ploeger, Angelika (Hrsg.): *Purer Genuss? Wasser als Getränk, Ware und Kulturgut.* Frankfurt am Main: Campus Verlag, S. 283-288..

Proeller, Isabelle/Krause, Tobias (o. J.): *Stichwort: kommunale Unternehmen. Gabler Wirtschaftslexikon.* URL: http://wirtschaftslexikon.gabler.de/Archiv/11710/kommunale-unternehmen-v10.html [Stand: 10.07.2017].

Pudel, Volker (2009): Das verkannte Lebensmittel: Wasser. In: Hirschfelder, Gunther/Ploeger, Angelika (Hrsg.): *Purer Genuss? Wasser als Getränk, Ware und Kulturgut.* Frankfurt am Main: Campus Verlag, S. 209-213.

Regierungspräsidium Gießen (o. J. a): *Grundwasserschutz.* URL: https://rp-giessen.hessen.de/grundwasserschutz [Stand: 19.06.2017].

Regierungspräsidium Gießen (o. J. b): *Kooperationen.* URL: https://rp-giessen.hessen.de/kooperationen [Stand: 19.06.2017].

Rios, Ana (2017): Wasserversorgung in Deutschland. http://www.planetwissen.de/natur/umwelt/wasserversorgung_in_deutschland/index.html [Stand: 20.06.2017].

Rosbacher (2017a): *Ausgezeichnete Qualität.* URL: http://www.rosbacher.de/ausgezeichnet/ [Stand: 10.07.2017].

Rosbacher (2017b): *2:1-Ideal. Was ist das?* URL: http://www.rosbacher.de/2-1-ideal/ [Stand: 14.07.2017].

Schießl, Michaela (2016): Mineralwasser immer beliebter. URL: http://www.spiegel.de/wirtschaft/unternehmen/mineralwasserdurst-weiter-gestiegenstilles-im-trend-a-1102458.html [Stand: 21.06.2017].

Schmidt, Siegfried J. (1995): Werbung zwischen Wirtschaft und Kunst. In: Schmidt, Siegfried J./Spieß, Brigitte (Hrsg.): *Werbung, Medien und Kultur.* Opladen: Westdeutscher Verlag, S. 26-43.

Schönberger, Gesa (2009): Wasser: Bewährt, aber nicht immer begehrt. Zu den Trinkgewohnheiten der Gegenwart. In: Hirschfelder, Gunther und Ploeger, Angelika (Hrsg.): *Purer Genuss? Wasser als Getränk, Ware und Kulturgut.* Frankfurt am Main: Campus Verlag, S. 13-33.

Schultz, Stefan/Merlot, Julia (2017): *Grundwasser durch Nitrat verseucht.* URL: http://www.spiegel.de/wissenschaft/mensch/nitratwerte-imgrundwasser-sind-laut-regierungsbericht-bedenklich-hoch-a-1128329.html [Stand: 21.06.2017].

Schwinghammer, Benno (2014): *Medikamente im Trinkwasser.* URL: http://www.fnp.de/nachrichten/wissenschaft/Medikamente-im-Trinkwasser;art746,1041335 [Stand: 19.06.2017].

Slavik, Angelika (2017): *Die Trinkflasche ist die neue It-Bag.* URL: http://www.sueddeutsche.de/stil/lifestyle-die-trinkflasche-ist-die-neue-itbag-1.3564931 [Stand: 03.07.2017].

Spitzmüller, Christina (2016): *Berliner Leitungswasser soll attraktiver werden.* URL: http://www.tagesspiegel.de/berlin/imagekampagne-derwasserbetriebe-berliner-leitungswasser-soll-attraktiver-werden/13636108.html [Stand: 14.07.2017].

Statistisches Bundesamt (2014): *1000 Liter Trinkwasser kosteten 2013 im Durchschnitt 1,69 Euro.* *URL:* https://www.destatis.de/DE/PresseService/Presse/Pressemitteilungen/2014/03/PD14_11 0_322.html [Stand: 10.07.2017].

Stiftung Warentest (2016): *Der große Wassercheck.* URL: https://www.test.de/Leitungswasser-und-Mineralwasser-Der-grosse-Wassercheck-5049737-0 [Stand: 17.07.2017].

Umweltbundesamt (2015): *Öffentliche Wasserversorgung.* URL: http://www.umweltbundesamt.de/ daten/wasserwirtschaft/oeffentlichewasserversorgung#textpart-1 [Stand: 20.06.2017].

Umweltbundesamt (2016): *Trinkwasser.* URL: http://www.umweltbundesamt.de/themen/wasser/ trinkwasser. [Stand: 12.06.2017].

ViO (2017): *Die prominente Stimme von ViO Medium.* URL: https://www.vio.de/de/home/ [Stand: 10.07.2017].

VuMA (Arbeitsgemeinschaft Verbrauchs- und Medienanalyse) (2016): *Beliebteste Mineralwasser- und Tafelwassermarken. Konsum in den letzten vier Wochen in Deutschland in den Jahren 2014 bis 2016.* URL: https://de.statista.com/statistik/daten/studie/171516/umfrage/konsummi-neralwassermarken-im-letzten-monat/ [Stand: 03.07.2017].

Wahl, Fabian (2014): *Struktur der Wasserversorgung.* URL: http://www1.wdr.de/verbraucher/er-naehrung/trinkwasser/struktur-derwasserversorgung100.html [Stand: 10.07.2017].

Wasser-Info-Team Bayern e. V. (o. J.): *Demografischer Wandel.* URL: http://www.wasserbayern.de /aquaaktuell/demografischer-wandel/ [Stand: 19.06.2017].

Wienand, Ina/Hasch, Markus (2016): Sicherheit der Trinkwasserversorgung. Teil 1: Risikoanalyse. Grundlagen und Handlungsempfehlungen für Aufgabenträger der Wasserversorgung in den Kommunen in Bezug auf außergewöhnliche Gefahrenlagen. In: Bundesamt für Bevölkerungs-schutz und Katastrophenhilfe (Hrsg*.): Praxis im Bevölkerungsschutz.* Bonn, URL: https://www.bbk.bund.de/DE/TopThema/TT_2016/Praxis-BS_Bd15_Trinkwasserversorgung. html [Stand: 10.07.2017].

Willems, Herbert (2017): Einleitung: Auf dem Weg zu einem soziologischen Verständnis der Reali-täten des Trinkwassers. In: ders. (Hrsg.): *Die Wasser der Gesellschaft. Zur Einführung in eine Soziologie des Trinkwassers.* Wiesbaden: Springer Fachmedien, S. 13-63.

Willems, Herbert/Kautt, York (2003): *Theatralität der Werbung. Theorie und Analyse massenmedi-aler Wirklichkeit. Zur kulturellen Konstruktion von Identitäten.* Berlin: Walter de Gruyter.

Winterberg, Lars (2007): *Wasser – Alltagsgetränk, Prestigeprodukt, Mangelware. Zur kulturellen Bedeutung des Wasserkonsums in der Region Bonn im 19. und 20. Jahrhundert.* Bonner kleine Reihe zur Alltagskultur, Band 9, Münster: Waxmann Verlag.

Wolf, Sabina (2016): *Cyberangriffe – Wasserwerke und Energieversorger im Visier von Hackern.* URL: http://www.daserste.de/information/wirtschaftboerse/plusminus/sendung/hr/cyberan-griffe-wasserwerke-energieversorger-100.html [Stand: 19.06.2017].

ZEIT ONLINE (2017): Trinkwasser könnte um bis zu 45 Prozent teurer werden. URL: http://www.zeit.de/wissen/umwelt/2017-06/umweltbundesamt-trinkwasser-nitrat-belastung-preiserhoehung [Stand: 19.06.2017].

Mediendiskurse über Trinkwasser

Stefanie Alexandra Esch

Abstract

Wasser gehört zu den Grundbedürfnissen des menschlichen Lebens. Das Wasser aus der Leitung wird dabei als Getränk bei den Verbrauchern immer bedeutender. Da die Medien heute eine der ersten Anlaufstellen für Informationen über Trinkwasser sind, spielen diese eine immer entscheidendere Rolle. Die vorliegende Arbeit untersucht die aktuelle Berichterstattung über Trinkwasser in den Medien sowie die mediale Berichterstattung im Laufe der Zeit. Der Fokus liegt dabei auf Berichten über die Qualität des Trinkwassers und Vergleichen zwischen Trinkwasser und Mineralwasser. Zunächst wird untersucht, inwieweit es Unterschiede in der medialen Berichterstattung über Trinkwasser durch das Fernsehen und die Printmedien gibt, um anschließend zu untersuchen, inwieweit sich die Berichterstattung über Trinkwasser seit den 1970er Jahren bis heute entwickelt hat. Die Berichte werden hinsichtlich folgender Fragen untersucht: Was wird über Trinkwasser berichtet, wer tritt als Experte auf und lässt sich dieser einer bestimmten Organisation zuordnen? Wie wird argumentiert, wie wird die Argumentation belegt und wie wird das Trinkwasser bewertet? Während sich die Beiträge der untersuchten Fernsehsender vor allem hinsichtlich der Anzahl der Beiträge und der Experten sowie der Wahl der Experten unterscheiden, zeigen Beiträge in Printmedien vor allem Unterschiede hinsichtlich des jeweiligen Genres.

1   Einleitung

Die Trinkwasseraufnahme ist eines der wichtigsten Grundbedürfnisse des Menschen. Er verbraucht durchschnittlich 120 Liter Wasser pro Tag – für die Zubereitung von Nahrung, zur Körperpflege, im Haushalt und auch zum Trinken. Pro Tag sollte ein Erwachsener im Durchschnitt zwei Liter Wasser trinken. Immer mehr Menschen verzichten auf Mineralwasser und trinken lieber das Wasser aus der Leitung (vgl. Umweltbundesamt 2016: online).

Trinkwasser kommt aus der Natur. Etwa 70% des Trinkwassers stammt aus Grund- und Quellwasser, zu 13% wird es aus See-, Talsperren- oder Flusswasser entnommen und der Rest (17%) wird aus Oberflächen- oder Grundwasser gewonnen. Der Geschmack des Trinkwassers ist in Abhängigkeit der Mineralien zwar regional unterschiedlich, aber das Trinkwasser sollte farblos, klar und kühl, sowie geruchslos und geschmacksneutral sein. Vor allem an die Trinkwasserqualität werden in Deutschland hohe Anforderungen gestellt. Die Trinkwasserverordnung beinhaltet die gesetzlichen Regelungen für die Qualität des Trinkwassers. Außerdem existieren noch andere rechtliche Grundlagen, Regelwerke und Leitlinien. Das Hauptaugenmerk bei der Gewinnung, Aufbereitung und Verteilung von Trinkwasser liegt daher auf qualitativ hochwertigem, besonders schadstofffreiem und sauberem Trinkwasser (vgl. ebd.). Wir nutzen das Trinkwasser – das Wasser aus der Leitung – nicht nur zum Waschen, Blumen gießen oder Kochen, sondern auch zum Trinken. Immer häufiger stellt sich dabei die Frage, wie gut bzw. sauber unser Trinkwasser ist und ob es eine echte Alternative zum Mineralwasser darstellt.

Eine der ersten Anlaufstellen, um an Informationen über die Trinkwasserqualität zu gelangen, sind die Medien. Es werden im Folgenden verschiedene Medientypen unterschieden: das Internet, das Fernsehen und die Printmedien. Das Internet lässt sich aufteilen in Webseiten und soziale Netzwerke. Das Fernsehen lässt sich aufteilen in öffentlich-rechtliche Fernsehsender und private Fernsehsender. Die Printmedien lassen sich unterscheiden in Zeitungen (Tageszeitungen, Wochenzeitungen, Monatszeitungen), Zeitschriften, Plakate, Flugblätter und Bücher. Auch die Zeitschriften lassen sich wiederum in Gesundheitszeitschriften, Männerzeitschriften, Frauenzeitschriften, Fitnesszeitschriften, Gartenzeitschriften, Modezeitschriften u. a. aufteilen.

Die verschiedenen Medientypen haben dabei unterschiedliche Ziele und Aufgaben. Die öffentlich-rechtlichen Fernsehsender haben bspw. einen Grundversorgungsauftrag und finanzieren sich vor allem aus Rundfunkbeiträgen der Bürger und aus Werbeeinnahmen, während sich die privaten Fernsehsender ausschließlich über Werbeeinnahmen finanzieren, weshalb sie auch mehr Werbung ausstrahlen.

2 Fragestellungen

Aus diesem Umstand ergibt sich die erste Forschungsfrage dieser Arbeit, inwieweit es Unterschiede in der medialen Berichterstattung über Trinkwasser durch das Fernsehen und die Printmedien gibt.

Darüber hinaus soll in einer zweiten Forschungsfrage untersucht werden, inwieweit sich die Berichterstattung über Trinkwasser im Laufe der Zeit, besonders seit der Umweltbewegung in den 1970er und 1980er Jahren, verändert bzw. entwickelt hat.

Anhand folgender Teilfragen sollen die Forschungsfragen beantwortet werden:

- Was berichten Medien über Trinkwasser?
- Wer berichtet über Trinkwasser? Wer tritt als Experte bzw. Protagonist auf und lässt er einer bestimmten Institution zuordnen?
- Wie argumentiert der Experte und wie belegt er seine Argumentation?
- Wie fällt die Bewertung über Trinkwasser aus?

3 Trinkwasser in der Forschungsliteratur

Der Öffentlichkeit sind die vielen Funktionen des Leitungswassers bekannt. Doch Leitungswasser als Trinkwasser ist ein sogenanntes „low-interest-product", da es (zumindest bei uns in Deutschland) immer verfügbar ist, sobald man den Wasserhahn aufdreht. Sein Konsum und die geringen Kosten werden somit nicht bewusst wahrgenommen. Wasser ist das einzige Lebensmittel, das in der Öffentlichkeit so wenig Beachtung oder Anerkennung erhält, so Pudel (2009: 209f.). Er schreibt: „Das verkannte Lebensmittel ‚Wasser' trägt durch seine allgegenwärtige Verfügbarkeit und seine Verwendung als Nutzwasser dazu bei, dass es als Lebensmittel kaum wahrgenommen wird." (ebd.: 212) Im Gegensatz dazu steht das Mineralwasser, das durch Marke, Flaschenetikett, Werbung und Preis positive Emotionen übermittelt und so eher einen Kaufwunsch auslöst (vgl. ebd.: 213).

Neben der allgegenwärtigen Verfügbarkeit und dem Gebrauch als Nutzwasser trägt auch die öffentliche Kommunikation über Trinkwasserverunreinigungen, die Qualität des Trinkwassers und eine mögliche Gesundheitsgefährdung durch Trinkwasser zur Unterbewertung desselben bei. In den 1960er Jahren wurde bspw. der Rhein zu einem Problem für die Trinkwasserqualität: „Der Rhein war in den 1960er Jahren ökologisch fast tot und galt als der größte Abwasserkanal Europas. Fischsterben war eine sichtbare Folge. Das Problem wurde offenbar aus den Städten in die Flüsse, Seen und Meere verlagert." (Barth

2009: 75) Seit den 1970er Jahren wurde der Rhein jedoch grundlegend saniert, was als Paradebeispiel für eine erfolgreiche Kooperation und ein gutes Wassermanagement gilt (vgl. ebd.: 76).

Außerdem wurde der Konsum von Trinkwasser in der Vergangenheit oft mit Armut und Prestigeverlust verbunden, im Gegensatz zum Mineralwasser, welches neben einer hohen Mineralstoffmenge auch einen gewissen Lifestyle verspricht. Trinkwasser gilt lediglich als typisches Zweitgetränk (vgl. Schönberger 2009: 21ff.).

4 Daten und Gegenstandsbereich

Dieses Lehrforschungsprojekt beschäftigt sich mit der Qualität von Trinkwasser – mit dem im Folgenden immer Leitungswasser gemeint ist – und dem Vergleich zu Mineralwasser. Bei der Frage nach der Wasserqualität soll es um Aspekte der Gesundheit und Sauberkeit bzw. Verunreinigung gehen.

Die herangezogenen Daten stammen größtenteils aus dem Internet, genauer aus Mediatheken, Internetseiten, Onlinezeitschriften und -zeitungen. Im Bereich Fernsehen werden vier Mediatheken zur Datenerhebung genutzt: jeweils zwei von den öffentlich-rechtlichen Fernsehsendern (Das Erste und ZDF) und zwei von den privaten Fernsehsendern (RTL und Sat.1). Im Bereich Printmedien werden Zeitungen und Zeitschriften zur Datenerhebung genutzt: klassische Tageszeitungen, ein Wochenmagazin („Stern") sowie ein Gesundheitsmagazin („Apotheken Umschau"), eine Frauenzeitschrift („Bild der Frau"), eine Männer-/Fitnesszeitschrift („Men's Health") und eine Frauen-/Fitnesszeitschrift („Women's Health"). Zur Erforschung der Berichterstattung über Trinkwasser im Laufe der Zeit (seit den 1970er Jahren) wird die Zeitschrift „Der Spiegel" genutzt.

Da es sich bei der Beantwortung der ersten Forschungsfrage um einen Vergleich verschiedener Medienformen über die Art und Weise der Berichterstattung handelt, werden mehrere Medientypen genutzt. Das zu untersuchende Merkmal ist die Art der Berichterstattung über die Trinkwasserqualität. Die Merkmalsträger sind die jeweils ausgewählten Medien. Die Merkmalsausprägungen sind positive und negative Bewertungen des Trinkwassers bzw. der Trinkwasserqualität.

Da es sich bei der zweiten Forschungsfrage um die Betrachtung eines Zeitverlaufs über die Art der Berichterstattung von Trinkwasser handelt, wird nur ein Medium genutzt. Dies soll dazu dienen, die Daten später besser analysieren zu können. Das zu untersuchende Merkmal ist die Art der Berichterstattung über die Trinkwasserqualität. Die Merkmalsausprägungen sind wiederum positive und negative Bewertungen des Trinkwassers. Der Merkmalsträger ist hier die

Zeitschrift „Der Spiegel". Aufgrund ihres enormen Einflusses auf die öffentliche Meinungsbildung wird sie in Deutschland oft als ein Leitmedium bezeichnet, weshalb sie für diese Untersuchung sehr geeignet ist.

5 Datenerhebung

Die so erhobenen Daten werden mit Hilfe einer Tabelle kategorisiert. Jede Quelle wird mit dem veröffentlichenden Medium (bspw. die Verbrauchersendung „ARD-Buffet"), dem Thema, Informationen zum Experten/Protagonisten (bspw. seine Funktion oder die jeweilige Organisation, für die er spricht), seiner Argumentation, dem Ergebnis (Ist es eine positive oder negative Bewertung über das Trinkwasser bzw. die Trinkwasserqualität?) sowie Datum und Herkunft der Quelle festgehalten. Nach dieser Sammlung der Daten werden die Experten in Kategorien eingeteilt und die Themen der Beiträge zu Oberthemen zusammengefasst, um später bessere Rückschlüsse ziehen zu können. Während der Datenerhebung und -auswertung sollen zudem immer einige Thesen und Hypothesen zu den beiden Forschungsfragen im Blick behalten werden, die vorab aufgestellt wurden.

5.1   *(Hypo-)Thesen zu den beiden Forschungsfragen*

Wo liegen Unterschiede in der medialen Berichterstattung über Trinkwasser durch das Fernsehen und die Printmedien?

- Je eher sich das Medium selbst mit Themen wie Gesundheit und/oder Fitness beschäftigt, desto eher raten die Experten vom Gebrauch des Trinkwassers als Genussmittel/Durstlöscher ab.

- Wenn es sich bei den Medien um Ratgeber- oder Servicesendungen handelt, dann werden die Experten Trinkwasser im Vergleich zu Mineralwasser befürworten.

- Wenn ein öffentlich-rechtlicher Fernsehsender über Trinkwasser berichtet, dann ist dies weniger produkt- und markenbezogen als bei privaten Sendern.

- Wenn private Fernsehsender über Trinkwasser berichten, dann werden sie vermehrt Passanten auf der Straße und weniger Experten zu ihrer Meinung befragen.

- Wenn Experten in Umweltinstitutionen arbeiten, dann raten sie aufgrund von möglichen (getesteten) Verunreinigungen eher von Trinkwasser als Genussmittel/Durstlöscher ab.

- Wenn Experten in Verbraucherinstitutionen arbeiten, dann befürworten sie vermehrt Trinkwasser als Genussmittel.

Wie hat sich die Berichterstattung über Trinkwasser im Laufe der Zeit, besonders seit der Umweltbewegung in den 1970er und 1980er Jahren, verändert bzw. entwickelt?

- Während der Ökobewegung in den 1970er Jahren wird vom Leitungswasser als Trinkwasser aufgrund von möglichen Verunreinigungen eher abgeraten.

- Die Berichterstattung über Trinkwasser während den 1970er und 1980er Jahren ist eher negativ.

- Seit den 2000er Jahren wird verstärkt für Leitungswasser als Trinkwasser geworben.

- Heutzutage wird Leitungswasser als Trinkwasser empfohlen und als Alternative zu Mineralwasser angeboten.

5.2 Durchführung der Datenerhebung

Die Durchführung der Datenerhebung erfolgte im Internet mittels Suchfunktion folgender Stichwörter: „Trinkwasser", „Leitungswasser", „Trinkwasserqualität", „Trinkwasser Verschmutzung", „Trinkwasser Verunreinigung", „Mineralwasser Trinkwasser" und „Mineralwasser Leitungswasser".

In den Mediatheken wurden die angezeigten Videobeiträge gesichtet, nach Relevanz beurteilt und gegebenenfalls in das Kategoriensystem eingetragen. Ebenso wurde bei den Zeitungen und Zeitschriften verfahren, von denen die Online-Ausgaben genutzt wurden. Im zweiten Schritt wurden anhand der Beitragsthemen Themengruppen gebildet:

- Trinkwasserkunde (Tipps, Gesundheit, Sport)

- Vergleich Leitungswasser vs. Mineralwasser

- Trinkwasserqualität

- Verunreinigung des Grundwassers

- Verunreinigung / Gefährdung des Trinkwassers

- Gesundheitsgefährdung durch Trinkwasser

Jeder Beitrag wurde daraufhin einer oder mehrere Themengruppen zugeordnet. Im dritten Schritt wurden die Experten zu Gruppen zusammengefasst:

- Wissenschaftler
- Politiker
- Mediziner, Apotheker
- Privatpersonen
- Betroffene
- Redakteure, Autoren, Journalisten
- Umweltschützer
- Sport-, Fitnessexperten
- Landwirte
- Wasser-Sommeliere
- Köche
- andere Fachleute / Experten
- Sonstige

Im vierten Schritt wurden anhand der Institutionen bzw. Organisationen, denen sich die Experten ggf. zuordnen ließen, Gruppen gebildet:

- Forschungseinrichtung
- Hochschule
- Politik (z. B. politische Partei)
- Umweltpolitische Institution
- Agrarpolitische Institution
- Gesundheitspolitische Institution
- Umweltorganisation (Verbände, Interessenvertretungen)
- Gesundheitsinstitution (Krankenhäuser, Gesundheitsämter)
- Ernährungs- / Gesundheitsorganisation
- Verbraucher(schutz)organisation
- Redaktion / Presse
- Wasserinstitution (Wasserwerke, Wasserverbände, Wasserversorger)
- Industrie (Chemiekonzerne, Industrieverbände)
- Landwirtschaft (Landwirte, Interessenvertretung, Verbände)

- Prüfstellen (TÜV)

- Mineralwasserbranche (Hersteller, Verkäufer)

Im fünften Schritt wurden Verweise, die die Argumentation der Experten belegen bzw. bekräftigen, kategorisiert:

- Test / Untersuchung / Analyse

- Studie / Bericht

- Verordnung / Gesetz

- Mundpropaganda

- Landkarte

6 Materialauswertung

Das Forschungsprojekt beleuchtet insgesamt 68 Beiträge und 258 darin vorkommende Experten.

6.1 *Materialauswertung für die erste Forschungsfrage*

Die Zahl der Beiträge für die erste Forschungsfrage beträgt 37. Hiervon entfallen zwölf auf Fernsehbeiträge (acht Beiträge der ARD Mediathek, ein Beitrag der ZDF Mediathek, ein Beitrag der RTL TV NOW Mediathek und zwei Beiträge der Sat.1 Mediathek) und 25 auf Beiträge in Printmedien (fünf Beiträge der Wochenzeitschrift „Stern", zwei Beiträge der Zeitschrift „Apotheken Umschau", jeweils fünf Beiträge der Zeitschriften „Men's Health" und „Women's Health", zwei Beiträge der Zeitschrift „Bild der Frau" und insgesamt sechs Beiträge verschiedener Tageszeitungen).

Die Zahl der Experten für die erste Forschungsfrage beträgt 83. Hiervon entfallen 44 Experten auf Fernsehbeiträge (34 Experten der ARD Mediathek, fünf Experten der ZDF Mediathek, ein Experte der RTL TV NOW Mediathek und vier Experten der Sat.1 Mediathek) und 39 auf Printmedien (acht Experten der Wochenzeitschrift „Stern", vier Experten der Zeitschrift „Apotheken Umschau", jeweils fünf Experten der Zeitschriften „Men's Health" und „Women's Health", zwei Experten der Zeitschrift „Bild der Frau" und insgesamt 15 Experten verschiedener Tageszeitungen).

6.1.1 Materialauswertung des Mediums Fernsehen

Die Beiträge in der ARD Mediathek stammen aus einer Wissenssendung („W wie Wissen"), Verbrauchersendungen („ARD-Buffet", „45 Min", „Der Montags-Check"), einem Politmagazin („Report München") und einer Nachrichtensendung („Tagesschau"). Sie thematisieren den Vergleich zwischen Leitungswasser und Mineralwasser, Verunreinigung und Gefährdung des Trinkwassers, Verunreinigung des Grundwassers (durch die Landwirtschaft) und Trinkwasserkunde. In den Beiträgen kommen als Experten vor allem Wissenschaftler und Politiker zu Wort. Jeweils eine Expertennennung umfasst eine Redakteurin, eine Apothekerin, mehrere Passanten, einen Koch, einen Landwirt und einen Mediziner. Die Experten lassen sich am häufigsten Forschungseinrichtungen, Hochschulen und Wasserinstitutionen zuordnen. Außerdem kommen Vertreter aus der Landwirtschaft, von agrarpolitischen Institutionen, Gesundheitsinstitutionen, Umweltorganisationen, umweltpolitischen Institutionen und politischen Institutionen zu Wort.

Acht Experten verweisen direkt auf Belege für ihre Aussagen (2x auf Untersuchungen von Trinkwasserproben, 3x auf Untersuchungen von Grundwasserproben, 1x auf die Untersuchung des Regenwassers in einem Gartenteich, 1x auf die eigene Forschung und 1x wurde eine Landkarte der Nitratbelastung zur Veranschaulichung der Problematik gezeigt). Die Experten nennen den guten Geschmack, die Sauberkeit, den Preis, die gesundheitliche Unbedenklichkeit und die gute Qualität von Trinkwasser sowie die Nichtüberschreitung von Grenzwerten, die gute Alternative zum Mineralwasser und die strengere Kontrolle im Vergleich zu Mineralwasser als Gründe für die positive Bewertung des Trinkwassers.

Sie nennen hingegen Gesundheitsgefährdung, ungewisse Auswirkungen im Umgang mit Trinkwasser und die gesundheitliche Gefährdung für Säuglinge als Gründe für die negative Bewertung des Trinkwassers. Viele Experten sind zudem besorgt und stellen Forderungen an die Politik. Vor allem Experten aus der Landwirtschaft kritisieren die starren Regelungen der neuen Düngeverordnung und sehen einen ökonomischen Schaden für die Landwirtschaft. Umweltorganisationen und Wasserinstitutionen sind aufgrund steigender giftiger Konzentrationen im Grund- und Trinkwasser eher besorgt. Experten, die sich nicht täglich mit dem Thema Wasser beschäftigen und eher Laien auf dem Gebiet sind – wie Passanten auf der Straße, der Koch Tim Mälzer und die Umweltredakteurin Sabine Schütze – schätzen die Trinkwasserqualität als positiv ein und nennen auch andere Gründe für den Konsum von Trinkwasser, wie etwa den niedrigen Preis und den geringen geschmacklichen Unterschied zum Mineralwasser.

Der Beitrag in der ZDF Mediathek stammt aus einer Dokumentationssendung („zdf zeit") und thematisiert den Vergleich zwischen Leitungswasser und

Mineralwasser und die Verunreinigung des Trinkwassers. Im Beitrag treten zwei Experten von einer Wasserinstitution, ein Experte von einer Hochschule, ein Experte von einer Forschungseinrichtung und ein Mediziner auf. Die einzige negative Bewertung des Trinkwassers stammt vom Experten der Hochschule, der sich besorgt über die älter werdende Bevölkerung, den damit verbundenen Anstieg von Medikamenten im Wasser und der Unmöglichkeit der Filterung aller giftigen Rückstände im Trinkwasser zeigt. Die anderen Experten bewerten das Trinkwasser als positiv, da es gesundheitlich unbedenklich sei, unterhalb von vorgeschriebenen Grenzwerten liege und es keinen qualitativen Unterschied zum Mineralwasser darstelle. Der Experte aus der Forschungseinrichtung ist der einzige, der seine Argumentation mit einem Test (von Leitungswasser) belegt, in dem zwar Nitrate festgestellt wurden, diese aber weit unter dem Grenzwert liegen.

Der Beitrag in der RTL TV NOW Mediathek stammt aus einer Nachrichtensendung („RTL Aktuell") und thematisiert den Vergleich zwischen Leitungswasser und Mineralwasser. Im Gegensatz zu den vorigen Mediatheken tritt in diesem Beitrag erstmals eine Verbraucherorganisation als Experte auf. Auch hier stützt sich der Experte auf eine Untersuchung des Trinkwassers, in der ihm eine gute Qualität und kein qualitativer Unterschied zu Mineralwasser attestiert werden.

Die Beiträge in der Sat.1 Mediathek stammen aus einem Reportermagazin („Akte 20.16") und thematisieren die Verunreinigung des Trinkwassers. In beiden Beiträgen tritt der TÜV Rheinland als Experte auf, der sich beide Male auf dieselbe Untersuchung (Test des Trinkwassers in öffentlichen Gebäuden deutscher Städte) beruft, und Trinkwasser in öffentlichen Gebäuden aufgrund der hohen Keimbelastung letztendlich negativ beurteilt. Außerdem kommt eine Mutter zu Wort, die anhand von Mundpropaganda das Trinkwasser aufgrund von Pestiziden, Medikamentenrückständen und den schlechten Zuständen der Wasserrohre negativ bewertet. Die vierte Expertin ist eine Medizinerin, die aufgrund einer Untersuchung von Trinkwassertanks eine mögliche Gesundheitsgefährdung durch das Trinkwasser sieht.

6.1.2 Materialauswertung der Printmedien

Die Zeitschrift „Stern" thematisiert einerseits vor allem die mögliche Verunreinigung des Trinkwassers durch Uran, eine mögliche Gesundheitsgefährdung durch das Trinkwasser sowie andererseits die gute Trinkwasserqualität in Deutschland. Als Experte wird größtenteils das Umweltbundesamt bzw. dessen Experte Herrmann Dieter genannt. Außerdem bewerten in den Quellen ein Wissenschaftler, eine Gesundheitsorganisation und ein Vertreter einer Wasserinstitution das Trinkwasser.

Das Umweltbundesamt bewertet in all seinen Beiträgen das Trinkwasser als qualitativ gut, sieht keine Gesundheitsgefährdung und keinen Grund zur Besorgnis. Auch der Experte der Wasserinstitution bescheinigt dem Trinkwasser in Deutschland eine gute bis sehr gute Qualität, vor allem aufgrund der hohen Investitionen in Wasserversorgungsanlagen, Wasserversorgungsnetze und den Trinkwasserressourcenschutz. Der Experte des Umweltbundesamtes beruft sich bei seiner Bewertung auf die Trinkwasserverordnung.

Nur die Gesundheitsorganisation „Foodwatch" belegt ihre Bewertung durch eine Untersuchung des Trinkwassers, die überhöhte Uranwerte im Trinkwasser nachgewiesen hatte, ist besorgt über die Trinkwasserqualität und fordert einen neuen Grenzwert für Nitrat im Trinkwasser. Die zweite negative Bewertung über das Trinkwasser stammt von einem Toxikologen, der einen Zusammenhang zwischen schon geringen Nitratkonzentrationen im Trinkwasser und der Gesundheit des Menschen sieht.

Das Gesundheitsmagazin „Apotheken Umschau" thematisiert hauptsächlich die Trinkwasserqualität. Als Experten werden eine Verbraucherorganisation, der Sprecher einer Wasserinstitution und das Umweltbundesamt genannt. Der Experte der Wasserinstitution ist derselbe wie in der Zeitschrift „Stern". Die Bewertungen über das Trinkwasser sind alle positiv. Die Verbraucherorganisation Stiftung Warentest beruft sich auf einen Test von Wasserfiltern und bewertet das Leitungswasser als preiswert und oft weniger gesundheitsgefährdend als durch Wasserfilter gefiltertes Wasser. Das Umweltbundesamt beruft sich in einem der beiden Beiträge auf einen Trinkwasserbericht, der dem Trinkwasser in Deutschland eine sehr gute Qualität bescheinigt, und auf Trinkwasserproben, in denen keine Grenzwertüberschreitung festgestellt werden konnten. Auch der Experte der Wasserinstitution sieht keine Gesundheitsgefährdung und keine Notwendigkeit in der Nachbehandlung von Trinkwasser in Deutschland.

Die Fitnesszeitschrift für Männer „Men's Health" thematisiert in den gefundenen Beiträgen das Aussehen und den Geruch von Trinkwasser, Trinktipps im Sommer, die Notwendigkeit eines Wasserfilters und den Wasserkonsum bei Sportlern. Als Experten treten ein Sprecher des Umweltbundesamtes, zwei Mitarbeiter von Verbraucherorganisationen und zweimal die Redaktion von Men's Health auf. In allen Beiträgen wird das Trinkwasser aufgrund seiner guten Qualität und der strengen Kontrolle als positiv bewertet, außer in dem Beitrag, in dem es um den Wasserkonsum von Sportlern geht. In diesem Beitrag wird Sportlern wegen zu wenigen Mineralstoffen von Leitungswasser als Durstlöscher während oder nach dem Sport abgeraten. In zwei der fünf Beiträge geht es um gefundene Stoffe im Trinkwasser (Rostpartikel und Chlor), die jedoch laut Experten nicht gesundheitsgefährdend sind. Der einzige Experte, der seine Bewertung mit Verweisen belegt, ist der des Umweltbundesamtes, der sich beim Trinkwasser auf die gesetzlichen Vorschriften, die es einhalte, beruft.

Die Fitnesszeitschrift für Frauen „Women's Health" thematisiert den Wasserkonsum während des Sports, die Qualität des Trinkwassers, den Vergleich zwischen Leitungswasser und Mineralwasser, Trinktipps im Sommer sowie den Zusammenhang zwischen Trinkwasser und Steinobst. Auffällig ist, dass die Trinktipps im Sommer wie schon bei „Men's Health" ein Thema sind, die von derselben Expertin auf gleiche Weise bewertet werden. Als weitere Sachkenner kommen eine Sport- und Ernährungs-Expertin, ein Wasser-Sommelier, ein Experte einer Forschungseinrichtung, eine Redakteurin und ein „Dr. Meier", der nicht genauer beschrieben wird, zu Wort. Alle Experten, bis auf die Fitness- und Ernährungsexpertin, bewerten das Trinkwasser als positiv, da es von guter Qualität und gesundheitlich unbedenklich sei und strenger kontrolliert werde als Mineralwasser. Die Sport- und Ernährungsexpertin rät von Trinkwasser während des Sports ab, da beim Sport viele Mineralstoffe ausgeschwitzt würden und man diese nur über Mineralwasser zurück erhalte.

Die Frauenzeitschrift „Bild der Frau" macht den Vergleich zwischen Leitungswasser und Mineralwasser zum Thema zweier Beiträge. Grund dafür ist ein Wassertest von Stiftung Warentest, die hier als Expertin auftritt. Neben der Stiftung Warentest tritt auch deren Vorstandsmitglied Hubertus Primus auf, der bereits im Beitrag aus der RTL TV NOW Mediathek als Experte auftrat. Sowohl der Vorstand als auch die Verbraucherorganisation selbst bewerten das Trinkwasser als positiv. Zwar seien Verunreinigungen (Rückstände von Medikamenten und Röntgenkontrastmitteln) gefunden worden, doch die Mengen seien sehr gering und damit gesundheitlich unbedenklich. Primus bewertet das Leitungswasser als gesund, günstig und umweltschonend.

Bei den über Trinkwasser berichtenden Zeitungen handelt es sich um Tageszeitungen: Die „Süddeutsche Zeitung", die „Frankfurter Allgemeine Zeitung", und die „WELT" sind deutsche, überregionale Tageszeitungen; das „Handelsblatt" ist eine Wirtschafts- und Finanzzeitung; die „Berliner Zeitung" ist eine regionale Tageszeitung. Die untersuchten Tageszeitungen thematisieren die Trinkwasserqualität, die mögliche Verunreinigung des Trinkwassers sowie den Vergleich zwischen Leitungswasser und Mineralwasser. Als Experten treten Personen aus Forschungseinrichtungen, von Wasserinstitutionen (Bundesverband der Deutschen Wasserwirtschaft, Wasserwerk), von einer umweltpolitischen Institution (Umweltbundesamt), von Verbraucherorganisationen (Öko-Test, Stiftung Warentest, Verbraucherzentrale) sowie eine Wissenschaftlerin (Ökotrophologin), ein Experte eines Mineralwasserverbands (Verband Deutscher Mineralbrunnen) und die Inhaberin eines „Wasserladens" auf.

Fünf Experten berufen sich bei ihrer Bewertung auf Belege. Das Forschungsinstitut „Emnid" beruft sich auf eine eigens durchgeführte Umfrage zu Qualität und Geschmack von Trinkwasser. Die Verbraucherorganisation „Öko-Test" hat das Trinkwasser in deutschen Städten hinsichtlich Schadstoffe getestet.

Die Inhaberin des „Wasserladens" in Köln beruft sich auf die Forschung eines französischen Ingenieurs und das Umweltbundesamt nutzt einen Test des Trinkwassers. Die Stiftung Warentest beruft sich auf einen Test von (stillen) Mineralwassern.

Rund 80 % der Bewertungen über Trinkwasser sind positiv, weil es als idealer Durstlöscher diene, geschmacklich und qualitativ gut sei, teils sogar besser sei als einige Mineralwasser (da diese Keime und Reste von Unkrautvernichtungs- und Pilzbekämpfungsmitteln enthielten). Trinkwasser sei trotz verschiedener gefundener Wirkstoffe (Röntgenkontrastmittel, Stoffwechselprodukte, Arzneimittelrückstände) gesundheitlich unbedenklich, weil die Stoffe im Trinkwasser keine Grenzwerte überschreiten würden. Eine Expertin der Verbraucherzentrale Hessen rät aufgrund der guten Qualität des Trinkwassers von Wasserfiltern ab, da diese bei falscher Nutzung sogar negative Auswirkungen auf das Wasser haben könnten; der Experte des Instituts für Lebensmittelchemie und Lebensmittelbiotechnologie der Universität Gießen sagt, dass die Trinkwasserbelastung in Deutschland kein ernst zunehmendes Problem darstelle, sondern eher ein hygienisches Problem der deutschen Wasserversorger sei, und das Wasserwerk in Mönchengladbach sieht von weiteren Trinkwasseruntersuchungen ab, weil die Werte von Arzneimittelrückständen in Tests unterhalb der Nachweisgrenze lägen.

Die erste negative Bewertung stammt von einem Experten des Verbands Deutscher Mineralwasserbrunnen, der sagt, ein Vergleich zwischen Leitungs- und Mineralwasser sei wie der „Vergleich zwischen Äpfeln und Birnen". Die zweite negative Bewertung stammt von „Öko-Test", dessen Forscher in einem Test des Trinkwassers in 69 deutschen Städten Rückstände des Kontrastmittels Gadolinium, von Pestiziden und Antibiotika gefunden haben. Sie sehen ein Problem in der Langzeitwirkung geringer Schadstoffwerte, die bis heute weitgehend unbekannt seien und deren Auswirkungen auf den menschlichen Körper ungewiss seien. Die dritte negative Bewertung stammt von der Inhaberin des „Wasserladens" in Köln. Sie finde Trinkwasser zwar gesundheitlich unbedenklich, aber qualitativ sei Trinkwasser wie Fast Food, und deshalb gesundheitsschädlich.

6.2 Materialauswertung der zweiten Forschungsfrage

Die Zahl der Beiträge für die zweite Forschungsfrage beträgt 31. Davon entfallen drei Beiträge auf die 1970er Jahre, elf Beiträge auf die 1980er Jahre, drei Beiträge auf die 1990er Jahre, neun Beiträge auf die 2000er Jahre und fünf Beiträge auf die Jahre seit 2010.

Die Zahl der Experten für die zweite Forschungsfrage beträgt 175. Davon entfallen sieben Experten auf die 1970er Jahre, 122 Experten auf die 1980er Jahre, 18 Experten auf die 1990er Jahre, 16 Experten auf die 2000er Jahre und 12 Experten auf die Jahre seit 2010.

6.2.1 Berichterstattung in den 1970er Jahren

Die Berichte über Trinkwasser in den 1970er Jahren in der Zeitschrift „Der Spiegel" thematisieren die Verseuchung des Trinkwassers durch giftige Schwermetalle und eine drohende Krise der Trinkwasserversorgung aufgrund sinkender Grundwasservorräte. Sechs von sieben Experten sind Wissenschaftler (Mineralogen, Wasserchemiker, Hydrobiologen und Hygieniker). Die siebte Bewertung stammt vom „Frankfurter Batteile-Institut ". Die Mineralogen berufen sich auf einen Bericht im Auftrag des Bonner Innenministeriums, in dem die extreme Zunahme giftiger Schwermetalle in zahlreichen Flüssen in Deutschland und die Gefährdung der Versorgungssysteme und Wirtschaft durch die Verschwendung der knappen Ressource Wasser durch die Industrie aufgezeigt werden. Der Hydrobiologe beruft sich wiederum auf den Report der Mineralogen. Die Bewertungen in den Berichten sind allesamt negativ. Zum einen geht es um die gefährlichen Stoffe (wie giftige Metalle und biologisch kaum bis nicht abbaubare Chemikalien aus der Industrie sowie Hormonstoffe aus der Antibabypille, die mit den Ausscheidungen ins Abwasser gelangen), die eine zunehmende Belastung in den Flüssen darstellten. Zum anderen geht es um die immer knapper werdenden Wasserressourcen durch Verschwendungen der Industrie, die die Grundversorgung der Bevölkerung mit sauberem Trinkwasser zunehmend gefährde.

6.2.2 Berichterstattung in den 1980er Jahren

Die Berichte über Trinkwasser in den 1980er Jahren in der Zeitschrift „Der Spiegel" thematisieren die Trinkwasserverunreinigung durch Chemiekonzerne und die Landwirtschaft, die Rheinverschmutzung durch die Chemiekonzerne, eine drohende Wasserkrise durch zunehmende Wasserknappheit und die Überschreitung von Grenzwerten beim Trinkwasser. Die Experten lassen sich den Gruppen Politik (25x), Wasserinstitutionen (16x), Forschungseinrichtungen (14,5x), Umweltorganisationen (12x), Wissenschaftler (11x), umweltpolitische Institutionen (8x), Umwelt-/Naturschützer (6 2/3x), Mediziner (4 2/3x), Chemiekonzerne (4,5x), Industrieverbände (4,5x), Presse/Redakteure/Autoren (3 2/3x), andere Fachleute und Experten (3x), agrarpolitische Institutionen (2x), Gesundheitsorganisationen (1,5x), Privatpersonen (1x), Landwirtschaft/Bauernverbände (1x), gesundheitspolitische Institutionen (1x) und Sonstige (Jurist 1x, Pflanzenschutzmittelverkäufer 1x) zuordnen.

Einige Experten berufen sich bei ihrer Argumentation auf Berichte (Politik, Forschungseinrichtung) auf Untersuchungen, Tests und Analysen (umweltpolitische Institutionen, Privatpersonen, Wissenschaftler, Umweltorganisation, Wasserwerke, Forschungseinrichtung, Industrieverband und Gesundheitsorganisation), auf Gespräche und einen Lehrfilm (Forschungseinrichtung) und auf Tierexperimente (Wissenschaftler).

Die Bewertungen bezüglich des Trinkwassers sind größtenteils eher negativ (89 von 122 Bewertungen). Die Experten begründen ihre negative Bewertung vor allem mit der schlechten Qualität des Trinkwassers (Gesundheitsorganisation, Presse, umweltpolitische Institution, Mediziner, Politiker, Wissenschaftler). Viele Experten zeigen sich zudem besorgt, erstens über die durch die Grundwasserverunreinigung drohende Trinkwasserknappheit bzw. Trinkwasserkrise (Wasserinstitutionen, Forschungseinrichtungen, Umweltschützer), zweitens über die Grenzwertüberschreitung giftiger Stoffe im Wasser (Wissenschaftler) und drittens über die mögliche Gesundheitsgefährdung durch mit Chemikalien, Arzneimitteln, etc. verunreinigtes Wasser (Wissenschaftler, umweltpolitische Institutionen, Wasserinstitution, Mediziner, Politik, Forschungseinrichtung, Umweltorganisation).

Andere Experten stellen Forderungen an die Politik (Umweltschützer fordern bessere Kontrolle des Transports und der Lagerung grundwassergefährdender Stoffe durch Umweltbehörden und Gewerbeaufsicht; Ingenieure fordern ein striktes Anwendungsverbot für alle biologisch schwer abbaubaren Pflanzenschutzmittel), an die Landwirtschaft (Agrarminister fordert Umdenken bei Landwirten bezüglich des Düngens; Umweltorganisationen und die Grünen fordern Senkung des Düngerverbrauchs und Absenkung des Nitratgehalts im Wasser), an die Chemiekonzerne (Wissenschaftler fordert, schon am Ort der Produktion der chemischen Stoffe mithilfe von Filterung einzugreifen), oder sie fordern ein stärkeres Bewusstsein der Menschen für die Ressource Wasser (Naturschützer und die Grünen).

Positive Bewertungen beziehen sich am häufigsten auf die gute Trinkwasserqualität (Politiker), die gesundheitliche Unbedenklichkeit (Chemiekonzerne, Industrieverband, umweltpolitische Institution, Politiker, Forschungseinrichtung, gesundheitspolitische Institution, agrarpolitische Institution) und das Nichtüberschreiten von Grenzwerten (Industrieverband). Außerdem sehen einige Experten keine drohende Wasserkrise (Wasserinstitution). Landwirtschaftsnahe Organisationen (Deutscher Bauernverband) denken eher an die Landwirte und deren ökonomischen Schaden bei Reduzierung des Düngerverbrauchs. Das Landwirtschaftsministerium sieht die Forderungen des Bundesgesundheitsministeriums nach Nichtanwendung von Pestiziden als „wenig praktikabel" an. Industrienahe Organisationen warnen vor Panikmache (Frankfurter Industrieverband Agrar), agieren beschwichtigend und sehen die Situation mit Giftstoffen im Wasser unproblematisch (BASF). Die Wissenschaftler (Wasserchemiker, Geologe, Chemiker, Öko-Forscher) bewerten das Trinkwasser aufgrund gefundener giftiger Stoffe und deren Grenzwertüberschreitung allesamt negativ und einige sind besorgt, weil die Auswirkungen auf die Gesundheit des Menschen ungewiss seien.

Auf der anderen Seite gibt es auch Widersprüche zwischen Experten gleicher Expertengruppen. Während sich der Deutsche Verein des Gas- und Wasserfaches besorgt über die Zunahme extremer Grundwasserverunreinigungen und einer drohenden Wasserknappheit zeigt, sehen die Hamburger Wasserwerke keinen drohenden Wassermangel und kein Absinken des Grundwassers. Während die Bodensee-Wasserversorgung ihr Bodenseewasser als „Idealwasser" bezeichnet und keine Vergiftung sieht, droht Hamburg eine Wasserverschmutzung (Hamburger Wasserwerke).

Auch bei Experten unterschiedlicher Gruppierungen gibt es Gegensätze, so z. B. bei der Gefährlichkeit giftiger Stoffe. Während die Umweltorganisation BUND der Meinung ist, dass schon eine geringe Menge von Pestiziden die Wahrscheinlichkeit einer Krebserkrankung erhöhe und es für Pestizide keine ungefährlichen Grenzwerte gebe, beschwichtigt die Gesundheitsministerin, dass die Pestizidmengen weder für Mensch noch Tier gesundheitsgefährdend seien. Und während das Bundesgesundheitsamt jegliche Gesundheitsgefährdung durch Asbest im Trinkwasser abstreitet, weil die Asbestfasern im Magen- und Darmtrakt nicht aufgenommen, sondern ausgeschieden würden, hat das Fraunhofer-Institut in einer Untersuchung des Trinkwassers rund eine Million Asbestfasern pro Liter festgestellt, die sich im menschlichen Körper in den Organen ausbreiten, sich in verschiedenen Geweben anreichern und nicht komplett ausgeschieden würden.

Auch bei der Problematik mit Nitrat im Grund- und Trinkwasser gibt es unterschiedliche Meinungen. Der Experte des Bundesverbands der deutschen Gas- und Wasserwirtschaft meint, dass erhöhte Nitratwerte nur die Spitze des Eisbergs seien. Wissenschaftler haben in rund einem Drittel der untersuchten Trinkwasserquellen Rückstände von krebserregenden Pflanzenschutzmitteln gefunden. Und auch ein Mediziner kommt zu dem Ergebnis, dass Nitrat im Trinkwasser das Krebsrisiko erhöhe. Auf der anderen Seite sieht der Experte des Industrieverbands Pflanzenschutz bei den Grenzwerten für Nitrat keine Relevanz für die Gesundheit von Mensch und Tier. Und auch ein Politiker meint, dass die Rückstände von Pflanzenschutzmitteln im Trinkwasser nicht gesundheitsgefährdend seien und man das Trinkwasser bedenkenlos trinken könne, da es keine Gifte enthalte.

Und während die Umweltorganisation Greenpeace in Proben des Abwasserstroms vom Chemiekonzern Bayer in Leverkusen große Mengen an Chemikalien gefunden hat und Wissenschaftler sogar nach einer Filterung noch sieben krebserregende Stoffe im Wasser fanden, sieht dies der Sprecher von Bayer unproblematisch, da die Menge der giftigen Stoffe durch das Flusswasser im Rhein verdünnt werde und damit ungefährlich sei.

Einerseits meint ein Politiker, die Deutschen hätten das beste Trinkwasser, andererseits bewertet ein Fachhochschulprofessor die Gewässer in Deutschland als vergiftet.

6.2.3   Berichterstattung in den 1990er Jahren

Die Berichte über Trinkwasser in den 1990er Jahren in der Zeitschrift „Der Spiegel" thematisieren die Verunreinigung des Grund- und Trinkwassers durch die Landwirtschaft, durch Gifte und durch Arzneimittelrückstände. Die Experten stammen aus Forschungseinrichtungen, einer Wasserinstitution (Bundesverband der Deutschen Gas- und Wasserwirtschaft), umweltpolitischen Institutionen (Bund/Länderausschuss für Chemikaliensicherheit, Umweltministerium, Gewässeraufsicht), einer Umweltschutzorganisation (Greenpeace) und aus der Industrie (VEB Erdgas Gommern). Es sind zudem Wissenschaftler (Lebensmitteltechniker, Chemiker, Agrarwissenschaftler), Ingenieure, ein Politiker (Thüringens Umweltminister) und ein Betroffener (Bienenzüchter) dabei.

Von den 18 Experten zeigen sich zwei (Thüringens Minister für Umwelt und Landesplanung und ein Ingenieur) nicht besorgt über eine mögliche Verseuchung des Trinkwassers (hier: durch flüssigen Giftmüll) und versuchen zu beschwichtigen. Der Umweltminister argumentiert, dass ausgeschlossen werden könne, dass Schadstofflösungen auf einer Deponie frei würden und ins Grundwasser gelangen, da die Giftstoffe vollständig kontrolliert würden. Der Ingenieur versichert, dass die Untertagedeponie dicht sei, da der Giftmüll ja schon über viele Millionen Jahre im Speicher geblieben wäre. Vier Experten berufen sich auf Untersuchungen, Tests und Proben (Agrarwissenschaftler, Forschungseinrichtung, Umweltministerium, Lebensmitteltechniker) und ein Experte auf eine Studie (Gewässeraufsicht Frankfurt / Oder).

Die Experten bewerten das Trinkwasser negativ, weil es aufgrund von „katastrophalen" Nitratwerten ungenießbar sei (Bienenzüchter), weil eine Gefährdung der Trinkwasserversorgung bestehe (Gewässeraufsicht Frankfurt / Oder), weil die Landwirtschaft die Verseuchung der Felder und damit des Grundwassers durch Schwermetalle nicht verhindere (Agrarwissenschaftler), weil das Grundwasser durch Giftstoffe gefährdet sei (Greenpeace), weil man gar nicht wissen könne, was und wie viel in der Erde läge (DDR-Unternehmen VEB Erdgas Gommern), weil die Auswirkungen des Zusammenwirkens von Giftmüll mit Wärme oder Druck im Untergrund ungewiss seien (Chemiker), weil man das Wasser als saubere Ressource durch die vielen Mengen an Arzneimitteln letztlich nicht mehr schützen könne (Bund/Länderausschuss für Chemikaliensicherheit) und weil so ein Arzneimittel-Cocktail entstünde, deren Wirkungen untereinander nicht bekannt seien (Forschungseinrichtung).

Außerdem sei die Bevölkerung durch die zunehmende Immunisierung von Bakterienstämmen ernsthaft bedroht (Chemiker). Ein Chemiker sieht die Schuld auch bei Kliniken, wo Grenzwerte bei Abwasser nicht eingehalten werden müssten, obwohl diese die Mengen an eingesetzten Pflanzenschutzmitteln in der Landwirtschaft erreichen oder sogar überschreiten. Der Bundesverband der Deutschen Gas- und Wasserwirtschaft nehme die Ergebnisse ernst, sehe die Schuld aber bei der Pharmaindustrie, die bereits bei Zulassung von Arzneimitteln prüfen müsse, ob diese umweltverträglich seien.

6.2.4   Berichterstattung in den 2000er Jahren

Die Berichte über Trinkwasser in den 2000er Jahren in der Zeitschrift „Der Spiegel" thematisieren die Verunreinigung des Trinkwassers, die Gesundheitsgefährdung durch krebserregende Stoffe im Trinkwasser und den Vergleich zwischen Leitungswasser und stillem Wasser. Die Experten sind Redaktionen („Plusminus"), Wissenschaftler (Toxikologe, Hydrogeologin, Geoökologe, Lebensmitteltechniker), Forschungseinrichtungen, Wasserinstitutionen (Bodensee-Wasserversorgung), Verbraucherorganisationen (Stiftung Warentest), ein Mediziner, eine Hochschule und ein Energieunternehmen (Kölner Rheinenergie AG). Die Hälfte der Experten bezieht sich auf Berichte („Plusminus", Toxikologe, Energieunternehmen), Studien (US-Forschungsinstitut „Worldwatch", Mediziner, Hochschule) oder Gutachten (Hydrogeologin). Der Großteil der Experten (11 von 16) bewertet negativ oder ist zumindest skeptisch gegenüber Trinkwasser.

Das ARD-Magazin „Plusminus" sieht bei täglichem Trinkwasserkonsum eine Gesundheitsgefährdung durch Überschreitung der zulässigen Grenzwerte für krebserregende Stoffe im Trinkwasser. Auch der Toxikologe rechnet mit einem Anstieg der Krebsfälle. Dagegen kommen Wissenschaftler des Instituts für Toxikologie der Universität in Würzburg zu dem Ergebnis, dass bei Einhaltung der Grenzwerte aufgrund des sehr geringen Anteils krebserregender Stoffe im Trinkwasser keine Gesundheitsgefährdung festgestellt werden könne. Das US-Forschungsinstitut „Worldwatch" sieht vor allem die Verunreinigung des Trinkwassers durch Schwermetalle, Pestizide und Industrieabfälle problematisch, weil die Aufbereitung des Trinkwassers zunehmend zu einem Kostenproblem werde. Der Wasserversorger (Bodensee Wasserversorgung) sieht keine Hinweise auf eine Trinkwasserverunreinigung und keine Gefährdung der Trinkwasserqualität, vor allem weil es ein gutes Alarm- und Filtersystem gebe.

Vor allem die Wissenschaftler (Hydrogeologin, Geoökologe, „Berliner Forscher") sehen das Trinkwasser gefährdet und sind skeptisch gegenüber Langzeitwirkungen von Stoffen im Trinkwasser. Die Bochumer Ruhr-Universität vermutet einen Zusammenhang zwischen gefundenen Östrogenen im Trinkwasser und einer sinkenden Zahl von Spermien, einer steigenden Rate von Hodenkrebserkrankungen und Genitalfehlbildungen. Auch das Energieunternehmen ist skeptisch, sieht jedoch keine Gesundheitsgefährdung durch Verunreinigungen. Des Weiteren gibt es Experten, die bei ihren positiven Bewertungen eher gemäßigt sind, da die Auswirkungen ungewiss seien und man eine völlige Unbedenklichkeit (Lebensmitteltechniker) bzw. eine Gesundheitsgefährdung (Forschungseinrichtung) nicht ausschließen könne.

Ein Mediziner sieht laut einer von der WHO in Auftrag gegebenen Studie die Verunreinigung des Trinkwassers als zweithäufigste Todesursache bei Kindern in Europa, und besonders in ärmeren europäischen Ländern. Und eine positive Bewertung gibt es von der Stiftung Warentest, die besagt, dass sich stille Wasser nur marginal von Leitungswasser unterscheiden.

6.2.5 Berichterstattung seit 2010

Die Berichte über Trinkwasser in den Jahren seit 2010 in der Zeitschrift „Der Spiegel" thematisieren die Gefährdung des Trinkwassers, die Trinkwasserqualität sowie den Vergleich zwischen Leitungswasser und Mineralwasser. Experten sind Wasserinstitutionen (Wasserversorger in Norddeutschland, Gelsenwasser, der Bundesverband der Energie- und Wasserwirtschaft, Hamburg Wasser), Verbraucherorganisationen (Stiftung Warentest), umweltpolitische Institutionen (Umweltbundesamt), Umweltorganisationen (Deutsche Umwelthilfe), ein Getränkeverkäufer, eine Privatperson sowie eine verbraucherschutzpolitische Institution (Bundesamt für Verbraucherschutz und Lebensmittelsicherheit). Ein Viertel der Experten belegt seine Argumentation. „Stiftung Warentest" beruft sich auf einen Test von stillen Mineralwassern, das Umweltbundesamt auf einen aktuellen Bericht zur Trinkwasserqualität und das Bundesamt für Verbraucherschutz und Lebensmittelsicherheit auf die europäische Lebensmittel-Basis-Verordnung.

Drei der insgesamt zwölf Bewertungen sind negativ. Die norddeutschen Wasserversorger sind besorgt wegen der Speicherung von Kohlendioxid in tiefen Gesteinsschichten, welche unkalkulierbare Risiken für das Trinkwasser berge und zu einer möglichen Versalzung des Trinkwassers führe. Der Getränkeverkäufer hat eine starke Abneigung gegen Leitungswasser aufgrund von Schadstoffen. Eine bekennende Leitungswassergegnerin sei zwar überrascht von positiven Ergebnissen über Trinkwasser, trinke aber dennoch lieber Wasser aus dem Biomarkt, „aus Gewohnheit".

Die restlichen Experten bewerten das Trinkwasser positiv, weil es günstiger und qualitativ genauso, wenn nicht sogar besser sei als Mineralwasser (Stiftung Warentest, Umweltbundesamt), weil es umweltfreundlicher sei als Mineralwasser (Deutsche Umwelthilfe), weil Verunreinigungen deutlich unter dem erlaubten Grenzwert lägen und es somit keinen Grund zur Besorgnis gebe (Gelsenwasser), weil es fast überall unbelastet sei und man es bedenkenlos trinken könne (Umweltbundesamt), weil es streng kontrolliert werde (Hamburg Wasser) und weil die europäische Lebensmittel-Basis-Verordnung für einen sicheren Genuss sorge (Bundesamt für Verbraucherschutz und Lebensmittelsicherheit).

7   Zusammenfassung

Es folgt eine Zusammenfassung der bisherigen Erkenntnisse, die anschließend vor dem Hintergrund der eingangs formulierten Forschungsfragen analysiert werden.

In den erhobenen Daten gibt es bei den Mediatheken kaum Unterschiede in der Wahl der Medien; Beiträge über Trinkwasser sind größtenteils Wissens-, Nachrichten-, und Verbrauchersendungen. In den öffentlich-rechtlichen Sendern werden größtenteils Experten befragt, bei denen durch ihre Funktion (z. B. Wissenschaftler) ein bestimmtes Fachwissen zum Thema vorausgesetzt wird. Die privaten Fernsehsender hingegen lassen Trinkwasser eher von Verbraucherorganisationen und Prüfstellen bewerten, denen eine gewisse Objektivität und Professionalität nachgesagt wird. Sie haben im Vergleich zu den öffentlich-rechtlichen Sendern weniger Experten, die sie benennen. Außerdem lassen sich die wenigen Experten oftmals den gleichen Institutionen zuordnen (z. B. „TÜV Rheinland"). Bei den Themen unterscheiden sich die Mediatheken jedoch kaum voneinander.

Bei den verschiedenen Zeitschriften sind auch einige Unterschiede zu erkennen. Bei der Zeitschrift „Stern" bewerten nur „Foodwatch" und ein Toxikologe das Trinkwasser aufgrund von gefundenen giftigen Stoffen negativ. Alle genannten Experten bewerten das Trinkwasser positiv. In den beiden Fitnesszeitschriften wird lediglich während und nach dem Sport von Trinkwasser als Durstlöscher abgeraten. Die Experten der beiden Fitnesszeitschriften unterscheiden sich grundsätzlich von den übrigen. Hier kommen häufig Sport- und Fitnessexperten zu Wort, deren fachliche Qualifikation nicht so eindeutig erkennbar ist wie die in anderen Zeitschriften. Die Tatsache, dass dort ein „Dr. Meier" zitiert, aber seine Fachkenntnis nicht näher erläutert wird, sticht bspw. heraus.

Die Frauenzeitschrift „Bild der Frau" thematisiert den Vergleich zwischen Leitungswasser und Mineralwasser und nennt die „Stiftung Warentest", die allseits bekannt ist und vermutlich eine gewisse Objektivität ausstrahlen soll, als Experte. Hier wird die positive Bewertung durch die Qualität, aber auch durch den günstigen Preis und den Gedanken an die Umwelt begründet. Die meisten Experten sprechen im Namen von solchen Institutionen und Organisationen, die bekannt sind und eine gewisse Professionalität oder Vertrauen vermitteln. Die Zeitschrift „Stern" hebt sich von den anderen Zeitschriften etwas ab, weil hier auch klassische Wissenschaftler zu Wort kommen (z. B. ein Toxikologe).

Thematisch gibt es auch bei den Tageszeitungen kaum Unterschiede. Die positiven Bewertungen über Trinkwasser überwiegen auch hier.

Die Zahl der Beiträge über Trinkwasser in „Der Spiegel" in den verschiedenen Jahrzehnten könnte ein Hinweis auf die Wichtigkeit und Popularität des Themas sein. In den 1980er Jahren wurde bspw. häufiger über Trinkwasser berichtet als in den anderem Jahrzehnten. Meistens ging es um die zunehmende Verschmutzung jeglicher Gewässer, insbesondere auch des Rheins. Die Beiträge in den 1970er Jahren beschäftigen sich eher mit der Verunreinigung des Grundwassers und einer drohenden Trinkwasserkrise aufgrund von sinkenden Grundwasservorräten. Hier kommen vor allem Wissenschaftler zu Wort. Die negativen Bewertungen wirken bedrohlich und sollen beim Leser möglichweise die Angst schüren, dass es in ein paar Jahrzehnten kein (sauberes) Trinkwasser mehr geben könne.

Auch wenn bereits in den 1970er Jahren die Chemiekonzerne und die Landwirtschaft für die Verunreinigung von Grund- und Trinkwasser verantwortlich gemacht werden, verdeutlichen die zunehmenden Beiträge in den 1980er Jahren durch Nennung weiterer Experten aus anderen Institutionen deren Verantwortung. Wie die Bewertungen in den 1970er Jahren ist auch der Großteil der Bewertungen in den 1980er Jahren bezüglich des Trinkwassers negativ. Nur Vertreter aus der Industrie, der Landwirtschaft und industrie- und agrarnahen Organisationen und Institutionen versuchen zu beschwichtigen, warnen vor einer Panikmache, sehen die Vorwürfe unproblematisch und denken vorrangig an den ökonomischen Schaden für Chemiekonzerne und Landwirte. Neben Wissenschaftlern treten größtenteils Politiker bzw. politische Institutionen, Wasserinstitutionen und Forschungseinrichtungen auf.

Auch die Beiträge in den 1990er Jahren sind fast nur negativ. Anders als bei den Artikeln in den vorigen zwei Jahrzehnten werden nun auch die Pharmaindustrie und Krankenhäuser für die Verunreinigung des Grund- und Trinkwassers durch giftige Stoffe verantwortlich gemacht. Sollten Chemiekonzerne bereits das Eintreten von giftigen Stoffen ins Abwasser verhindern, so soll nun auch die Pharmaindustrie bereits bei der Zulassung von Arzneimitteln prüfen, ob diese umweltverträglich seien.

In den 2000er Jahren wird weiterhin häufig die Gefahr durch den chemischen Cocktail im Grund- und Trinkwasser thematisiert. Hier wird jedoch zum ersten Mal der Vergleich zwischen Leitungswasser und stillen Wassern thematisiert. Dieses Thema ist auch eines der wenigen positiven Beiträge über Trinkwasser. Die Artikel seit 2010 gehen schließlich konkret auf den Vergleich zwischen Leitungswasser und Mineralwasser ein. Hier kommen erstmalig auch Privatpersonen und ein Getränkeverkäufer zu Wort.

Eindeutige Unterschiede zwischen den Beiträgen in den verschiedenen Jahrzehnten gibt es grundsätzlich in ihrer Anzahl pro Jahrzehnt, ihrer Länge und der Anzahl der herangezogenen Experten. Die Zahl der Beiträge in den 1980er Jahren ist fast dreimal so hoch wie die in den 1970er und 1990er Jahren. Die Beiträge in den 1970er, 1980er und 1990er Jahren sind oft drei- bis viermal so lang wie die Beiträge seit 2000. Dementsprechend ist auch die Zahl der befragten Experten höher (vor allem in den 1980er Jahren). Das könnte daran liegen, dass die Beiträge seit 2000 vermehrt Online-Beiträge sind, die aus Gründen der besseren Lesbarkeit am Computer kürzer sind, während die Beiträge in den 1970er, 1980er und 1990er Jahren aus den gedruckten Spiegel-Ausgaben stammen, die oft mehrere Seiten lang sind.

Eine Auffälligkeit, die alle Daten gemeinsam haben ist, dass insgesamt nur rund ein Drittel der Experten ihre Argumentation belegen – etwa durch repräsentative Studien.

8 Ergebnisse vor dem Hintergrund der Fragestellungen und (Hypo-) Thesen

Vor dem Hintergrund der Frage, inwieweit es Unterschiede in der medialen Berichterstattung über Trinkwasser durch das Fernsehen und die Printmedien gibt (erste Forschungsfrage), lässt sich zunächst feststellen, dass es durchaus Unterschiede gibt. Während sich die Mediatheken hinsichtlich der Medien- und Themenwahl sowie der Bewertungen des Trinkwassers kaum voneinander unterscheiden, zeigen sich deutliche Unterschiede bei der Anzahl der Beiträge sowie bei der Anzahl und Wahl der Experten.

Die öffentlich-rechtlichen Fernsehsender widmen ihre Beiträge insgesamt öfter dem Thema Trinkwasser als die privaten Sender. Sie involvieren dazu auch deutlich mehr Experten, welche aus vielfältigen Organisationen und Institutionen stammen und einen höheren Expertenstatus aufzuweisen scheinen als die in privaten Sendungen. Letztere nutzen in verschiedenen Sendungen oftmals sogar dieselben Expertenaussagen.

Auch bei den Printmedien gibt es auffallende Unterschiede. Hier unterscheiden sich vor allem die Experten je nach Genre. Und während die beiden Fitnesszeitschriften ihren inhaltlichen Fokus verstärkt auf gesundheitliche und sportliche Aspekte legen, widmet sich das Gesundheitsmagazin eher der Qualität von Trinkwasser.

Vor dem Hintergrund der (Hypo-) Thesen zur ersten Forschungsfrage lässt sich Folgendes sagen: Je stärker sich das Medium generell mit Themen wie Fitness und Sport beschäftigt, desto eher raten die jeweiligen Experten vom Gebrauch des Trinkwassers als Durstlöscher (aufgrund geringer Mineralstoffwerte) ab. Dennoch fallen die Bewertungen von Trinkwasser in Medien, die sich mit Themen wie Gesundheit und Fitness beschäftigen, größtenteils positiv aus.

In Service- und Ratgebersendungen („ARD-Buffet", „Der Montags-Check") wird das Trinkwasser im Vergleich zu Mineralwasser befürwortet, da es oftmals strenger kontrolliert wird, preiswerter und gesundheitlich unbedenklich ist.

Ein Unterschied zwischen den öffentlich-rechtlichen Fernsehsendern und den privaten Fernsehsendern hinsichtlich der Werbung für bestimmte Produkte konnte nicht festgestellt werden. Beide haben Privatpersonen nach ihrer Meinung zu Trinkwasser befragt, hier gibt es demnach auch keine gravierenden Unterschiede. Die Mehrheit der Experten arbeitet in umweltpolitischen Institutionen, Forschungseinrichtungen und Umweltorganisationen und ist Politiker oder Wissenschaftler. Die meisten dieser Experten bewerten die Qualität von Trinkwasser aufgrund von Verunreinigungen im Grund- und Trinkwasser negativ. Experten, die für Verbraucherorganisationen sprechen, bewerten das Trinkwasser hingegen eher positiv und verweisen bspw. auf den günstigen Preis, die gute Qualität und die Umweltschonung.

Vor dem Hintergrund der zweiten Forschungsfrage, inwieweit sich die Berichterstattung über Trinkwasser im Laufe der Zeit, besonders seit der Umweltbewegung in den 1970er und 1980er Jahren verändert bzw. entwickelt hat, lässt sich sagen, dass die Mehrheit der Bewertungen über Trinkwasser durchgängig negativ ist. In den 1970er, 1980er und 1990er Jahren waren besonders die Verschmutzung der Flüsse durch Stoffe der Chemiekonzerne und der Landwirtschaft und die drohende Trinkwasserkrise aufgrund von sinkenden Grundwasservorräten Themen der Zeitschrift „Der Spiegel". Ab den 1990er Jahren kam dann die Verantwortung der Pharmaindustrie dazu. Seit 2000 wird immer häufiger der Vergleich zwischen Mineralwasser und Leitungswasser thematisiert, und die Frage nach der Qualität von Leitungswasser als Trinkwasser wird diskutiert. Die Bewertungen des Wassers in diesen Berichten sind zwar auch eher kritisch, betrachten das Thema jedoch durchaus von mehreren Seiten als zuvor. Auch von einer Trinkwasserkrise und sinkenden Grundwasservorräten ist in den Beiträgen seit 2000 kaum mehr die Rede.

Vor dem Hintergrund der (Hypo-) Thesen zur zweiten Forschungsfrage lässt sich Folgendes festhalten: Während der Ökobewegung in den 1970er und 80er Jahren wird vom Leitungswasser als Trinkwasser aufgrund von möglichen

Pestiziden und Verunreinigungen eher abgeraten. Außerdem wird vor einer drohenden Trinkwasserkrise aufgrund von sinkenden Grundwasservorräten bedingt durch die zunehmende Verschmutzung der Flüsse gewarnt. Die Berichterstattung über Trinkwasser in den 1970er und 1980er Jahren ist größtenteils negativ.

Seit 2000 hat sich die Berichterstattung über Trinkwasser verbessert, womöglich auch deshalb, weil seitdem verstärkt für Leitungswasser als Trinkwasser geworben wird. Heutzutage wird Leitungswasser als Trinkwasser von vielen Experten aufgrund der guten Qualität, der gesundheitlichen Unbedenklichkeit und des günstigen Preises ausdrücklich empfohlen. Außerdem gilt Trinkwasser heutzutage als echte Alternative zum Mineralwasser, da es strenger kontrolliert wird als Mineralwasser, und (stille) Mineralwasser oftmals kaum mehr Mineralstoffe enthalten als Leitungswasser.

9   Fazit

Das vorliegende Lehrforschungsprojekt hat es sich zum Ziel gemacht, die aktuelle mediale Berichterstattung über Trinkwasser – und hier insbesondere die Trinkwasserqualität und den Vergleich zwischen Leitungswasser und Mineralwasser – sowie die mediale Berichterstattung im Laufe der Zeit zu untersuchen.

Es hat sich gezeigt, dass die öffentlich-rechtlichen Fernsehsender ihre Beiträge insgesamt öfter dem Thema Trinkwasser widmen als die privaten Sender. Sie involvieren dazu auch deutlich mehr Experten, welche aus vielfältigen Organisationen und Institutionen stammen und auf ein größeres Fachwissen zurückgreifen als die in privaten Sendungen. Letztere nutzen oftmals sogar dieselben Expertenaussagen in verschiedenen Sendungen. Je nach Zielgruppe der Sender werden die Menschen demnach sehr unterschiedlich über das Thema Trinkwasser informiert. Ein ähnliches Bild zeigt sich bei den Printmedien, die je nach Genre auch sehr differenziert über den Konsum, die Qualität und Beurteilung von Trinkwasser berichten. Darüber sollte man sich als Leser bewusst sein.

Im Laufe der letzten Jahrzehnte hat sich die professionelle Berichterstattung durch die in Deutschland sehr einflussreiche Zeitschrift „Der Spiegel" deutlich gewandelt. Leitungswasser wird seit dem Jahrtausendwechsel zunehmend positiv dargestellt, während es in den 1970er bis 90er Jahren überwiegend als gesundheitsgefährdend eingestuft wurde. Zum einen haben sich seitdem die Hygienestandards deutlich erhöht, und auch das Wissen um die effektive Reinigung und Aufbereitung von Nutzwasser hat sich verbreitet. Somit hat sich die tatsächliche Qualität von Leitungswasser verbessert. Zum anderen hat jedoch sicherlich auch die differenziertere Berichterstattung den Ausschlag dafür gegeben, dass Leitungswasser in Deutschlands Alltag heute immer häufiger als

Getränk konsumiert wird. Damit einher geht auch ein Imagewandel des Trinkwassers, der in anderen Beiträgen dieses Sammelbandes näher beleuchtet wird.

Literatur- und Quellen

Aust, Michael (2016): Wie sinnvoll sind Wasserfilter. In: *Apotheken Umschau*, URL: http://www.apotheken-umschau.de/Ernaehrung/Wie-sinnvoll-sind-Wasserfilter-515081.html [Stand: 06.10.2016].

Barth, Friedrich (2009): Wasser – das blaue Gold des 21. Jahrhunderts. In: Hirschfelder, Gunther/Ploeger, Angelika (Hrsg.): *Purer Genuss? Wasser als Getränk, Ware und Kulturgut.* Frankfurt am Main: Campus Verlag, S. 69-80.

Bild der Frau (o. J.): *„Test": Leitungs- und Mineralwasser meist gut.* URL: https://www.bildderfrau .de/kochen-backen/article207957327/test-Leitungs-und-Mineralwasser-meist-gut.html [Stand: 01.10.2016].

Das Erste (2016): Tagesschau: Verunreinigung von Grundwasser durch Nitrat nimmt weiter zu, 16.09.2016, 1:34 Min., URL: http://www.tagesschau.de/inland/nitrat-grundwasser-101.html [Stand: 17.09.2016].

Das Erste (2016): Der Montags-Check: Lebensmittel-Check mit Tim Mälzer, 05.09.2016, URL: http://mediathek.daserste.de/Der-Montags-Check/Lebensmittel-Check-mit-Tim-M%C3%A4 lzer-Wie-g/Video?bcastId=22834010&documentId=37540136 [Stand: 08.09.2016].

Das Erste (2015): W wie Wissen: Spurenstoffe in unserem Wasser, 22.08.2015, URL: http://mediathek.daserste.de/W-wie-Wissen/Spurenstoffe-in-unserem-Wasser/Das-Erste/Video?documentId=30193670&topRessort&bcastId=427262 [Stand: 03.08.2016].

Das Erste (2015): *ARD-Buffet: Kleine Trinkwasserkunde*, 30.06.2015, URL: http://mediathek.daserste.de/ARD-Buffet/Kleine-Trinkwasserkunde/Das-Erste/Video?documentId=29320070&topRessort&bcastId=428628 [Stand: 17.06.2016].

Das Erste (2014): Report München, 11.11.2014, URL: http://mediathek.daserste.de/report-M%C3% 9CNCHEN/Die-Sendung-vom-11-11-2014-11-11-2014/Das-Erste/Video-Podcast? documentId=24665980&topRessort&bcastId=431936 [Stand: 22.05.2016].

Das Erste (2013): Report Mainz: Lasche Düngeverordnung, 23.07.2013, 6:24 Min., URL: http://www.daserste.de/information/politik-weltgeschehen/report-mainz/videosextern/lasche-duengeverordnung-102.html [Stand: 25.07.2016].

Das Erste (2012): *W wie Wissen: Kostbares Wasser*, 22.04.2012, 28:30 Min., URL: http://www.das erste.de/information/wissen-kultur/w-wie-wissen/videos/alle-beitraege-die-sendung-vom-22-04-2012-kostbares-trinkwasser-100.html [Stand: 01.07.2016].

Der Spiegel (1973a): *Schatz auf Grund*, 15.01.1973, Ausgabe 3/1973, URL: http://www.spiegel.de /spiegel/print/d-42713576.html [Stand: 03.02.2017].

Der Spiegel (1973b): *Russisches Roulett*, 28.05.1973, Ausgabe 22/1973, URL: http://www.spiegel.de/spiegel/print/d-41986677.html [Stand: 03.02.2017].

Der Spiegel (1973c): *Trübe Brühe*, 09.07.1973, Ausgabe 28/1973, URL: http://www.spiegel.de /spiegel/print/d-41972571.html [Stand: 03.02.2017].

Der Spiegel (1981): *Trinkwasser – bald so knapp wie Öl?*, 10.08.1981, Ausgabe 33/1981, URL: http://www.spiegel.de/spiegel/print/d-14335585.html [Stand: 16.02.2017].

Der Spiegel (1984a): *Baby blau*, 09.04.1984, Ausgabe 15/1984, URL: http://www.spiegel.de /spiegel/print/d-13508858.html [Stand: 16.02.2017].

Der Spiegel (1984b): *Spielraum genutzt*, 28.05.1984, Ausgabe 22/1984, URL: http://www.spiegel.de /spiegel/print/d-13509656.html [Stand: 16.02.2017].

Der Spiegel (1985a): *Dann strullen*, 25.03.1985, Ausgabe 13/1985, URL: http://www.spiegel.de /spiegel/print/d-13513811.html [Stand: 19.02.2017].

Der Spiegel (1985b): *Ein „chemischer Zoo" im Untergrund*, 23.09.1985, Ausgabe 39/1985, URL: http://www.spiegel.de/spiegel/print/d-13516231.html [Stand: 19.02.2017].

Der Spiegel (1986): *„Was da fließt, weiß nur der liebe Gott"*, 29.12.1986, Ausgabe 1/1987, URL: http://www.spiegel.de/spiegel/print/d-13522651.html [Stand: 19.02.2017].

Der Spiegel (1988a): *Gelber Kuchen*, 29.02.1988, Ausgabe 9/1988, URL: http://www.spiegel.de /spiegel/print/d-13529474.html [Stand: 19.02.2017].

Der Spiegel (1988b): *Wasser: „Fröhlich in die letzten Reserven"*, 08.08.1988, Ausgabe 32/1988, URL: http://www.spiegel.de/spiegel/print/d-13529406.html [Stand: 20.02.2017].

Der Spiegel (1989a): *Blanker Blödsinn*, 27.02.1989, Ausgabe 9/1989, URL: http://www.spiegel.de /spiegel/print/d-13495344.html [Stand: 20.02.2017].

Der Spiegel (1989b): *Killer im Brunnen*, 29.05.1989, Ausgabe 22/1989, URL: http://www.spiegel.de /spiegel/print/d-13496099.html [Stand: 20.02.2017].

Der Spiegel (1989c): *Ein einziges Molekül*, 02.10.1989, Ausgabe 40/1989, URL: http://www.spiegel.de/spiegel/print/d-13496299.html [Stand: 20.02.2017].

Der Spiegel (1990): *„Was der Mensch so alles verträgt"*, 23.04.1990, Ausgabe 17/1990, URL: http://www.spiegel.de/spiegel/print/d-13499660.html [Stand: 21.02.2017].

Der Spiegel (1992): *Bisweilen nachts*, 27.07.1992, Ausgabe 31/1992, URL: http://www.spiegel.de /spiegel/print/d-13689438.html [Stand: 21.02.2017].

Der Spiegel (1999): *„Großräumige Verteilung"*, 15.02.1999, Ausgabe 7/1999, URL: http://www.spiegel.de/spiegel/print/d-9032782.html [Stand: 21.02.2017].

Der Spiegel (2003a): *Sturm aufs Wasserglas*, 20.01.2003, Ausgabe 4/2003, URL: http://www.spiegel.de/spiegel/print/d-26161792.html [Stand: 22.02.2017].

Der Spiegel (2003b): *Bahntrasse gefährdet Trinkwasser*, 07.06.2003, Ausgabe 24/2003, URL: http://www.spiegel.de/spiegel/print/d-27333857.html [Stand: 22.02.2017].

Der Spiegel (2008): *Pilzschleim beim Zahnarzt*, 30.06.2008, 27/2008, URL: http://www.spiegel.de /spiegel/print/d-57781711.html [Stand: 24.02.2017].

Der Spiegel (2010): *Wasser in Gefahr?*, 21.06.2010, Ausgabe 25/2010, http://www.spiegel.de /spiegel/print/d-71029968.html [Stand: 24.02.2017].

Der Spiegel (2014): *Testsieger aus dem Hahn*, 22.09.2014, Ausgabe 39/2014, URL: http://www.spiegel.de/spiegel/print/d-129339492.html [Stand: 26.02.2017].

Hemmerling, Juliane (2017): Als Frau zum Sixpack in 6 Wochen. In: *Women's Health*, 16.01.2017, URL: http://www.womenshealth.de/fitness/workouts-trainingsplaene/ich-trainiere-mir-ein-sixpack-an.16517.htm [Stand: 01.02.2017].

Hering, Julius (2015): Welches Wasser ist am besten? In: *Spiegel Online*, 12.09.2015, URL: http://www.spiegel.de/wirtschaft/service/wasser-mineralwasser-leitungswasser-welches-ist-am-besten-a-1052175.html [Stand: 26.02.2017].

Langhoff, Brigitta (o. J.): Mineralwasser oder Leitungswasser? Der große Wasser-Test. In: *Bild der Frau*, URL: https://www.bildderfrau.de/gesundheit/article207958081/Mineralwasser-oder-Leitungswasser-Der-grosse-Wasser-Test.html [Stand: 01.10.2016].

Löwer, Chris (2004): Medikamenten-Cocktail im Trinkwasser. In: *Spiegel Online*, 26.08.2004, URL: http://www.spiegel.de/wissenschaft/mensch/chemie-medikamenten-cocktail-im-trink wasser-a-314868.html [Stand: 24.02.2017].

Men's Health (2001): *Mit oder ohne Filter?*, 16.04.2001, URL: http://www.menshealth.de /artikel/wasser-nur-gefiltert-gut.20765.html [Stand: 10.09.2016].

Men's Health (2009): *Wasserverschmutzung: Ablagerungen im Trinkwasser*, 06.02.2009, URL: http://www.menshealth.de/artikel/ablagerungen-im-trinkwasser.20966.html [Stand: 10.09.2016].

Men's Health (2010): *H2O-Mix: Was muss ich beim Wasserkauf beachten?*, 05.01.2010, URL: http://www.menshealth.de/artikel/was-muss-ich-beim-wasserkauf-beachten.141406.html [Stand: 10.09.2016].

Men's Health (2013): *Grenzwerte: Ist Chlor im Trinkwasser gefährlich?*, 17.12.2013, URL: http://www.menshealth.de/artikel/ist-chlor-im-trinkwasser-gefaehrlich.19195.html [Stand: 10.09.2016].

NDR (2016): Unser Trinkwasser in Gefahr, 30.05.2016, 45 Min., URL: http://www.ardmediathek. de/tv/45-Min/Unser-Trinkwasser-in-Gefahr/NDR-Fernsehen/Video?bcastId=12772246&do- cumentId=35632002 [Stand: 05.06.2016].

Oberhuber, Nadine (2014): Leitung oder Flasche? In: *Frankfurter Allgemeine Zeitung*, 21.10.2014, URL: http://www.faz.net/aktuell/finanzen/meine-finanzen/geld-ausgeben/wasser-im-test-lei- tungswasser-oder-flasche-13217106.html [Stand: 21.11.2016].

Pichleritsch, Daniela (2016): Leitungs- oder Mineralwasser: Was ist besser? In: *Apotheken Umschau Diabetes Ratgeber*, 29.08.2016, URL: http://www.diabetes-ratgeber.net/Ernaehrung/Leitungs- -oder-Mineralwasser-Was-ist-besser-351965.html [Stand: 06.10.2016].

Pudel, Volker (2009): Das verkannte Lebensmittel: Wasser. In: Hirschfelder, Gunther/Ploeger, Angelika (Hrsg.): *Purer Genuss? Wasser als Getränk, Ware und Kulturgut*. Frankfurt am Main: Campus Verlag, S. 209-213.

Rogalla, Thomas (2015): Berliner Leitungswasser ist besser als Mineralwasser aus der Flasche. In: *Berliner Zeitung*, 07.08.2015, URL: http://www.berliner-zeitung.de/berlin/wasser-berliner- leitungswasser-ist-besser-als-mineralwasser-aus-der-flasche-22557494 [Stand: 21.11.2016].

RTL (2016): *RTL Aktuell*, 28.07.2016 [Stand: 28.07.2016].

Rupp, Anna (2000): Doch keine Krebsgefahr durch Trinkwasser? In: *Spiegel Online*, 21.09.2000, URL: http://www.spiegel.de/wissenschaft/mensch/experten-streit-doch-keine-krebsgefahr- durch -trinkwasser-a-94555.html [Stand: 22.02.2017].

Sat.1 (2013): *Akte 20.16: Keimgefahr aus dem Wasserhahn*, 22.01.2013, 9:23 Min., URL: http://www.sat1.de/tv/akte/video/2013-keimgefahr-aus-dem-wasserhahn-clip [Stand: 17.09.2016].

Sat.1 (2011): *Dreckiges Wasser*, 03.08.2011, 1:28 Min., URL: http://www.sat1.de/video/dreckiges- wasser-clip [Stand: 17.09.2016].

Schnippe, Christiane (2016a): Trinken bei Hitze: 7 goldene Regeln. In: *Women's Health*, 10.08.2016, URL: http://www.womenshealth.de/health/vorsorge/trinken-bei-hitze-7-goldene- regeln.2592.htm [Stand: 09.09.2016].

Schnippe, Christiane (2016b): Flüssigkeitsmangel vorbeugen: Die 7 besten Trinktipps bei Hitze. In: *Men's Health*, 25.08.2016, URL: http://www.menshealth.de/artikel/die-7-besten-trinktipps- bei-hitze.97274.html [Stand: 10.09.2016].

Schönberger, Gesa (2009): Wasser: Bewährt, aber nicht immer begehrt. Zu den Trinkgewohnheiten der Gegenwart. In: Hirschfelder, Gunther/Ploeger, Angelika (Hrsg.): *Purer Genuss? Wasser als Getränk, Ware und Kulturgut.* Frankfurt am Main: Campus Verlag, S. 13-33.

Simmank, Jakob (2015): Sauber ist nicht dasselbe wie rein. In: *Frankfurter Allgemeine Zeitung*, 25.09.2015, URL: http://www.faz.net/aktuell/wissen/erde-klima/leitungswasser-als-trinkwasser-sauber-aber-nicht-rein-13812846.html?printPagedArticle=true#pageIndex_2 [Stand: 21.11.2016].

Simon, Nicole (2008): Wie gut ist unser Trinkwasser? In: *Stern*, 07.08.2008, URL: http://www.stern.de/panorama/wissen/natur/wasser-qualitaet-wie-gut-ist-unser-trinkwasser--3756186.html [Stand: 12.07.2016].

Simon, Violetta (2010): Mineralwasser oder Leitungswasser? In: *Süddeutsche Zeitung*, 17.05.2010, URL: http://www.sueddeutsche.de/muenchen/hahn-oder-flasche-mineralwasser-oder-leitungs wasser-1.742606 [Stand: 21.11.2016].

Spiegel Online (2000a): *Tumoren durch Trinkwasser?*, 19.09.2000, URL: http://www.spiegel.de /wissenschaft/mensch/plusminus-tumoren-durch-trinkwasser-a-94097.html [Stand: 22.02.2017].

Spiegel Online (2000b): *„Für die menschliche Existenz bedrohlich"*, 10.12.2000, URL: http://www.spiegel.de/wissenschaft/mensch/trinkwasser-fuer-die-menschliche-existenz-bedrohlich-a-107164.html [Stand: 22.02.2017].

Spiegel Online (2002): *„Keine Gefahr fürs Trinkwasser"*, 02.07.2002, URL: http://www.spiegel.de /panorama/interview-mit-bodenseewasser-lieferant-hans-mehlhorn-keine-gefahr-fuers-trinkwasser-a-203534.html [Stand: 22.02.2017].

Spiegel Online (2004): *Verkehr und Schmutz töten am häufigsten*, 18.06.2004, URL: http://www.spiegel.de/wissenschaft/mensch/todesfaelle-bei-kindern-verkehr-und-schmutz-toeten-am-haeufigsten-a-304681.html [Stand: 22.02.2017].

Spiegel Online (2012): *Leitungswasser ist besser als Mineralwasser*, 28.06.2012, URL: http://www.spiegel.de/wirtschaft/service/stiftung-warentest-leitungswasser-besser-als-stilles-mineralwasser-a-841374.html [Stand: 24.02.2017].

Spiegel Online (2015): *Top-Noten für deutsches Trinkwasser*, 12.02.2015, URL: http://www.spiegel.de/gesundheit/diagnose/trinkwasser-in-deutschland-erhaelt-vom-uba-note-sehr-gut-a-1018133.html [Stand: 26.02.2017].

Stern (2007): *Wenn der Wasserhahn zur Krankheit wird*, 19.10.2007, URL: http://www.stern.de /panorama/wissen/parasiten-im-trinkwasser-wenn-der-wasserhahn-zur-krankheitsfalle-wird-3222450.html [Stand: 12.07.2016].

Stern (2008): *Trinkwasser zu stark mit Uran belastet*, 05.08.2008, URL: http://www.stern.de /panorama/schwermetall-trinkwasser-zu-stark-mit-uran-belastet-3753710.html [Stand: 12.07.2016].

Stern (2009): *Verbraucherschützer warnen vor Uran im Leitungswasser*, 26.11.2009, URL: http://www.stern.de/gesundheit/foodwatch-studie-verbraucherschuetzer-warnen-vor-uran-im-leitungswasser-3150900.html [Stand: 12.07.2016].

Stern (2012): *Edler Tropfen aus dem Kran*, 19.01.2012 URL: http://www.stern.de/panorama/wis-sen/deutsches-trinkwasser-von-bester-qualitaet-edler-tropfen-aus-dem-kran-3522660.html [Stand: 12.07.2016].

Tyborski, Roman (2014): So dreckig ist unser Trinkwasser. In: *Handelsblatt*, 02.09.2014, URL: http://www.handelsblatt.com/panorama/aus-aller-welt/test-in-69-staedten-so-dreckig-ist-unser-trinkwasser/10636556.html [Stand: 21.11.2016].

Umweltbundesamt (2016): *Trinkwasser*, URL: http://www.umweltbundesamt.de/themen/wasser/trinkwasser [Stand: 16.08.2016].

Women's Health (2015a): *Wasserqualität erkennen?*, 06.02.2015, URL: http://www.womens health.de/food/gesunde-ernaehrung/wasserqualitaet-erkennen.68930.htm [Stand: 09.09.2016].

Women's Health (2015b): *Mineralwasser besser als Leitungswasser?*, 10.08.2015, URL: http://www.womenshealth.de/food/gesunde-ernaehrung/mineralwasser-besser-als-leitungs-wasser.52010.htm [Stand: 09.09.2016].

Women's Health (2016): *10 Gesundheitsmythen im Check*, 24.08.2016, URL: http://www.womens health.de/health/symptome-krankheiten/10-gesundheitsmythen-im-check.39100.htm#5 [Stand: 09.09.2016].

ZDF (2016): *zdf zeit: Wie gut ist unser Trinkwasser?*, 09.03.2016, URL: https://www.zdf.de /#/beitrag/video/2479910/Wie-gut-ist-unser-Trinkwasser? [Stand: 25.05.2016].

Zimmermann, Max (2016): Mineralwasser selten besser als Leitungswasser. In: *WELT*, 28.07.2016, URL: https://www.welt.de/wirtschaft/article157350973/Mineralwasser-selten-besser-als-Lei-tungswasser.html [Stand: 21.11.2016].